U0179181

陈明达全集

【第九卷】散论

陈明达 著

浙江摄影出版社

图书在版编目（CIP）数据

陈明达全集. 第九卷, 散论 / 陈明达著. -- 杭州 : 浙江摄影出版社, 2023.1
ISBN 978-7-5514-3729-5

Ⅰ. ①陈… Ⅱ. ①陈… Ⅲ. ①陈明达（1914-1997）－全集②建筑史－中国－古代－文集 Ⅳ. ①TU-52 ②TU-092.2

中国版本图书馆CIP数据核字(2022)第207114号

第九卷　目录

从航空测量之发展谈到中国航空测量之前途[1]

一、航空摄影测量之意义

近二十年来测量学术上最大之发展，当推摄影测量之应用，而其中尤以航空摄影测量之进步最为惊人。所谓航空摄影测量者，乃将空间物体，经航空摄影之步骤而构像，然后利用此种像片，以求物体之垂直投影，而得地球表面之地物地形之谓也。然欲达到此种目的，其牵涉关系，至为广泛。

（一）在学理上，包括以摄影为中心摄影之几何原理，像片量测方法之理论，以及大地测量、光学、化学等问题。

（二）在技术上，涉及摄影、冲洗、像片量测及制图仪之构造与改进等问题。

（三）在经济上，摄影测量在应用上之意义与价值，以及在不同情形下实施摄影测量之可能性与经济性等问题。

此三方面之关系，互为因果，关系密切，实为支配摄影测量事业发展上之重要因素。

---

[1] 作者时任中央设计局研究员，并兼任重庆陪都建设委员会主任工程师、水利科科长。此篇系配合战后重庆市的规划建设而作，刊载于《青职学报》。按“青职”系指陪都建设委员会在四川万县（今重庆万州区）开设的“青年职业培训班”。
又，此则佚文由青年学者陈磊先生发现并提供。

二、航空摄影测量之史的发展

摄影测量滥觞于利用透视画以制平面图，至 1849 年法人劳瑟达（Laussedat）受命主办地形摄影测量，至此摄影与透视关系，方应用于地形测量，遂为世人所公认之摄影测量始祖。在此时期内，光学透镜之视角，畸变误差之改善，摄影化学之进步，摄影测量理论与方法之根基，虽有重大建树，但实体观测之应用，航空测量对于广大面积之摄取，均未发现，而其测量方法仅限于地面交线摄影测量，以得物体之平面位置，并以计算方法求其高程，不啻与今日平板仪测量相类似。

自 1900 年后以至欧战时期，摄影测量学之发展，已步入第二阶段。在此时期中，德人斯托尔咨（Stdoloze）、普夫锐士（Pufrich）、欧瑞（Orel）诸氏，发明立体观测法，制造立体坐标量测仪及立体制图仪之后，遂使摄影测量发生极显著之进步。且奥人山甫鲁（Scheimpflug）于 1898 年首作双像投影之意念，复于 1906 年制造七镜摄影机，试

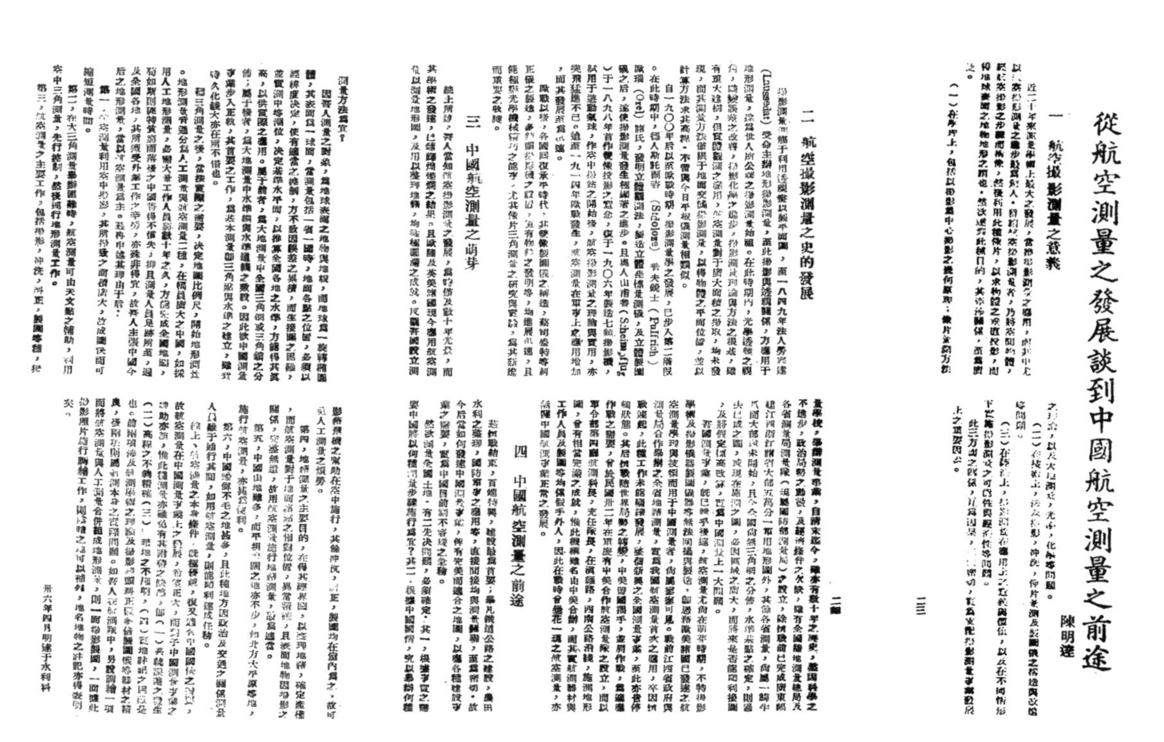
從航空測量之發展談到中國航空測量之前途
陳明達
一　航空攝影測量之意義
二　航空攝影測量之史的發展
三　中國航空測量之萌芽
四　中國航空測量之前途
卅六年四月明達于水利科

《从航空测量之发展谈到中国航空测量之前途》书影

用于游动气球，作空中摄站之开始后，航空摄影测量之理论与实用，亦突飞猛进不已。迨至1914年欧战发生，航空测量在军事上之应用增加，而其发展至为迅速。

欧战以后，各国回复承平时代，其双像制图仪之构造，蔡司盛特等纠正仪之制造，多镜头摄影机之设置，宽有物镜之发明等，均进展迅速，且能极尽光学机械精巧之能事，尤其像片三角测量之研究与试验，为其新进而重要之收获。

三、中国航空测量之萌芽

总上所述，吾人当知航空摄影测量之发展，为时仅及数十年光景，而其学术之发达，已臻辉煌灿烂之结果。且欧陆及英美诸国现今应用航空测量以测量地形图，及用以整理地籍，均获极圆满之成就。反观吾国设立测量学校，学办测量事业，自清末迄今，虽亦有数十年之历史，然因科学之不进步，政治局势之动荡及经济条件之欠缺，虽有全国陆地测量总局及各省测量局测量队（现属国防部测量局）之设立，除摄取前已完成广东、福建、江西、浙江诸省大部五万分一军用地形图外，其余各省测量，尚属一鳞半爪而大部还未开始，且今全国尚无三角网之分布，水平基点之确定，则过去已成之图，或现在施测之图，必因区域之广大，而将来是否能顺利接图，及将假定标高改算，实为中国测量上一大问题。

吾国测量事业，既已瞠乎后远，航空测量尤尚在萌芽时期，不特摄影学术及摄影仪器、制图仪器等无法阐扬与制造，即凭借欧美诸国已发达之航空测量学理与技术而用于中国测量者，尚属寥寥可见。战前江西省政府与测量局合作举办之全省地籍测量，实为我国航空测量首次之应用，卒因抗战遽起，此种工作未能继续发展，整个新兴之全国测量事业，至此亦告停顿状态。其后抗战随世界局势之转变，中美盟国携手，并肩作战，为适应作战之需要，曾于民国卅二年在重庆有中美合作航空测量队之设立，而以军令部第四厅航测科长充任队长，在滇缅路、西南公路沿线，施测地形图，曾有相当完满之成就，惟此机构虽名由中美合办，而其实航测器材与工作人员及制图等均系假手外人，因此在战时曾昙花一现之航空测量，亦无关中国航测事业正常之发展。

四、中国航空测量之前途

兹抗战结束，百端待兴，建设最为首要；举凡铁道公路之建设，农田水利之整理，国防军事之应用等，直接间接均与测量关联，至为密切。故今后当如何发达中国测量事业，俾有完美而适合之地图，以应各种建设事业之需要，实为中国目前刻不容缓之急务。

然欲测量全国土地，有二先决问题，必须确定。其一，根据事实之需要，中国将以何种测量步骤施行为宜？其二，根据中国国情，究以举办何种测量方法为宜？

因吾人测量之对象，为地球表面之地物与地貌，而地球为一旋转椭圆体，其表面为一球面，当测量包括一省一国时，地面各点之位置，必须以经纬度决定，使有适当之控制，方不致因误差之累积，而生接图之困难，并实测中等潮位，决定基准水平面，以推算全国各地之水准，方能得其真高，以供实际之应用。属于前者，为大地测量中全国三角网或三角锁之分布；属于后者，为大地测量中水准网与水准道线之敷设。因此欲中国测量事业步入正轨，其首要之工作，为基本测量即三角点与水准之建立，虽费时久花钱大亦在所不惜也。

继三角测量之后，当按实际之需要，决定地图比例尺，开始地形测量。地形测量普通分为人工测量与航空测量二种，在幅员广大之中国，如采用人工地形测量，必须大量工作人员穷数十年之久，方能完成全国地图，苟如斯则匪特贫穷而落后之中国将得不偿失，抑且测量人员足迹所至，遍及全国各地，其所遭受外业工作之辛劳，亦殊非得宜，故吾人主张中国今后之地形测量，当以航空测量为主。兹再申述其理由于后。

第一，航空测量利用空中摄影，其所摄致之面积广大，故成图快而可缩短测量时间。

第二，在大三角测量举办困难时，航空测量可由天文点之辅助，利用空中三角测量，先行控制，然后进行地形测量工作。

第三，航空测量之主要工作，包括摄影、冲洗、纠正、制图等种。摄影借飞机之帮助在空中施行，其余冲洗、纠正、制图均在室内为之，故可免人工测量之烦劳。

第四，地籍测量之主要目的，在得其经界图，以整理地籍，确定产权，而航空测量对于地面诸点之相对位置，异常精确，且表面地物因摄影之关系，完整无遗，故用航空测量施行地籍测量，最为适当。

第五，中国山地虽多，而平坦辽阔之地亦不少，如北方大平原等地，施行航空测量，亦甚为便利。

第六，中国边僻不毛之地甚多，且此种地方因政治及交通之关系，测量人员难于通行其间，如用航空测量，则能顺利达成任务。

综上，航空测量之本身条件既极优越，复又适合中国国情之需要，故航空测量在中国测量事业上之发展，希望正大，而对于中国测量事业之裨助亦巨。惟此种测量亦难免有其附带之缺憾，即（一）系统误差之发生，（二）高程之不够精确，（三）阴暗地之不显明，（四）实地注记之困难是也。前两项涉及航测学术之理论及摄影镜头纠正仪、多倍制图仪等器材之精良，后两项则属航测本身之实际问题。如吾人在航测队中，另设调绘一项而将航空测量与人工测量合并组成地形测量，则一面摄影制图，一面据此摄影照片施行调绘工作，则阴暗之地可以补列，地名地物之注记亦得以表明矣。

卅六年四月　明达于水利科

（原载《青职学报》创刊号，1947 年 7 月 1 日出版）

海城县的巨石建筑

世界建筑史中常以石棚、石碣、石圈为现存最古的建筑物。这类建筑都是利用巨大的天然石块，略加人工修整，然后树立或堆积起来的。它们大多属于新石器时代至铜器时代，考古学家也称这种巨石建筑时期的文化为“巨石文化”。在我国是否也有这种巨石文化的遗迹，很久以来就是考古学中的一个疑问。在1895年至1928年间，日本的考古学者鸟居龙藏在我国调查，认为在辽东半岛海城、盖平、复县、金县等县内（也就是从海城起辽东半岛的南部、千山山脉以西地区）都有巨石建筑存在。[1]然而从他的报告及图片中所看到的，是否确属巨石文化的遗物，是有很多疑问的。因此，我这次趁赴吉林农安之便，决定绕道到海城去看一看，以解除多年的疑问。其所以选定海城，是因为根据鸟居龙藏的报告，这些巨石建筑各座形式都互相近似，海城所保存的又是其中最完整的一座，因为我的时间有限，就只能暂时先去看看这一座了。

海城县的巨石建筑，当地群众叫它为“姑嫂石”。原来有两座，一座在山上保存完整的叫作“站姑石”，一座在山下原已倒塌的叫作“倒姑石”。为了叙述方便，本文中即用此名称。海城县的人虽然都知道这个古迹，但是它的确实地点，是直到距离它3里远的后姑嫂石村，才经当地群众指出。

从海城坐长途汽车向东南40里到析木城（“析”当地读如“什”）。这是一座位于四山环抱的平原中的古城。平原向东南延伸为宽阔的山谷平地，杨柳河（也叫沙河）上游即是沿此山谷通过平原，西北流经海城县而入辽河。自析木城东南5里过河到魏

[1] 盖平，今辽宁省盖州市；复县，今辽宁省瓦房店市；金县，今大连市金州区；海城，今辽宁省海城市。

家堡，又3里到后姑嫂石村，再向南3里在大道东面山麓下，就是倒姑石。据农民说，它原有的形制与站姑石完全一样，只是比较大，现在仅存巨石半截倒卧在路旁，长宽各约1.5公尺，厚约40公分［插图一］。据说是1950年打碎用作修建析木城西大桥的石料。石侧呈现一方圆约2公尺、深约1.8公尺的深坑，坑中除碎石块外，无其他发现。从这里再向南约350公尺的山峰下，有一自东向西伸出、高约50公尺的山岗，岗上是一块东西长约100公尺、南北宽约50公尺的平地，现已耕为农耕地。从岗上向西南望可以看到全部山谷的形势。站姑石就是在这岗的中央［插图二］，它的正面向南偏西30度。在山岗四周和站姑石近旁，除农民耕种时捡出的碎石块外，也无其他发现。

站姑石是用七块花岗石筑成，计四周墙石四块，顶石一块，内部地面石一块，正面前埋入地下类似“阶条”的石条一块［插图三］。顶石东西宽约5.2公尺，南北长约6公尺，墙石底部平面东西宽约2.45公尺，南北长约2.8公尺。自现在地面至顶石上皮高约2.75公尺，地面下深度未进行发掘，尚无从推测。因石质被风蚀剥落甚多，测量

插图一　倒姑石和它旁边的坑

插图二　从站姑石山岗上向西南望

插图三之①　站姑石近景

插图三之②　站姑石西南面

插图三之③　站姑石阶条石

并非十分精确。现在仅就它的制作形制上观察所得各点综述如下。

一、东、西、北三面墙石厚度大约一致，下部厚 37 至 38 公分，上部厚 26 至 30 公分，从下至上作有规则的减薄，墙石与顶石接触处极为整齐。

二、南面墙石只半截，人站在内部可露出胸部，因此它的厚度也较其他三面墙石为小。石上沿极为整齐，显然原来就是如此做法，鸟居龙藏说是被打断，是错误的。

三、顶石伸出墙石的檐部，东、西、北三面深度均约为 1.5 公尺，南面深度为 1.9 公尺。

四、北面墙石两端各伸出东西墙石外 13 公分，其总长度为 2.7 公尺，恰巧与南面“阶条”石长度相等。

五、地面石四周极整齐，恰能与四周墙石吻合。其下皮高于现在地面 12 公分，正好相当于“阶条”石的上皮。

六、墙石除下厚上薄外，并有显著的“侧脚”，所以它下部平面较大于上部。

根据上述各点，可以知道它是经过详细的设计和有高度施工准确性的［插图四］。各石块表面虽风化剥蚀，不能辨出凿痕，但就它表面平整、厚薄均匀来判断，也应当

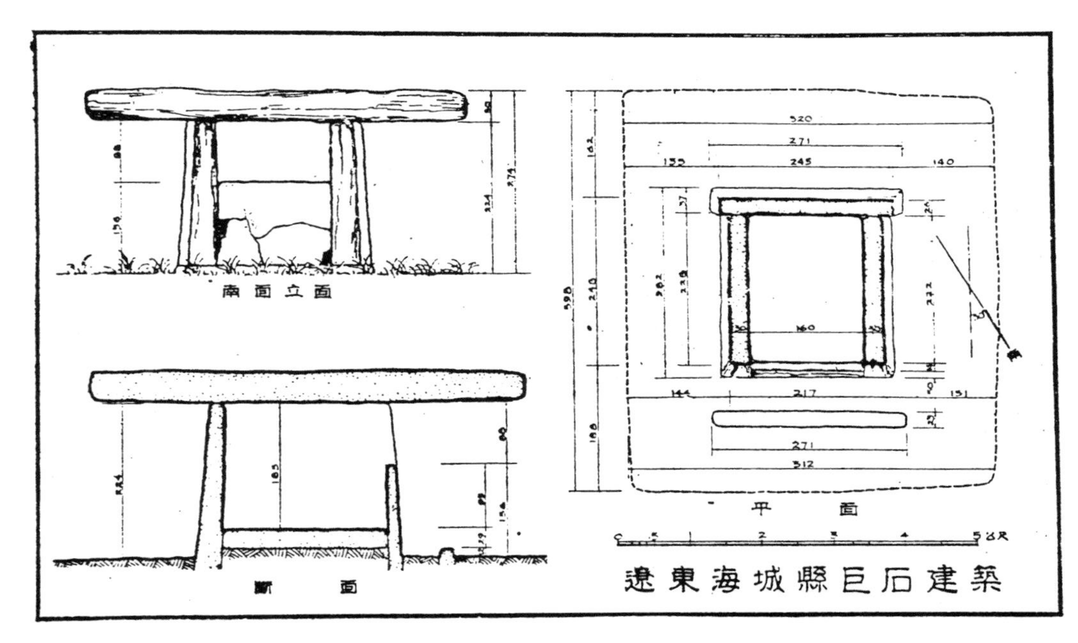

插图四　辽东海城县巨石建筑（陈明达绘）

认为是经过人工加工而成的。同时也可以推断出如此准确精细的施工，是具备了高度优良的工具。它不可能是简单工具条件下的创作物，自然也不能认为是巨石文化时期的遗物。

《海城县志》“姑嫂石”条：“相传昔有二女登石仙去，故名。”这大概是较早的神话。以后因为在路侧的一座倒姑石倒塌，就演变成现在的神话。大意是说：姑嫂两人各立好了石头，姑就登石成仙，嫂子惦念她的小孩，等到抱了小孩来，不但不能飞升，石头反倒塌了，她也气死在旁边。这当然是一个附会的神话。

我们从析木城回海城时，在杨家甸村住宿，遇到陆村长。他谈话中说到有关巨石的有下列各点值得注意：

一、这种姑嫂石在析木城以南还很多，在岫岩县境内也有两座，其地也叫姑嫂石村。

二、曾见过一座，内部地面石破裂了一个小洞，用绳系石垂下，深不可测。

三、他认为有些地方称之为“石棚”是错误的，应当叫“姑嫂石”。石棚是用两块石头支撑着一块大石头的形式，而且是用天然石块搭成的，在岫岩一带也可以见到。

四、还有一种用两块天然石头互相支撑呈“人”字形的叫“插棚”。

陆村长是当地人，解放以前就在辽东半岛打游击战，所说的都是他亲眼所见，应当有其可靠性。假使他所见不错的话，那么这种巨石建筑的传播范围是很广的，并且村民一般都叫它为“姑嫂石”。他所说的地面石下的小洞，与倒姑石侧的深坑情况也很符合。它下面可能是墓葬，须待发掘来证实。

此外，应注意到的是岫岩县在千山山脉之东，因此这类巨石建筑存在的范围是全部辽东半岛，不是鸟居龙藏所说的只限于千山山脉以西的地区。至于陆村长所说的“石棚”“插棚”是否有巨石文化的可能，也有待于考古学家的探寻。

（原载《文物参考资料》1953年第10期，据作者批改手迹修订）

古建筑修理中的几个问题[1]

一、修理什么与保存或者拆除

我们要修理的是那些具有历史、艺术价值的建筑物，是要继续保存那些具有历史、艺术价值的实物，也就是就现在还存在的建筑物加以修理，并不是想保存一个空洞的名称去建筑一座新的。也可能有一些具有历史意义的地点要新建一个纪念性的建筑物，但这不属于保存古文物建筑的范围。城市计划市政建筑中会做这些工作的，我们不应当也没有能力去越俎代庖。过去有的省就是把保护古文物建筑的经费约半数用在新建纪念塔、纪念堂上，一部分用在并非重要也不急需的名胜修理上。在修缮古建筑时，他们没有研究它的历史、艺术意义，也没有了解它的现状，有的实际上是只剩下了一片空地，他们也计划着建筑新屋，还以为这就是修理古建筑。这些做法，基本上是由于没有认清要修理的是什么。所以，在修理前，必须详细研究现存建筑物的情况，确定它的历史、艺术价值，决定它在那一个地区内的重要性以及它本身的损坏程度，然后研究它该不该修理。有些古代寺庙，可能很有名，但现存的实物经过了若干次的改变，已经不是原来的样子，从它上面并不能找出具有历史、艺术价值的部分。这样的建筑就已经失去了文物价值，是不必急于修理的。还有一些在历史文献上有确凿记载的建筑物，事实上已不知在何时毁掉不存在了，也不能再具体地知道它原来的形状，那就更谈不到保留它的历史、艺术价值，没有另外去重建一个新的的必要。

---

[1] 作者于 1953 年 4 月起就任文化部社会文化事业管理局（今国家文物局）总工程师、业务秘书。此篇为任职后为“考古工作人员训练班”作的授课讲义，后在《文物参考资料》刊载。此次收录本卷，插图为整理者选配。

一个现存的文物建筑，如肯定了它的历史、艺术价值，就应当坚决保存。现在时常发生为了都市的新建设而要拆除古建筑的事，理由是古建筑妨碍了新都市建设的发展，这是很错误的。我认为一个具有历史、艺术价值的建筑文物，不但不会影响都市新建设的发展，相反地还能丰富都市的内容。在苏联就是这样使历史古迹与现代都市建筑融合起来的。拉甫罗夫的《在复兴都市计划中的历史古迹》一文中说："俄国都市建筑的民族特征，部分地是由于我们的先贤珍重这些都市在历史上所形成的外观之结果，不轻视古代建筑学所保留下来的古迹，而能宝贵这种可贵的式样，并继承了这种建筑——设计的传统。"在谈到具体方法时，他说："把历史古迹跟都市的现代建筑汇合起来，可有两个办法：一个是把它从都市整个建筑中分隔开，被孤立在一个独立的广场上……可以称为'博物馆陈列式的'。第二个是把古迹或古迹群包括到都市的全面建筑中去，但应该是一个独立的场所，把它们安置在上面，跟所有邻近的市区有机地联系起来……可以称为'都市建筑式的'。用这种方法来保护古迹，无论如何不应对古迹加以破坏，这是不言而喻的。"（《文物参考资料》1953 年第 3 期，第 114 页）

有些建筑物被认为阻碍了交通大道，但解决的办法是不是只有拆除它呢？是不是可以按照拉甫罗夫所说的第一个办法把它放在一个广场上呢？我想是可以的。这样，不但保存了历史古迹，也丰富了那条大道的内容。城墙被认为是阻碍交通，可是我们的祖先就知道在城墙上开一个洞——城门——解决交通问题。要是为了配合现代交通的发展，一个门不够用，也可以模仿这办法开两个、三个或更多的城门，而无须把它全部拆除。为了保存古建筑，可能有的地方把交通距离拉长了一些，但是也从来没有人提出由北京的前门到地安门要从天安门旁绕过去是不方便的，而主张拆除这条中轴线上的建筑以开辟一条直通的大道。因为现代的交通工具是足以解决这有限的绕道的，全体人民也宁愿多走几步路而保存这条中轴线上的优美的历史艺术建筑物。因为它是北京城中不可缺少的一部分，它已融合到我们的日常生活中了。由此可以看出，问题不是古建筑会妨碍新建设的发展，而是如何使古建筑融合到我们建筑的整体中去。

过去，有些地方拆除古建筑，利用它的材料，如大同城内华严寺海会殿被拆掉盖了小学教室，善化寺西楼几乎遭到同样的利用，其他有的地方曾有过拆除古塔利用旧砖的情况。还有人计算过拆除北京城墙，利用所得城砖，可为国家节省大量财富（据我所知拆除城墙所得的砖不够偿付拆除的工资）。我们国家的财富是在全体人民不懈的劳动和节约中，是在大规模经济建设中增长累积起来的。拆毁古建筑而利用它有限的材料，犹如把博物馆中的殷商铜器熔化为工业原料一样，它的损失是无可比拟地超过它的所得，何况这些古建筑还蕴藏着古代劳动人民的创造智慧。用单纯经济观点来看待这个问题，必然会发生错误。

当然，把每一座古建筑都保存起来，也不是绝对必要的。所以在遇到古建筑保存与拆除的问题时，必须慎重考虑研究，不能用粗暴的态度贸然地加以拆除。即使经过研究后决定拆除的古建筑，也不能是消灭了它就算完事，拆除时仍应做一番细致的记录工作。兰州的握桥［插图一］被拆掉了。[1]这座完全由木材构成的桥梁，在古代没有木材防腐剂时，是怎样经数百年而不腐朽的呢？它是如何构成的？现在只知道在桥两端设有通风孔穴以防木材腐朽。这孔穴的构造以及其他部分的构造，拆除时并未记录，

插图一之① 1943 年王子云《兰州西门外握桥写生稿》

插图一之② 与兰州西门外握桥类似的榆中云龙桥全景（陈明达摄）

[1] 此处所说“兰州的握桥”，系指原址在兰州旧城西门外的雷坛河握桥，又称“渥桥”或“卧桥”，于二十世纪五十年代初被拆除。美术史家王子云先生于 1943 年作西北考察，途中曾作此桥水彩写生画稿。又，兰州附近之榆中县还有类似的云龙桥和南关握桥，1953 年陈明达先生考察敦煌，途中曾在兰州中转逗留期间摄影数张，但未及详查。

插图一之③　榆中云龙桥局部（陈明达摄）

插图一之④　与兰州西门外握桥类似的榆中南关握桥（陈明达摄）

都不得而知了。所以拆除古建筑必须在事前经过详细的测量、绘图、摄影等一系列的工作。在拆除过程中更应当细致地观察它各部分的结构和其他情况，作出忠实的完备的记录，用一切可能做到的科学方法保存它的研究资料。或者有人认为：拆除城墙不至于有这样严重的问题吧？ 1952 年在安定门东新开城墙豁口中就发现了元代古碑和残存的元代建筑彩画——据我所知是现在已发现的唯一的元代建筑彩画。谁能知道在文化悠久的伟大祖国的土地上蕴藏了多少历史遗迹，值得我们去注意、去发掘啊！

二、什么是保存原状

古建筑的历史、艺术价值，就在于它的整体以及每一部分、每一个花纹色泽都反映着一定时代、一定民族及地区的文化。这是在《文物参考资料》中所常说到的，尤其在第 31 期梁思成先生的《古建序论》[①] 中更有全面而系统的分析与说明。因此，古建

[①] 参见《文物参考资料》1953 年第 3 期。

筑的修理就必须保存它的历史的形式、结构及其一切装饰艺术。这也就是在每一次古建筑修理时，都经中央文化部明确指示的“必须保存原状”。

这是一个细致而具体的工作。每一个古建筑的修理，不但要保存它原来的间数、平面布置的形状、原来的大小尺寸高矮、屋顶的形式、门窗装修的形式位置，而且要保存它每一条线脚、每一个细小的花纹和原来的色调，保证它一砖一瓦都和原状一丝不差。如果认为原有五间大殿，现在仍然修五间大殿，不管它原来平面布置如何、各部分的形式如何，就算是保存原状，那就大错特错了。曾经有某处“按原样设计”的古建筑修理图样，那本来是南方的清代建筑，可是图样中看不出它原有的形式和风格了，只有间数和原来一样，在平面图中显然不是原来的布置，在立面图中正面装修改换成板条灰墙，每间装上一档新式窗子。这样做不仅不是保存原状，而且是彻底地毁灭了原状，是需要领导机关及时发现这种情况，予以有力制止的。

一般比较流行的观念就是认为：所谓修理就是要修得焕然一新。因古建筑多是寺庙宫殿，年久失修，颓檐败壁，现在要修就要修得整整齐齐，把残缺损坏的地方都补建起来，然后全部油漆彩画，富丽堂皇，使人一见就知道是修理过了。要不这样，好像仍是一座破庙，够多难看！因此也不去研究残缺短少的部分原来究竟是什么形状，不研究原来的彩画图案色调，就想要修补和彩画。有些地方对古代壁画和石窟中的雕像，都想要描绘得油漆见新。这种不研究不考虑的焕然一新，使建筑艺术的细部手法、色调等完全失去原来创作的面貌，形式上似乎是修理，而实际的效果则是破坏。

在修理工作中对细小部分如不重视或迁就材料，也会失去原状。例如，在修理五台山佛光寺文殊殿时用了一根头大尾小的料做梁。这梁的大头较原梁大，只好把梁下的斗也改大，另一头比原来的小，就把梁下的斗也改小了。这样就完全失去了辽、金建筑严谨的作风。保存原状是一丝不苟、一毫不差的工作，不能认为大体差不多就成了。

保存原状不但是保存表面可见的部分，内部不可见的部分也应当是保存原状的。在修理晋祠飞梁时，曾经有些同志认为只要表面照原状就成，内部榫卯不必要求都照原样。这是由于不知道榫卯是中国木建筑结构的要点之一，也是我们今天还没有完全认识的问题。如擅自改变它的原样，对中国木结构榫卯结合的理论研究就缺少一个实际资料，甚至是失掉一个发展的阶段。这很可能造成巨大错误。因此，在古建筑修理中，保存原状只有严肃地、细致地“依样画葫芦”，还要加上唯恐错画的警惕。我们修理古建筑，是在保存，而不是在创作啊！

三、几种不同的修理

通常所说的“修理”，它的意义是很广泛的，从极微小的修理到极大规模的修理都包括在内。在古建筑的修理工作中，如果不把它分清楚，极容易造成损失或在具体进行工作时发生偏差。按照目前情况，一般可以分为四种性质的修理。在采用的时候，要根据设计所需的资料、设计及施工的力量、材料供应、经费等情况来决定。

最简单的一种可以称为保养性的修理。有些古建筑没有主要的损坏，也就是说它的主要结构没有倾斜、脱榫等情形，只是为了使它能很好地继续保存下去、不再遭受自然的和人为的破坏而做的修理工作。它的范围大致限于每年一度的屋面检漏、拔草，地面排水沟渠的清理疏通，环境清理，防止火灾、鸟类寄居的破坏、可能发生的人为破坏等所必需的工作。这些工作都不至于过重地触动建筑物而使其原状受到变动。在做防止自然或人为损害所必需的设备时，只要设计得与建筑物协调就可以了。

第二种是抢救性的修理。这是暂时的紧急的处理方法，即在不修理即将倒塌损毁，而又没有足够的条件作更好的修理时所采取的修理方法。其目的在于保持它不倒塌、不继续损害下去，以待条件具备时去作进一步的修理。所以只在建筑物本身之外增添辅助力量，以维持它的现状。屋架倾斜的以斜木支撑，屋顶陷落的在下面加垫木、立柱支撑，上面用灰背、铁皮等搭盖。损坏严重部分，容易发生危险的，也可以报经上级领导机关审查批准后，在经过详细测量、绘图、照相之后暂时拆卸。在采用这一方式时，必须由工程师或有经验的工人来处理，注意不改动它原来的任何部分并作精确的记录。

第三种是保固性的修理。这是较为彻底的一种修理，是把建筑物的全部损坏部分都恢复起来。这个工作要看建筑物损坏的程度而采用不同的措施。损坏极为严重的可以全部拆卸后，再按照原样建筑起来，也可以只是把倾斜的屋架拨正，脱榫的归安，梁柱檩椽等糟朽断裂的按照原样更换新料，翻盖屋面。这是要求建筑物坚固、能长期保存下去的工作，主要是解决工程结构上的问题，所以于这目的没有决定作用的部分，例如门窗装修、油饰彩画等类工作，在这里就不是必需的，不一定要做（如条件许可当然也可以同时做）。这种修理处处都要注意它原来的形制，完全一丝不苟地照原样做起来，每一块构材都要严格地遵守原则。但是，为了它的坚固持久，可以在它原来结构的弱点处适当加强，例如加用钢料。需要注意的是，这种加固的材料必须放置在隐蔽位置，不使它影响建筑物原来的面貌。

最后一种是复原性的修理。这是最艰巨最彻底的修理，是要把全部建筑的各个部分一一按照原状恢复起来。有些复原部分可以按照现存部分做，例如短缺了的梁柱斗栱，都可以按现存的相当位置的同样部分照样配做。因为我们知道建筑物中每一个“散斗”或每一个“瓜子栱”都是同样的，只要还存在一个，就能把其他短缺的都照样配做新的。所以熟练的工人会把整个建筑有次序地拆下来，标记出每一件构材的位置，修补添配好后又安装起来，与原状完全吻合。这样的复原部分比较容易，在保固性的修理中也同样可以应用。对于一些已完全不存在的部分，或已被判定现存实物并非原物的部分，例如门窗装修、栏杆、鸱吻、瓦饰、彩画等，如果恢复原状，就必须经过详细的研究，从理论、从现存其他实物上，从这个建筑物本身所遗留的痕迹上，取得证据，以判明它的原状。因此，这是需要经过周密的研究才能决定的工作，也可能是需要长时期逐渐完成的工作。

四、如何进行修理工作

在修理一个古建筑之前，首先要进行勘查，弄清楚它损坏的程度，有无倒塌的危险，决定采用哪种修理方法，报请上级机关批准。一般的损坏情况，例如墙壁臌闪、梁柱折断糟朽、望板椽子朽烂陷落等，只要有经验的工作者就可以判断它损坏的程度，应当采取哪种措施。有些特殊的情况就不是单凭经验所能判断的，例如常听人说：某某古塔倾斜，即将倒塌。一个建筑物是否即将倒塌，不是主观感觉能作出正确判断的，也不能专凭经验来断定。开封铁塔在过去九百年的历史中，经过了三十七次地震、十八次大风并未倒塌。大同城楼在十八年前就是现在的危险状态。四川某县唐代的塔，至少在一百年前就彻底地裂成四瓣，也尚未倒塌。这种外表的现象只能提供注意、研究、参考，可靠的断定是要用科学方法来勘查。例如，陕西栒邑县[①]古塔倾斜了1公尺多，外表看来很危险，在经过测量后，就判明它的倾斜并未超过三分一中线，不会倒塌。那么它还能维持多少时候不至于倒塌呢？这就需要搜集可靠的记载资料，弄清它倾斜的发展速度。如果没有过去的资料，就要从现在起作有规律的定时记录，测出它倾斜的发展速度。根据这些情况计算出到什么时候它的倾斜度超出三分一中线就可能突然倒塌。由此可知，勘查是复杂而重要的工作，是在修理前必须做的，不能只是简单地看看就作决定。

在经过勘查后即可初步决定采取哪种修理方法。如只做保养或简易的抢救修理，可拟出修理计划及说明，在得到上级机关批准后，就可以交给施工单位施工。如做保固复原的修理或规模较大、困难较多的抢救修理，尚须进行设计工作。设计工作大致包括下面各项：

1. 测绘实测图样，摄制照片。对全部建筑各部分精密地测量，用比例尺绘成平面、立面、侧面、各种断面及各部分的详细大样图。这必须是真实准确的图样，不是随意写生和不用比例尺所能做好的。同时还要把建筑物全体及各个部分摄影记录下来。

2. 详细检查。这是较勘查进一步的检查。勘查时只是估计各种损坏的程度，检查时则应具体记录每一部分、每一根构材的位置及损坏情形。

3. 研究工作。这是修理古建筑的重要工作，有时候可能是长时期的工作，在苏联有专设的技术室从事这项工作。据6月10日《光明日报》载新华社讯："目前，在苏联被谨慎地保留着的古代纪念性建筑物有一千五百多座。二十二个专门修理技术室的一大批科学家和建筑师正从事于修理具有历史意义和艺术价值的古代建筑物。"苏联建筑科学院中央修理技术室的负责人列夫·彼得罗夫向塔斯社记者说："苏联科学家和建筑

[①] 今旬邑县。

师不懈地研究工作，使他们能够修复许多古代俄罗斯式建筑物。这种工作的艰巨性可以从修复阿斯特拉罕城堡的例子中看出来。这座城堡是在十六世纪建造的，是保护俄国土地不受游牧民族侵略的俄国东南部的一个前哨碉堡。这个纪念性的建筑物几世纪来重建了好几次，因此已变得面目全非了。但是科学家们经过长期研究后，终于把阿斯特拉罕城堡四个世纪的历史弄明白了。为了准备恢复它原来的面貌，科学家们拟订了一项详细的修复计划，准备在今年夏天动工。”我们从这些消息中可以体会到研究工作对修理古建筑的重要性和艰巨性了。

插图二　农安古塔旧影

插图三　晋祠飞梁的砖栏

具体的研究工作又可以分为两种性质：

一是属于建筑学的。一个建筑物的恢复是要研究了那一时代同类型建筑物的一般规律和那一时代中那一地区内的地方性的规律，结合着现存部分的实际情况才能得出结论，拟出它的原来形状。例如，农安塔的基座已经看不出原来的形状了，这就需要研究一般辽代砖塔基座的形状和农安县附近其他辽代塔的形状以及现在塔上仅存的一个莲瓣才能作出决定。又如，晋祠飞梁的栏杆，现存的是砖栏，不是原来的面貌。我们要恢复它时，就要研究宋代石栏的一般形状和山西省现存其他宋代石栏的形状来作决定。现在的是照南京栖霞山舍利塔石栏做的，当然那是一个古代的式样，但它不是宋代的，也不是山西的式样。这样的做法就不能算是复原。［插图二、三］

二是工程学的研究。这是根据建筑物损坏的情况，研究它损坏的原因，以求在保存原状的原则下找出修理的办法。因为古建筑的修理单是恢复原状还是不够的，还应当要求它更坚固持久。例如，塔的倾斜要研究它是因结构不良、基础走动或是受地震、风力的影响，找出对策，才能彻底地修复它，使修好后不至于在短时间又毁坏。

4. 施工详图、施工计划。施工详图是综合了实测图、详细检查和研究得出的结果后绘制的图样，是施工的根据。图上载明了各部分的形状和修理的方法以及所用的材料。在上面各项工作完成后，它是较容易完成的。施工计划则是分析这个工程各方面的问题，解决并规定进行步骤。它包括需要材料的种类、数量，何时可以齐备，如何运输，需用人工的数量、种类及其来源，当地的施工季节有多长以及工人住宿、伙食、卫生、材料存放地点等问题的具体情况，可能做到的程度，以决定工程一次完成或分几年完成，或者第一年准备材料、第二年施工，然后才能按照计划顺利完成。

一个古建筑的修理是要经过以上所有的工作程序，自然也应当按照修理的性质，省去不必要的工作程序，才能列入正式的年度计划中，请求拨款修理，并不是主观决定要修理就马上动手修理的。而这些工作往往也不是文化工作部门所能单独完成的，尤其是设计工作，必须依靠当地的建筑设计公司，或聘请专家解决。

在修理工作施工期中，还要注意新发现的情况，以补充对古建筑研究的资料。在修理之前所做的测绘工作，往往只限于表面的、外部的，在施工时有许多平常看不到的部分都暴露出来了，使得有可能去测绘记录下来，增加对它的认识。例如，榫卯的结合方法，平常无法看到，拆卸开后就可以很详细地记录下来。农安塔拆卸了一部分后发现一个藏舍利的密室，使我们知道砖塔安放舍利的具体位置。善化寺普贤阁以前一般都认为是辽代的建筑，修理时在四椽栿榫卯内发现“真（贞？）元二年”的年号，这又提供了它可能是金代建筑的证据，值得我们再深入研究。这些修理中的新发现，都可以帮助我们更具体地了解它，取得更正确的认识。因此，古建筑的修理工作，不是单纯的“修理”，无论在修理之前或修理过程中，都是要与研究工作相结合的。

以上是我个人对这些问题的意见。为了更好地执行国家保护古文物建筑的政策，明确古建筑修理的意义，端正认识，从而提高古建筑修理工作的质量，使我国古代劳动人民伟大的艺术创造得到保护与发扬，使民族的优良传统能被继承，这工作是有待于从事文物工作的同志们共同努力研究与讨论的。

（原载《文物参考资料》1953年第10期，据作者批改手迹修订）

关于汉代建筑的几个重要发现

在“全国基本建设工程中出土文物展览会”内，看到数千件灿烂的古代文物。从它们来自各个不同地点，可以看出我们祖国各地正在进行着伟大的经济建设，有着和平、富足的生活远景。从它们多种多样的类别，可以看出我们祖国的人民自古以来就是热爱劳动、热爱和平生活、聪明优秀的民族。全体人民为祖国社会主义建设的劳动，不但是在创造着新的生活，也使这些古代劳动人民的创造重现光辉。无疑地我们会继承这优秀的民族传统，“推陈出新”，以丰富我们的新建设、新生活。在基本建设工程中，我们将更加慎重地保护这些珍贵的民族遗产。

建筑是造型艺术中体积最庞大的。过去我们以为从地下发掘出来的文物不会有什么关于建筑的重要资料，然而事实证明，这里有关建筑的文物和其他文物一样是多种多样的，有瓦制的楼阁、住宅、仓囷，有在画像石（砖）上雕刻的住宅透视图、门、阙、桥梁，有完整的砖石建筑的墓室和柱、斗栱。它提供了前所未知的资料，填补了建筑史中一段空白，为研究我国建筑史提供了丰富的实物依据。

山东沂南和四川宝成路所出土的画像石（或画像砖），都有整所房屋的透视图。前者［插图一］[1]是一座有两层庭院的四合院，中线上三进房屋都是五间，前两进当中一间是大门或过厅，后一进当中一间似乎是客厅，它没有装门窗，而在正中线上有一根柱子，上面托着斗栱。两侧有六间厢房。在全座建筑后面伸出一间抱厦，左侧前后两角各有一座角楼。大门外右角好像是一个井架，前院中有一个像织布机的架子，后院中放着日用器皿。这是一所祠堂的形式（《文物参考资料》1954年第8期，第64页，图

[1] 本篇插图系整理者据原文所示线索选配。

插图一　沂南画像石（透视图性质）

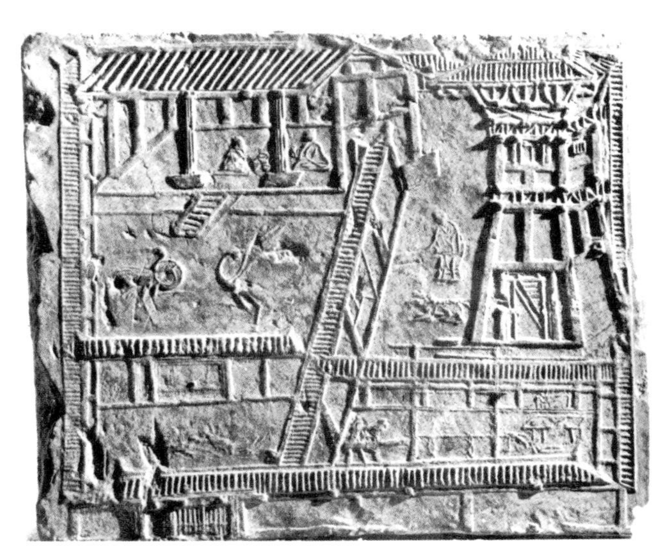

插图二　宝成铁路出土画像砖之房屋（透视图性质）

插图三　广州西村石头岗出土东汉陶屋（四合院之雏形）

30）。宝成路画像砖［插图二］上所刻的是在一个方整的围墙内靠左上角有三间较高大的房屋，它的前面和右面用横向或纵向的长廊连接划分为几个小庭院，在右边较大的庭院内有一座高台，廊前一个持帚者正在打扫清洁，各个庭院中有活动的家禽和静卧的小动物。这可能是花园中的一个小院落。此外，广州出土的明器瓦屋也有四合院的形式，都是在前后两层房屋的左右有廊或花墙连接着［插图三］。这些文物，尤其是那两幅透视图，充分提供了汉代人民的生活情况和当时建筑的平面布置。

我们知道，中国建筑习惯于把各个单独的建筑物成组地配列起来，使它符合于生活的要求。这成组的有计划的高低错落的建筑群所给我们的抑扬顿挫的韵律，就是我们建筑民族形式的重要特征之一。在现存古代建筑实物中，关于平面配置形式，仅知道三四处辽、金时代的例证，在壁画石刻中也只看到过六朝及唐代的平面，西安的汉代未央宫遗址就只有一个大体的范围，因此汉以前的平面配置就只能从文献中去推测了，而文献记载是很难说明具体形象的。这两幅画具体说明了汉代平面布置的两种类型，说明四合院的形式至少在汉代就已有了。它填补了建筑史上对整体布局研究的一大段空白。

我国古代建筑很多是在高台上的。这种台大多是土台，较晚时代则为砖台，例如燕下都遗址。那些土台上都有建筑的遗迹，并发掘出瓦和瓦当。现存辽代重要建筑还是在高台上，元代的安平圣姑庙和北京团城都是在砖筑高台上的整群建筑。另一种是木构的台，台上只能建筑单独的建筑物。这是在敦煌唐代壁画中所曾看到过的，没有看到过实物，也不知道这种形式开始于何时。因此，在前述宝成路画像砖中的台就成为极重要的建筑史料。本来在汉代建筑中高层建筑已是常见的形式，在这个展览会中其他的画像石（砖）中就有不少的楼，广州出土明器中也有楼，河北望都出土的三件明器重叠起来应当是一座四层高的楼，而且每层都有斗栱挑出的“平坐”。而这块画像砖上所表现的高层建筑是建筑在一个很高的木构高座上，高座上没有平坐、屋檐及窗的表示，很显然它不是楼而是台，它和敦煌唐代壁画中所画的木楼高台应当是属于同一类型的。由此我就获得了对古代建筑的新知识，说明这种木构高台的形式至少在汉代便已经有了。

插图四　成都站东乡汉墓出土画像砖

成都站东乡汉墓中出土的一块雕刻着桥梁、车马的画像砖（见《文物参考资料》1954 年第 3 期封面图），也是一件重要的建筑文物［插图四］。这是表现着一座用柱梁构成的桥，每隔相当距离建立一排柱子，并用纵向和横向的梁连接起来，梁上密布横木，做成桥面。这一切结构方法在画上都表现得很真切，由桥上车马奔驰的情况看来，在当时这种桥的载重量已达到相当高的程度。这种式样的桥在现在花园内的小桥中还可看到，再早在宋代名画李嵩《水殿招凉图》中曾画了这样一座桥。现在又可知道这种桥在汉代便已有了，并且在当时它是在交通道路上畅通车马的桥梁，不是庭园中的点缀品。这种梁式的桥就其结构发展来说应当是产生较早的桥梁，后来成排的木柱发展成用大石块叠砌成的石柱，如现存西安附近的灞、浐、丰三桥和河北省蠡县桥，都还保存着这种石柱桥的做法。由成排的石柱进而为整个的桥墩，则是较晚才有的。可惜在这图中还不能看出是木柱桥或石柱桥。

沂南汉墓中有两根石柱上面都有栱，前述这墓中出土的画像石上也看到斗栱。斗栱是我国建筑上的重要结构部分，是整个建筑的准绳。它产生于何时现在还不能断定，但汉代的斗栱在西南是已习见的了。如有名的高颐阙、冯焕阙、平阳阙和夹江、绵阳、渠县、巴县等处的汉代石阙上，彭山、嘉定等县的崖墓中，都有斗栱。[①] 而在中原只有朱鲔墓祠上有一具不完整的斗栱，肥城郭巨祠石柱上只有斗而无栱，河南嵩山三阙、嘉祥武氏阙上都没有斗栱，山东等处的画像石（如两城山画像石）和陶制明器上虽有斗栱的表示，但只是大体的轮廓。这样完整真实的斗栱在中原还是第一次看到。它和西南所有的汉代斗栱在形式上是完全一致的。同样，在其他各地出土的明器上所有表现的墙、柱、屋顶、栏杆、台阶以及装饰花纹，都极近似或完全相同。可见在汉代我国建筑的地域性差别是较小的，也可以说汉代的文化在全国范围内发展得相当普遍和平衡。

还必须再说一说沂南汉墓画像石中的房屋透视图，它最后一进房屋明间中线上有一根柱子和斗栱。这种在中线上用栱的形式，早在四川崖墓明器中就已看到过，那是一根直立的柱上承托着斗栱（在这个展览会中，有一个郑州二里岗出土的六朝时代的明器也是这形式，它和四川崖墓所出的明器是完全一样的），或两根斜立成“人”字形的柱上承托着斗栱。还有肥城郭巨祠也是同一形式。在过去我以为这是一种两间的房

[①] 巴县，今重庆市巴南区；彭山县，今眉山市彭山区。嘉定县崖墓，即指乐山崖墓。

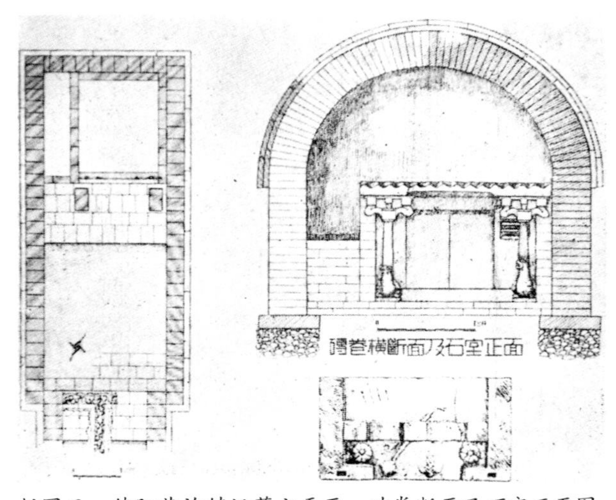

插图五　德阳黄许镇汉墓之平面、砖券断面及石室正面图

屋，当然中线上应当有一根柱子，但在这张图中很清楚地表示出是有意识地把柱子放在明间中线上，因为它前后三进都是五开间。这样就在汉代建筑研究中提出了新问题。这根柱子必然是适合于使用或结构的要求的。它为什么必须要在中线上？这是需要进一步研究了解的。

德阳黄许镇汉墓内有一个带前廊的石室［插图五］，廊前左右两根石柱，柱下用石狮（或者就是“天禄”“辟邪”）作础，柱上有弯曲的斗栱，廊内大门左面设一小窗。这是一个权衡适度的优美的大门设计。廊内简单的大门墙面和廊外有适当装饰性的柱栱、屋檐、石狮对比和谐，使人有宁静雅致的感觉（《文物参考资料》1954 年第 3 期，第 14 页，图 13）。小窗的窗檽横向装置着，和后代习见的直檽窗是完全不同的趣味。它消除了廊内立面因窄长的门扇墙面形成的单调无趣。柱础做成石狮的形状，至今也还是四川常用的形式，后来大门前的两个石狮是不是就是由此发展而成的，也是一个值得注意的问题。这种带前廊的门也曾在四川崖墓中见到过（例如彭山第 355 号墓门），但是那两根柱子是浮雕在墙面上的，所以不能使我们得到如此真切的印象。虽然它仍然只是墓内的一个小室，但是没有疑问是一个缩小了的建筑物。它给予我们的是汉代建筑的最真实的外观。

在另外的几块画像石（砖）中，表现了两种大门的设计。一种是阙形的，在两个较高的阙形建筑间用较矮的墙连接着墙面开辟大门。另一种是五间长的建筑［插图六］，正中一间辟门的较为高大，两侧两间较低矮，其左侧一间安装着较小的旁门，整个外形和阙形门正好呈相反的趣味。还可以看到建筑物后面伸出的树木，以表示门内的环境至少是布置成小庭园，树上正停留和飞翔着禽鸟（《文物参考资料》1954 年第 3 期，第 20 页，图 22）。沂南画像石中也有一座类似的建筑物［插图七］，共是七间，当中一间是楼房，下层安装大门，左右各两间较低，最外侧两间又稍低，全部成梯级形的轮廓（《文物参考资料》1954 年第 8 期，第 56 页，图 26）。可以看出这个建筑物是“断砌”造的，所以两侧的房屋下有高出地面的阶台，当中开门的部分没有阶台，以便于

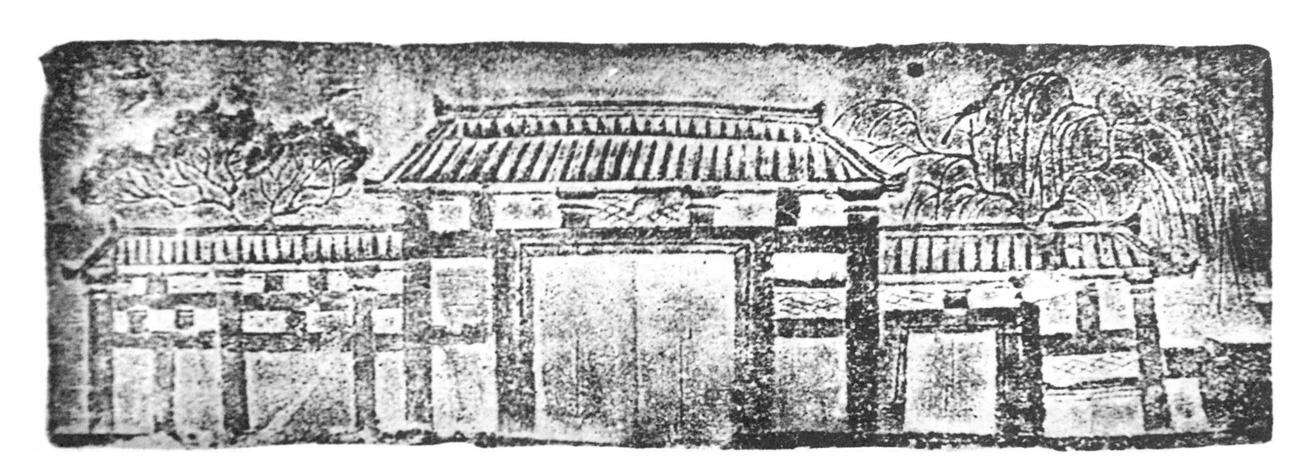

插图六　德阳黄许镇蒋家坪汉墓出土画像砖中的大门

插图七　沂南汉墓画像石中的大门

车马出入。

这些在基本建设工程中出土的汉代画像石（砖）、明器，告诉我们汉代建筑的各种形式和正确的外观形象、结构方法，为我们研究中国建筑的发展过程提供了极宝贵的新资料、新问题，是我们创造新的民族形式的建筑的泉源。苏联专家阿谢甫可夫说，“苏维埃建筑批判地应用了先辈在建筑领域中创造的有价值的东西，创造性地改善它并且在自己具有世界历史意义的社会实践中检查它”，这是保护古代建筑文物应有的作用。

（原载《文物参考资料》1954年第9期，据作者批改手迹修订）

两年来山西省新发现的古建筑[①]

壹　五台县

一、南禅寺［图版1～11］

在同蒲铁路忻县[②]至蒋村支线的终点站蒋村下车，再乘马车东行40里为五台县属的东冶镇。镇北12里有小村名李家庄，南禅寺即在村后土岗上。寺现存山门、观音殿、罗汉殿、伽蓝殿、护法殿及大佛殿，另有东院正殿三间祀阎王及东禅房三间［插图一］。该寺的建置在县志、《清凉山志》中均无记录。寺中现有明、清碑记数通，其中万历十二年（公元1584年）所立《古刹新建净业绘轴十王设会之碑记》云："……盖

---

① 本篇系陈明达先生与祁英涛、杜仙洲合写，初刊于《文物参考资料》1954年第11期。1998年版《陈明达古建筑与雕塑史论》收录此文时，略去了插图、图版和祁英涛、杜仙洲二人的执笔部分。后整理者曾于2006年访问杜仙洲先生，他回忆说："五十年代初的山西古建筑调查，接续了中国营造学社硕果累累时期的工作，陈先生是其亲历者和指导者。此文虽名义上各章节由各人执笔，但实际上均经陈先生修改，全文也由陈先生统筹把握。绘图方面，他或亲自动笔，或精心指导，花费了很大心血……发现南禅寺并确认其为唐代建筑、发现永济永乐宫，对此二项，陈先生给予了最具说服力的权威性论证……在《文物参考资料》1954年第11期同期刊载的多人合作的《山西省古建筑修缮工程检查》《山西省新发现古建筑的年代鉴定》《勘察山西省古建筑的工作方法》等，实际上也是陈先生主笔完成的；而陈先生署名的《山西——中国古代建筑的宝库》，则带有那一次工作的总结性质。"今为完整保留历史信息，将此文全文收录。又，原文所附图版大多漫漶不清，部分已用原照替换，以图注加"*"标示；另有一部分系整理者尽量按原意选配，并补充若干二十世纪九十年代至二十一世纪初的现状照片，以图注加"**"标示。

② 今忻州市。

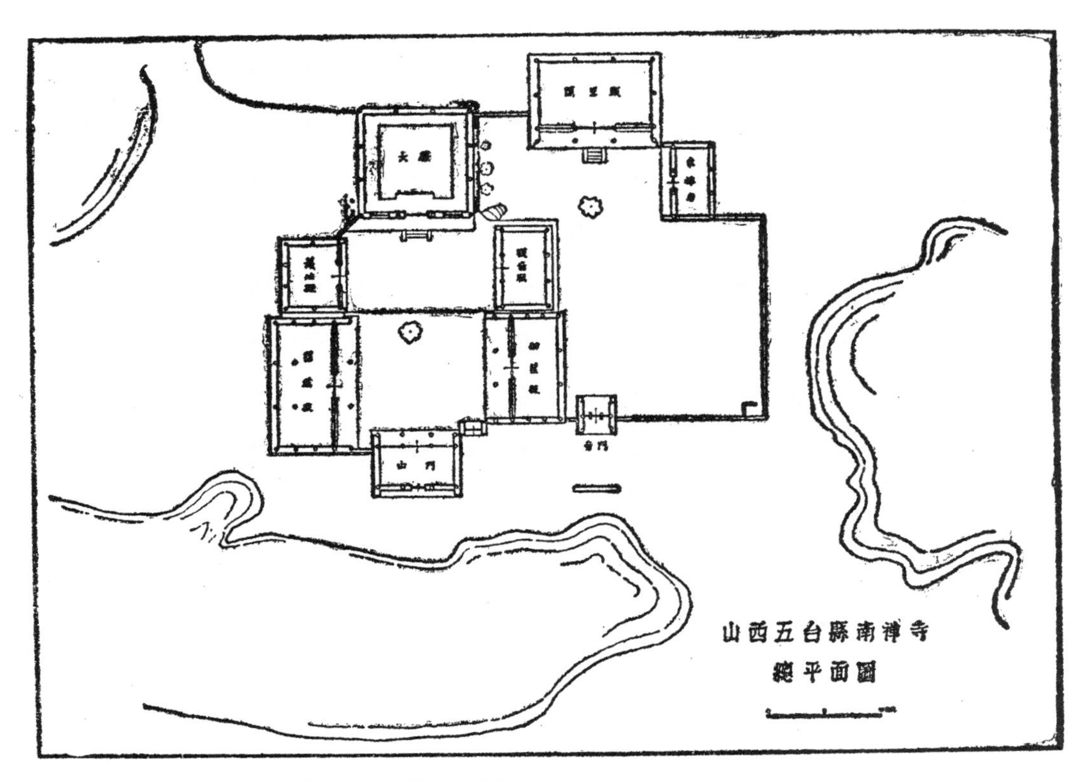

插图一　山西五台县南禅寺总平面图（陈明达绘）

紫府正西三十里许聚落曰李家庄，南禅寺皇恩敕赐……”所以这个村庄至少在明末就叫李家庄。乾隆二十九年（公元 1764 年）《重修圆觉庙碑记》云：“……是殿也，年远代久，聿考遗记昉于大唐建中……”同治十二年（公元 1873 年）《重修诸殿碑记》云：“……考斯庙之建，肇自建中三年，栋宇虽坚，代远何能不敝，垣墉即固，年深奚克无倾，所以历久不坠者，殆惟有以葺之也……因而两村议仍旧惯，莫不慷慨赴事，欣然乐施，相助钱二百四十余吊，旧年间郭尚功施修伽蓝殿五十吊，今同修大佛殿、罗汉殿、伽蓝殿、东禅房，次年又助钱一百六十余吊，修南观音殿山门……”这算是关于寺史最详细的一段记载。寺内住有姚姓农民，说尚有古碑埋在大殿前院内，惜未能发掘。现在山门、观音殿、伽蓝殿、东禅房均为清代所建。罗汉殿看来时代较早，在殿内明间北侧金柱上有墨笔工楷写的“时大明隆庆元年二月二十六日起盖”，南侧金柱上也有墨笔题的“时大清乾隆四十七年二月初八日重修”。就它的结构看，虽然乾隆时重修过，但还保留了明代的原状，所以它还是明代的建筑。大佛殿西侧四椽栿下墨笔题写着“因旧名时大唐建中三年岁次壬戌月居戊申丙寅朔庚午日癸未时重修殿法显等谨志”。这两行字迹已很淡，四周木料似乎被刨去了一层，所以有字的地方微微觉得高起一点，大概原来所题记的还不仅这两行字，被后代修缮时刨去，所以“因旧名”三个字在这里竟是弄得上下不接气。在这梁的东侧上还钉有一块木牌，上面有四行字，现在能辨认的只有第一行起首四字“文殊普贤”和第四行起首四字“至正三年”。殿的建筑本身及殿内佛坛塑像以及寺内残存的三个石狮、两块角石、一个51公分高的小石塔，都可以证明大佛殿最迟是建于建中三年（公元782年），距今一千一百七十二年，比佛光寺东大殿还早七十五年，是国内现存最早的一座木构建筑。它在五台诸寺中规模最小，大概当时就不是重要的佛寺，所以找不到关于它更详细的历史记载。可能这也就是它能幸免于唐代“会昌灭法”的毁坏而得以保留下来的原因。

大佛殿面阔、进深都是三间［插图二］，通面阔11. 62公尺，进深9.67公尺，略近于正方形，共用檐柱十二根。殿内无金柱，在明间前后檐柱上，使用通长的四椽檐栿，栿上施缴背驼峰，上承平梁，构架极为简洁。它的举折极为平缓［插图三、四］，前后橑檐槫间距离为11.13公尺，举高共1.9公尺，仅及六分之一。柱头用五铺作双抄偷心

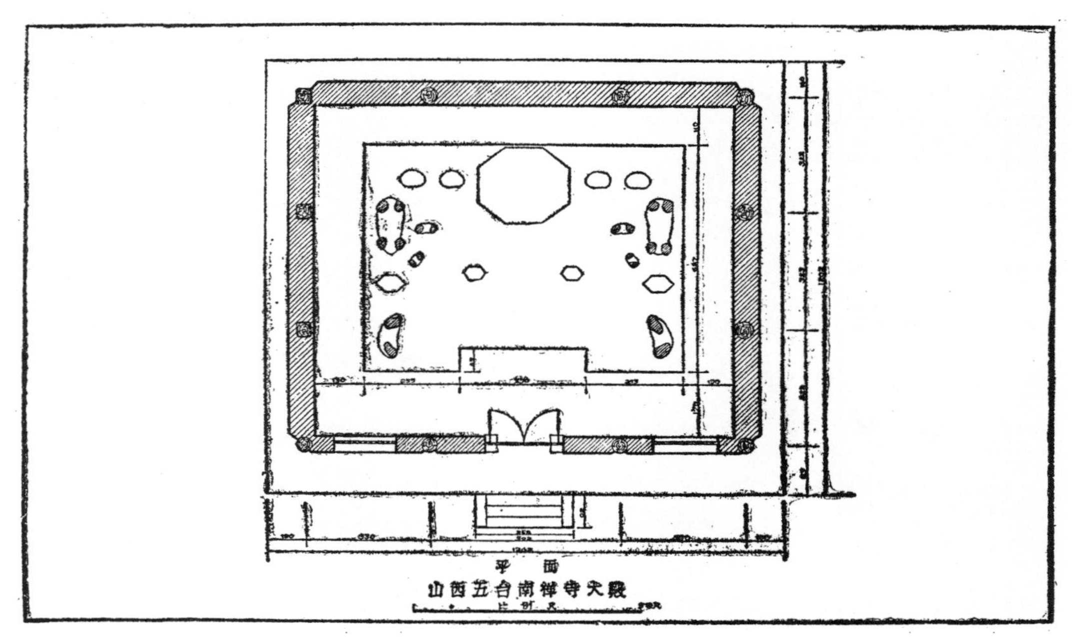

插图二　山西五台县南禅寺大殿平面图（陈明达绘）

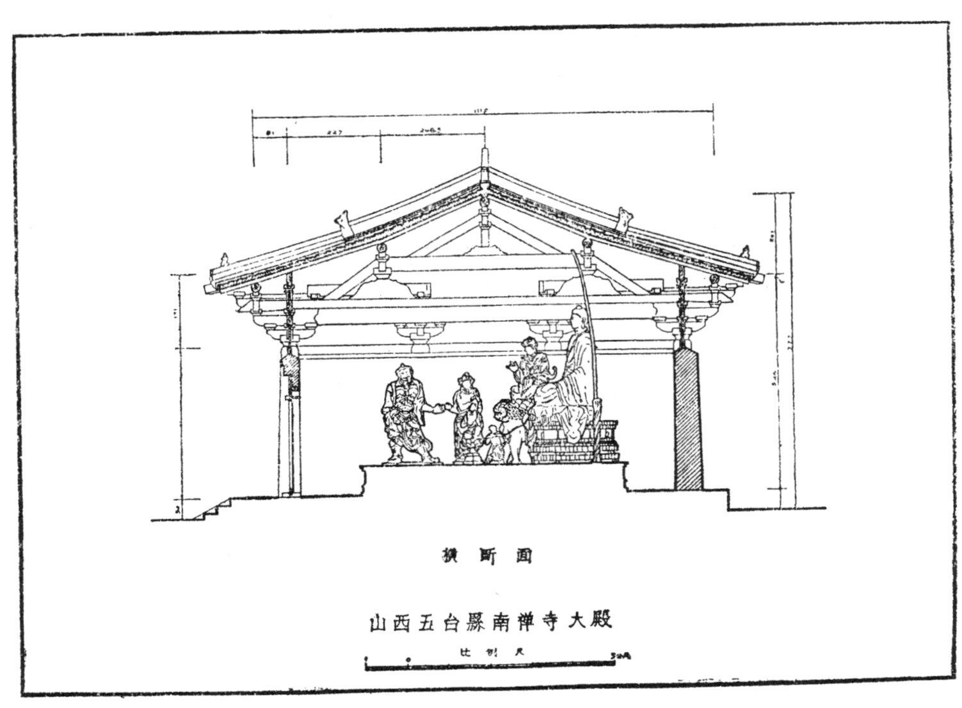

插图三　山西五台县南禅寺大殿横断面图（陈明达绘）

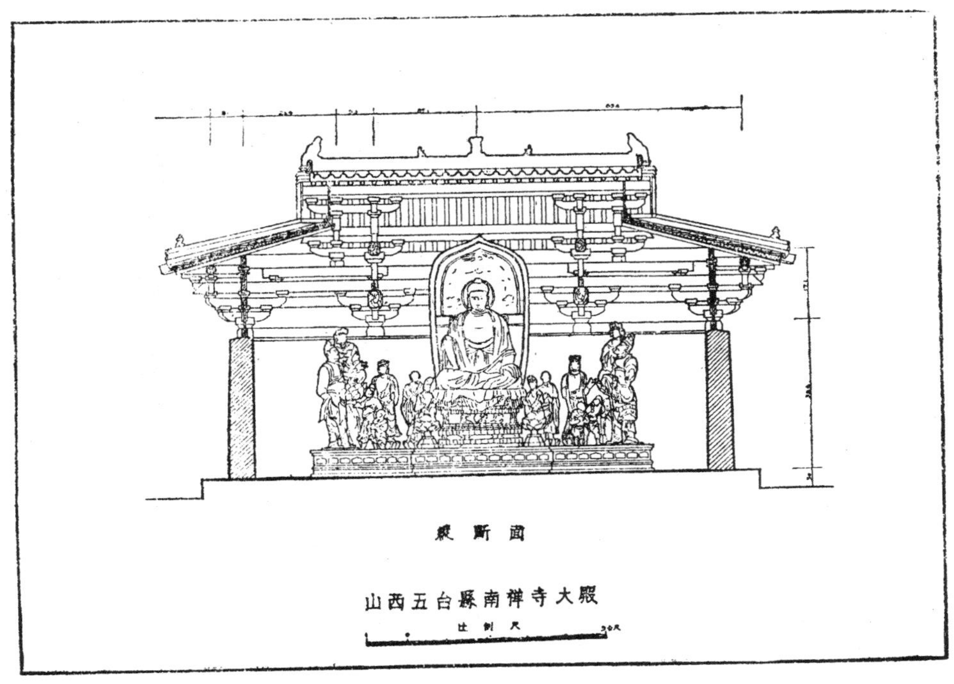

插图四　山西五台县南禅寺大殿纵断面图（陈明达绘）

单栱造斗栱，无普拍方，阑额不出头，亦不用补间铺作。它的前檐明间大门和两次间直櫺窗，都经后代加筑了发券的门窗，檐头也被锯短，所以在外观上给人以不相称的感觉。但是细心观察它的柱高和斗栱、平直的出檐和和缓的举折，就可以感觉到它和敦煌唐、宋窟檐有很多相似的趣味［插图五］。

殿所用材为 24 公分 ×16 公分，栔为 11 至 12 公分，和我们已知的唐代及辽、宋建筑的材栔都很相近。栌斗宽 48 公分，耳高 12 公分，平高 5 公分，欹高 13 公分。交互斗 24 公分 ×29 公分，耳高 7 公分，平高 3.5 公分，欹高 7.5 公分。外第一跳 48 公分，第二跳 33 公分，内第一跳 55 公分。泥道栱长 113 公分，令栱长 123 公分，隐出慢栱长 185 公分，替木长 202 公分。方形柱每边长 41 公分。细部结构上有如下的特点：

1. 栱头卷杀每瓣都微向内收（约为 0.3 公分），在木构建筑中是孤例。

2. 殿西山面靠北三根檐柱是方形，四角略为斫去，可能是原来的柱子。其余圆柱大概都是后代修理时所抽换的。

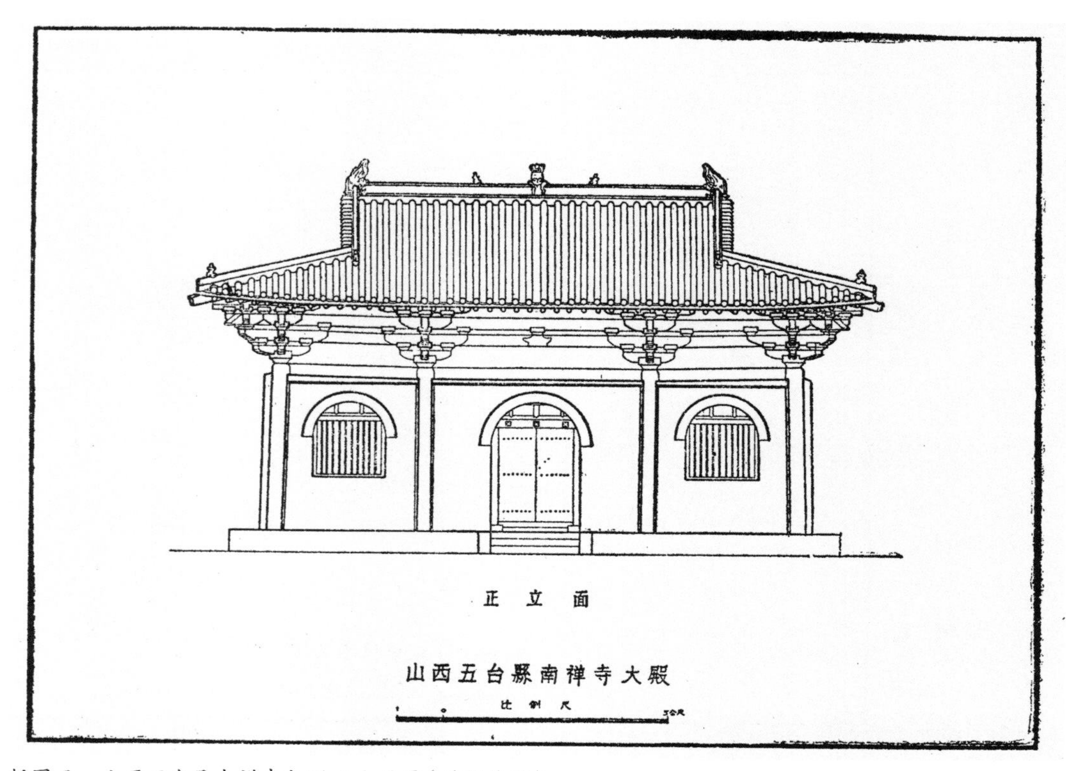

插图五　山西五台县南禅寺大殿正立面图（陈明达绘）

3. 柱头铺作上用素方两层，方上施驼峰、皿板、散斗，以承压槽方。

4. 铺作上不用衬方头，正面铺作第一跳华栱后承于四椽栿下，第二跳华栱后尾即四椽栿。四椽栿是足材，第二跳华栱也是足材。四椽栿上单材缴背即伸出作耍头。山面铺作内外都出华栱两跳，第二跳用单材，其上单材劄牵即伸出作耍头。在转角铺作交角斜华栱内外皆出华栱二跳及耍头。

5. 山面柱头上的单材劄牵并不承重，后尾搭在四椽栿上，略具牵制作用。

6. 山面歇山承椽方与正面下平槫相交之点用直斗承托。这直斗立在一根单材斜劄牵上，它一端在转角铺作内耍头上，另一端在四椽栿缴背上，都是用一个散斗承托着。

7. 四椽栿、平梁、劄牵都用月梁造。

殿内用砖垒砌着一个 8.4 公尺长、6.27 公尺宽、0.69 公尺高的大佛坛，四周砖砌壸门和叠涩上雕刻着精美的花纹、花边、莲瓣。坛上配置大小十七尊塑像，都是唐代原物。佛像的配置是在本尊左右侍立二弟子二菩萨，次为普贤、观音，次为二侍立菩萨、二金刚，普贤、观音前各有童子、拂菻二，本尊前又有供养菩萨二。它证明了佛光寺东大殿、大同下华严寺薄伽教藏殿佛像的配置都是继承唐代早期的作风。这些塑像的比例、面相、衣纹都是唐代的典型风格，与敦煌塑像是一脉相传的。其中尤以本尊流畅的衣纹、精美的佛座，普贤、观音的每个莲瓣都饱满自然的莲座以及西面外端侍立菩萨丰满的肌肉，是这殿中最精心的创作。

寺内残存三个石狮，一个高 78 公分，另两个均高 45 公分。两块角石各方 33 公分，一块上雕卧狮一，另一块上为二狮相斗之状，都极生动。残石塔一，底方 26 公分，高 51 公分，共分五层。第一层四角各有窣堵坡式小塔一座，四面浮雕佛传图。第二层每面正中浮雕佛像一尊，两侧雕像四尊分为上下二层。第三至五层每面各浮雕佛像三尊。这是在大佛殿以外残物中最精美的一件遗物。

（陈明达执笔）

二、延庆寺 [图版 12～17]

寺在东冶镇北 25 里善文村东北隅，现已荒废。南垣外有石幢一，高约 7 公尺，分四层，上刻陀罗尼经，末行刊“景祐二年岁次乙亥拾月辛亥朔拾五日□□□时建”，是

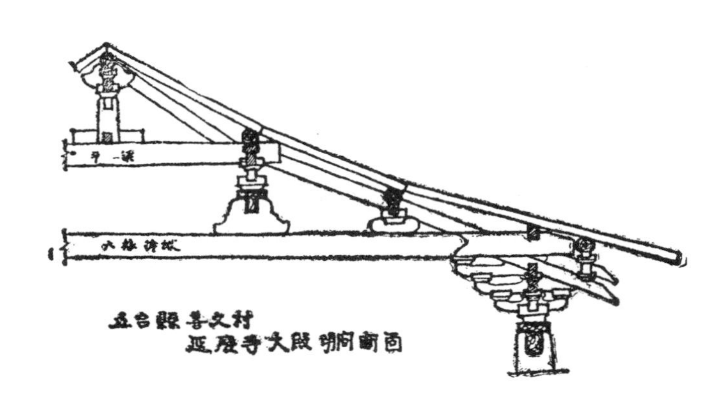

插图六　五台县善文村延庆寺大殿明间断面（陈明达绘）

为北宋（公元1035年）所建。东西配殿三间为清代小式建筑。大殿歇山顶三间六架椽，总面阔约13公尺，平面略近正方形。用五铺作单抄单下昂偷心单栱造，每间各用补间铺作一朵，正面山面明间补间铺作并用45°斜栱，柱头用阑额及普拍方。柱头铺作后尾出三跳华栱上承六椽栿［插图六］，栿作月梁造，在下平槫缝下置方木承坐斗素方及下平槫，更不用四椽栿。在上平槫缝下用较高之驼峰承斗口跳及平梁。平梁头下至六椽栿背，外端用了一根通长两椽的托脚木。平梁上至脊槫用叉手，蜀柱下用角背。山面柱头铺作上出丁栿，栿尾在六椽栿背上，因此这根丁栿是逐渐向上斜起的，而铺作第三跳华栱上就不得不再垫上一块单材方木。

关于这寺的历史，除了上叙北宋景祐石幢证明那时已有此寺外，更找不到其他的资料。就大殿的建筑形制上看，它的耍头、补间斜栱、驼峰的手法均与佛光寺文殊殿相似。通长两椽的大托脚木和像下昂形状的耍头又和朔县崇福寺弥陀殿、观音殿的手法相似。如果断定它是金代的建筑是不会相差过远的。这殿的结构上节省了四椽栿，是很少见的例证。我们知道约在金代末至明代初曾经有过力求在结构上精减的阶段，最习见的是用减柱造的方法节省柱、梁。这个殿很小，根本没有金柱，自然不能再减柱。但是我们古代的匠师仍然运用他们的智慧，巧妙地节省下一条四椽栿，创造了一种新的结构方法。

（陈明达执笔）

三、广济寺［图版18～20］

广济寺，在五台县西门内，南向，俗称“西寺”。前有山门三间，面临大街。内东西配殿各三间，再进为观音殿三间，殿旁钟鼓楼各一座，最后为大雄宝殿五间，殿前东西禅房各三间，是一所普通的伽蓝建筑，规模并不宏大。惟大雄宝殿梁架结构特殊，与寺内其他建筑在风格上显有不同，颇引人注目。关于寺的兴建年代，据乾隆《五台县志》说：“广济寺，在县治西，元至正年建，已就倾圮，乾隆四十三年知县王秉韬重葺。”又据寺内乾隆四十四年（公元1779年）《重修广济寺碑记》所载：“广济寺建于元代，土人呼为西寺，以其偏于县西门内也。寺制极巍峨，栋宇插云，斗栱焕日，盖建县之始，即建此寺……”由上述历史记载看来，可知该寺原系创自元代（十四世纪中叶），其后迭经明、清两代的修葺，现存山门、观音殿等都是晚期的建筑。大雄宝殿虽经几次重修，但梁架结构和用柱的方法还保存了原状，兹简单介绍如后。

（一）大雄宝殿［插图七］

面广五间，进深三间，矗立在用块石砌成的台基上，前有月台，正面叠石级七步。殿顶用悬山屋盖，覆以筒版布瓦，坡度比较平缓。檐下施用简单疏朗的斗栱，普拍方比阑额宽出许多。当心间和两次间皆装槅扇，后檐当心间设版门一槽，两山及后檐则砌以砖墙。檐柱、柱头作覆盆卷杀，柱身有侧脚和显著的生起，因之檐额两端微微高起。在外形上具有稳定朴素的风格。

殿内金柱的配置，系用减柱法。前槽不设柱子，后槽只用粗大金柱两根，屹立在次间的两旁，所以室内的空间相当开敞。金柱间砌扇面墙一道，墙的前后各垒大砖台一座，台上塑大小佛像十尊，靠两山墙下面各砌一长条形的砖台，每座台上各塑罗汉像九尊。由殿的平面布局上看来，无疑它是寺内最主要的一座佛殿建筑。佛像有的还完整，有的已残损不堪，容貌呆板无神采，服装也比较繁缛厚重，很可能是清代所新塑的。殿内不用天花，全部梁架结构都露明可见。兹将斗栱、梁架分述如后：

1. 斗栱　有三种形式。前檐柱头用四铺作斗栱，自栌斗口出平直的假昂一跳，昂背置交互斗，与耍头、橑檐方相交，以承橑檐榑。昂的后尾出华栱一跳，承托四椽栿。当中三间，补间各用斗栱一朵，每朵华栱两侧各出45°斜栱一跳，犹存辽金以来习用斜栱的作风。栱上施耍头，外面与橑檐方相交，以承屋檐，后尾则压罗汉方一根。两梢间各用补间一朵，里外各出华栱一跳，细部手法同前。横向在柱头缝的中线上各用泥道栱一层、柱头方一层，用散斗相隔，以承压槽方。后檐斗栱，柱头和补间形式相同，皆用单抄四铺作，其足材华栱上不施散斗。各组斗栱，华栱用足材，泥道栱用单材，与《营造法式》中运用单栱造的规律相符合。各朵斗栱之间的空隙，皆用土砖堵塞，两面抹饰白灰。

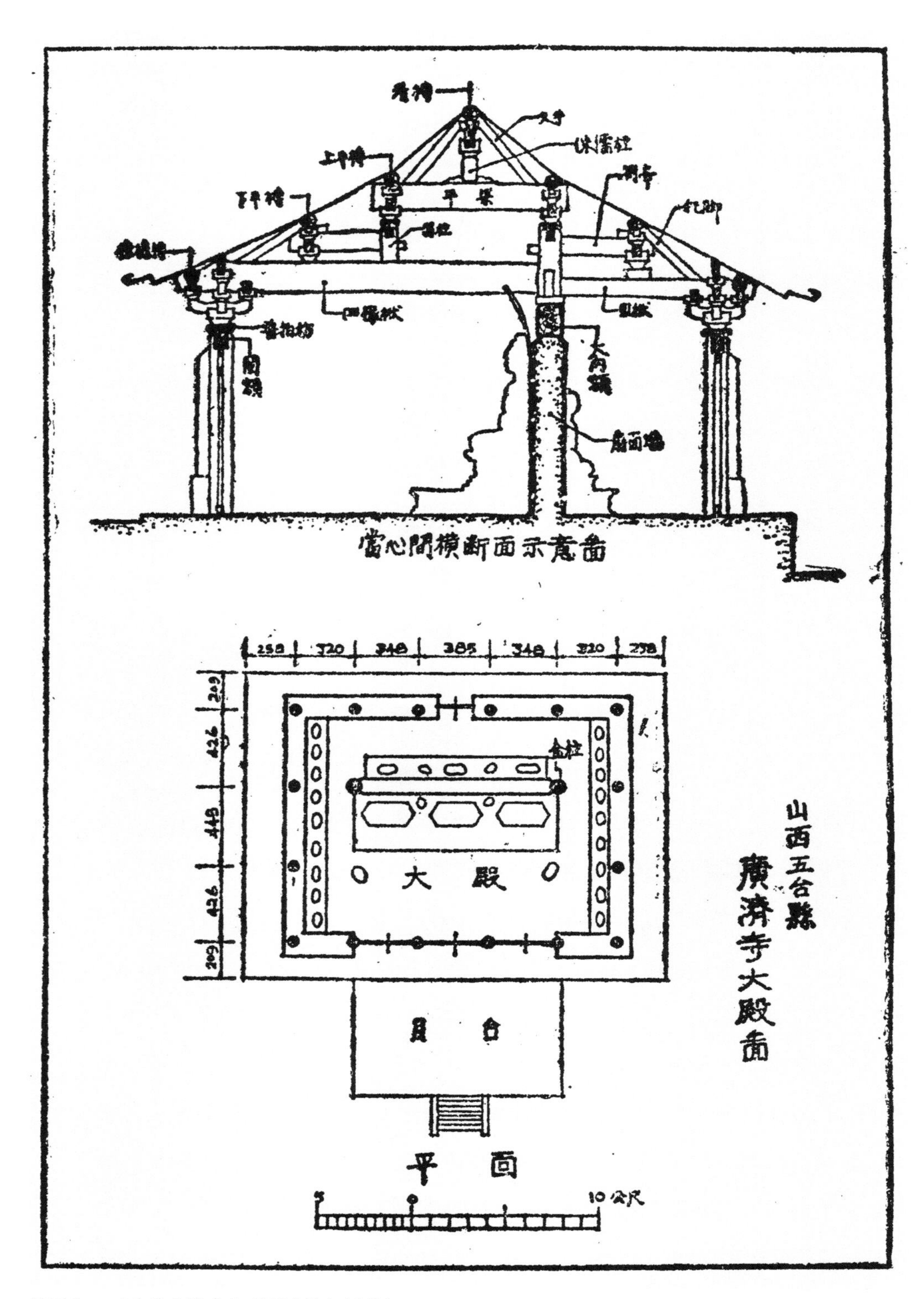

插图七　五台县广济寺大殿图（杜仙洲绘）

2. 梁架　由于采用减柱的方法，因之支樘整个屋盖的梁架，在结构设计上就产生了极有趣味的变化。

（1）横断面：前后两坡共用七檩六椽。

（甲）当心间　前槽左右两缝，各用一根巨大的四椽栿。前头搭在柱头铺作上，伸至檐外，斫作耍头，以承橑檐槫，后尾则搁在两金柱间的大内额上，榫头插入童柱内。后槽则与四椽栿相对，各用乳栿一根，一头搭在后檐的柱头铺作上，一头插入童柱。乳栿上用劄牵一根，一端插入童柱，一端与栌斗、襻间相交，以承下平槫。四椽栿之上，前置栌斗一个，与襻间相交，承托下平槫，后立蜀柱，柱头置栌斗令栱，以承平梁。栌斗与蜀柱之间劄牵前后拉扯，以资固济。平梁以上，当中用侏儒柱一根，立在驼峰上，柱头施栌斗、令栱，以承脊槫，柱的两侧各用叉手一根，构成一组近似现代的人字柁架。

（乙）次间　东西两缝，前后槽各用乳栿承重。前槽的乳栿，一端搭在前檐柱头铺作上，一端搁在大内额上，后尾插入蜀柱内，呈前低后高之势。栿的上背施劄牵，并用短木敦㮧，以承下平槫。此点与太谷元代光化寺大殿的梁架结构很相似。后槽的乳栿，一端搭在檐柱上，一端则插入金柱内，乳栿上也用劄牵前后拉扯，做法同前槽。

（丙）两山面　两山面前后共用四柱，前后槽各用乳栿一根，栿背上置驼峰和栌斗以承下平槫，前后用劄牵相连。平梁两端搁在前后金柱头上，平梁以上做法同前。

（2）纵断面：当心间，两侏儒柱之间横施脊槫和脊方，下面又横施由额一根，为了增强脊槫的荷重力，特在由额的两端各支向内倾斜的叉手一根，构成一组类似梯形的桁架。这种做法，在五台佛光寺文殊殿（金建）和朔县崇福寺弥陀殿（金建）内都有实例可征，由此推想金元时代，晋北一带曾普遍地应用此法。前后上平槫的下面各施辅材一根，两头搭在平梁上，中以栌斗、令栱相隔，两蜀柱之间，横施普拍方、阑额，以资固济。下平槫的下面用襻间，两头搭在四椽栿上。前后檐头用橑檐槫承托椽飞，两柱之间皆用普拍方和阑额。次、梢间与当心间结构大体相似，惟在前檐上平槫的下面横施长贯两间的大内额，两头搭在四椽栿上，用以承托乳栿。西山出际较长，各步檩方皆用斗栱承托。

（二）年代

总结上述各点，椽瓦和门窗虽经后代修改，但梁架、斗栱、绰幕、驼峰及用柱的方式还保存着元代手法，县志上说是元建，是可置信的。

（三）石幢

寺内观音殿前面还保存八角形经幢一座，通高约4公尺，下施扁平的须弥座，每面雕狮子，幢身八面俱有造像，刀法简洁古朴。铭文已漫漶不清，书法近似唐人书体，遒劲有力。幢身之上覆以宝盖，周围浅雕几何形图案，绕以璎珞。宝盖以上施覆钵和宝珠，镌刻莲瓣。关于建幢的年代，铭文中遍寻不得，文献方面又无记载可查，从幢的形体和雕饰手法上看，可能是唐幢。

（杜仙洲执笔）

贰　定襄县

关王庙［图版21、22］

关王庙，俗称无梁殿，也称关帝庙。这座庙只有一座三间歇山的小殿，原是寿圣寺的西配殿，因寺久废，独存的西配殿就单独成了一座庙宇，寺的原名反不为人所知道了。据县志载："悯忠祠在北关，祀唐定襄王李大恩，元至元间改为寿圣寺。"又记："关帝庙，在北关寿圣寺院右。"到明清历代都曾修缮。据明嘉靖七年的碑记："寿圣寺在县治之北，不知创始何时……自唐太和始塑关帝圣像，宋宣和、元至正皆祀。"按此文记载关王庙当始自唐代，与各志书所说不一致，因为到元代改称寿圣寺，这个地方才正式成为庙宇，唐塑关帝的说法似不足信。另外，在庙的北山墙基台上有元至正六年（公元1346年）石碑一座，惜字迹模糊，不易辨认。按其地位及前文所记"元至正皆祀"的话，似与此庙的修建有关。又据明代进士乔光大所写的《重修关王庙记》述叙如下："邑治之北关里，旧有关王庙，建自胜国，余观其庙貌规制，极尽巧思，今之匠人弗能为之，今岁久颓敝，弗堪妥神，邑人省祭官班设入庙兴思曰：古今正直神也，前人既立庙以崇奉，而荒坠弗治，若是几于渎矣，盍新之，乃独贳鸠材，诹辰协吉，课工饬度，相厥物宜，崇厥台基，腐者易之，仆者起之，尘埋污溃者刷涤而新之，表以石楔，周以垣墉，自塈茨瓴甓以及黝垩髹彩，罔不精致……造像绘饰凛然生气……作始于嘉靖三十四年二月吉日，九月落成。”此庙现存结构虽经这次大修，但参照上文所说“庙貌规制，极尽巧思，今之匠人弗能为之”，确不类明代手法，从法式来看，仍保留了许多元代结构特征。檐墙外面嵌石记述，庙的土坯墙为清康熙二十八年（公元1689年）重修。庙内现存壁画皆为《三国演义》故事。据东墙上题字“嘉庆八年十月画工共八十二名，每工出钱二百四十文……画匠梁廷玉”，当为此时所绘。

形制：面阔三间，进深二间［插图八］，四架椽，布瓦歇山顶，花琉璃脊兽，柱的排列是将明间中柱移前，与普通进深三间殿的前金柱地位相同，最特殊的是前檐明间特宽，次间甚狭，明间二椽柱与后檐次间补间铺作相对。

梁架：前檐因明间展宽，普拍方下用巨大阑额一根，次间的阑额很小，不紧贴普拍方，其内端伸至明间砍成雀替形。明间梁架，在平梁下用三椽栿，前檐用劄牵。山面丁栿，后尾搭在三椽栿上，歇山部分只用承椽方一根，不另加榻脚木。

斗栱：全部斗栱，详细比较，虽只三间殿，竟有八种之多。大体分为两类，一类是前檐明间补间及转角皆为四铺作单昂，第一跳特长，其他各朵斗栱皆为五铺作重抄出两跳，其出跳总长等于前一跳斗栱的一跳长。前檐明间补间斗栱三朵，次间不用补间，山面及后檐各间补间斗栱各一朵，斗栱用材比一般稍厚，为15公分×15公分，也是他处少见的比例。仅

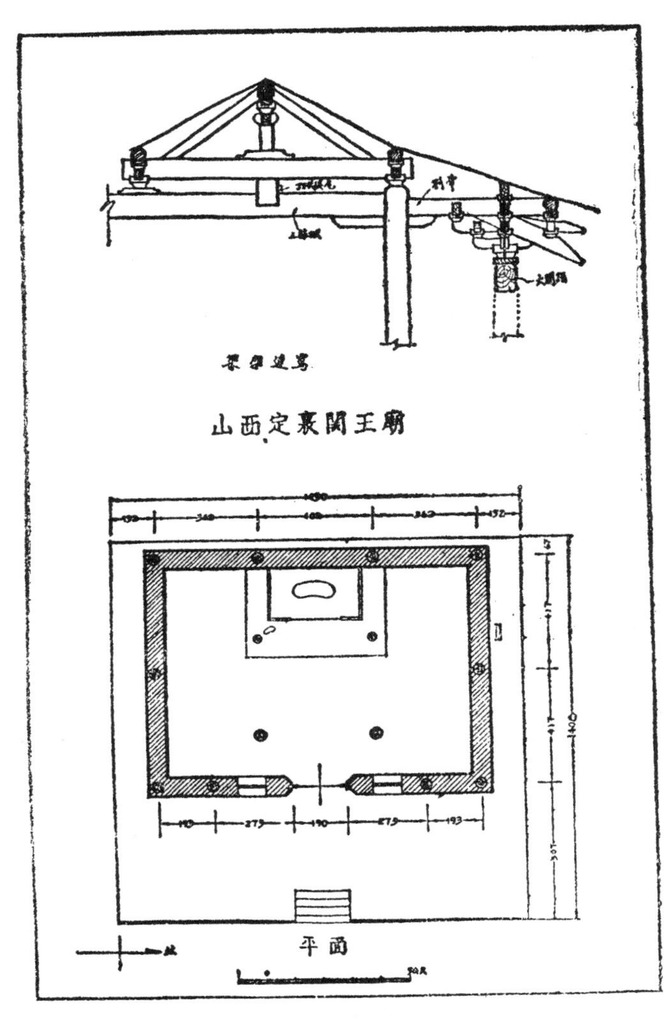

插图八　山西定襄关王庙（祁英涛绘）

介绍几种特例如下：

1. 前檐明间柱头斗栱与山面各间及后檐次间补间斗栱，同为五铺作双抄偷心造，柱头方上隐出泥道慢栱，第二跳华栱不施令栱，直承橑檐槫，前后皆出45°斜栱，两面第二跳斜栱后尾在转角处相连，成为一根抹角梁。按类似的做法曾见于辽统和二年（公元984年）建的河北蓟县[①]独乐寺山门转角斗栱，但是在那里的是通过角柱中心与角梁成垂直，全部露在外檐；此处的却是在里转角与角梁成垂直，结构严密，极尽巧思。

2. 前檐明间，正中补间斗栱，五铺作双抄重栱计心造，出45°斜栱两层，后尾斜栱减为一层，但后尾正中华栱出四跳，上施一斜梁，挑到平槫襻间方上。

3. 山面柱头斗栱，五铺作双抄偷心造，第二跳华栱不用令栱，直承橑檐槫。

此庙的建造年代还不能肯定，单从现存结构来看，还是元代建筑的手法保存得较多一些。

（祁英涛执笔）

叁　太原县[②]

崇善寺 [图版23～25]

崇善寺，在太原城内东南角，是一所极著名的佛寺。据清《阳曲县志》所载：“崇善寺，旧志在城东南隅，旧名白马寺。……明洪武初拓筑新城于寺外，十四年晋恭王（朱㭎）荐母高皇后，即故址除辟，南北袤三百四十四步，东西广一百七十六步。建大雄宝殿九间，高十余仞，周以石栏，回廊一百四楹，后建大悲殿七间，东西回廊，前门三楹，重门五楹，经阁、法堂、方丈、僧舍、厨房、禅室、井亭、藏轮具备。……洪武间置僧纲司。”其后，成化、正德、嘉靖诸朝都曾大事修葺，规制宏阔。明代寺

① 今天津市蓟州市。
② 今太原市晋源区晋源街道。

的兴建修理，碑碣上皆有详细记录可考。到了清代，不知何故废寺，割前部改建文庙，寺的范围因之缩得很小。目前只剩下最后的大悲殿等寥寥无几的建筑物了。

现在，寺前设砖门三间。门前有铁狮子一对，莲座上铸有铭文“洪武辛未造”。底座上的莲瓣和卷草，线条流畅有力，是罕见的明代艺术铸造。门内左侧为钟楼，东西为禅房，形制卑小，都是晚期的小式建筑。正中为大悲殿。至于东西方丈院，有的已辟作民居，有的已改建成学校，都不是原来的形状了。

大悲殿是寺内仅存的明代建筑，高大雄伟，与寺内其他建筑显然异趣。殿面广七间，进深五间。重檐歇山屋顶，盖绿色琉璃瓦，正吻上用剑把斜向插入，出檐深远而舒展。当中三间，俱装四抹的高大槅扇，上部槅心用方格形的櫺条，绦环和裙版皆装素版，不加雕饰。两端的梢间和尽间开窗，与昌平明长陵祾恩殿的门窗形制很相似。屋檐下都有斗栱，上檐单翘重昂七踩[①]，下檐重昂五踩。斗栱的配置，根据开间的宽窄灵活运用，不像清式建筑那样拘泥程序。在细部结构上，如要头做成瘦窄的蚂蚱头，昂嘴砍成扁平形，平板方宽出额方，檐柱有侧脚、生起等特征。

室内，因有天花，上部梁架的结构情形不详。但金柱两侧用瘦长的雀替，雕刻着遒劲有力的蝉肚纹，梁方的断面略呈长方形，棱角齐整，与北京所见明代官式建筑有许多相似之点。总而言之，这座建筑，明清两代虽经几度重修，但基本上还保留了原来的形制，可推为山西境内现存最标准的明代建筑。

佛像：大悲殿内有千手千眼大佛三尊，各高二丈余。据寺僧说，中央的本尊为观世音，左为文殊，右为普贤。像的面容、手足和躯干，比例匀停，姿态优美，衣褶、装饰也相当流畅，现在还完整无缺，是典型的明代造像，很值得珍视。

山西省文物管理委员会曾拨款修缮了大悲殿，并委派专人保管，院落内外经常有人打扫清理。

（杜仙洲执笔）

[①] 作为明清时期关于斗栱的专有量词，有“踩”“跴”两种写法，而传统匠师多用前者，故本文予以沿用。下同。

肆　平遥县

一、镇国寺［图版 26～31］

镇国寺，在平遥县城北二十余里的郝洞村，距同蒲铁路洪善车站不到二里，从火车的窗口就能望见寺的外景。寺坐落在村的西首，南向。平面的总体布局，系由两进院落组成［插图九］。前面正中设山门三间，两旁各有砖门一洞，稍后，东西为钟、鼓楼。再进大殿三间，据光绪《平遥县志》所刊镇国寺图［插图一〇］，应即为万佛殿，形制古拙。殿前有龙爪槐两棵，长得很茂盛，有《镇国寺龙槐记》刻石嵌于墙上。殿前，东西群房各五间，都是矮小的瓦屋，内藏大小石碑约二十通，大部皆系明、清所刻。殿后，东西配殿各五间，东殿供观音菩萨，西殿供地藏王菩萨。两配殿的北山墙下各有小式瓦屋三间，最后是三佛楼，下层砌砖窑三间，上建佛殿三间，殿内供释迦三身，供养菩萨四尊，两山墙画佛“本生故事”。楼东西朵殿各三间，亦称经堂。

此外，寺的西邻有社房十余间，亦称禅院，今已改成小学校，都是普通小式瓦房。

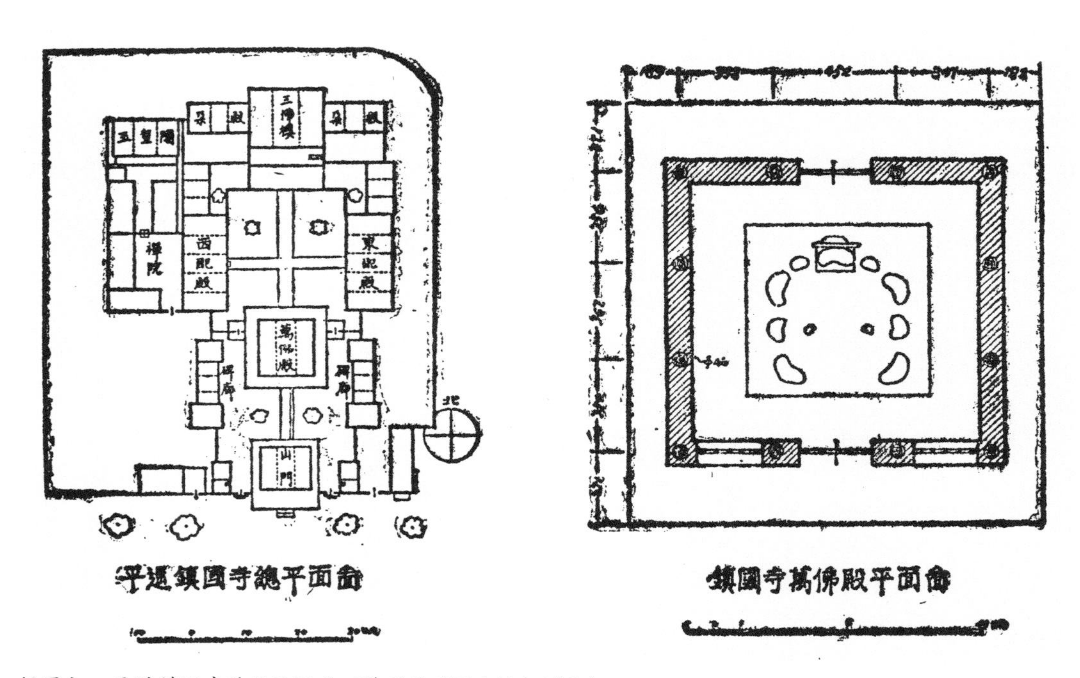

插图九　平遥镇国寺总平面图及万佛殿平面图（杜仙洲绘）

东邻旧有元坛一所，今已荒废。

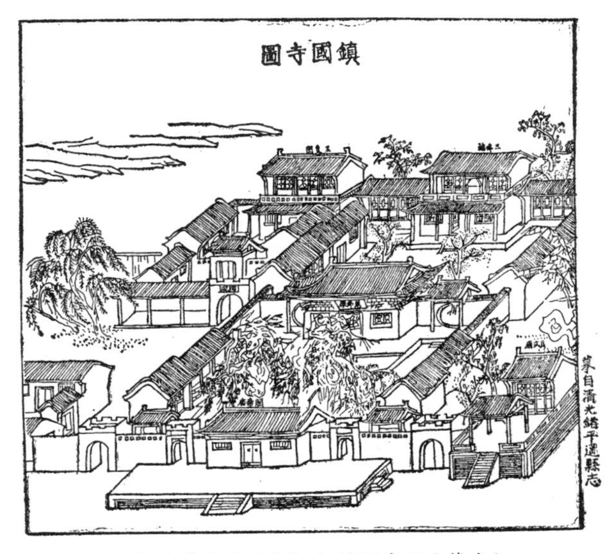

插图一〇　光绪《平遥县志》之镇国寺图（摹本）

据光绪《平遥县志》云，“镇国寺，在郝洞村，北汉天会七年建，嘉庆丙子重修”，关于寺的历史沿革并无详尽的记载。惟万佛殿内的梁架上还留下许多墨笔题记，提供了若干历史资料。其中最重要的便是脊槫下的一行题记，用工楷写着“维大汉天会七年岁次癸亥叁月建造”，但墨色很鲜明，显然是嘉庆年重修时重新写过的。在西缝大梁上也有重新写过的修建工人的姓名：“木作都料李绍宗……赤白都料李彦宗……结瓦都料郝绍琼……打瓦都料武彦玫……石匠李进。当乡里正冀延真。”从内容上看，像“赤白”“结瓦”等建筑术语，我们在宋《营造法式》一书中屡有所见，可见在唐宋五代时就已习用这些术语了。这一项题记对于考证寺史更提供了有力的证据。

寺中现存明清两代碑刻约二十通，其中以清嘉庆二十一年（公元 1816 年）《重修镇国寺碑》记载较详尽：“郝洞村镇国寺，寺中隙地固多，而屋宇寥寥。中有中殿剥落更甚，然其规制奇古，绝不类近世所为。或曰寺创于北汉天会七年，殿固原建时所营，或曰元明时所重修者，惜无碑碣可考，大约数百年物也。……今岁丙子复得执事者之状，据云中殿之修，所费不赀。……先是殿之墙宇虽圮，而基址如故，遂因其旧而葺之。勒垣墉，涂塈茨，凡栋梁之摧折者皆易焉。而后令设色之工，施以藻绘。事既成，而犹有余力，乃葺其东西廊，而于中殿之前，新建左右碑亭各一。又置庙西隙地，得社房十三间，庙之东偏旧有元坛一所，亦续而重修之。盖事虽半出于因，而功则几同于创。自丙辰岁（嘉庆元年）始，凡经营二十余载，而后所谓镇国寺者，至此则焕然一新……”由此可知，北汉天会七年（公元 963 年）的建筑，到了清朝已颓败得很厉害，只剩下一座中殿（应即万佛殿）了，至于其他大小房屋，几乎都是清代所增建的，就建筑物的形制上来看，与碑文记载也大致符合。现在万佛殿栱梁木料极新，栱端及月梁卷杀生硬，则嘉庆二十一年修理时“凡栋梁之摧折者皆易焉”，所更换的木料几为全部，现在看来好像一座新建筑，幸而易料的匠人对保存原状下了很大的功夫，大体上还是早期建筑的形制。

五代只有短短五十几年的历史，所遗文物很少，这座建筑虽然是近乎照原样的新建筑，但对于研究中国建筑史，还不失为一个重要实物。兹略述万佛殿各部结构如下。

（一）外观

大殿深、广各三间，面宽 11.57 公尺，进深 10.77 公尺，每面各见四柱，平面近似正方形［插图九］。单檐九脊顶，两山出际较深，施搏风版和悬鱼。斗栱硕大，檐柱之上不用普拍方，只用阑额联结，四角的阑额并不出头。

（二）柱

殿共用檐柱十二根，室内不置金柱。柱径 46 公分，平柱高 342 公分，柱高约为柱径的 7.4 倍，故此比例上显得十分肥硕。角柱比平柱升高 5 公分。柱头斫削成覆盆状，同时所有柱子皆微向内侧。惟柱根被包砌在墙内，不见柱础。

（三）斗栱

大殿有柱头、补间和转角等三种斗栱［插图一一］。材高 22 公分，材宽 16 公分，高宽之比为 3 ∶ 2.2，较宋制矮。栔高 10 公分。按材栔的尺寸折算宋尺，材高七寸有奇，约相当于宋制的第四等材。栌斗总高 30 公分，上宽 48 公分，下宽 33.5 公分；耳高 11 公分，平高 6.5 公分，欹高 12.5 公分。交互斗、齐心斗和散斗，都是总高 16 公分，上宽 26 公分，下宽 18 公分；耳高 6 公分，平高 4 公分，欹高 6 公分，深 23.5 公分。泥道栱长 99.5 至 102 公分，慢栱长 162 至 165 公分，瓜子栱长 90 公分，令栱长 90 至 95 公分，外檐替木长 171 公分，内檐替木长 98.5 公分。各栱头卷杀均为四瓣。

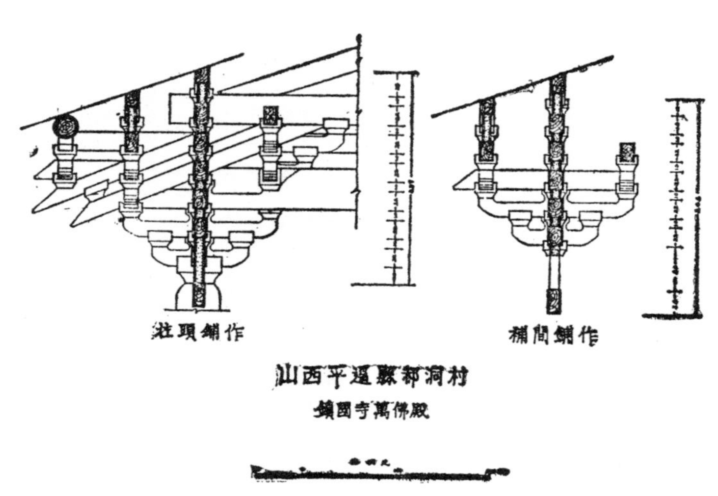

插图一一　平遥县镇国寺斗栱（杜仙洲绘）

1. 柱头铺作　用七铺作斗栱，双抄双下昂重栱偷心造。从栌斗出华栱两跳，第一跳偷心没有横出的栱，第二跳跳头上安瓜子栱和慢栱，以承罗汉方。第三、第四跳都是批竹昂，第三跳偷心，第四跳跳头安令栱，与耍头相交，令栱上安替木，以承托橑檐槫。斗栱出跳的中距：第一跳长 42 公分，第二跳长 31 公分，第三跳长 37 公分，第四跳长 33 公分。后尾则连续伸出华栱两跳，以承托六椽檐栿，栿背上又横施骑栿栱两层，柱头缝中线上横安泥道栱一层，其上叠架柱头方五层，各以散斗相隔，最上安压槽方，每层方的两侧都隐出泥道栱或泥道慢栱。斗栱总高 2.45 公尺，达柱高的十分之七。

2. 补间铺作　每间只用补间一朵，五铺作双抄直斗造。在阑额上立直斗，上承大斗。里外俱出华栱两跳，第一跳偷心，第二跳跳头上安令栱，与耍头相交，上承罗汉方，后尾第二跳跳头上亦横施令栱，以承平棊方，耍头的后尾作衬方头隐在令栱之后，与佛光寺大殿的补间斗栱的样式极其相似。

3. 转角铺作　其正侧两面都出双抄双下昂，与柱头铺作同。另于 45° 角线上伸出角华栱两抄，角昂三层，以承上面的角梁。后尾则连续伸出华栱三跳，以承递角栿。

（四）梁架结构

殿前后进深六椽［插图一二］，室内彻上露明造，没有天花板，所有大小梁方都砍割得十分细致整洁。当心间的东西两缝，各用一根通长的六椽檐栿，搭在前后檐的柱头铺作上，应砍割成月梁。其上则施六椽草栿、四椽栿、平梁和侏儒柱叉手，以承脊槫和上、下平槫。四椽栿和平梁的两端并用托脚斜撑，梁方的两侧各用襻间横向连接牵扯，以资固济。各层梁方断面，高宽之比大体接近 3 ∶ 2。两面歇山则横施丁栿、草乳栿和劄牵，外与山面柱头铺作相交，后尾则与六椽栿、六椽草栿、四椽栿和平梁等层层相搭交，草栿之上用令栱、替木，以承下平槫，山面椽子后尾搭在槫背上。下平槫的更上面，别立的梁架，以承出际，做法与心间的梁架上半相同。四个转角，均于 45° 角线上斜施递角栿和櫼衬角栿，栿上置十字相交的令栱，以承山面和正面的下平槫，大角梁和仔角梁则斜置槫背之上。

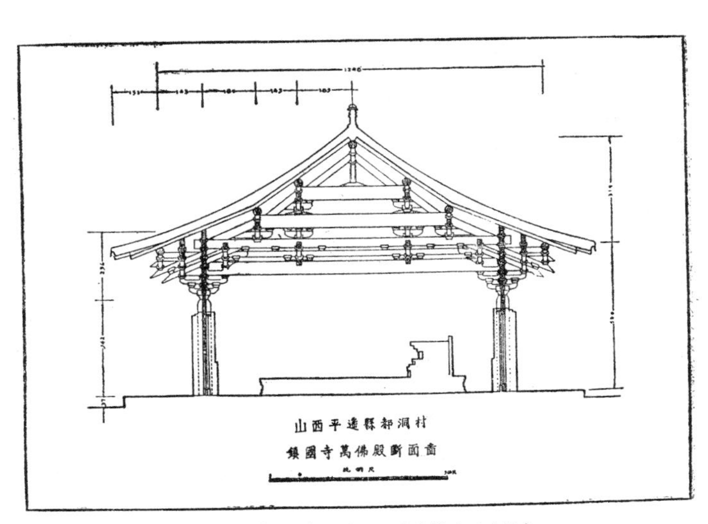

插图一二　平遥县镇国寺万佛殿断面图（杜仙洲绘）

屋顶举高 3.60 公尺，与前后橑檐槫间距离之比，约为1 ： 3.65，比佛光寺大殿屋顶坡度（1 ： 4.77）稍高。檐椽和飞椽各有显著的卷杀，上檐平出1.55公尺，约为檐柱净高的二分之一，两山出际1.35公尺，并用搏风版及悬鱼。

（五）屋顶

盖灰色布瓦，两山用排山勾滴。筒瓦有两种，一种直径12.5公分，长28公分，一种直径16公分，长36公分。版瓦长28公分，宽17公分。正吻高180公分，约为柱高的十分之五强，正脊高70公分，垂脊和戗脊俱高46公分，约为正脊高的十分之七。正垂脊皆用脊筒，纯为明清的做法。吻兽和脊件等皆用绿色琉璃，釉色和样式与晋中一带所见清代的琉璃作相同。

（六）门窗装修

前檐当心间装槅扇一槽（四扇），两次间开窗，槅花雕饰纤巧，用材单薄，与宽厚的槛框和雄大的斗栱在比例上极不谐调，当是清代所制。

（七）油饰粉刷

外檐斗栱、梁方均刷土朱，内檐斗栱梁方两侧面都刷深色土朱，底面刷浅绿色，外罩光油，栱眼壁和内墙皆涂白粉，画佛像。

（八）塑像

殿中央作佛坛，长、宽俱6.59公尺，高55公分，用青砖垒成。正中设须弥座，释迦佛趺坐其上，两旁为阿难、迦叶二弟子，再前为二菩萨、二供养菩萨、二供养童子、二天王，与五台南禅寺大殿佛像的配置形式大致相同。本尊背光之后，塑观音像一尊。除本尊像为后代所作外，其他各像姿态圆润，面颊丰满，犹保持着唐代风格。两个天王立像，与敦煌塑像尤为相近，可惜屡经后世重妆，只存原有的形骸，而淳古的色泽却已失掉了。

（杜仙洲执笔）

二、文庙大成殿［图版32～37］

文庙，在县城东南隅云路街路北，由光绪《平遥县志》中的文庙图和其他文献记录上看，原来的规模相当宏阔［插图一三］。其总布局系由三组建筑群组合而成：中央为文庙，左为东学，右为西学，庙门前东、西、南三面各建牌坊一座，庙的前后共分四进院落。櫺星门、大成门、大成殿、明伦堂、敬一亭、尊经阁等主要建筑，皆序列在南北方向的中轴线上，东西庑、时习斋和日新斋等，则以对称的格局配属在两旁。目前只大成殿还保留着较早的形制，其他大小建筑多为清代改建，已非原状了。但现存的平面布置，其轮廓与志书的记载尚大体相符。

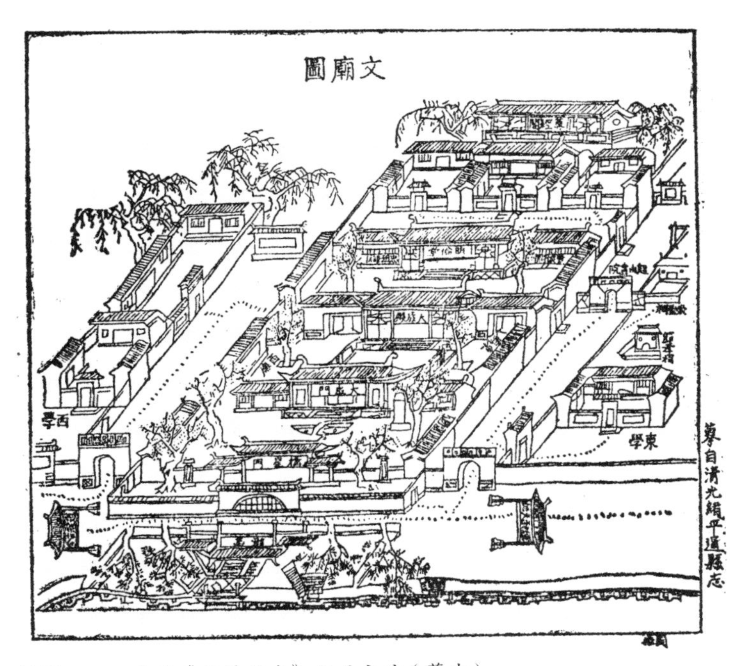

插图一三　光绪《平遥县志》之县文庙（摹本）

庙中现存石碑很多，关于明、清两朝重修、重建的经过，都历历可考。其中以清道光二十四年（公元 1844 年）《平遥县重修文庙碑记》记载比较详尽：“……文庙创始在县治东南，志称宏伟壮丽，及前明崇祯九年徙治东太子寺，改寺为庙。逮国朝康熙十四年，邑侯魏裔悫始兴复旧制。嗣是葺旧增新，屡经修饬。乾隆庚寅迄乙未，邑侯蔡君亮茂更整新之，而制始大备……自大成殿、尊经阁、东西庑暨诸祠、门、庑、斋、所、堂、廊、亭、池、厨、库、绰楔、屏墙与外之文昌阁、奎星阁，以迄东西学宫，罔不焕然聿新……”由此可知文庙在明末曾一度改作佛寺，自清康熙间恢复旧制以来，经乾隆、道光各代，都曾屡施修葺，但都未言文庙的始建年月。

我们这次在勘测大成殿当中，偶于脊檩下发现一行墨笔题记“维大金大定三年岁次癸未□月一日辛酉重建”，大定三年是公元 1163 年。由此追溯，文庙的建制已有将近八百年的悠久历史了。但是从现存大殿的形制判断，天花以下部分都还与金代建筑形制吻合，天花以上的梁架都是用旧料拼凑起来的，这大概是清代修理的结果。

（一）平面与外观

单檐歇山顶，屹立在砖砌台基上，前有宽广的月台，周围绕以石栏杆，东、西、南三面各设石阶一座。屋檐下有疏朗雄壮的斗栱，檐柱之间用普拍方、阑额，阑额不出头。檐柱径 47 公分，高 5.11 公分，有显著的侧脚和生起。殿面广五间［插图一四］，长 25.82 公尺，进深五间，长 24.30 公尺，广、深之比约为 10 ∶ 9.3，前檐明次间用槅扇，梢间用窗，其他三面都砌成砖墙。整个平面略呈正方形。前面当心间为了取得比较宽敞的空间，采用减柱的方法。由残破处看出内墙用大块土砖垒砌，里面并有横竖交叉的木骨，与河北、山西一带所见辽、金遗构的“墙工”做法相同。

（二）梁架结构

在横断面上前后共用柱子六根，十架椽，檐柱与内柱之间各用乳栿劄牵层层搭接，内柱之间用复梁拼成的草栿承重，草栿以上用四椽栿、平梁、叉手、侏儒柱、驼峰等层层支叠。天花板以下露明的构件斫造得比较细致，草栿隐在天花板以上，则用很粗糙的木料做成。就大木用材的尺寸而言，断面的高、宽之比约为 3 ∶ 2，大体接近宋制。天花板以上的梁架结构十分凌乱，材料大小不齐，有用短木拼接的，也有在檩木之下另加辅材的，斗子、驼峰等残失不全，结构上有许多不合理的地方。这一部分，显然是经后世多次的翻修更改，已然失掉原有的规制了。屋架举高 7 公尺，与前后橑檐槫间距离之比，约为 1 ∶ 3.7，较法式 1 ∶ 4 的规定略高。

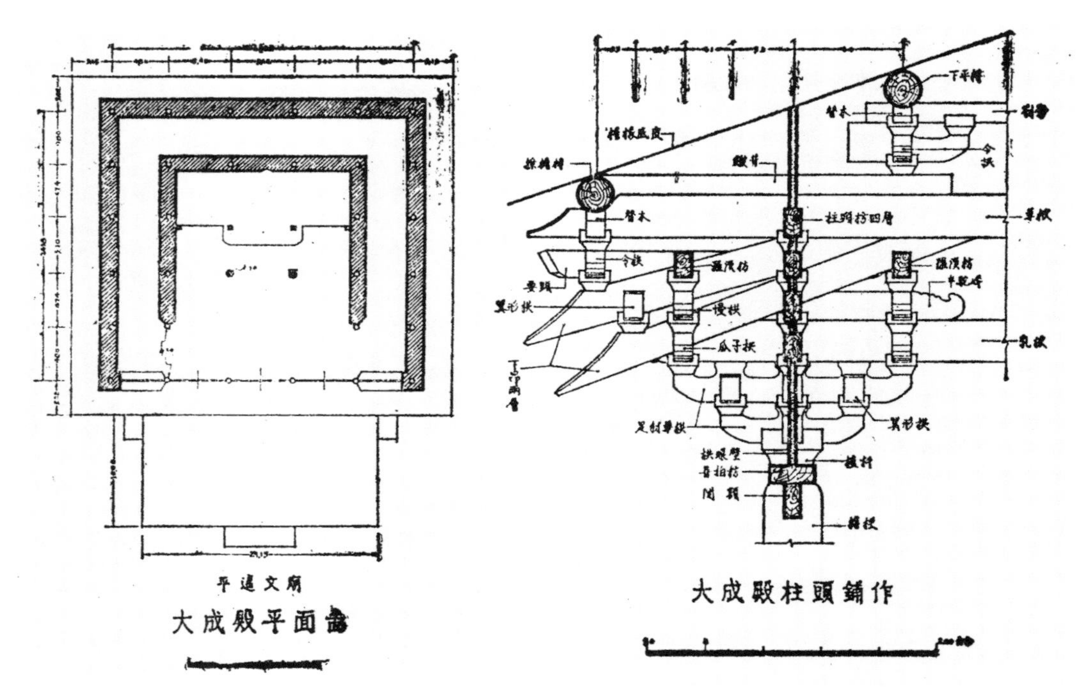

插图一四　平遥县文庙大成殿平面及柱头铺作（杜仙洲绘）

（三）材栔

殿斗栱所用的材宽15.5至16.5公分，高25至27公分，其比例接近3 ：2，与宋《营造法式》中用材的规定大致相同。以宋尺折算材高八寸四分，相当于第二等材，其详细尺寸如下：

平遥文庙大成殿材栔及斗栱尺寸

1. 材：柱头铺作

①　15. 5cm×27cm
②　16. 5cm×25cm
（以上两项）平均16cm×26cm

26cm÷31cm = 8. 4寸（相当于二等材）

2. 斗

（单位：公分）

名称	总高	上宽	下宽	耳	平	欹
栌斗	32	57	39.5	13	6	13
散斗	18	29.5	20.5	5.5	3.5	9
齐心斗	18	30	20	4.5	5.5	8
交互斗	17.5	31.5	22	6	3	8.5

3. 栱

名称	栱长（cm）	说明
泥道栱	128	柱头铺作
慢栱	192.5	柱头铺作
泥道慢栱	213.5	柱头铺作
瓜子栱	111.5	柱头铺作
令栱	115	柱头铺作
翼形栱	106.5	柱头铺作

4. 出跳

外跳（cm）	里跳（cm）
第一跳　53	第一跳　53.5
第二跳　41	第二跳　41.5
第三跳　42.5	
第四跳　33	

（四）斗栱

大殿斗栱，有柱头铺作、补间铺作和转角铺作三种。

1. 柱头铺作［插图一四］ 双抄双下昂重栱七铺作偷心造。由栌斗口向外伸出华栱两跳，第一跳跳头上安翼形栱，第二跳跳头上安瓜子栱和慢栱，慢栱上承托罗汉方。第三、第四两跳各出下昂一层，昂尾斜伸入檐内，压在草乳栿之下。第三跳跳头上安翼形栱，第四跳跳头上安令栱，与耍头相交，上施替木以承橑檐槫。铺作后尾出华栱两跳，以承乳栿。第一跳跳头上安翼形栱，第二跳跳头上安瓜子栱和慢栱，慢栱与半驼峰相交，以承平棊方。柱头中线上，则于栌斗内横出泥道栱和泥道慢栱，其上安柱头方四层，每层各用散斗托垫，栱眼壁俱用土坯砌成，两面抹白灰。斗栱外檐出跳：第一跳最长，第二跳和第三跳次之，第四跳最短。出跳总深169.5公分。铺作总高227.5公分，与平柱（高502公分）相较，约为柱高五分之二强。

2. 转角铺作　柱头的前面和侧面，各用双抄双下昂，与柱头铺作相同，在45°的角线上则伸出角华栱两跳，角昂两层，由昂一层，正侧两面各栱都用连栱交隐的做法，其后尾则于45°角线上斜出角华栱三跳，以承托角梁。

3. 补间铺作　在两柱头铺作之间，斜置一根长大的斜梁，外端搭在罗汉方上，以承橑檐槫，后尾则搁置在内槽的柱头方上，以代替补间铺作，起着极大的杠杆作用，是一种罕见的特殊结构方法。

（五）屋顶

单檐歇山造，大体尚完整，歇山出际长约2公尺，盖灰色筒版瓦，正脊两端安绿色琉璃大吻，形制纯为清式，但檐头用重唇版瓦作滴水，瓦宽 27 公分，长 46 公分，犹存宋辽旧制。正、垂脊均为明清做法，用预制脊筒调脊。两山博脊则用瓦条垒砌。出檐 1.08 公尺，约为柱高十分之三。檐椽头和飞椽头都斫成卷杀。

（六）内外檐装修

前面当中三间俱安槅扇，两梢间安槛窗，都是近年新做的。殿内设天花板和藻井，天花板已残失不全。靠后墙设神龛，龛顶安小型斗栱，制作工整精致。从形制上看，可能仍是金代留下来的小木作。

大成殿从造型和结构手法上看来，大体上还具有宋代的风格，如平面的规划、用柱的方法、斗栱的结构以及歇山出际的形式等，都是早期木构建筑的特征。檐下利用大斜梁来代替补间铺作，是一个罕见的特例。至于梁架瓦顶和门窗，经后代的几次翻修，已非原物了。

（杜仙洲执笔）

三、慈相寺砖塔［图版 38］

慈相寺在平遥县城东 15 里冀郭村西北隅，现存大殿、山门等，都是清代改修，仅有一座金代砖塔，还屹立在大殿后边，在寺的中心线上。据寺内金明昌五年（公元 1194 年）《慈相寺澄公修造记》碑中说："慈相寺者，乃古圣俱寺也……宋庆历间寺僧道靖图塔藏之，寺之兴也以此，皇祐三年改赐今额，宋末兵火焚毁，惟三门正殿存焉。迨本朝天会间，有僧宝景仲英相与起塔于旧址……"如上文所说，现存碑塔当为金天会间（公元 1123—1137 年）在旧址重建。

塔平面八角形九层砖造，立在高约 1 公尺的八角砖基上。第一层另加周围廊，正南面入口处为抱厦三间，硬山顶，这部分结构与塔极不相称，可能为后代增建。塔的外形轮廓下部僵直，上部收缩甚急，每层都用平坐，各层出檐及平坐都是叠涩做法，用砖逐层挑出，外轮廓线向内䫜，用斗栱的方法与一般辽金塔相似。第一层已毁。第二、三层，每面斗栱三朵，每朵出华栱一跳，柱头方上隐出泥道慢栱，各栱相连似如意斗栱（各层做法同此），斗栱上用素方三层。第三、四、五层每面减为斗栱二朵，素方二层。第六、七层每面斗栱减为一朵，素方一层。最上两层不用斗栱，自下而上，愈上愈简。

每层正面辟门，真假隔层相间，到最上两层檐距离特近，不辟门。塔刹下部为山华蕉叶，承托覆钵，以上雕饰都已毁蚀。塔的内部结构也还保留了金代以前的古制。第一层正南入门，为八角形室，佛像已不存在，自西边沿蹬道登第二层，自此直到第九层成空心砖筒状，与河南济源延庆寺宋景祐三年（公元 1036 年）砖塔相似。每层另附木造楼梯楼板，各层内部墙面有清代所绘千佛像，多已剥落。

在大殿西山墙外面，尚存有宋庆历六年（公元 1046 年）石碑一座，碑身高大，龟趺碑首刻龙，惜字迹被风雨侵蚀，已难辨认。

（祁英涛执笔）

四、双林寺［图版 39、40］

双林寺在平遥县城西南 12 里桥头村与冀壁村之间［插图一五］。山门（即戏台）建于砖筑高台上，台中间辟券洞门。在寺中线上为观音殿五间、中殿（释迦牟尼殿）五间、大雄宝殿五间、佛母殿五间。观音殿后东西为普贤殿、地藏殿各五间，稍北为钟鼓楼。大雄宝殿前东西为千佛殿、菩萨殿各七间。全部建筑均为清代所重建。令人惊叹的是全部建筑（除钟鼓楼外）内都是壁塑，这样大规模的壁塑在现知的古代遗物中还是孤例。数千个大小塑像都是同一格调，衣纹软弱繁缛，每个像的趣味都是规格化的。数量最多的小像的头部很显然是由同一模型复制的。全部工作都极细致谨慎，很像明代的作风。但是这些建筑物的本身既然都是清代所建，那么这与建筑紧密连接着的壁塑也就只能是清代的作品。只有几个与建筑没有连带关系又是全部塑像中最精美的，是在观音殿前廊内的四天王像和千佛殿内的观音像，还可断定是明代所塑造。

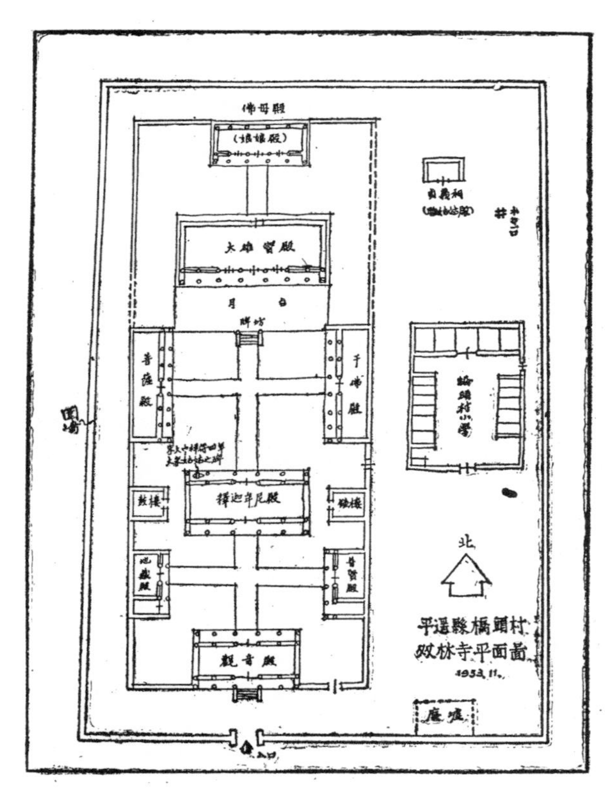

插图一五　平遥县桥头村双林寺平面图（陈明达绘）

但时代的早晚并不能影响它的历史、艺术价值，像这样大规模而细致的作品，在清代艺术遗物中仍然是极宝贵的。它所取的题材也极少见过，是研究佛教故事不可多得的资料。

在中殿后檐廊内有一块碑，碑额上篆书“大宋姑姑之碑”。碑身字多漶蚀，仅可读“大宋大中祥符年岁次辛巳□日□□朔二十二日辛酉建造碑□序”“于是双林山水味道”“寺额相传于□□中都城者始自大齐武平二年”等字。道光十五年（公元 1835 年）《重修双林寺碑记》云：“双林寺，古刹也，去县治二十里许，在陈村镇桥头冀壁间。寺有大宋大中祥符四年碑记，碣断文朽，颇多鱼鲁之讹，无可识别。其正殿内西壁上有墨迹数行，系万历元年汾庠□默□所题，然字迹亦复隐灭，辨晰又难……壁间有景泰年号及修造主中普林院主本姓名号，或是年重修也。正德年间始建佛母殿五间，俱曹氏所成，隆庆六载后修西方景殿五楹皆其所闻睹者，余悉濛泯莫识云……国朝以来，风雨摧残，殿楹损毁，庑廊倾颓，四方游者莫不感慨系之。道光庚寅本里公匠等廑废坠之忧，倡重修之识，鸠工庀材，共襄盛事……”所以这寺古名中都寺，它的历史可追溯至北齐武平二年（公元 571 年），宋大中祥符（公元 1008—1016 年）大概曾经重修，因而立有碑记。以后景泰、正德、隆庆皆曾修建过。现在大殿西壁上已绝无字迹可寻，恐怕是道光重修的结果，现存各建筑从结构形制上看，大多应为此时重建。以后在宣统三年（公元 1911 年）又告倾圮，曾用了三百九十余两银子重修，另见于宣统三年碑记中。

（陈明达执笔）

五、市楼［图版 41］

市楼在平遥城内南街，位居全城中心，重楼三层檐，花琉璃瓦顶歇山造。第一层面阔、进深各三间，跨于路中，其下即贯通南北的道路。楼南面有一个井，据说“水色如金”，因而列为县内八景之一，称为“市楼金井”，所以市楼也称“金井楼”。市楼优美的外形轮廓和华丽的琉璃瓦顶时时在吸引着行人的注目。逐层收进的屋檐，中层夹以舒朗的平坐，使人感到和谐庄重。上层瓦顶用黄瓦，并以绿瓦堆成双喜字，尤为出色。自楼东面沿砖阶登第二层，凭栏远眺，则如清赵谦德所说：“纵目览山秀于东南，挹清流于西北，仰视烟火之变化，俯临城市之繁华。”

市楼的建造，清代赵谦德在《重修金井楼记》说：“楼之肇兴旧碑所阙，先是康熙二十七年邑宰黄公葺之，数十年来楼且浸颓坏……丙子冬覃怀李公来宰斯邑，叹是楼之将倾，明年（丁丑年）公遂施俸金，择之老成者共成焉。是役也，六阅月而告竣，费四百余金，工仅二千余。为制，南向旧塑关圣大帝像妆新之，北向增塑观音大士像，最上一层则奎元阁为人文观兴之所由，起朔斯楼，自黄公振葺后迄今凡七十余年后焕然一新……”如上文所述，市楼的创建年代虽不能确知，但就现存结构及这次修缮的规模看，现存建筑可断为重修时规制，其确实年代据文中所记，在康熙二十七年后七十余年的丁丑年，当为乾隆二十二年（公元 1757 年）。

市楼的结构，为清代常见的做法。第一层柱头上用一斗二升交麻叶斗栱，明间平身科一攒，平坐斗栱为五，重翘平身科两攒，角科有附角斗厢栱做成鸳鸯交手栱，滴珠板狭长，全部斗栱外露，古朴可爱。上层檐斗栱为七踩，平身科三攒都出翘，角科诸栱排比均为清代特有的手法。

在我国现已发现的古代木建筑中，大多数属于宗教性的建筑，像这种属于群众性的建筑物保留得却是很少。“市楼”的名称就说明它和一般庙宇的性质不同，它在年代上虽不甚早，且在重修时加了佛像，但是它仍为人民大众所喜爱的建筑之一。据群众反映，在山西类似的建筑还有许多，我们不应该因为它年代不古，而对它有所轻视。

（祁英涛执笔）

伍　赵城县[①]

广胜寺

广胜寺在赵城县城东南 45 里（距洪洞县城 35 里）霍山脚下，全寺分为三部分，

[①]1954 年，赵城县与洪洞县合并为洪赵县，今为洪洞县赵城镇。

在山下的是下寺及龙王庙，在山上的是上寺，相距约 1 里。

从外面来游览的人首先经过龙王庙。庙内有元代建筑的五间歇山重檐大殿——明应王殿，其两边廊屋、山门及外院的戏楼都是清代的建筑。大殿内的元代壁画保存还很完整，最有价值的一幅《太行散乐忠都秀在此作场》图，是研究元代戏剧的宝贵资料。

自殿东面侧门进入下寺，前院山门五间，前殿五间，钟鼓楼紧靠前殿的两山墙。走过前殿进入后院，正北大殿七间，西朵殿三间，东西配殿各三间及杂屋数间。自下寺山门出来向北折登山，至顶即为上寺。寺最前为三间悬山造的山门，山门内是空院，院北为一小垂花门，门内正中耸立着高十三级的八角琉璃砖塔，塔后为前殿五间，俗称弥勒殿，著名的“赵城藏”原来就藏在此殿内。再北为大殿五间，前带抱厦，最末为后殿五间，俗称天中天殿，其他僧人居住的房屋很多，大半都已残毁。现在全寺已由山西省文管会设立保养所管理，龙王庙由水利委员会借用。

旧志载寺建自汉建和元年（公元 147 年）。按上寺后殿墙上嵌着宋治平重刻唐郭子仪的奏谒，寺的创建应在唐大历以前，至大历四年（公元 769 年）已仅存古迹，始又重建。奏谒全文如下：

> 晋州赵城县城东南三十里，霍山南脚上，古育王塔院一所。右河东□观察使司徒□兼中书令汾阳王郭子仪奏：臣据□朔方左厢兵马使，开府仪同三司，试太常卿，五原郡王李光瓒状称，前塔接山带水，古迹见存，堪置伽蓝，自愿成立，伏乞奏置一寺，为国崇益福□，仍请以阿育王为额者，臣准状牒州勘查，得耆寿百姓陈仙童等状与光瓒所请，置寺为广胜，因伏乞　天恩遂其诚愿，如蒙特命赐以为额，仍请于当州诸寺选僧住持洒扫。中书门下牒河东观察使牒奉勅故牒。大历四年五月廿七日牒。住持阇梨僧□切见当寺石碣岁久，隳坏年深，今欲整新，重标斯记。治平元年十一月廿九日。

到了元代，据延祐六年（公元 1319 年）的碑文说：“大德七年八月初六日夜地震，河东本县尤重，靡有孑遗，书云：火炎昆岗，玉石俱焚……”灾情是很重的，所以“……至大德九年，本路□僧都宜差祀香省会渠长史珪并本县官将殿即便重盖……”，看来此时寺的殿宇全部毁坏，所以要重盖。此后明洪武、景泰、正德、嘉靖以及清康熙、雍正都有一些不同程度的修缮或重建，因而现存的建筑，小部分属于元代，大部分属于明、清。

（一）广胜上寺［图版 42～45］

1. 飞虹塔　平面八角形，十三层，砖造，外形上小下大，近于锥形，外壁用琉璃面砖制斗栱，佛像装饰得金碧辉煌。第一层另加木造回廊，正南面入口处突出龟头座一间，十字歇山脊，外观与北京香山静宜园的琉璃塔很相像。第二层特加平坐，琉璃栏板望柱。各层檐下用斗栱或莲瓣隔层相间。第三层至第十层正面做券龛或门，十层以上皆不辟门。门外两旁嵌琉璃佛像或花饰，第一层内为释迦佛一尊，两壁嵌石，记述塔的创建经过。上部各层情况此次未能详细了解，据保养所同志谈塔的阶梯很陡，不易攀登［插图一六］。塔的建造年代就现存塔内刻石及瓦件上的刻字，可以证明为明正德十年（公元 1515 年）起建，至嘉靖六年（公元 1527 年）完工，历时十二年。下层回廊系清代增建。

插图一六　赵城县广胜寺飞虹塔内部楼梯断面（祁英涛绘）

2. 前殿（弥勒殿）　面阔五间，进深四间，六架椽，单檐歇山造。前后明间开门，四面皆无窗，殿的平面为减柱造，只留明间前后四金柱，柱的位置在次间中线上。柱础为覆盆式满雕蕃草。

（1）斗栱　前后檐斗栱五铺作重昂重栱造，昂嘴扁弯微向上反翘，补间铺作明间二朵，次间一朵，梢间无。山面斗栱为五铺作重抄，无补间铺作。转角铺作有附角斗。各朵斗栱后尾皆出两跳偷心，于耍头上置大斜昂成为梁架的不可分离的构件。

（2）梁架　平梁下不用四椽栿，两端由明间柱头铺作后尾斜出的巨大斜梁支住，斜梁中部搭在二金柱间的内额上，在次间的前后檐二金柱上亦施大梁一根与此内额相交［插图一七］。在纵断面上来看，五间殿连同歇山应有六缝梁架，而在这座殿里只用四缝，省去了两缝，山面与正面一样在柱头铺作要头上亦出大斜梁，上端压在平梁底皮正中［插图一七］，里转角的结构也很合理，正面梢间柱头铺作后尾要头上的乳栿搭在山面丁栿上，转角铺作后尾的斜梁又搭在这根乳栿上，斜梁上立短柱承角梁后尾。

（3）其他　殿内东西两侧现存一些经橱，即为“赵城藏”的原贮存处。正面佛坛上置铜铸一佛二菩萨，虽经后代增补，但仍保持元代造像的风度，两旁侍立二菩萨各立于异兽背上。

殿脊槫下附木牌书“雍正十三年岁次乙卯六月廿七日重建”。在某些小的地方也确有些清代手法，但从整体结构来看，绝不类清代匠师所为，我们认为可能是按照元代原制重建的。

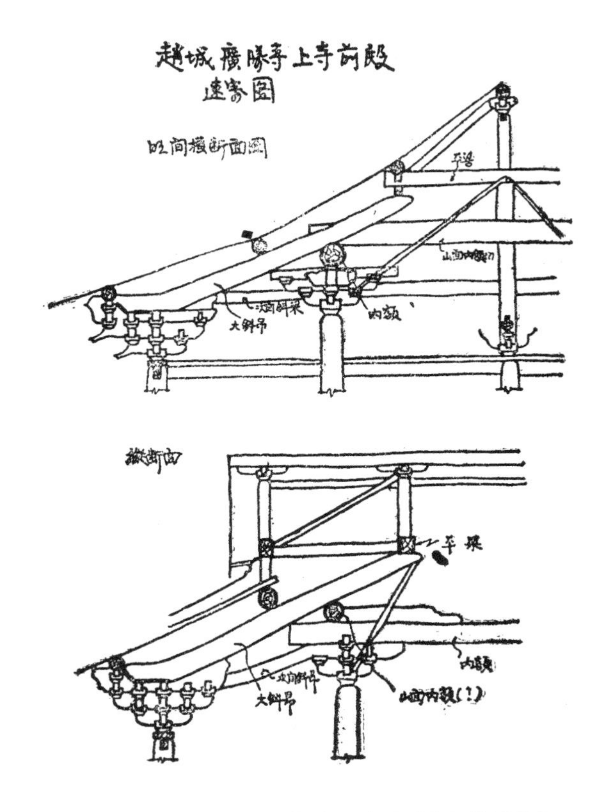

插图一七　赵城县广胜上寺前殿速写图（祁英涛绘）

3. 大殿　面阔五间，进深四间，六架椽，单檐悬山顶，后檐出抱厦一间，类似明代殿宇常见的平面布置。前面抱厦五间，与大殿颇不相称，显为后代增建。柱头斗栱四铺作出单昂，后尾作楷头形。补间铺作仅前檐明间一朵，其他各间皆无。梁架用六椽檐栿，其上不用四椽栿，而用平梁，另在其两端各加劄牵一根。此殿内佛龛雕刻甚精。脊槫下钉木牌上写“时景泰三年岁次壬申二月初三日丁卯吉”，故为明代（公元1452年）重建。

4. 后殿（天中天殿）　面阔五间，进深四间，六架椽，单檐庑殿顶，殿前月台低矮，后墙紧依山石。平面减柱造，不用前檐两次间金柱，明间二金柱与前殿一样移在两次间中线上，但又不与上平槫或下平槫相对，而在二者之间。

（1）斗栱　五铺作重昂，明间补间铺作两朵，次梢间及山面各一朵。昂嘴下刻假华头子，斗栱后尾出两跳，前檐柱头铺作后尾要头上置劄牵，长一椽半，搭在金柱内额上，补间铺作后尾在要头上挑起斜昂，压在下平槫底，似明清镏金斗栱做法。山面柱头铺作后尾用大斜梁搭在前后金柱的大梁上，尾端立小柱支承山面平槫。

（2）梁架　前檐金柱因减去两根，所以在金柱上横置内额一根，长跨三间，明间及次间的五椽栿就压在此内额之上。在两次间另加一根由额托在内额之下。各缝梁架用童柱支承梁首，是明清的做法。转角用抹角梁承托大角梁。角梁后尾压在下平槫相交处。

殿内正中大佛三尊，侍立菩萨四尊，各立在狮象背上，殿两侧有很小的罗汉塑像。各像大体轮廓很规矩，但细部手法甚繁杂，似为清代重塑，两山墙上并有清代所绘佛像。此殿最精美的是前檐明间槅扇，雕镂圆形相交花纹，略如宋《营造法式》“挑白毬文格眼”的做法。在铁制的面叶上有“弘治十四年”的刻字，殿脊槫下钉木牌书“弘治拾年岁次丁巳拾月十七日卯时上梁”。另在上下平槫皮亦各钉木牌，为清顺治十二年（公元1655年）及乾隆岁次乙卯（乾隆六十年，公元1795年）的题字，就主要结构来看，当仍为明弘治十年（公元1497年）重建的原物。

（二）广胜下寺［图版46～52］

1.山门　面阔三间，进深二间，四架椽，重檐歇山顶，下层檐仅前后出檐似两搭，形制特殊。平面中柱间不装门扇，而在明间檐柱间装门，与一般山门的布置不同。这次调查发现在殿后面下层檐上书有“天王殿”的字样，当为山门与天王殿兼用的一座建筑物。

（1）斗栱　上檐外檐斗栱前后檐五铺作重昂计心造，山面为单抄单昂，昂嘴扁弯与上寺前殿一致，后尾出两跳华栱偷心。各间补间铺作一朵。中柱柱头铺作四面各出华栱两跳，纵向要头上承四椽栿，横向上承弯度很大的月梁。山面中柱柱头铺作后尾出45°斜栱，以承明间中柱斗栱的罗汉方。前后檐两搭斗栱四铺作单昂，补间铺作一朵，要头后尾插入檐柱内。

（2）梁架　檐柱与中柱同高，阑额、普拍方成T形。前后檐两搭由檐柱挑出八角悬柱，底面平截无饰，山面弯扒梁后尾搭在四椽栿上，四角用大抹角梁，两端各搭在明间及山面柱头铺作上以承角梁后尾。

此殿前后出两搭甚为别致。但细察四角柱，在向山面处都有插梁的榫眼，可能系就原有重檐改修的。此殿的建造年代，缺乏文献数据，按现存结构与上寺前殿近似，当属元代建筑。

下寺前殿平面略圖(錄自中國營造學社彙刊五卷三期)

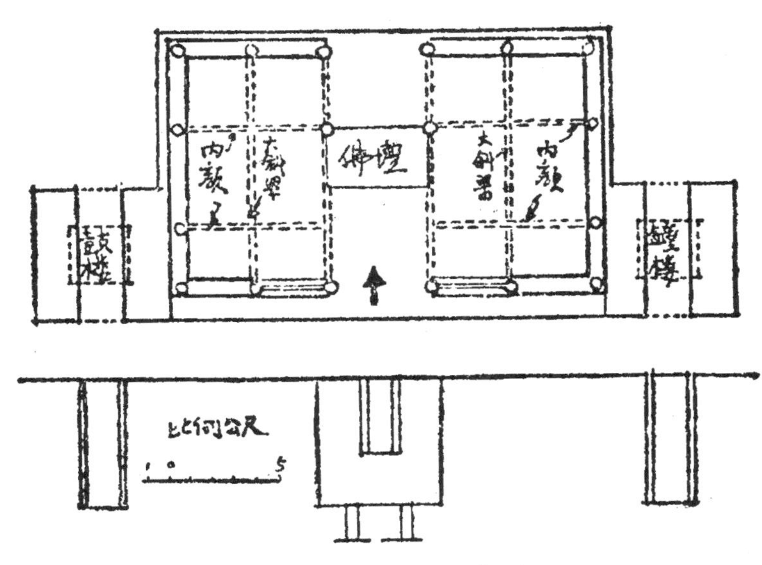

插图一八　赵城县广胜下寺前殿平面略图（祁英涛绘）

2. 前殿［插图一八］ 面阔五间，进深三间，六架椽，单檐悬山顶，前后檐明间辟门，前檐次间施直櫺窗，殿前月台下为高峻的甬道。

（1）平面　减柱造，减去两次间前檐金柱，但细察其中有四根柱显为后代添加，原建时应只有明间后檐的两根金柱（不减柱应有八根金柱），与五台县元代建筑的广济寺下殿柱子的排列方法相似。

（2）斗栱　四铺作出单昂，柱头方仅一层，不用压槽方，此种做法在山西中部古建筑中常常见到，当为地方手法。前后檐明间柱头铺作后尾砍作楷头压在五椽栿底面。次间柱头铺作后尾于耍头上置大斜梁直抵平梁底。补间铺作仅用前檐明间一朵，昂后尾做华栱。

（3）梁架　后檐明间金柱上置十字斗栱，承托明间横断面上的五椽栿，后檐用劄牵，其上四椽栿与平梁间皆用童柱支承，前檐两次间在下平榑下部用大内额搭在明间五椽栿上，后檐两次间亦用大内额，其一端搭在明间金柱上，二金柱间用阑额、普拍方与外檐一致。在次间的横断面上，平梁下不用四椽栿，仅自柱头铺作后尾耍头上施

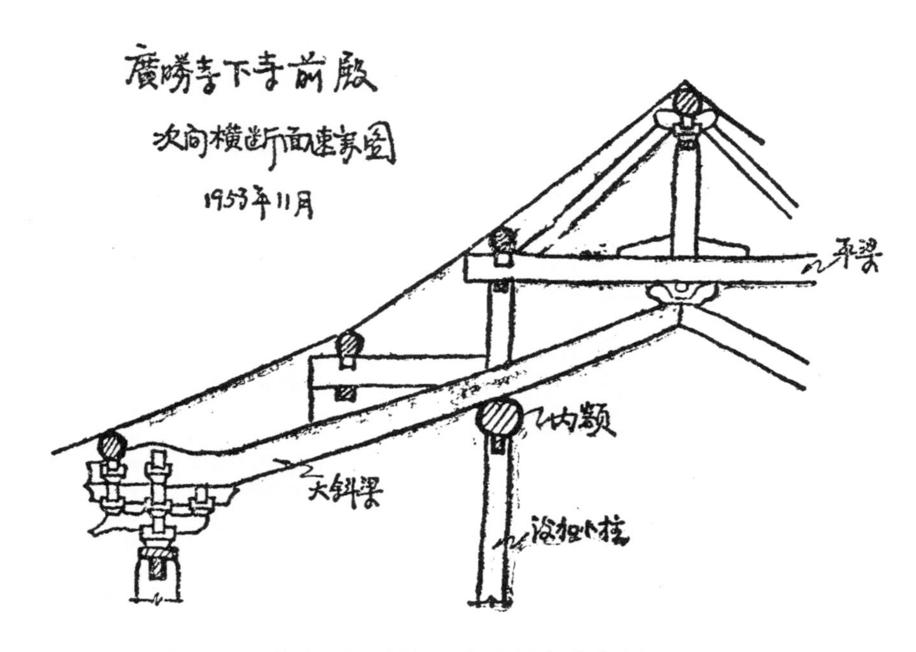

插图一九　赵城县广胜下寺前殿次间横断面速写图（祁英涛绘）

大斜梁，前后二根在平梁底面正中相交，上用荷叶墩托在平梁底面［插图一九］。这一缝梁架结构的方法，是前所未见的办法，是结构上的大胆创作。

此殿整体结构的意趣与上寺前殿相似，据明《重修前佛殿落成记》说："广胜一座，起于大唐之际……，正有雨花堂为之镇，前有东西廊为之辅，南有前三门为之观，矧中少前佛殿，则庙貌之不全矣。本寺僧官贯觉怀门徒了斌，发心岁久，启愿时深，渴望重建……时成化十一年岁次丙申中秋菊月吉日立。"由此文得知在明代成化间前殿已坍毁，因而才于成化十一年（公元1475年）重建。两旁的钟鼓楼，据碑记为清乾隆十一年（公元1746年）增建。

3. 大殿　面阔七间，进深三间，八架椽单檐悬山顶，正中三间辟门，两梢间开直櫺窗，角柱生起显著。

（1）平面　减柱造，前檐次梢间金柱全部减去，后檐次梢间各并用一根金柱，立在梢间中心（前檐现存二小柱系清代增添），排列方法与上寺前殿一致。

（2）斗栱　五铺作单抄单昂重栱造。明间柱头铺作后尾出华栱一跳，昂后尾作楷头压在乳栿底。次梢间柱头铺作后尾出华栱两跳，耍头贴在斜梁底面。无补间铺作。

（3）梁架　前后檐两边各用大内额及由额一根，相垒置于明间金柱上。二金柱间用方子一根，两端出楷头贴在由额下。在横断面上各间四椽栿上皆用蜀柱大斗承托平梁［插图二〇］。

（4）塑像　正中三世佛，两旁为文殊、普贤二菩萨，另存侍立菩萨一尊，虽均经清代补修，但风韵尚未改变，尤以主像的衣服直垂到莲座以下，犹保存唐代手法，在晚期佛像中实不多见，当与建筑同为元代遗物。

（5）壁画　殿内两山墙尖象眼内还保留一部分色泽鲜明的壁画，其笔法、面型、服装等都还具有元代壁画的特征。

在殿的脊槫襻间方上书“大元至大二年季秋……”。据此题记及寺史推测，似在大德七年（公元 1303 年）经过地震后于大德九年开始修缮此寺，下距至大二年（公元 1309 年）只有五年的时间，则此殿的年代由题字及现存结构、佛像、壁画综合观察，当为元至大二年重建。

4. 西朵殿　三间四椽悬山顶前出廊，前檐斗栱后尾亦用大斜昂，与大殿手法一致，当亦为同时建筑。

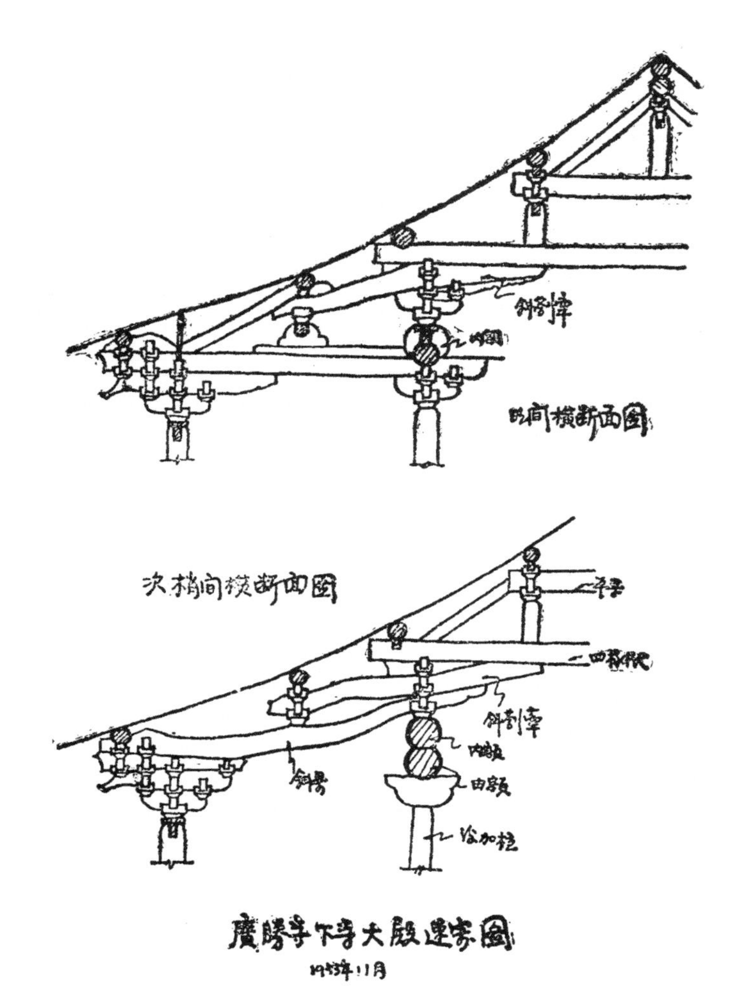

插图二〇　赵城县广胜下寺大殿速写图（祁英涛绘）

（三）龙王庙明应王殿［图版 53～62］

明应王殿面阔、进深各五间周围廊，殿身实仅面阔、进深各三间，重檐歇山顶，两山出际深远。殿身仅明间装版门，无窗，因而殿内光线甚暗，殿内前面不用金柱，与宋《营造法式》“金箱斗底槽”相似。

1. 斗栱　上檐为五铺作用重昂，补间铺作仅明间二朵，其他各间皆为一朵。山面明间柱头铺作后尾出 45° 斜栱，与后金柱柱头铺作出跳相应。内檐金柱上斗栱皆为五铺作用重抄，正中补间铺作出 45° 斜栱。下檐为四铺作用单昂，耍头后尾插入老檐柱中做成劄牵。每面仅明间施补间铺作一朵。前檐补间出 45° 斜栱，耍头雕作龙头形，其他三面补间耍头后尾挑起斜昂搭在下平槫上。

2. 梁架　明间用六椽檐栿，山面二柱头上施丁栿搭在六椽栿上。上檐普拍方与阑额成T形，但普拍方较厚，下檐普拍方断面较阑额更显著地加大，与上下寺各殿皆不一致。周围廊下平槫露在墙皮外面，两端用蜀柱立在劄牵上，与上檐结构是分离状态，显为后代补修的结果。

3. 佛像　正中佛龛内塑明应王像及四侍者，龛外每边侍立二官员。塑像曾经明代大加修饰，缺乏神韵。殿前廊内另有二官员塑像，侧身微向前倾，衣纹、面型仍为元塑风度。

4. 壁画　殿内四壁满绘明应王生活故事。北壁佛龛两边绘明应王眷属，东西壁及南壁西边一幅描写明应王受诸神朝贺的情景，各像都着宽袍大袖服装，是元代壁画常见的手法。画面顶端绘云纹及楼阁，南壁东边的一幅绘《太行散乐忠都秀在此作场》图，巨大的画面，极其生动地绘出元代戏剧演出情况。虽然我们不懂戏曲，说不出它是什么节目，但见全场“末、旦、净、杂”等各行角色俱全，台上所用幔帐与常见在幔帐两端“出将”“入相”的上下场门的做法不同，演员自幔帐两边登场，无上下场门，与今天改革后的舞台布置相似。绘画者为了表现这一点，特别画了一个人，自幔帐边际探首外望，处理的手法是很有趣的。壁画的上边是一幅题记，惜因时间匆促，未能细读。在南壁西端的画上有“元泰定二年”（公元1325年）的题记。此殿内各幅壁画，笔法色泽完整如一，当为同时所绘。

5. 其他　石门槛上满刻莲荷花，刀法流利，布局疏朗，与其他各处所见元代雕刻同具有浑厚的气魄。后廊下尚存八角形覆盆柱础二，雕刻莲瓣。前廊内尚存有金、元石碑数座，也是很值得保护的。

6. 年代　殿内壁画、石雕及廊内二塑像当为元代所作。据至元二十年（公元1283年）《重修明应王殿碑记》：“金季兵戈相寻，是庙煨尽，涂□绘像，倾颓瓦砾之间，玉砌瑶陛，埋没荆榛之下，自时厥后广胜寺戒师□□□僧录道开，闵兹荒废，有修复之志，乃鸠材命工，筑以新基，弃其旧址，有北霍渠长陈忠等附益之，创为正殿十有八楹。”此后又据元延祐六年（公元1319年）《重修明应王殿碑记》载，大德七年地震，九年开始整理修复广胜寺，因有“……创起正殿，木农始经营之也，时有寺僧聚提点亦尝施工，继而刘思直塑像结瓦，郭景信造门成趣，至延祐六年渠长高仲信募工，殿内砌造砂壁完备”。如上文所说，现存明应王殿当为此时建造的规模。关于壁画，碑中只谈到“砌造砂壁完备”，并未明确绘画年代。按壁画题记“泰定二年”，距砌砂壁的时间只有六年，当时若已绘画完毕，在短短六年中还不致全部重绘，当为延祐六年造砂壁，泰定二年绘画完成。至于周围廊的结构，显为清代修改所致。但上层檐斗栱以上的结构，与上下寺中元代建筑各殿手法颇不一致，用材也比较整齐，与山西一些明代建筑颇相类似。是否仍为元代原物，尚待进一步研究。

广胜寺的建筑手法是以前在别处尚未见到的特殊手法，元代建筑的下寺大殿和明代重建的下寺前殿具有同一的风格，最显著的特点表现在几方面：

1. 各殿的平面布置，都用减柱法，有的金柱位置移动，不与前后檐柱中线相对，最甚的如下寺前殿，面阔五间、进深三间的一重大殿，竟减到只剩两根后金柱。

2. 梁架的结构属“彻上明造”，不用天花板，梁架全部露出。按一般习惯都是“明栿”做法，梁槫都砍刨得很平整；而此寺内各殿的大梁、内额、叉手、斜梁都是采用天然原木，稍加砍制，因而材料的断面极不规则。这种做法，在这次调查中也同样发现于山西稷山县青龙寺的各殿里，可能是元代的一种地方手法。各梁的用材非常经济，平均断面约为清代建筑的三分之一。

3. 斗栱的制作，露在檐下部分与一般元代斗栱无异。后尾的做法都按地位的不同，伸出大小不同的斜昂或大斜梁与梁架结成整体，成为构架中不可分离的部分。斜昂或斜梁的应用，手法之纯熟，已达到很高的成就，在中国古代建筑的结构上独创门径，发挥了高度的极丰富的创造才能，虽然以后未能得到很大的发展，但也产生了相当的影响。

另外，如明应王殿内描写戏剧的一幅壁画及北壁的明应王眷属生活写实的绘画，都是研究元代社会生活的宝贵资料。所以，广胜寺不但曾因在这里发现过“赵城藏”而驰名于世，就是它的建筑与壁画，在中国建筑、美术史上都具有重要的地位。

（祁英涛执笔）

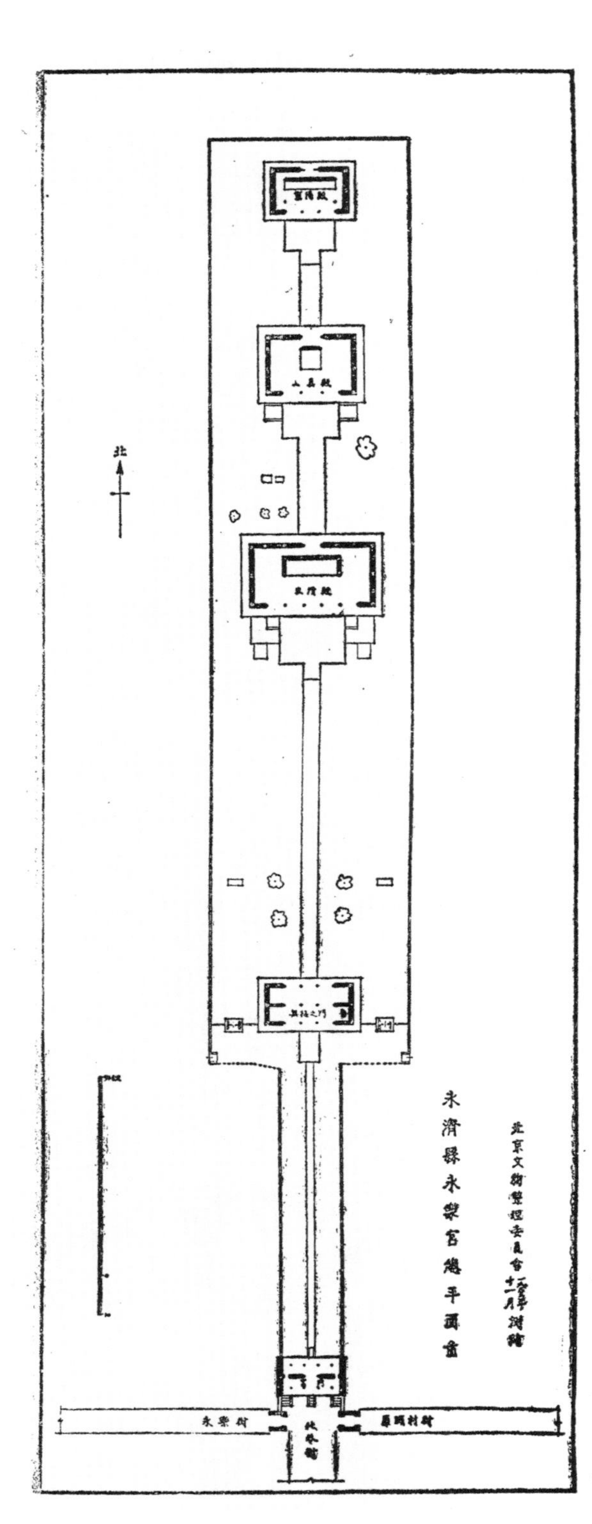

插图二一　永济县永乐宫总平面图（陈明达绘）

陆　永济县

永乐宫［图版 63～82］

永乐宫在永济县城东南 120 里永乐镇[①]，相传为吕洞宾故宅，唐代即改其宅为吕公祠，蒙古中统三年（公元 1262 年）改称纯阳宫。现存大门、无极门（又称龙虎殿）、三清殿、混成殿（又称七真殿）、重阳殿五层大殿［插图二一］。按光绪续修《永济县志》所载永乐宫图［插图二二］，七真殿与重阳殿之位置与现在群众所称呼之次序颠倒。又最后尚有吕祖殿，今只存废墟。图中寺西部尚有披云道院、玉皇阁、吕祖祠、报功祠、书院、三官殿、城隍殿等建筑，现均在寺墙之外。披云道院以北部分仅存废墟及元代碑碣数通，其余各部分已改为学校，原有规模不能辨认，连理银杏树不知何年枯死，仅存枯干。现寺东面百余步有巨冢，相传即吕洞宾墓。

寺内碑记数十通，记载最详、时代最早者即中统三年《大朝重建大纯阳万寿宫之碑》，叙吕洞宾故事甚详，于寺创建历史则云：“……唐末以来土人即其故屋□□□□曰吕公祠……近世土官以隘陋故□□□增修门庑，以祠为观……岁甲辰暮冬野火延之一夕而□□□□□□故鼎新之兆，明年有敕升观为宫，进真人号曰天尊，披云真人宋德方在陕右

① 永济县，今永济市。此建筑群因修建三门峡水库，于 1959 年整体性搬迁至芮城县城北 3 千米的龙泉村东侧。

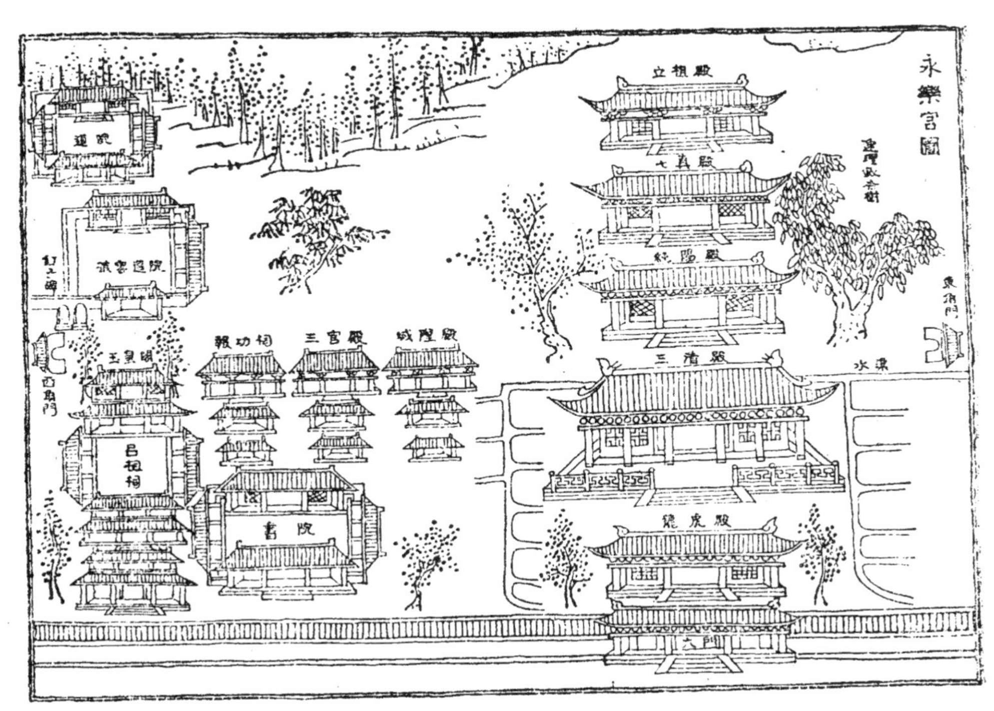

插图二二　光绪《永济县志》之永乐宫图（摹本）

谓其徒曰，师升其号，观易以宫，苟不修崇，曷以称是……”所以寺之重建，当在蒙古乃马真皇后听政三年（公元1244年）至中统三年（公元1262年）之间（按中统前岁甲辰，应为公元1244年）。既然“野火延之一夕”，当时所存自属有限，又加以观易以宫，则这次重建范围当然是遍及全寺的，但也并不完备，所以元大德五年（公元1301年）还在继续兴建。大德五年的《大纯阳万寿宫化功像纪》说：“……大堂殿已成砌墁，其三门犹是土基，不赖箕豪难成胜事……今为般载压阑石助缘人奉道会道姓名于后……”以后明崇祯五年（公元1632年）曾重修墙垣，见于是年重修碑记。清康熙年间又因颓敝修葺，历时三年，见康熙二十八年（公元1689年）碑记。乾隆三十六年（公元1771年）、三十八年，嘉庆五年（公元1800年）都曾重修，不过碑记上没有详述修缮的范围。三清殿前光绪十六年（公元1890年）《重修混成殿三清殿真武阁后檐碑记》说：“……万寿宫创于元至大三年，重修于皇朝三十八年……奈历年日久，雨剥风蚀，混成殿后檐将近倾圮……遂各解囊余，共襄斯举，间粉壁以涂泥……再施丹□所有混成殿、真武阁后檐、三清殿、龙虎殿室壁，不日焕然一新……”则这次不但修葺了两座建筑，还同时修补了全部壁画。

（一）大门

面宽五间，悬山顶，斗栱把头绞项作，按它的形制应为清代重建。

（二）无极门（龙虎殿）

面宽五间，进深六椽，单檐庑殿顶，斗栱五铺作单抄单下昂，补间铺作用真昂，昂尾压在下平槫之下，中柱上装版门三间，斗栱形制极近于宋《营造法式》的做法，应为元代创建的原物。大门门枕石雕刻石狮和栱眼壁所画彩画都很精美，也是元代所作。殿内仅东北壁残存模糊不清的部分壁画，其余壁皮全部脱落。

（三）三清殿

面宽七间，进深八椽，单檐庑殿顶，斗栱六铺作单抄双下昂，制作极精，与宋《营造法式》规定做法几无分别。殿内仅北半部用金柱，两梢间及前檐第二槫缝下金柱均减去不用。外檐栱眼壁、次梢间阑额和橑檐槫上方心彩画都是用泥塑出的，明间阑额彩画是在木材上镂刻出的，都很精致。殿内斗栱彩画多用如意头角叶，斗底画莲荷花，也和明、清彩画不同。所以可以断定这殿自天花以下部分都是元代创建原物，天花以上梁架极为杂乱，很显然是后代修理时勉强支撑的。殿内四壁满画神像，据殿前檐两侧明天启甲子（公元 1624 年）《永乐宫重修诸神牌位记》：“……殿绘诸神像三百有六十，神牌立有四百余座……”现在群众称之为三百六十值日神。画面结构庄严宏阔，线条刚劲。在扇面墙内侧东面有题记一方，尚可辨“泰定二年六月”等字，扇面墙西侧金柱旁又有洪武六年（公元 1373 年）游人题记一行，则壁画之绘成最迟亦在泰定二年（公元 1325 年）。仅南墙东西侧两小块及东墙南端约 1 公尺宽一段色泽极新，与其他部分显然不同，当即为光绪十六年所修补者。

（四）混成殿（七真殿）

面宽五间，进深三间，单檐歇山顶。进深三间，自南至北深度逐渐减小，为平面布置创见之例，同时也是用减柱造，仅用明间四金柱。斗栱六铺作单抄双下昂，明间柱头铺作自第一昂以上均加宽，斗栱后尾用菊花头六分头并绘出上昂形，足证清式六分头系由上昂演变而成。天花藻井已部分损坏，彩画亦部分经后代重绘。天花以上梁架全为清代形式。殿周壁绘吕洞宾故事画五十二幅，据殿后檐明间大门右侧题记“十方大纯阳万寿宫彩画，纯阳帝君□游显化之图……时大元至正十八年岁次戊戌季秋重阳□□□□□”及前檐东梢间南墙题记“会昌朱好古门人……古新远□男富居绛阳待诏张遵礼……门人古新田德新田……□县曹德敏……至正十八年戊戌季秋重阳日工毕谨志”，可肯定这壁画完工于至正十八年（公元1358年），作画的就是朱好古和他的门人。这五十二幅连环故事画把整个画面构成伟大的场面，其中有各式各样的建筑物和当时人民的各种生活情况，是极宝贵的历史艺术作品。在整个构图上，虽然是五十二个故事，却并不是分割的，而是连续的整体构图。每一个故事都标有简略说明。现存壁画略有脱落（为防止继续损坏，已于最近修补灰泥）。东壁极小部分、西壁南半、东北壁中部约四分之一及西北壁之上部均为清代重绘。

（五）重阳殿

面阔五间，进深四间六椽，单檐歇山顶，平面减去明间前檐两金柱。斗栱五铺作单抄单下昂，后尾起秤杆，略似清代镏金斗栱，但栱、昂、耍头等仍保存宋代做法。平梁上用大驼峰承托大斗襻间及脊方，梁架简洁。殿壁面绘重阳祖师王嘉故事画四十九幅，其构图用笔一如七真殿，足证为同时所绘制。惜损坏较甚，经后代重修较多，壁面下部并皆模糊不清。

总计全部自大门至重阳五座建筑中，大门为清建，三清殿、七真殿天花以上梁架为清代改建，其余全为元代所建。现存三殿壁画亦为元代所绘，部分为清代修补，但修补部分尚能与其四周原画完全结合。据当地群众传说，宫中道士藏有壁画卷轴底本，遇有损坏，则按底本补绘，故能新旧吻合。惜抗日战争时此底本遗失，今已无从寻觅。在建筑设计上亦为极可宝贵之资料：它的现存部分总平面仅在中轴线上排列主要建筑，与习见的有东西配殿或周围廊屋的平面截然不同。按县志所载，全部平面则在现存部分之西尚有横列的建筑物甚多，其配置亦与寻常平面不同。三清殿前并有整齐的水渠，当亦为有意识之配置。据崇祯九年（公元1636年）《纯阳万寿永乐宫重修墙垣碑记》所述：“……当其时名挂天府，奉敕建宫，鲁班匠手，道子画工，殿阁巍峨，按天上之九重而罗列，道院森森，照地下之八卦而排成……”因此，这个总的平面布置是按照宗教的象征意义设计的。又自大门以内各殿座平面柱子排列，各个不同，各殿梢间极窄，正面除两梢间外全部为槅扇门，背面明间用版门，全部不用窗子。这样的安排正是为了殿内安置塑像的方便（塑像已全部损毁，仅存残座）和有足够的墙面以供绘制壁画，同时前面的槅扇门又可以供给足够的光线，足证其设计的周到和圆满，达到各种要求。

（陈明达执笔）

柒　万泉县[①]

东岳庙［图版 83～94］

东岳庙在旧县城北 15 里解店镇东南隅，据传说自唐代贞观年间分邑郡里，此地称汾阴，即有此庙，虽经过元、明、清历代重修，但仍塌毁了不少，现仅存正中线上的几座建筑，都是清代改建的。

最前面山门五间。单檐悬山顶，清末重建，门前两石狮雕刻尚佳。山门后正中为飞云楼，高三层，方圆百里的老乡们都对它很熟悉，俗称为解店楼（“解”字当地发音如“害”），有“解店楼，解店楼，半截插在云里头”的谚语，以形容它的高大雄伟（实际高度为 22 公尺左右）。因万泉县位于孤山脚下的高原上，自稷山县向南渡汾河，沿公路前进，地面逐渐高起，十几里外即望见它秀丽的影子，确有高入云霄的感觉。楼北为午门间，单檐歇山顶，下部斗栱为清建，梁架经民国改修。再北为献殿七间，全为近代改建。过献殿为大殿五间，重檐歇山顶。殿前有方亭名八卦亭。大殿前檐柱及八卦亭四角柱、栏板望柱皆雕龙凤，为明正德年间遗物。大殿后的娘娘殿及各院廊房配殿都不存在，已另建新屋，为县人民政府的办公室。庙内石碑多座，除元大德碑外，皆为明、清所立。此庙自清末到解放前，荒废无人管理，残毁颇甚，现在各殿楼均已由人民政府加以整修保护。

[①]1954 年由万泉、荣河两县合并而成今之万荣县。

（一）飞云楼

1. 平面［插图二三］　正方形，建立在低矮的方台上。面阔、进深各五间，高三层，连同平坐二暗层，实为五层高楼。上两层每面凸出抱厦一间，歇山顶，山面向前，最上檐为十字歇山顶，大脊正中立宝珠饰，山花透空，以铁寿字代替悬鱼。各层檐翼角起翘较大，整体比例匀称雄伟。这一类型的建筑常见于宋元绘画中，在实物里还不多见。

2. 结构　全部梁架结构，富于变化。第一层两山面，砖墙内用方形石柱，内檐周围金柱较檐柱稍高，柱头上用斗栱承托二层平坐，凸出的抱厦下部用童柱，立在明间大梁上，楼梯两折，到达第二层楼板。二层平面呈十字形，前檐用方柱，柱间装栏板望柱，平坐滴珠板甚狭，斗栱全部外露，甚为疏朗。第三层平面仍为方形，不与第二层雷同，而四面凸出的抱厦屋顶亦为歇山造，但下部不用童柱，而用穿插方及斜撑木挑出以支承抱厦顶，两角做垂莲柱，类似垂花门的做法，益增外观的玲珑美丽。最上层十字歇山式屋顶，二脊檩相交处悬一大垂莲柱，由四面额方上斜撑及里转角由戗八面支住，相当紧严。各层平板方都比额方宽且厚，和早期的建筑显然不同。

3. 斗栱　内檐斗栱仅用在第一层金柱上，两面都出三跳，外檐斗栱各层檐及平坐做法变化较多。

第一层斗栱五踩重昂，每间平身科一攒，独明间用两个大斗并列，出45°斜栱，各攒斗栱昂嘴卷回状似如意头，正出耍头雕卷草，斜出者雕象头出长鼻，厢栱刻卷草，各攒相连，类似亭园建筑中常见的雕花倒挂楣子，栱子俱抹斜，也是山西明清常见的地方手法。最奇特的是在下昂底皮另出小栱头，两边出卷草形翼形栱，外观似多出一跳。

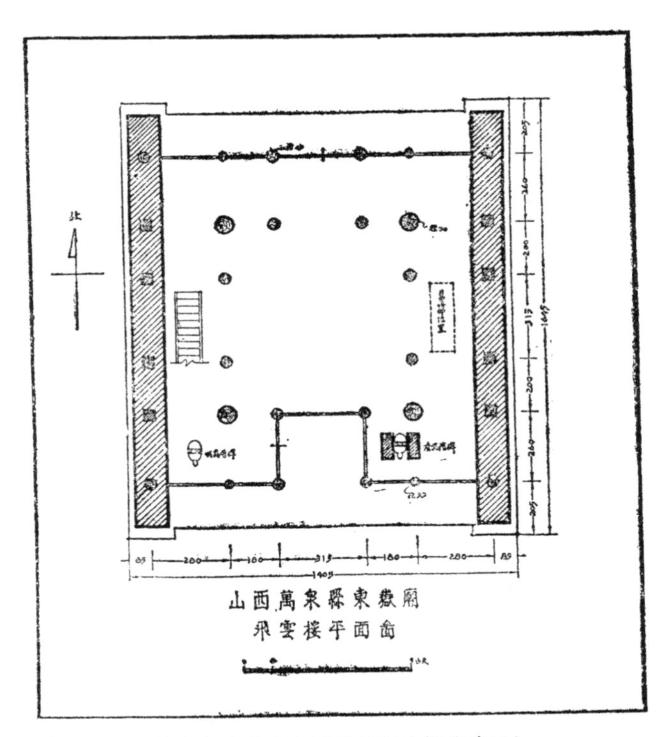

插图二三　万泉县东岳庙飞云楼平面图（祁英涛绘）

第二层檐斗栱，三踩单昂，昂嘴扁软，不

卷如意头。耍头栱子做法与第一层同。明间（即抱厦）平身科三攒（立面似三间，其二柱为后加），正中一攒出斜栱，角科与梢间平身科相连，似另加的附角斗，斜上昂雕象头长鼻，下昂雕如意头，各攒斗栱在耍头之上梁头外露，雕作蚂蚱头。平坐斗栱是五踩重翘的清代标准做法。

第三层檐斗栱，三踩单昂，大体做法与二层檐相同，只是平身科无斜栱，角科斜上昂雕龙头，伸出长舌卷做如意，是很特殊的地方手法。平坐斗栱，三踩单翘。

最上层檐斗栱，七踩三昂，平身科三攒，细部手法与二层檐同，唯角科另有附角斗，昂嘴密布，斜昂做如意头，耍头雕象头长鼻，极为繁复。

4. 年代　飞云楼据老乡传说是唐代所建，显与现在结构不合。明嘉靖元年（公元1522年）重修碑记中说："邑志不载创始之时，惟见大元大德重修之，景泰改元又重修之，天顺改元又重修之。"在万历四十五年（公元1617年）《重修飞云楼附三门牌楼东碑记》中说："以高则数十仞，以围则九宫八卦，千楹百栋，百余年来风雨圮倾尤甚。"此时的规制与现存式样很相似。到清代乾隆年间又经彻底翻修。据乾隆十一年（公元1746年）《重修飞云楼碑记》说："万邑治之北十五里许，有镇曰解店，镇之东隅古有东岳神庙，不知创始何年，载入邑志，自唐贞观年间分邑里郡名为汾阴，即有是庙……其顷圮，岂所以妥神而因风脉哉……仪同本庙住持通莲欲兴工修理……起于乙丑（乾隆十年），成于丙寅（乾隆十一年），计人工材料约费五百金。"如上所记，再根据现存结构全是清代乾隆时期盛行的地方手法，则可证明此楼确为乾隆十一年重修的建筑。

（二）大殿及八卦亭

大殿平面近方形，面阔、进深各五间，重檐歇山顶。据明正德碑中记载，檐柱俱雕龙，现在后檐柱已不知去向，上下檐斗栱都是三踩，上檐出单翘，下檐出单昂，上下层仅明间用平身科斗栱一攒，上檐形制特殊，厢栱两端刻出昂嘴，与广州光孝寺的斗栱做法颇相似（光孝寺的斗栱是正心瓜栱两端刻昂嘴）。八卦亭平面正方形，单檐十字歇山顶，四角雕龙石柱及石栏板望柱，雕刻精美。栏板雕龙凤，望柱头雕石榴头，柱身刻有明正德十年（公元1515年）和正德十三年的铭刻，与大殿石柱为同时的遗物。此二建筑梁架都经清代改修，已非原状。

（祁英涛执笔）

捌 太谷县

一、光化寺［图版 95～98］

光化寺在太谷县[1]西南 15 里的白城镇。县志云“光化寺在县西十五里白城村，宋咸平二年建”，但在现有碑记中已找不到宋咸平建的记载。寺自山门起共有殿宇三层，左右并配置东西配殿。居中一殿为全寺最硕大的建筑物，殿脊檩下题“时大元泰定三年岁次丙寅己亥月辛未朔辛卯日甲午时重建”。在它的前廊左边有一块乾隆二十七年（公元 1762 年）七月十九日立的《重修光化寺碑记》，是记载寺史较详细的一块碑。据碑记说：“……摩腾竺法二祖法大神通普渡众生咸平王而经始佛殿，名曰龙伏寺……及贞观十三年三月二十八日丑时大兴利刹，名曰敕建隆兴宝寺□□□□□□□□□□宋帝赵王所寓，而因龙相现敕墨书谕曰光化圣寺……迨泰定三年重建如初……于大明宣德三年增补，四年告竣，成化二年并正德十二年各有整饬，乃至圣朝康熙三十年本镇大德檀那复为补葺□□至今时移物换，日远年湮，殿貌更极崩解，爰于乾隆三十四年二月二十五日午时，鸠工庀材，前后殿东西两廊四大天王，钟鼓二楼，山门一座，两楹护法，左右禅房，围墙院所焕然皆新……”其中所叙寺的创建时代颇为含混，只能得知寺的创建是很久远，至元代大概是完全毁坏，所以泰定三年（公元 1326 年）重建如初，以后又经过宣德、成化、正德、康熙以至乾隆几次修理，其后又曾于道光六年（公元 1826 年）重修一次，这是由另一块碑所可证明的。由现存各建筑物的形制看，除了大殿较早，并且由它脊檩下题字可以证明它还是泰定三年重建的原物，其他各殿已都是清代的建筑了。

大殿面阔五间，进深四间八架椽［插图二四］，前面一间是走廊，所以前檐墙是在金柱的位置上。殿里面的进深实际只有三间，后檐只有明间用两根金柱，次间没有金柱，因此两山后檐次间柱头铺作第二跳华栱上搁置一根长达两间的大梁，它的另一端安放在金柱上。这根大梁上立童柱以承托上面的四椽栿，在这同一位置上它又承托着

[1] 今晋中市太谷区。

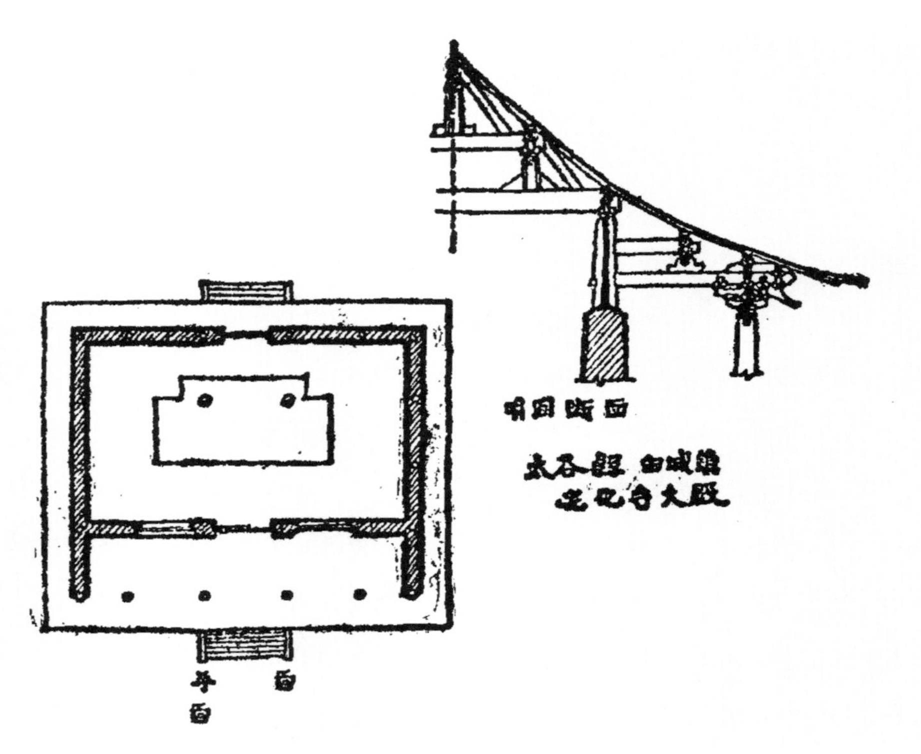

插图二四　太谷县光化寺平面及明间断面图（陈明达绘）

后檐梢间柱头上所伸出的乳栿后尾。殿周围檐柱上都用五铺作斗栱一朵，外面出单抄及一插昂，里面出华栱两跳上承乳栿，乳栿延伸出外面即作耍头，上面的衬方头也伸出橑檐方外作耍头形状。铺作外面用单栱，里面华栱上不出横向的栱，柱头用重栱上承柱头方一层，柱头方上用实拍栱承替木及压槽方。山面中柱上因不用乳栿，斗栱上是用的真昂，昂尾挑令栱替木承托在歇山的承椽方下面，外檐没有补间铺作，殿内除了襻间下的令栱也没有用其他的斗栱。这些外观和结构上的特征，都表现出这个建筑的简洁明朗，内外一致。减少金柱的方法也正是这一时代的特有作风，在这里它使用得较已知的其他建筑更觉自然。乳栿上用的驼峰、四椽栿和平梁上的角背，标示着驼峰逐渐改为角背的过程，在现知的元代建筑中，是不多见的。它只有一个缺点——为了将就歇山屋顶的外观，而没有更适当地处理构架，使得梢间的梁架和歇山部分增加的一缝梁架相距过近，有些拥挤和浪费的感觉。

（陈明达执笔）

二、白塔寺 [图版99、100]

寺在县城内西南隅。从寺内所存民国十四年（公元1925年）立重修碑记上知道它原名无边寺，后改名普慈寺，俗名白塔寺，所在的地址即名白塔村。查新修《太谷县志》卷七“古迹”：“白塔村即今县治，阳邑城于北齐时西徙白塔村仍有阳邑旧名，到隋始改名太谷……”所以太谷县东25里现在还有阳邑镇，而现在的太谷城就是古代的白塔村。又同卷：“普慈寺在县治西南，旧名无边寺，俗名南寺，创于晋泰始八年。寺中建浮图一座，高耸凌空，顶有尊胜幢相，其垩色愈久而白不减。宋治平间重修，改题普慈寺，元祐五年继修，元、明至清初屡修葺……”它所记年代甚确，可能是根据寺内碑记所写，可惜现在这些碑记都不存在了。

这塔共高七层，每层有出檐及平坐，在出檐平坐砖叠涩之下并有斗栱。此外在第一层檐与上层平坐间有莲瓣三层，第七层上作叠涩座、莲座及宝瓶式塔刹。每层有门外通平坐，第一、二、三层门在南面，以上各层门方向不一。第二、三层四斜面作假直櫺窗，其他三正面作假门，第二层之假门作版櫺格子门。它的全部轮廓和河北定县[①]料敌塔很相近，塔内部和塔刹与平遥冀郭村金代所建慈相寺塔也很相似，所以它是宋金间所建的，县志所说宋治平间重修、元祐继修，应当就是它重建的时代。

这个塔的特点是它的第一层是一个方形小室，小室的北墙东角顶上设置砖蹬道——由室内至蹬道口是用活动木梯——以登第二层，自第二层以上是直通最上层的砖砌空筒，每层安放木楼板及木梯。它证明着自北魏嵩岳寺塔至唐代的许多方塔从最下层至顶的空筒，原来都是安装木楼板的。它的第一层没有用木楼板，又说明了它是由木楼板走向全部用砖蹬道的开始。而这个内部结构的改变——由空心木楼板到砖蹬道再到实心不能登临的塔——也必然就是多层塔外部轮廓改变的因素之一。

（陈明达执笔）

[①] 今定州市。

玖　稷山县

一、青龙寺［图版 101～106］

青龙寺在县城西 8 里马村西端，据县志载“唐龙朔二年建”，但现在并无唐代遗物。寺的规模不大，前后共两院，前院全部建筑均清代所建，正南为山门，东为罗汉殿，西为十王殿，均三间硬山造。正北天王殿五间，与后院的腰殿相连，和北京常见的“勾连搭”的做法相同。后院腰殿（俗称南殿）及大殿（俗称北殿）各三间，东西配房各五间，大殿两旁各有朵殿一间，东为伽蓝殿，西为护法殿，除大殿及腰殿、伽蓝殿为元、明两代建筑外，其余殿堂都是清代重修的。

（一）大殿（北殿）

面阔三间，进深四架椽，单檐悬山造，明间版门二扇，两次间装直欞窗，平面用减柱法，只留后檐二金柱，柱头上阑额与普拍方成 T 形。梁架结构甚简练，襻间方各间相错搭接，是较早的做法。四椽栿虽是明栿，用材却不甚整齐，前端较粗大，后端纤细［插图二五］，后檐结构杂乱，显为后代修改。

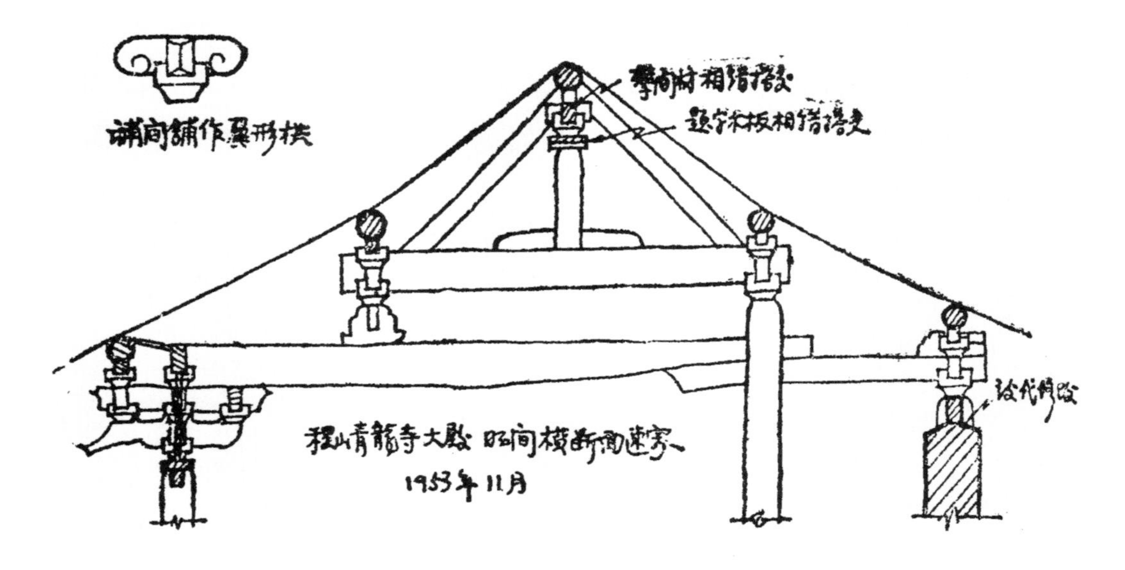

插图二五　稷山县青龙寺大殿明间横断面速写（祁英涛绘）

斗栱四铺作，单昂，刻假华头子，顺着昂底皮斜度刻一道深线，外表似为插昂。昂后尾做华栱，上施云形栱，补间铺作每间一朵，内外都出华栱一跳，后尾翼形栱刻作两卷。

（二）伽蓝殿（东朵殿）

面阔一间，进深二架椽，硬山造，右缝梁架在平梁上用蜀柱叉手［插图二六］。东缝无梁，脊槫及平槫搭在山墙上。斗栱四铺作，出华栱一跳，做法与大殿补间同。

（三）腰殿（南殿）

面阔三间，进深四架椽，单檐悬山造，檐柱生起显著，平面用减柱法，与大殿同，只留后金柱二根，前后明间辟门，无窗。梁架与大殿近似，唯三椽栿上另加草栿一道，平梁上用蜀柱大斗，立在后金柱柱头斗栱上，劄牵做法也与大殿一致。

斗栱：后檐斗栱四铺作单抄，柱头铺作与大殿同，补间斗栱每间一朵，后尾要头上另加一根斜昂，压在后平槫襻间方下。前檐斗栱五铺作重昂，刻假华头子；补间后尾类似明清的镏金斗栱［插图二七］。

（四）壁画

大殿、腰殿、伽蓝殿都有壁画。伽蓝殿仅存内檐栱眼壁上的两幅，东端绘智黠供养人像，西端绘二人合捧一纸状，上书元至正五年（公元 1345 年）题记。两幅画颜色笔法一致，应为同时所绘。大殿的壁画只有东西壁的还存在，据南窗上槛的题记，皆

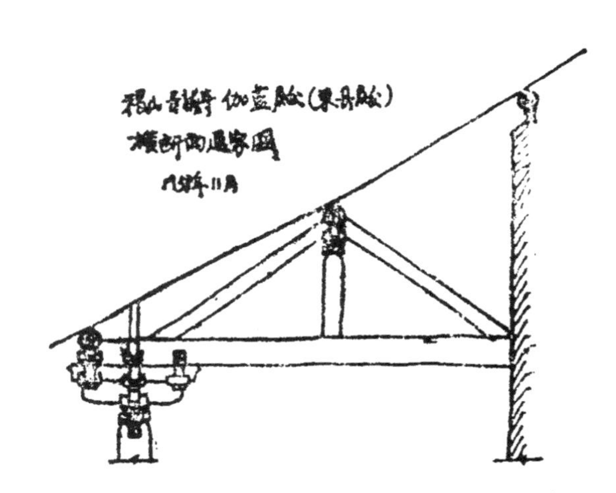

插图二六　稷山县青龙寺伽蓝殿横断面速写（祁英涛绘）

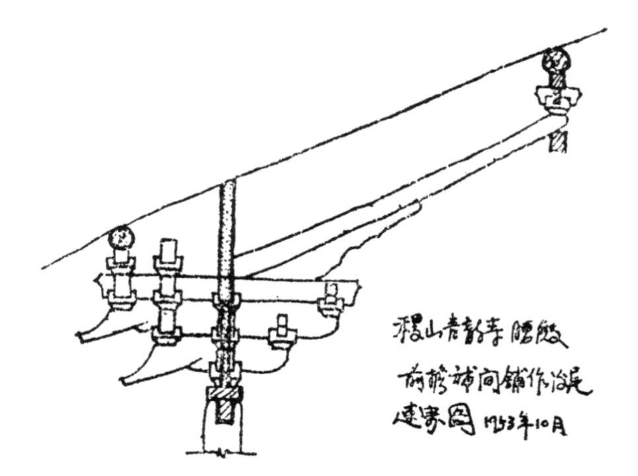

插图二七　稷山县青龙寺腰殿前檐补间铺作速写（祁英涛绘）

为明初洪武年间补绘，仅西壁南端一小块似仍为元人手笔。腰殿四周墙上绘画还都存在，南面二幅及东西两壁绘诸菩萨像，宽敞的衣纹、方而圆的面型，都是元画中常见的手法。气魄虽不如永济永乐宫三清殿的壁画，但描绘精致是该殿所不及的，应与殿同为元代遗物。北壁两幅，西端绘功德主黠墨庵供养人像，壁上并有“崇祯八年”游人题字。东端一幅绘罗汉像，有“大明丙戌孟夏”的题字，从绘画的颜色笔法来看，显然不同于东西壁的绘画，疑为明代所绘。全寺内的壁画，以腰殿最为精致，然遭受灾害也最重，东壁因漏雨，被泥水冲刷，已模糊不清。其他各幅，据老乡们谈，在民国初年曾被村中的坏分子出售，有一部分已运走，一部分被群众发觉追回按原位置补上，现在殿内一块块补回的画面及割裂的刀痕仍都存在。

考查各殿建造年代的文献资料很少，县志、州志上都载“唐龙朔二年建”，显然是不可靠的。寺中碑记也都记载不详，然由伽蓝殿栱眼壁画的年代来论，此殿至迟当与壁画同时为元至正五年建。大殿的斗栱做法与伽蓝殿完全一致，脊槫下钉木牌书“至正十年重建”，按梁架结构与赵城广胜寺相似，都用草栿做法，此殿当为元代建筑。只是其建造年代比伽蓝殿相迟了五年，按一般习惯应先建大殿后建朵殿，则殿山墙相连，不易分隔，或许伽蓝殿的年代比画上题记的年代更早一些，在重建大殿时伽蓝殿仍未损坏？是否如此，则有待进一步的研究了。腰殿脊槫下钉木牌书“时大元国至元二年”（公元 1336 年），证以壁画及梁架，此殿当为元物，只是斗栱后尾疑经明代改修。

二、广教寺砖塔 [图版 107、108]

广教寺在县城内，唐圣历间名辨知寺，开元时称感应寺，现在寺已不存，仅留十三级砖塔一座。据塔内嵌石为大金明昌二年（公元 1191 年）重建，塔俗称稷山塔，屹立在正对县城南门的街道上。

塔平面八角形，十三层，外形轮廓较直，逐层收进很小，正面辟门。下层檐用斗栱，四铺作单抄，以上各层不用斗栱，皆为叠涩出檐。第一层内部砌碑龛，周壁嵌金明昌二年石刻，书写功德主的姓名，碑的边缘线刻花纹及供养人像，均为铁线描法，精美绝伦。正南面石制门槛，雕蕃草，门枕石上雕石狮，姿态甚佳。自北面门内可登塔，惜阶梯现已毁，无法登临。以上各层塔内中空，与平遥冀郭村慈相寺砖塔一致，原有楼梯楼板，都已毁掉。现在此塔向东北倾斜（东北原有水坑，现已填平），南北面沿辟门处裂大缝，自顶至底，最宽处竟达一公尺左右，状甚危险。据老乡们谈，此裂缝已有百余年，并无太大变化，诚为结构学上很好的研究资料。近年该县时时有地震发生，塔的危险仍是时时存在着。

（祁英涛执笔）

拾 介休县[①]

一、回銮寺［图版 109～111］

嘉庆《重修介休县志》卷三："回銮寺在兴地村，按碑记即空王灵溪寺，唐太宗欲登山礼佛至此回銮，僖宗时僧惠真诣阙请额赐今名。五季遭兵火，宋建隆三年重建，敕名兴国寺。明嘉靖四十三年修，旧志犹载回銮寺，仍古名也。"兴地村在介休县城南 40 里，寺内有金大定二十五年（公元 1185 年）碑记，载寺创建于唐中和岁（公元 881—885 年），僖宗时改名回銮，五代末毁，宋初重建，一如县志所载。惟碑文磨灭，辨认甚难，末段尚勉可辨认"又适天厌宋朝，时罹兵革，寺丘墟一无……我□朝……时抵天会十有一年……仍于故基而兴新构，于是摒去瓦砾芟蒿莱，拔□量材，亟其营制……其功大成……"，由此可知寺在北宋末又复毁灭，经金天会至大定间于故基重建。此后不知何时又遭毁灭，故在现有大殿明间脊槫襻间方下题有"大元国至大元年岁次戊申二十七日壬午丁未时重建"，则又为元代重建之证。以后如县志所载明嘉靖曾重修，碑记尚存于大殿东梢间，惟此次重修或重建规模如何，无从推测。至清代有过两次修建，在正殿东次间后有康熙四十一年（公元 1702 年）碑记："……兴于康熙二十五年，告成于四十一年壬午……"这一次重修历时十六年，其规模浩大，可想而知。另一次见于正殿前廊东侧乾隆三十五年（公元 1770 年）碑记："……是役也，始于乾隆三十一

[①] 介休于 1992 年撤县设市。

年丙戌，成于三十四年乙丑……”也历时三年，修建范围当亦不小。

全寺平面较为特殊，可分为两部分。前面部分中线上有三座建筑，山门、天王殿和大雄宝殿。山门和天王殿之间是一个扁长的庭院，天王殿和大雄宝殿之间是一个约略 50 公尺见方的大院落，大殿左右和院落的东西是相连的朵殿、配殿，并且都有前廊，所以在外观上这大院落的北、东、西三面是由漫长的走廊环绕着的。在院落的西面偏南有三间戏楼，它和山西一般寺内戏楼放在中线上的配置法大不相同。山门左右原来是否有廊屋与院内和东西廊相连接，已毫无痕迹可寻。里面广大的院落则可肯定是原来的形状，因为在它中间再放上一座建筑物就过于拥挤了。至于戏台是否原来设计时就是放在这里，院落的广大是否为了可以容纳众多的观众，都是有趣的问题。大雄宝殿以后地形较前部高出约 3 公尺，它自然形成另一个部分。经过大殿后狭小的庭院，上十余级陡峻石级进入垂花门似的小门楼，是一个四合院式的小院落。正北三间藏经殿，东西各三间禅房，垂花门左右各三间南屋则是新建的。

全寺的主要建筑大雄宝殿是五间悬山顶建筑，它仅比两侧的朵殿、配殿略为高大一点。令人吃惊的是它不但不使人感觉矮小，而且庄严朴素。在走出天王殿望到大殿和与它陪衬的廊屋时，所得到的印象正如绘画构图中的“平远”之景。在这样的构图中大殿略为突出，就极容易达到伟大庄严的效果。设计者的深思熟虑，于此可见。

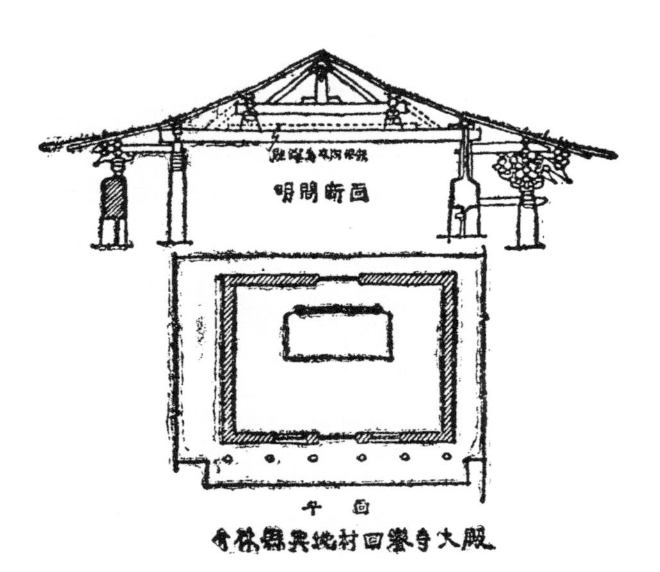

插图二八　介休县兴地村回銮寺大殿平面、断面图（陈明达绘）

现有建筑大部为清代式样，应当是康熙、乾隆两次大修的结果。只有大殿结构较为特殊［插图二八］，它面阔五间，进深六椽，前檐六铺作出单抄双下昂，后檐四铺作出单昂前后劄牵四椽栿。殿内后檐只用金柱两根，四椽栿北端即放在金柱间的大内额上，梁架很简洁。单就这点看，很可能如脊榑襻间方下所题是元代所建。但是它斗栱细部所表现的如龙头形的耍头、很薄的昂嘴，又都是山西习见的清代做法。所以我们认为它只是平面、梁架保留了元代原来的形式，而大部分是经过清代改做或抽换的。

二、玄神楼[1]［图版 112～115］

玄神楼在介休县城北顺城关东街，即三结义庙前之乐楼（戏台）。据嘉庆《重修介休县志》卷三："三结义庙在东关文潞公祠之右，旧为元神庙，万历年间知县王宗正改建。"现在群众仍称之为玄神楼。庙除乐楼外还有一座大殿和献亭，大殿前廊和献亭内共有碑七通，主要的是康熙十三年（公元1674年）《重修三结义庙记》和乾隆五十一年（公元1786年）新建《献亭兼修庑乐楼碑记》。现在这乐楼、大殿和乾隆五十一年新建的献亭，完全是一致的手法：极密的斗栱，如意头或龙头形的昂嘴、耍头，错综复杂的屋顶结构。它们应当都是康熙、乾隆时所新建的。

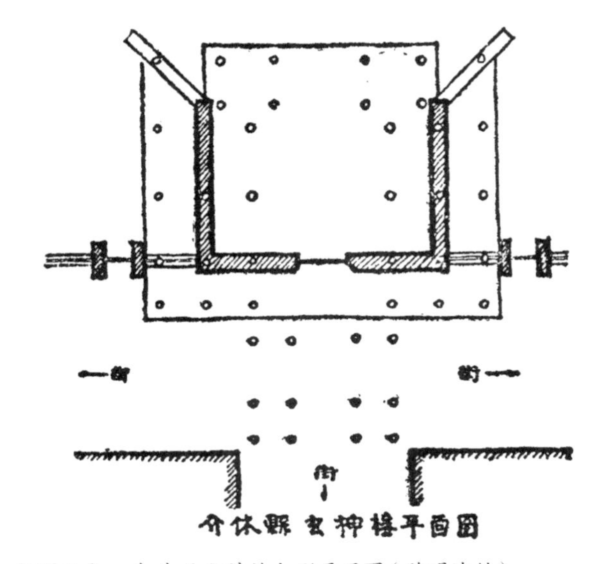

插图二九　介休县玄神楼大殿平面图（陈明达绘）

乐楼的平面成"凸"字形［插图二九］，总深度约有20公尺。较窄的部分面阔、进深都是三间，突出于庙外成为过街楼。较宽的部分面宽五间，进深四间，露出周围廊，下层是大门，上层是戏楼。因此这个建筑物有三个作用：街心的点缀、大门和戏台。它全都是两层，实际上加上平坐和上层的重檐共达四层高。这样高的建筑物，没有足够的宽度和深度，是会有单薄和不安定的感觉的。在庙内面积不足和不妨碍交通的条件下，它完善地达到了设计的要求，雄壮、稳定。并且这个庙的主要入口因此更为显著，从任何方向看来，都不会被忽视。这个庞大的建筑物下层是空敞的，中层平坐栏杆、屋面十字歇山顶和重檐下略微凸出的歇山顶，都避免了因过于庞大而招致的呆板，显得玲珑生动。这样的建筑，在艺术上达到了极高的成就，在古代建筑遗物中是不可多得的，绝不能因为它时代较晚而忽视了它。

（陈明达执笔）

---

[1] 玄神楼，今名"祆神楼"，目前国内仅存的祆教建筑。

拾壹　已知古建筑的补充资料及其他

一、佛光寺［图版 116～119］

佛光寺系抗日战争前所发现，其详细情况已详载于《文物参考资料》第 33、34 期（合刊）及《雁北文物勘查团报告》[①]。此次调查，在东大殿内有两点新发现，特补充于下。

1. 殿内槽栱眼壁南、北、东三面共九间，均满绘菩萨像，色彩极鲜丽，面貌笔法都和敦煌晚唐作品相似，可能与殿的建筑年代相去不远。正面南次间和明间栱眼壁上各作圆光七个，内各绘像十躯，圆光外各书佛号，南次间最北圆光外题字为：

佛光庄信佛男弟子
刘太和身幻是悟
□□□合家持舍
□□□书佛□□
并赤白中门
答国王父母
雨露之恩
□□闷露乐
万历四年五月初
□□□刘太
男□闰次男
□□杨

因此这两块壁画的确切年代是万历四年，即公元 1576 年。

2. 殿内外槽及殿外东、北檐斗栱、平闇、乳栿尚保存有土朱刷饰彩画，栱、方、

[①] 前者系梁思成先生据《中国营造学社汇刊》第七卷所载旧文改写（1953 年）；后者指刘致平撰《古建组勘察总述》，载于《雁北文物勘查团报告》（1951 年 2 月）。

斗均刷深色土朱（近紫色），在栱头下端至栱底卷杀开始处刷凸形土朱，外用刷白缘道。斗边缘棱角处亦均刷白缘道。乳栿面刷土朱，以深土朱压心，以白色为缘道。平闇椽均刷深色土朱、白缘道。

（陈明达执笔）

二、太原市唐墓及宋墓［图版 120～123］

（一）唐墓

在太原市至晋祠途中董茹庄，为 1953 年末基本建设中所发现的唐墓之一。墓室略成方形，四壁画人物、山水、花鸟，为极生动的写实作品，设色亦尚鲜丽。每幅壁画之间用朱色绘柱形，其上并用朱色绘阑额、柱头铺作及人字形补间影作。

（二）宋墓

在太原市东门外红湾村，为 1953 年秋季所发现，共有两座，形制大致相同。其中保存较完整之一座平面为八角形，每角绘檐柱，其上用砖砌出阑额、普拍方、柱头斗口跳铺作及椽头。东西墙面砌出直槅窗，南墙为墓之入口，北墙砌出假门。假门作半启状，一妇人探身门外。入口及假门之上各有门簪二枚，雕作十字菱花形。阑额两端绘如意角叶，普拍方绘成砖砌菱角牙子，栱眼壁绘写生华。阑额方心、栱、斗并界以黑缘，内绘木纹。彩色以土黄、绿、黑为主，色调较为阴暗。

（陈明达执笔）

三、太原晋祠［图版 124～129］

晋祠为太原市近郊著名之风景名胜，现存圣母殿、献殿、鱼沼飞梁、金人等古建筑，已经雁北文物勘查团介绍过[①]，惟缺少圣母殿内宋代精美写实的塑像介绍。此次勘查时补照了部分照片，特介绍于此，以供研究雕塑者参考。

（陈明达执笔）

---

① 莫宗江：《应县、朔县及晋祠古代建筑》，载《雁北文物勘查团报告》（1951 年 2 月）。

四、朔县崇福寺弥陀殿［图版 130～135］

朔县[①]崇福寺情况在《雁北文物勘查团报告》及《文物参考资料》1953 年第 3 期上已有发表。现在全寺已经山西省文物管理委员会修缮得整齐清洁，并设有保管所负责保护。在这次勘查后特补充两点如下：

弥陀殿的槅扇、版门形制古朴，为现存古建筑中保存时代最早的装修，尤以槅扇櫺花最为宝贵；弥陀殿斗栱出四跳应为七铺作，因为它的耍头也完全做成下昂形，外观上似为出双抄三下昂，容易误认为八铺作。

（陈明达执笔）

（原载《文物参考资料》1954 年第 11 期，据作者批注手迹修订）

[①]1989 年朔州建市，原朔县为今之朔州市朔城区。

图 版

图版 99　太谷白塔全景

图版 100　白塔全景现状 **

图版 101　稷山青龙寺大殿梁架

图版 102　青龙寺腰殿前檐（北坡）斗栱后尾

图版 103　青龙寺大殿梁架现状 **

图版 104　青龙寺大殿西壁壁画 *

图版 105　青龙寺腰殿西壁壁画 **

图版 106　青龙寺伽蓝殿斗栱后尾及栱眼壁画 **

图版 107　稷山塔东面全景

图版 108　1964 年被拆除前的稷山塔 *

图版 109　介休回銮寺大殿现状 **

图版 110　回銮寺大殿现状　外檐补间铺作 **

图版 111　回銮寺大殿现状　外檐近景 **

图版 112　介休玄神楼东面全景

图版 113　玄神楼上部西侧面

图版 114　玄神楼现状　正立面 **

图版 115　玄神楼现状　侧立面 **

图版 116　佛光寺全景 *

图版 117　佛光寺东大殿栱眼壁彩画 *

图版 118　佛光寺大殿斗栱彩画

图版 119　佛光寺东大殿壁画 *

图版 120　太原董茹庄唐壁画之一

图版 121　董茹庄唐壁画之二

图版 122　太原红湾村宋墓斗栱及直櫺窗

图版 123　红湾村宋墓栱眼壁彩画

图版 124　太原晋祠圣母殿 *

图版 125　晋祠圣母殿屋顶 *

图版 126　晋祠圣母殿外檐盘龙柱 *

图版 127　晋祠圣母庙前献殿 *

图版 128　晋祠鱼沼飞梁 *

图版 129　晋祠圣母殿内宫女塑像

图版 130　朔县崇福寺及周边 *

图版 131　崇福寺弥陀殿外景之一 *

图版 132　崇福寺弥陀殿外景之二 *

图版 133　崇福寺弥陀殿后檐斗栱 *

图版 134　崇福寺弥陀殿前檐装修 *

图版 135　崇福寺弥陀殿槅扇櫺花

图版 1　五台南禅寺 *（陈明达摄于 1953 年）

图版 2　复原性修复后的南禅寺大殿 **（殷力欣补摄于 2019 年）

图版 3　南禅寺大殿柱头、转角铺作 **（殷力欣补摄于 2019 年）

图版 4　南禅寺大殿山面梁架

图版 5 南禅寺大殿明间梁架

图版 6 南禅寺大殿西面塑像 **（殷力欣补摄于1992 年）

图版 7 南禅寺大殿东面塑像 **（殷力欣补摄于 1992 年）

图版 8 南禅寺大殿复原图 *（北京文物整理委员会，1953 年）

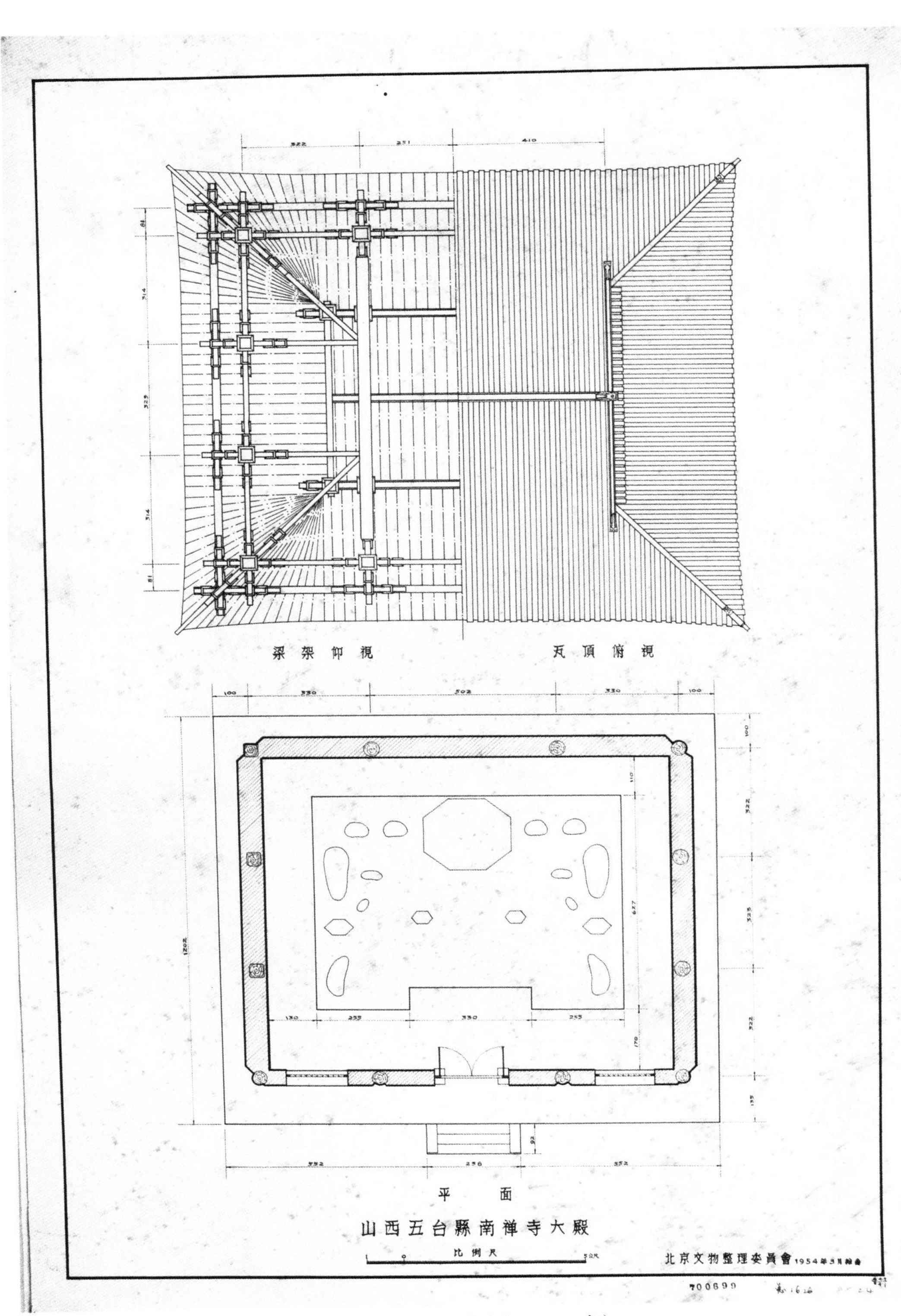

图版 9　南禅寺大殿实测图 平面 *（北京文物整理委员会，1954 年）

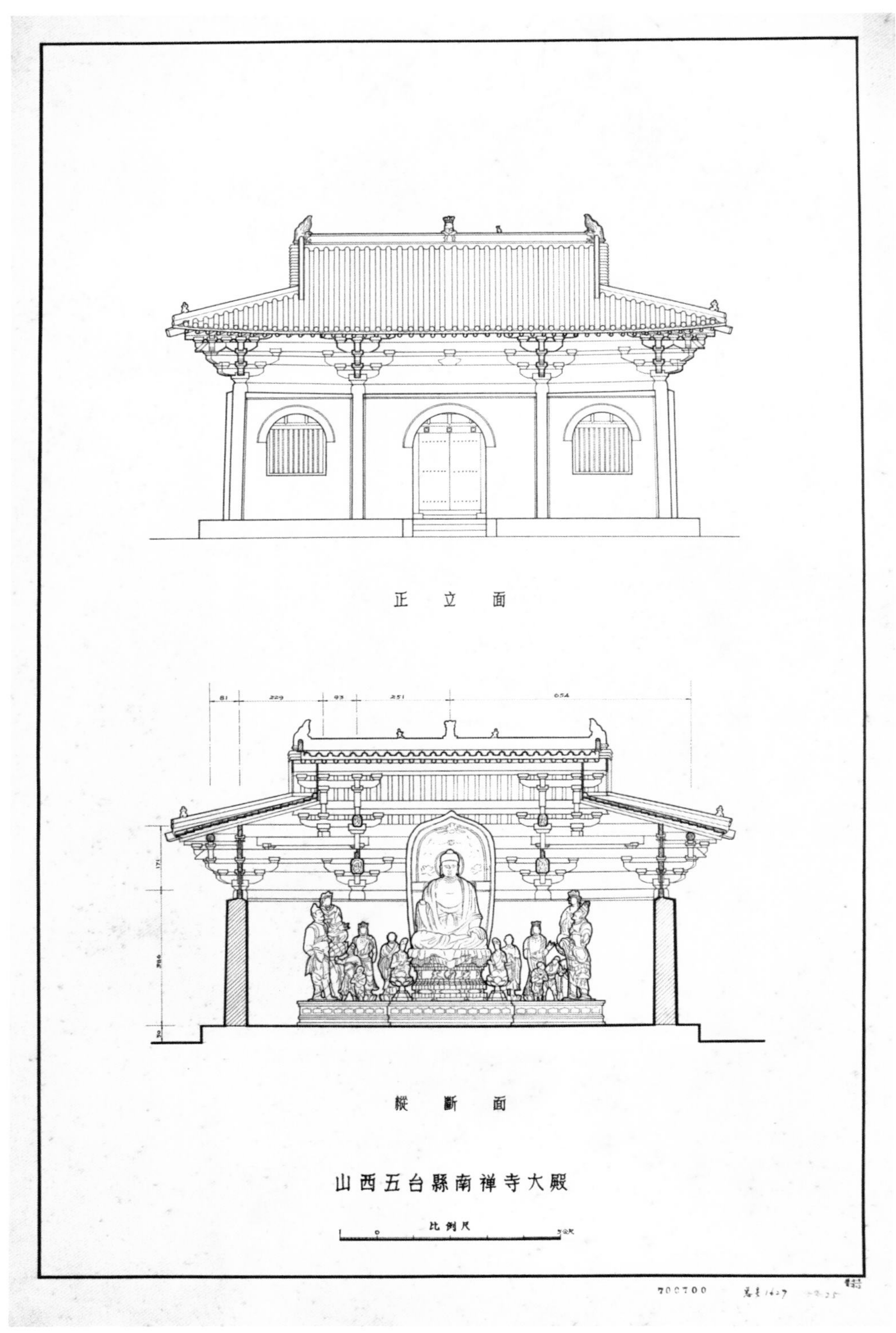

图版 10　南禅寺大殿实测图　正立面及纵断面 *（北京文物整理委员会，1954 年）

图版 11 南禅寺大殿实测图 侧立面及横断面 *（北京文物整理委员会，1954 年）

图版 12　五台延庆寺大殿全景 *

图版 13　延庆寺大殿侧视 *

图版 14 延庆寺大殿外檐转角铺作 *

图版 15 延庆寺大殿西山面斗栱后尾及梁架 *

图版 16 延庆寺大殿明间梁架 *

图版 17 延庆寺大殿转角铺作内转 *

图版 18　五台广济寺大殿全景 **

图版 19　广济寺大殿明间塑像 **

图版 20　广济寺经幢 **

图版 21　定襄关王庙全景 **

图版 22　关王庙东北转角铺作

图版 23　太原崇善寺大殿全景 **（殷力欣补摄于 20 世纪 90 年代）

图版 24　崇善寺大殿局部 **

图版 25　崇善寺大殿内千手观音 **

图版 26　平遥镇国寺万佛殿背面全景

图版 27　镇国寺万佛殿正面全景 **（殷力欣补摄于 1992 年）

图版 28 镇国寺万佛殿外檐斗栱 *

图版 29 镇国寺万佛殿前檐柱头铺作后尾

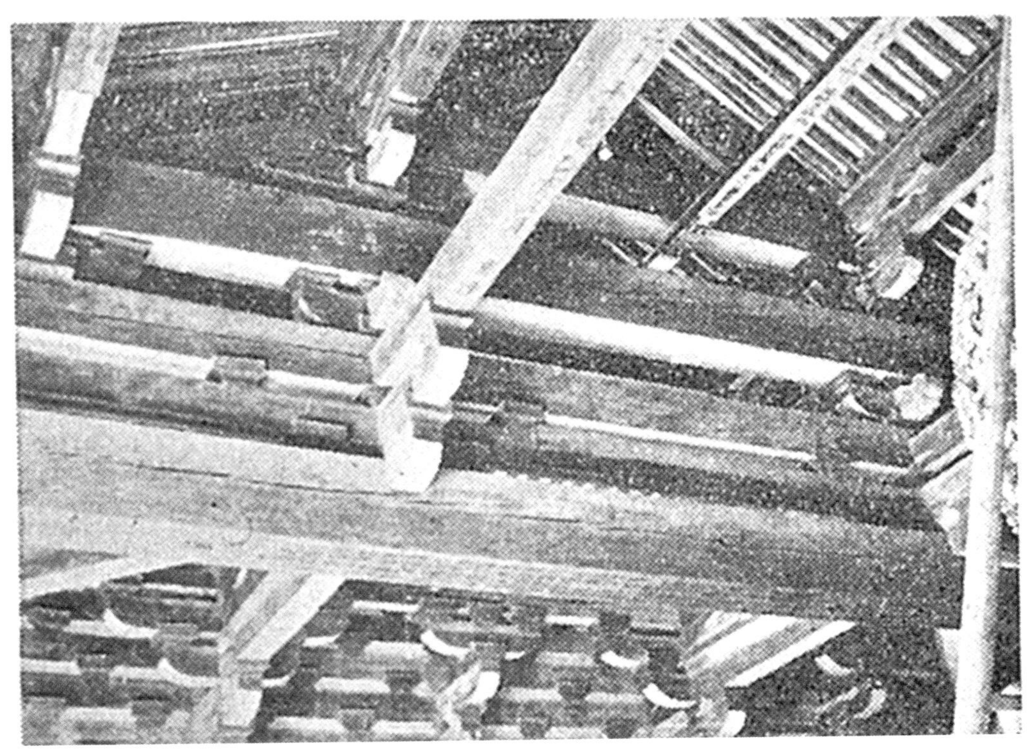

图版 30　镇国寺万佛殿明间梁架

图版 31　镇国寺万佛殿内部梁架及造像 **（补录 21 世纪初现状）

图版 32　平遥文庙大成殿全景（摄于 1953 年）

图版 33　文庙大成殿现状 **（补录 21 世纪初现状）

图版 34　文庙大成殿外檐斗栱 **（补录 21 世纪初现状）

图版 35　文庙大成殿转角铺作 **（补录 21 世纪初现状）

图版 36　文庙大成殿室内梁架及藻井 **（补录 21 世纪初现状）

图版 37　文庙大成殿神龛上部（摄于 1953 年）

图版 38　平遥慈相寺塔 **(补录 21 世纪初现状)

图版 39　平遥双林寺塑像 **（补录 21 世纪初现状）

图版 40　双林寺塑像群 **（补录 21 世纪初现状）

图版 41　平遥市楼全景 **

图版 42　赵城广胜上寺飞虹塔*（中国营造学社旧照）

图版 43　广胜上寺飞虹塔第一层正面

图版 44　广胜上寺前殿 **（补录 21 世纪初现状）

图版 45　广胜上寺前殿之弥勒像 **（补录 21 世纪初现状）

图版 46　广胜下寺龙王庙东房及下寺天王殿（山门）

图版 47　广胜下寺天王殿正面

图版 48 广胜下寺天王殿背面 *（中国营造学社旧照）

图版 49 广胜下寺天王殿前檐斗栱 **（补录 21 世纪初现状）

图版 50 广胜下寺天王殿明间梁架 **（补录 21 世纪初现状）

图版 51　广胜下寺前殿全景＊（中国营造学社旧照）

图版 52　广胜下寺前殿次间梁架＊＊（补录 21 世纪初现状）

图版 53　广胜下寺龙王庙全景

图版 54　广胜下寺明应王殿全景

图版 55　广胜下寺明应王殿背面现状 **（补录 21 世纪初现状）

图版 56　广胜下寺明应王殿正面现状 **（补录 21 世纪初现状）

图版 57　广胜下寺明应王殿明间补间铺作 **（补录 21 世纪初现状）

图版 58　广胜下寺明应王殿前檐柱头铺作 **（补录 21 世纪初现状）

图版 59　广胜下寺明应王殿下檐转角铺作 **（补录 21 世纪初现状）

图版 60　广胜下寺明应王殿山面悬鱼惹草及铺作层 **（补录 21 世纪初现状）

图版 61　广胜下寺明应王殿东面塑像

图版 62　广胜下寺明应王殿南壁东端壁画 *

图版 63　搬迁前的永乐宫全景鸟瞰 *（北京文物整理委员会旧照）

图版 64　永乐宫无极门 *（陈明达旧照）

图版 65　永乐宫无极门梁架、斗栱侧面 *

图版 66　永乐宫无极门梁架 **（补录 21 世纪初现状）

图版 67　永乐宫三清殿 *（陈明达旧照）

图版 68　永乐宫三清殿外檐斗栱

图版 69　永乐宫三清殿明间梁架及藻井 **（殷力欣补摄于 21 世纪初）

图版 70　永乐宫三清殿殿内东部全景 **（殷力欣补摄于 21 世纪初）

图版 71　永乐宫三清殿西面壁画之一（部分）*

图版 72　永乐宫三清殿西面壁画之二（部分）*

图版 73　永乐宫七真殿 *（陈明达旧照）

图版 74　永乐宫七真殿外檐梢间斗栱 **（殷力欣补摄于 21 世纪初）

图版 75　永乐宫七真殿外檐斗栱后尾及天花

图版 76　永乐宫七真殿内槽斗栱及藻井

图版 77　永乐宫七真殿内东部

图版 78　永乐宫七真殿西面壁画 *

图版 79　永乐宫七真殿东北面壁画 *

图版 80　永乐宫重阳殿全景

图版 81　永乐宫重阳殿全景现状**(殷力欣补摄于21世纪初)

图版 82　永乐宫重阳殿斗栱后尾**(殷力欣补摄于21世纪初)

图版 83　万泉东岳庙大殿全景

图版 84　东岳庙大殿现状 **（殷力欣补摄于 21 世纪初）

图版 85　东岳庙大殿东南角石柱 **（殷力欣补摄于 21 世纪初）

图版 86　东岳庙飞云楼西面全景

图版 87　东岳庙飞云楼北面全景 *（陈明达旧照）

图版 88　东岳庙飞云楼侧立面全景 *（陈明达旧照）

图版 89 东岳庙飞云楼下层铺作 **（殷力欣补摄于 21 世纪初）

图版 90 东岳庙飞云楼第一层梁架及斗拱 **（殷力欣补摄于 21 世纪初）

图版 91　东岳庙飞云楼第三层斗栱后尾**（殷力欣补摄于 21 世纪初）

图版 92　东岳庙飞云楼顶层梁架及垂莲柱**（殷力欣补摄于 21 世纪初）

图版 93　东岳庙八卦亭全景

图版 94　东岳庙八卦亭现状 **（殷力欣补摄于 21 世纪初）

图版 95　太谷光化寺大殿全景

图版 96　光化寺大殿外景现状 **（补录 21 世纪初现状）

图版 97　光化寺大殿角科、柱头科 **（补录 21 世纪初现状）

图版 98　光化寺大殿明间梁架 **（补录 21 世纪初现状）

图版 99　太谷白塔全景

图版 100　白塔全景现状 **（补录 21 世纪初现状）

图版 101　稷山青龙寺大殿梁架

图版 102　青龙寺腰殿前檐（北坡）斗栱后尾

图版 103　青龙寺大殿梁架现状 **（补录 21 世纪初现状）

图版 104　青龙寺大殿西壁壁画 *

图版 105　青龙寺腰殿西壁壁画 **（补录 21 世纪初现状）

图版 106　青龙寺伽蓝殿斗栱后尾及栱眼壁画 **（补录 21 世纪初现状）

图版 107　稷山塔东面全景

图版 108　1964 年被拆除前的稷山塔 *

图版 109　介休回銮寺大殿现状 **（摄于 21 世纪初）

图版 110　回銮寺大殿现状　外檐补间铺作 **（补录 21 世纪初现状）

图版 111　回銮寺大殿现状　外檐近景 **（补录 21 世纪初现状）

图版 112　介休玄神楼东面全景

图版 113　玄神楼上部西侧面

图版 114　玄神楼现状 正立面 **(补录 21 世纪初现状)

图版 115　玄神楼现状 侧立面 **(补录 21 世纪初现状)

图版 116　佛光寺全景 *（陈明达摄于 20 世纪 50 年代）

图版 117　佛光寺东大殿栱眼壁彩画 *（陈明达摄于 20 世纪 50 年代）

图版 118　佛光寺大殿斗栱彩画

图版 119　佛光寺东大殿壁画*（陈明达摄于 20 世纪 50 年代）

图版 120　太原董茹庄唐壁画之一

图版 121　董茹庄唐壁画之二

图版 122　太原红湾村宋墓斗栱及直檽窗

图版 123　红湾村宋墓栱眼壁彩画

图版 124　太原晋祠圣母殿＊（中国营造学社旧照）

图版 125　晋祠圣母殿屋顶＊（陈明达摄于 20 世纪 50 年代）

图版 126　晋祠圣母殿外檐盘龙柱*（陈明达摄于 20 世纪 50 年代）

图版 127　晋祠圣母庙前献殿 *（中国营造学社旧照）

图版 128　晋祠鱼沼飞梁 *（中国营造学社旧照）

图版 129　晋祠圣母殿内宫女塑像

图版 130　朔县崇福寺及周边 *（莫宗江摄于 1950 年）

图版 131　崇福寺弥陀殿外景之一 *（刘致平、莫宗江等 1950 年 8 月考察）

图版 132　崇福寺弥陀殿外景之二 *（刘致平、莫宗江等 1950 年 8 月考察）

图版 133　崇福寺弥陀殿后檐斗栱 *（刘致平、莫宗江等 1950 年 8 月考察）

图版 134　崇福寺弥陀殿前檐装修 *（刘致平、莫宗江等 1950 年 8 月考察）

图版 135　崇福寺弥陀殿槅扇櫺花

山西——中国古代建筑的宝库

古代木建筑是山西省文物中的一个重要项目。

最近发现的唐代建筑南禅寺和五代建筑镇国寺，一个早于前已知道的佛光寺大殿七十五年，一个晚于佛光寺一百零六年。现在全国范围内已知的最早的三座木建筑都在山西省内。它们是自公元八世纪到十世纪，恰好每个世纪一座，为研究这一时期建筑的真实例证。

到现在为止，已发现的古代木建筑，宋代以前的（公元十三世纪末以前）全国只有四十余座，其中包括了敦煌六个木建筑窟檐和河北正定天宁寺、江苏松江[①]兴圣教寺两处半木构的塔在内（这是我个人的统计，可能是不完全的）。它们是：

山西五台李家庄　南禅寺大殿　唐建中三年（公元782年）

山西五台豆村　佛光寺大殿　唐大中十一年（公元857年）

山西平遥郝洞村　镇国寺万佛殿　北汉天会七年（公元963年）

甘肃敦煌　莫高窟第196号窟窟檐　五代

河北正定　文庙大殿　五代（？）

河北正定　开元寺钟楼　五代（？）

福建福州　华林寺正殿　宋乾德二年(公元964年)

甘肃敦煌　莫高窟第427号窟窟檐　宋开宝三年（公元970年）

甘肃敦煌　莫高窟第428号窟窟檐　宋

甘肃敦煌　莫高窟第444号窟窟檐　宋开宝九年（公元976年）

---

① 今上海松江。

甘肃敦煌　莫高窟第431号窟窟檐　宋太平兴国五年（公元980年）

河南济源　济渎庙寝殿　宋

河南济源　荆梁观正殿　金

甘肃敦煌　莫高窟第437号窟窟檐　宋

甘肃敦煌　老君堂慈氏之塔　宋

河北蓟县　独乐寺观音阁　辽统和二年（公元984年）

河北蓟县　独乐寺山门　辽统和二年（公元984年）

浙江慈溪　保国寺正殿　宋大中祥符六年（公元1013年）

辽宁义县　奉国寺大殿　辽开泰九年（公元1020年）

山西太原晋祠镇　晋祠圣母殿　宋天圣年间（公元1023—1032年）

山西太原晋祠镇　晋祠献殿　宋天圣年间（公元1023—1032年）

山西太原晋祠镇　晋祠飞梁　宋

山西大同　善化寺大殿　辽

山西大同　下华严寺薄伽教藏殿　辽重熙七年（公元1038年）

河北新城　开善寺大殿　辽

山西应县　佛宫寺释迦塔　辽清宁二年（公元1056年）

江苏松江　兴圣教寺塔　宋熙宁年间（公元1068—1077年）

山西大同　善化寺普贤阁　辽（？）金（？）

河北正定　隆兴寺转轮藏殿　宋

河北正定　天宁寺塔　宋

山西应县　净土寺大殿　金天会二年（公元1124年）

河南登封　少林寺初祖庵　宋宣和七年（公元1125年）

山西五台豆村　佛光寺文殊殿　金天会十五年（公元1137年）

山西大同　上华严寺大殿　金天眷三年（公元1140年）

山西朔县　崇福寺弥陀殿　金皇统三年（公元1143年）

山西朔县　崇福寺观音殿　金（？）

山西平遥　文庙大成殿　金大定三年（公元1163年）

山西大同　善化寺三圣殿　金

山西大同　善化寺山门　金

山西五台善文村　延庆寺大殿　金

江苏吴县[①]　玄妙观三清殿　宋淳熙六年（公元1179年）

河北正定　隆兴寺山门　金

河北正定　隆兴寺摩尼殿　金（？）

河北正定　隆兴寺慈氏阁　金（？）

山东曲阜　孔庙碑亭　金明昌六年（公元1195年）

广东广州　光孝寺大殿　宋淳祐年间（公元1241—1252年）

从这里看出，四十多座古建筑中，有十九座在山西，占了总数的41%。其中有肯定年代的共二十二座，而十二座在山西。这就是说山西古建筑的数量很多，并且多数有肯定的建筑年代，是我们研究古建筑最可靠的依据。

这十九座古建筑具备着各种形式：庑殿、歇山、悬山、楼阁、桥梁、塔。去山西走一趟就可以把古代木建筑的各种形式都认识到。晋祠圣母殿是重檐四周有廊子的形式——就是宋《营造法式》所说的“副阶周匝”。晋祠十字形平面的桥——飞梁，应县佛宫寺全部用木材建筑的高达66米的五层高塔，五台佛光寺悬山顶的文殊殿，都是现存实物中的孤例。五台佛光寺、大同上下华严寺、善化寺、太原晋祠、朔县崇福寺等，又都是成组的古建筑群，保存着原有的平面布局。我们研究古建筑的各种外观、轮廓、平面布置、结构等，都离不开这些实物。

以上只是就宋代以前的建筑而言。在宋代以后，山西省内还保存着更丰富的遗产，如早已知道的赵城广胜寺、太原崇善寺、永祚寺等元、明时代的建筑，最近发现的永济永乐宫、五台广济寺、定襄关王庙、太谷光化寺、稷山青龙寺、介休回銮寺等元代建筑和平遥市楼、介休玄神楼、万泉飞云楼等清代建筑，都是极优美的艺术创作，或者是成组的古建筑群。这样的建筑在山西可以说随处都有，数量之多是其他各地所不及的。过去我们多注意或只重视宋、元以前的建筑，而对于较晚的建筑遗物则少注意

[①] 今江苏苏州。

或竟忽视，这是今后所应纠正的缺点。早期和晚期的建筑遗物在历史艺术的研究领域中，在保存古代民族文化遗产的意义上，都应有它一定的被重视和被保护研究的地位，因为它是祖国古代劳动人民智慧创造累积的结晶啊!

当然这样的工作，是较为困难的。早期的建筑只有这几十座是不可多得的，我们只需依其年代就能初步确定它的价值。而明、清建筑遍地都是，一县就有数十座或者更多。因此在保护和研究上要加以比较选择，辨别哪些有历史科学上的价值，辨别哪些有艺术的价值，哪些有典型代表性。譬如说山西各地的戏楼很多，几乎每个村子都有，它反映了山西人民对戏剧的热爱和戏剧在农民生活中的重要地位。现存的戏楼大部分建自明代到清代，有很多优美的形式，这对于研究六百余年中戏剧的发展，或者也可能提供一些线索吧！通过古代建筑的形式，认识它的内容，它反映了什么、代表着什么，从而决定它的历史艺术价值，这正是我们过去所没有做、今后所急需做的。

山西民间还保留着很多传统的建筑技术。例如，墙面粉刷油漆的方法，能够做成各种美丽的室内墙面，不怕水湿，经久耐用，不易发生裂痕；彩画的花纹色泽较北京的彩画生动活泼，种类多，操作简易；琉璃瓦种类、颜色也比北京的多而鲜丽。这样的老匠师在山西还很多，据初步了解在五台有很多技术精湛的木工、砖工、石工、雕工，在朔县有木工，在太原附近有彩画工、琉璃工。怎样清理和吸收这些前代劳动人民创造的成果，向老匠师学习，使优良传统的技术能应用到我国现代的新建设上来，这应当也是保护古代建筑的工作者今后所应注意的!

（原载《文物参考资料》1954 年第 11 期，据作者批改手迹修订）

保存什么？如何保存？

——关于建筑纪念物保存管理的意见

保护建筑纪念物是文物保护工作中的一个项目。由于它本身的特点，在具体执行这项工作时常常遇到一些困难：建筑物都是体积庞大固定、难于移动的，它的保存需要和城市计划密切配合；建筑纪念物保存到现在，都已经历了相当长的时间，大多数需要修缮和经常保养才能保存下去；所有这些又都需要较多的经费和人力及专门技术才能做到。由此可知，一个建筑物保存与否，需要经过多方面考虑作出决定，才不致阻碍新建设，浪费人力物力。因此，要保存的是什么，是首先要明确的问题。

建筑纪念物多是从古代就保存到现在的，过去我们称之为“古建筑”，因此造成了一些误解，认为既然是保护“古”建筑，只要“古”就必须保存。我以为不是这样的。保护建筑纪念物，是包括了一些古建筑，其目的是使我们认识古代劳动人民建筑创作的成就，是使我们批判地接受民族优良传统，从而发展现代社会主义的建筑。这样就不能是一律保存，而是要有选择地保存，留其精华，去其糟粕。应留下那些有一定历史艺术价值的建筑、今天仍有益于人民的建筑，绝不是凡“古”就必保存。当然会有一些建筑物，是因为它建筑的年代早而注定要被保存，例如唐代、宋代的木建筑。这是因为它在学术研究上的必要，并不是单纯为了“古”。

由于对中国建筑的研究还没有展开，我们在这方面的知识还不足，评定建筑物的历史艺术价值成为很困难的问题。因此，反映在保护工作上的另一思想，就是“宁可多保存一个，不使错误地拆除一个，都保存下来再慢慢研究”。我自己就是抱着这种思想的。这种做法也曾经起过一定作用，制止了乱拆的现象，多保存下不少好建筑。然而社会主义建设事业的发展，不能等待我们迟缓的研究。不适当的保存就会影响建设事业的进展，再不能抱着多保存的思想了！必须辨别清楚要保存的是什么，并且要把保护建筑纪念物的工作与新建设密切联系起来，不能使陈旧的无益于人民的建筑物阻挡着现代的新建设事业。那些无用的妨碍城市发展的建筑物，要毫不留恋地拆除，而具有高度历史艺术价值的建筑物，要有机地配合到城市建设计划中去。

哪些建筑物是具有历史艺术价值，是应当保存的呢？根据几年来的经验，我考虑大致可归纳为下面三类：

一、在中国历史上有重大纪念意义的（例如农民运动讲习所、遵义会议原址以及延安各重要建筑物等），在建筑工程科学技术上有重大改进或革新的（如赵县大石桥、登封嵩岳寺塔等类）以及在建筑艺术上有高度创作成就，能反映一定时代社会内容的（如蓟县独乐寺、应县木塔等类），是应当保存的建筑物。这样的建筑物，必须经过严格的评定，作出决定。评定的工作可能还是困难的，但只要多研究，多向专家请教，尤其是注意听取当地群众意见（像上面所列举的蓟县独乐寺、应县木塔、赵州桥等等，也都是当地群众所热爱的建筑物），还是可以解决的。

二、成组的大建筑群，是应当保存的。因为这是集中了一个时代精力所创作的，是一个时代建筑的精华，全面显示了一个时代建筑技术的成就；或者有数百年连续创作的历史，大多数建筑物都有肯定的创作年代，为研究建筑史最可靠的依据。这里所称的大建筑群，只指很少的几处，如明代的十三陵，明清的北京故宫、天坛，清代的热河行宫及外八庙、东西陵以及曲阜孔庙等。

三、唐代及唐代以前的砖、石建筑物，宋代及宋代以前的木构建筑物，是应当保存的。现在已知的不过一百余座。它们数量不多，在我国几千年文化史中保存到现在的仅只这个微小的数字。至少我们可以肯定它们是具有历史价值的，是研究我国建筑史不可缺少的实物依据。

城市中的牌楼、街路中心建筑物及城墙是否应当保存，是现在最普遍的问题。这是既要决定于它的历史艺术价值，也要服从于城市建设计划的。我曾经认为这类建筑物不会影响都市建设的发展，可以把它放在街路中心广场上，然而忽略了一个更为现实的问题，在现在条件下一时还不可能开辟广场，而交通问题是亟待解决的。这样，保存某些建筑物就妨碍着我们的新生活。所以应当把保存这类建筑物的标准更提高些，要经过反复的比较研究，确定是最重要的建筑物才要保存，并且很好地把它组织到新城市计划中去（事实上只要认真研究比较，就会明了大多数牌楼之类的建筑物是没有多大历史艺术价值的）。那些不十分重要的、可留可不留的则应当服从城市建设计划，在不可能保留原有建筑物时，就保留一份完整的记录，供科学研究，然后拆除或迁移。不能使陈旧的东西阻碍着我们的新生活，但也不能为了建设新生活，把文化遗迹玉石不分，毁灭干净。

至于城墙，它的本身只是简单的夯土和砌砖工程，除了有些城楼、角楼外，一般说，没有特意加以保留的必要。如果说它指出了历史上某一城市的确实位置和形状，可以帮助我们具体地了解历史上某些问题，那么只需要保留一份详细的实测图，最多再保留几个适当的地名，或留下适当的标志就可以达到保存的目的了。当然我们也无须特意去拆除城墙。拆除与否是要考虑到拆除所需的巨大人工、运输方法、巨大土方堆积地点、所需经费等一系列问题的。如果仅只为了交通或部分发生危险问题，那是可以由增开门洞或部分拆除来解决的。所以城墙要不要保存，关系于它本身有无保存价值的问题较小，容易解决，而关系于如何解决拆除它所需要的费用、人力，拆除后的处理等问题较大，较难解决。

在一些地方把保存保护理解为“禁止使用”，把它们封闭起来。事实上并没有足够的力量去大批修缮，使很多建筑物封闭空闲，日就颓毁，其效果反而是破坏，因此也常常引起群众的不满。也有些地方把保护理解为“修理”，凡是应当保护的建筑物，都要求即时修理。可是现在无论经费或技术，都不能完全解决这样大的问题。是的，有些建筑物是要绝对保存禁止使用的，是要即时修理的，但并不是所有的建筑物都要这样！必须按照具体情况分别对待。所以第二个问题就是如何保存。

在应当保存的建筑物中还要再进一步，分别其历史艺术价值的大小。价值最高的具有全国性意义的是要坚决保存的建筑物。这些建筑物一般说是不允许使用，应于修缮后供参考研究，或作为专门博物馆之用。其修缮要保持现状或恢复原状。这样的建筑物要逐步研究长期保存保护的方案。如果是在城市中的，并应和城市计划密切配合，作为新城市计划的一个组成部分。其次，历史艺术价值较低的建筑物，可以供文化或行政机关作办公室之用。其修缮在原则上应保持原状，即建筑物的轮廓、色调、装饰等应保持原有风格。这类建筑物如对新建设有阻碍时可以考虑迁移或拆除。如发现有危险可能倒塌伤人时，应当仔细研究，予以修缮、加固或拆除。

关于一般的或数量较多的旧建筑物（如北京的老住宅和各地一般的寺庙等类），在必要时可以选择典型的或有代表性的予以保存，其余应当交给当地政府充分利用。这类建筑物虽然从历史艺术价值上看保存价值不大，但是它仍然是国家财产，在现在需要房屋情况日益发展而国家资金应尽量投入工业建设的时期中，必须利用，不允许任意空闲或拆除。如为新建设的需要或者发生危险现象时，亦应没有丝毫留恋地予以处理。

建筑物的修缮问题，也是目前最难解决的问题。各个地方请求修缮的很多，而事实上现在还无法解决。修缮是保护建筑纪念物的重要方法之一，同时也是个复杂艰巨的工作。我曾在《古建筑修理中的几个问题》一文中，提出了一些初步意见，现在是不是具备了那些技术条件呢？显然目前以工业建设为首要的时候，还不可能从生产单位大量抽调干部从事这一工作。建筑工程公司不可能多接受这类工程，国家也不可能投入大量资金，现在谈正规的修缮还嫌过早。只能在有限的物力人力条件下，选择最重要的建筑纪念物作必要的修缮，一般的都暂不修缮。如确实有损坏危险情况，也只能用最简便和严格节约的办法，维持现状，保持它不致继续损坏或倒塌。

所谓重要的必要的修缮，是指历史艺术价值较高、损坏情况又极严重的建筑物，可根据现有人力物力可能的条件和损坏程度，决定修缮重点，逐步进行。这种修缮，仍以要求建筑物的安全坚固为主，一切附属装饰艺术、与结构无关的部分，都应留待将来继续修缮。建筑物虽然具有历史艺术价值，但并无严重损坏情况，在短期内不会发生严重问题的，在现在人力物力条件下是不应当修缮的。如果这类建筑是在使用中的，为达到其使用的要求，需要修缮时，应由使用单位自己修缮和经常检查，文化部门只负责审查其修缮计划及设计文件。

修缮既不可能作为现在的工作重点，是不是保护建筑纪念物在目前就无事可做呢？不是的，有更重要的工作亟待我们去做。现在最重要和更急需的工作是全面的调查记录工作：详细测绘、照相、制造模型和文字记录。这些记录是科学研究的根据，是普及文物知识、学习民族传统的资料，也就是将来修缮工作的基础。有步骤有计划地逐步完成这一工作，就是保护建筑纪念物基本的急需的工作，而且也是目前条件所许可的。

最后谈一谈管理问题。由于各地缺乏具有专门技术知识的专职干部，究竟何者应当保存，何者就可称之为“有历史艺术价值”，都具有不同的看法。各地主管单位难于决定，怕出错误，只得事事报告，层层请示。主管机关对具体情况不完全了解，也不可能处处都去考察，报告附有照片材料的尚勉能据以判断，若无相片材料则很难予决定。对于整个事业来说，心中无数，谈计划、谈将来发展，都是空洞的。同时不管问题轻重大小，都由中央决定，既管不了这样多，又使地方失去主动，不能及时解决问题。要扭转这些不合理情况，使能有计划有步骤地发展这一事业，需要大家共同来研究如何改善管理方法。现在把我个人意见先提出来：

一、先由文化部社会文化事业管理局[1]就现在已知的、掌握了确实材料的建筑纪念物，根据地方主管机关初步意见，吸取社会力量，评定其历史艺术价值等级，并明确规定：历史艺术价值高者，应由文化部主管，但可以委托地方政府代管；其次要者，由各级地方政府主管，或由地方政府委托、交付与使用单位代管。关于修缮、保养、迁移或拆除等，完全由主管机构作最后决定。

二、选择对建筑纪念物工作已有基础的地区（如山西省），由文化部协助进行普查或复查，并抽调其他地区建筑纪念物工作干部参加，重点搞清一个省或一个地区的建筑纪念物情况，评定等级，按照上项办法明确管理职责。

三、在总结了一个地区的调查工作后，进一步推广到其他各省区，以期逐步搞清全国情况。在推广这一工作的过程中，并应逐步地交由地方自己进行，由其他地区抽调有经验的干部协助。

四、在经过普查的地区继续有新发现的建筑纪念物时，应由当地主管机关提出发现经过、现在情况、历史记载、照片及初步处理意见，报告文化部评定其历史艺术价值，明确管理职责。

以上一些意见，是就个人看到的一些苏联关于历史纪念性建筑物的管理办法，并就个人认识所及提出一些极不成熟的意见，错误疏漏是难免的。为了做好这一工作，希望各地从事这项工作以及爱好这项事业的同志，多多提出批评，多加指正。

（原载《文物参考资料》1955年第4期，据作者批注手迹修订）

[1] 国家文物局在当时称文化部社会文化事业管理局。

再论“保存什么？如何保存？”

1955 年，我就当时古代建筑保存中的一些问题，以《保存什么？如何保存？》为题，提出了几点意见。当时主要的意思可以简单归纳为：

1. 反对“凡古就必保存”的倾向，要保存的只是有益于今天人民生活的。

2. 保存古建筑，必须结合城市发展、国家建设等全面考虑，辩证地解决。

3. 应保存的建筑物，也应根据其历史艺术价值大小、损坏程度分别对待。反对把保存单纯地理解为“禁止使用”，或理解为“即时修理”。

4. 一般的古建筑，应充分利用。

5. 古建筑的修缮，目前只能重点进行，一般只作维护现状的保养。

6. 在保护古建筑的工作中，现在应以调查、测绘、记录等“掌握资料”的工作为重点。

此外，还提出了管理工作的一些具体建议。今天，我的那些看法基本上没有改变，并且觉得还要再补充一点：在反对凡古就必保存的同时，还要反对凡有名气的就必保存的倾向。

在那篇文字中，也存在一些缺点。有些词句仅仅是针对着当时某几个城市中发生的问题提出的，又没有加以详细解释，因此是有片面性的。其次，所举例证，代表性不明确，或者举得过少，不能说明我的原意，而在词句上又限于写作能力，往往词不达意，易于误解。魏明同志在本年《文物参考资料》第 2 期中就“保存什么”的问题提出了一些意见，我是十分感谢的。但是有一些意见是出于误解，或者是概念不同，也有一些意见在我看来是错误的。讨论更能使意见明确和引导出正确的结论，因此再作一些补充。

关于反对凡古就必保存的一些论点，我们的认识是一致的，问题在于事实。1953

年我在大同听到也看到保存太多，以致临街墙上嵌砌成的不到一平方米大的土地庙，也在被保护之列。各地方请求保护的古建筑，约有半数以上是可以不保存的。北京市旧城圈以内，从拆除天安门左右的三座门开始，到拆除东西四牌楼、地安门、东西长安街牌楼、北海三座门、西长安街双塔寺，都有过不少意见。虽然最后没有因保存而影响城市建设，但总还是有些阻碍的。现在也还有人对拆除朝阳门以及拟拆除北京市其他城楼有反对意见。开封鼓楼的“楼”已经没有了，只剩下一个砖台横在马路中心，也还在保存之列。所以多保存的思想在事实上是有的，但是只强调这一面，是带有片面性的。虽然我在那篇文字中提出了“不允许任意空闲或拆除”，但不够突出。这就给人以“新建必须拆旧”的印象，而事实上这一现象也是有的。说得全面一点，应当是：既反对凡古就必保存的倾向，也反对新建必须拆旧的倾向，更要反对无故乱拆的倾向。

这样一来，不是我和魏明同志的意见一致了吗？是的，理论是如此，可是实践起来仍有不同。这是由于对事物的认识各有不同。就以魏明同志的例子作证：

一、龙泉县拆除三座古塔，是在破除迷信的借口下拆塔用砖，他们并没有“新建必须拆旧”的思想，而是不遵守国家文物保护法令的问题。这叫无故乱拆。

龙泉古塔中拆出了不少唐、宋经卷，也在破除迷信的口号下无辜被焚。这个做法，使我们的文化遗产遭受了令人痛心的损失。我再重复1955年的意见：在保护古代建筑的工作中，现在应该以调查、测绘、记录等掌握资料的工作为重点，再不要只坐在办公室写公文、开会了。有了记录资料，万一遭到这种损失，还有一份可供研究的记录。而现在如问：“这三个古塔到底是唐是宋？”“是什么形状？”“在建筑艺术上有什么特点？”“有没有必须保存的价值？”就只好答：“不知道。”这个重要损失，也给保护古建筑的人作了挡箭牌。

二、南京的“三国时代有名的遗迹”石头城，也不是在“新建必须拆旧”的倾向下拆的，也不是乱拆。那原因是有裂缝、要倒塌，这是一个正当的理由。我的意见，这类遗迹在正当的理由下是可以拆的。引朱偰同志《金陵古迹图考》为证：

清凉山旧名石头，即石头城之所据也……《建康志》引《江乘地记》云“山上有城，又名石城山”，又引《宫苑记》云“楚威王灭越，置金陵邑”，即石头城。城吴时尚为土坞；晋义熙初始加砖垒甓，因山为城，因江为池，地形险固……隋平陈，于石头置蒋州；唐武德四年为扬州治，寻扬州移治江都，此城遂废。武后光宅中，徐敬业举兵，使其徒崔洪渡江守石头。建中四年，朱泚作乱，江东观察使韩滉筑石头五城。元和二年，李锜为镇海节度使，遣兵修筑石头……自江渐西徙，水西门至江东门间十里，淤为平地；而石城故基，又为杨吴稍迁近南，于是山为城隐，无复虎踞之雄矣。[①]

据此，第一，石头城是在清凉山，方圆面积若干无记载。第二，三国吴的石头城是土坞，晋改为砖，唐初废弃，唐中再建五城，方圆面积、是土是砖无记载。第三，最后又稍迁近南，具体迁至何处亦无记载。1948 年我也去找过石头城，有人告诉我说，现在南京城靠清凉山西的一段就是石头城，但是这一段是明代用条石筑的城，与记载对证，既非吴也非晋的石头城。又有人说清凉山上那段峭壁石纹颇像人工所筑，即为石头城。根据这些情况，我认为：清凉山这一带，在古代建过城，其名叫石头城，它的名称虽保存至今，实物早已不存在了。这种名存实亡的古建筑对我们有什么用处？它的历史艺术价值何在？如果说它证明历史上某时期在这里建造过一个名城，那么，自有历史记载在，也不妨恢复清凉山的古名石城山。我看事实上要保存它，只不过因为它有名气，所以我主张补充一条：反对凡有名气就必保存的倾向。

同时也希望不要误会。这反对，是指有名无实的古建筑，在它妨碍新建设或有倒塌伤人的危险时，不应当坚持保存。并非这样一反对，就不分青红皂白，把有名气的都拆光了。

三、北京市拆朝阳门是没有必要的吗？我认为：为了解决北京市东西交通的问题，这里要拓宽干道，增加高速车辆通过量。如何解决拦阻在马路中心的朝阳门呢？第一是拆除它；第二是开辟广场，把朝阳门设置在广场中心。我的认识是：开辟广场必须有足够的直径，否则就不能起应有的作用。为此要拆除周围的住房，朝阳门外那个火车站也要搬家，要付出居民搬运费，要为搬迁的人建新房，要新建火车站，又要有多少技术人员、工人、管理人员去做这些事，又要多消费多少建筑材料，并且必须延长建设时间。拆除朝阳门如何呢？仅需付出拆除的工资、旧料运输费而已。这笔账很清

① 朱偰：《金陵古迹图考》，商务印书馆，民国二十五年，第 23、24 页。

楚，从经济出发，我们以拆朝阳门为是。

事情的另一方面是朝阳门有没有历史艺术价值？那当然是有的，但是它并没有特定的历史意义，也不是建筑艺术上特别优秀的创作，它不过是具有一般的历史艺术意义，是研究古代建筑的一般性实物。这样的建筑是很多的，只要保留一定数量就够了，不必全部保存。当然我也不反对保存得多一些，但要有保存条件。当它没有保存条件时，我是不主张硬要保存，因而造成浪费、妨碍建设的。例如，山海关城楼、嘉峪关城楼之类，当地政府都极力主张保存，它们也不影响当地建设，我们应把它们修得好好的保存。

于是有人会说：你说的这两个城楼和朝阳门不一样。是的，不一样，可是大同而小异，在建筑艺术上、结构上没有基本的不同。如果硬要从细微末节上去分别异同，只要稍有尺寸之差，就认为这是一个孤例而必须保存，那么全北京市的旧房子一律都应该保存，我们的社会主义建设事业将要寸步难行了。

尚有一说，认为分别来看我的看法不无理由，可是朝阳门这个位置将来总是要开辟广场的，何不今天就做，可以一举两得，还多保留一个古建筑。这虽是好主意，但没有考虑目前增产节约对于工业建设的重要意义，忘记了现在建造居住房屋的速度还远落在人民需要的后面，不应当再多拆住房。况且一切事物的发展都是相应的、彼此联系的、有轻重缓急的，在其主要方面没有发展到一定程度时，我们就先把不具备条件的次要方面提高至较高级的水平，是脱离现实的做法，必然造成困难和浪费。

这三个实例，一个是乱拆要反对，两个是有理由的拆，不应当反对。把这种拆除认作是乱拆，恐怕还是凡古就必保存和多保存的思想的反映吧！

保存古建筑的标准，是一个学术性问题，确实是难于解决。我原来把这标准分成三类衡量的方法，为的是管理工作上的方便，不一定就必须这样分类。事实上不分类就可以把我的原意归纳为：要保存的是在中国历史上具有重大纪念意义的建筑物；在建筑史、建筑艺术、工程结构上，是某一时代或某一地区的典型的、代表性的建筑物；是在全国范围内，同一时代、同一类型中现有数量已极稀少的建筑物。今天看来，这个标准还有缺陷，似乎要补充一条：“从古至今，一直为人民所爱好、歌颂的公共建筑物。”

这是从岳阳楼和黄鹤楼想起的，它们的性质就是如此。由于它们确是人民劳动之余休息的好地方，提起来都十分亲切。1956年修理过，今年还要求彻底修。这是富有人民性的纪念建筑物，应当保存。为什么我不肯定地加一条，而只说“似乎”呢？以黄鹤楼来说明：它和岳阳楼同一性质，在建武汉长江大桥时拆除了，现在在人民的要求下准备再建一个黄鹤楼，不过地点另换一处。黄鹤楼在历史上焚毁过好几次，重建过好几次，每次新建都和原有形式不同，现在人民也只要求重建，没有提出要原样，所以只要建就好，至于形式估计是不会有意见的。事实上它既是公共娱憩之处，也必须要考虑到今天生活改变的需要，而旧样也并无可留恋之点。因此，这种保存和我们一向所说的保存有点不同，写在一起，需要有个分别才不致混淆，不得已暂加“似乎”两字以示分别。如何才能正确，趁此提出，希望大家讨论。

话归本题。保存的标准，照上面那样一归纳，问题就来了。具体做工作的人如果不是对这项事业很熟悉，就会无法分辨什么是该保存的，而我们又没有能力只凭文字就逐条逐项具体写成鉴定条文，就是遇到实物，也还需要运用已有的知识和其他实物比较分析，才能得到个相对的结论。是不是可以想出些简易的办法，减少一些工作上的困难呢？于是我从中找到有两种性质的建筑较易作出决定，这就是：

1. 唐代及唐代以前的砖石建筑物，宋代及宋代以前的木构建筑物。因为这时期的实物少，现在已知的不过一百余处，我们仅从时代上就可以决定必须保存，在工作中只要具有一些判断时代的知识就可以解决问题。

2. 成组的大建筑群。这个概念比较空洞，不过根据我原来提出的解释和举例，也还不至于无法辨别，也还不至于弄不清大到什么程度。这理由只要再看原文便明，无须多说的。

主要是我的原意并不是说除此以外都不保存，以致使人忧虑在四川、云南、广西、贵州等处没有宋代以前的木建筑，就会影响古建筑的生命，而是在茫无边际的标准中，有了这两个较肯定的标准，会给具体工作解决一部分问题。那么在此以外呢，就只好用第三个标准去衡量了（也就是我原文中提出的第一点）。这是要提出具体实物，请专家来研究评定的。它没有时代、类型等等的限制，完全取决于建筑物的历史艺术价值。

至于我举的例子确实欠考虑，使得它缺乏代表性。在中国历史上有重大意义的建筑物，只举了近代的而缺少古代的。我想早至古代长城（它对保卫国家起过重大作用），晚至太平天国诸遗迹（它是历史上一次重要革命的遗迹），应当都举出来。而蒲松龄故居是不是在我们历史上有重大意义呢？我看不是。《聊斋志异》是一部好小说，我们对它的作者应当表示相当的敬意，但总不能成为我们历史上重大的事件。如果按照这样的标准，那么，现在的一些名作家、画家、在工业建设上有贡献的工程师等等，将来难道都要把他们住过的房子作为纪念性建筑，永久保存下去吗？

我不否认，对这种性质的问题必然会有不同的认识，需要争鸣，但不是临到发生问题要拆时才去争鸣，而是现在就该开始争鸣。还有魏明同志看不出蓟县观音阁、应县木塔如何能反映一定时代的社会内容，而我却是看得出的。这也是对于建筑艺术的认识问题，也是需要争鸣的。不过，限于文字的性质和篇幅，这两个问题最好另作专题来讨论，在此不再多说了。

元代的建筑是不是比唐、宋的建筑少，这只要以山西一省的统计就可以说明。在山西省元代建筑有两千处以上，即使其中有些判断不够正确，打个对折也有一千处以上，那是远远多于唐、宋建筑的。赵县大石桥、登封嵩岳寺塔、蓟县观音阁、应县木塔四项，在原文中既可属于第一项，又可属于第三项，确实有点含糊。现在换四个例子如下：泉州洛阳桥、正定料敌塔、定兴慈云阁、万泉飞云楼。好了，例子总归是例子，它不是开列详细名单。魏明同志对于我提出的评价标准都表示同意，只在所举的例证上反对，又没有提出正面的意见，是什么意思呢？这倒使我有点为难。看了好几遍，才悟出是个数量问题。

原来他计算了一下后，感觉要保存的太少了，他是赞成多保存的，而我反对多保存。在写那篇文字时，我没有从数量上考虑过，只是提出了一些衡量的标准。如果同意这些标准，就不能在衡量后感觉数量少而不满意。如果觉得标准不对，我热切地盼望大家多提出些标准来，于是才可争鸣。况且现在我们还没有掌握全部材料，调查工作才开始，这个“少”又是根据什么统计出来的呢？

苏联和日本，在他们历史的各个阶段中，对于前一代的建筑物，具有不同的保存条件。今天他们保存着的古代建筑的数量，是和历史条件分不开的。我们的历史条件既和苏联或日本不同，就不应当从数量上去作比较。我国是世界上一个文明古国，我们为保存着古代文化优秀的物质遗产而感到光荣。我们要继承遗产，从中提取精华为今天的事业服务，绝不是不问好坏，只要保存着庞大数量的古建筑就可以称耀于世界的。

我所说的街心建筑物是指过街楼、过街塔、钟鼓楼之类，也还有北京城内的地安门、四牌楼、三座门之类，不过既冠以街心二字，那就必须是拦在马路当中的。保存它不影响交通就不会妨碍新生活，影响交通就一定会妨碍新生活。现在不影响交通，明天由于都市发展，需要增加车辆通过量，就又影响交通。这不是我们想它会不会的问题，而是在一定时间一定地点要发生的问题，拆不拆是由一定条件决定的问题。照我看，如国子监牌楼之类，到了必须的时候是可以拆的。其一，因为它拦在马路中心；其二，这样的牌楼多着呢，北海、颐和园、日坛、月坛、地坛等范围内各有好几个，这些地点都是现在的公园或是计划中的公园，牌楼在公园中是具有较多的保存条件的。它们足够供给研究牌楼的需要，何必一定要保存横在马路当中的牌楼，给城市建设工作增加困难呢？这些牌楼的价值，又从何处可以断定比颐和园、北海里的高出一等呢？

北京的钟鼓楼、张家口清远楼（应当是宣化，不是张家口）、西安钟鼓楼、聊城光岳楼之类，确实值得考虑，要保存一些。这类建筑真正好的并不是太多，其中有些确实具有代表性。但是也并不需要全部保存，应当搜集全部资料加以研究，确定哪些是非保存不可的，哪些是在必要时可考虑拆除的。因为保存这样一个建筑物，究竟还是要给都市规划增加困难和负担的，我们要衡量一下两者之间的轻重，不能只从一面着想。在考虑都市中古建筑的保存问题时，必须把它密切地和都市规划工作联系起来，避免片面地、单纯地只强调保存古建筑而忽略了全局的利益。

关于城墙问题，我那篇文字只是指现在各市县的城墙而言，太简单太片面了。魏明同志既指出了我的错误，又提出了新的问题。新问题是什么呢？就是他所指的城墙，我看可以分成三种不同性质的，而且应当有不同的对待，这就是长城、现在各市县的城墙和古城遗址。

一、长城要不要保存呢？要的，如何保存，则又须待争鸣。现在长城从山海关到嘉峪关3000余公里，加上某些地方有分支的部分，总计在4000公里以上。它主要是明代所建或修改的砖墙，还有沿着长城主干的北面及嘉峪关以西早期的长城以及东北境内的边墙，包括不同时代用土或石块堆砌的在内。我认为都应当保存，因为它是在历史上起过保卫国家作用的重大工程，同时对我们研究历史地理有重大的作用。

然而在具体实行上，对于这样大规模的遗物，是难于全部保存的。它们现在保存的情况也不一样，有的还完整，大部分已是颓墙败壁，或是残存的土石堆。如果要全部永久保存下去，势必大加修理。以最近修理八达岭经费计算（这是现存长城中保存得较好的一段），每公里费用至少3万元，4000公里就要花费1亿以上。这个数字可以修建好几个工厂，如彻底修理还远不止此数，相应需要的物力人力更是庞大。以现在的情况说，我认为不应当这样做。比较切实可行的办法，还是就各时代各类型的长城、边墙，选择一些具有代表性的段落及主要关城作为永久保存的部分，其他部分只是一般性的保护，既不必特地去拆除它，在必须的时候也应当拆除它。

同时，为了保存长城，我认为应当进行一次测量工作。我们至今还缺乏一份精密测量的地图。这个工作国家必然会进行的，我们应当参加进去，把明代长城和更古的长城遗迹、边墙等等详细记录在地图上，使它在历史地理研究工作上起积极的作用。这个工作的重要性是比较多保存实物大得多的。

二、现存市县的城墙。全国二千多个市县，没有城墙的寥寥无几。这是我国城市的一个突出特点，是长期封建社会的产物。现在各城市不发展则已，如要发展，城是一个最大的障碍。而在我们向社会主义发展的过程中，不必怀疑，每个城市都将有不同程度的发展，只是时间上有先后而已。因此，城要不要保存，在全国城市发展中，是一个普遍的、重要的问题，必须寻求正确的处理方法。这是有赖于大家来讨论的。我的意见仍然是："除了有些城楼、角楼外，一般说，没有特意加以保留的必要……当然我们也无须特意去拆除城墙。"这里我说的是一般，所以并不反对选择几个典型保存起来，只是在选择时也必须注意有无保存的条件。

城市是人民生活的中心，也是居住、工作、娱乐的集中地，交通是达到上述目的的重要手段，所有城市的功能都是如此。旧的房屋缺乏下水道，卫生条件不良，旧的手工作坊不能安装新的生产设备，旧的戏院不能容纳较多的观众，旧的道路不能适应新的交通工具，以及缺乏自来水、电灯、公园等等一系列问题，必然随着人民生活的需要而获得解决。任何一个城市，只要还有人在城市中生活，就必然发生这些问题，也必然逐渐改变它原有的形式。要想保存一个封建社会典型城市的形式，是不可能的。

其次，从城市规划上说，既然城市不可能全部保存原状，不能从具体实物中去认识古代城市的形式，那么仅仅保存着包围它的城墙又能说明什么问题呢？它只能说明某一城市的平面是方是圆或其他多边形而已。这对于古代城市规划的认识和研究，意义太微小了。另一方面我们又不能阻止城市发展，而城墙这个死圈圈，给城市发展带来的阻碍却是太大了。它本身实在只是简单的夯土和砖砌工程，这是到处都可找到的，所以没有保存的价值，至多只保存几个城墙角楼之类就够了。

以北京市为例，将来的北京市要比现在大好多倍，现在的城圈以内仍然是将来的市中心。这个中心的中心被故宫占据了。它是从十五世纪开始约五百年中的建筑精华，世界上唯一完整的古代宫殿，要保存它是谁都没有意见的。仅仅为此就必须建设环绕这个中心的道路（当然还有其他必要的理由），使各个方面的交通能联系起来。是把城墙拆掉利用它的基地改成环道呢，还是拆掉大量房屋新开一条环道呢？我看拆除城墙是比较有利的。留着城墙另辟环道就会形成这样的情况：环道的邻近永远有城墙阻碍着。为了交通当然可以处处打洞开辟豁口，无奈靠近城墙要保留相当的空地，因为靠着它建房屋时，将会有一面永远看不到阳光。所以我说顶多保留几个城楼、角楼就够了，而且还要看条件，不要全部保存。

我们不能以苏联和其他国家为例，他们把城墙作为古建筑文物保存，是根据他们自己的历史条件决定的。我仅仅知道苏联的斯摩棱斯克在保卫祖国战争中起过作用，同时是建筑艺术的创作，不像我们的城墙这样简单。仅此，就比我们具有较多的保存理由了。关于城市，最好的保存方法，我仍然建议多多地保存实测图纸。

三、古代的城市遗址，这是指早已被废弃了的城市。像南京石头城那种性质的较少见到，像曲阜鲁国故城这样的则较多。石头城已在前面说过，这里只说鲁国故城之类。现今可以举例的还有齐国故城、赵国邯郸、燕国下都、汉长安等等。它们除了建筑的意义外，还有考古学上的意义。从建筑上说，现今所存的都是土城的残存部分，能看到城圈的范围大小和散布在城内外的土台——当时建筑物的遗迹。其他的东西是需要经过发掘后才能知道的。就现在所知道的资料推断能否发掘出重要的遗迹、能否帮助研究古代都市规划诸问题，是把握不大的。因为它们并不是由于自然灾害一下子湮没下去，像意大利的庞贝城那样，而是人为的废弃。在废弃后变为耕地，经过千年以上的耕种，当时的道路街坊恐怕不易寻找。现今存在的土城，在可靠记载的帮助下，尚可指出城门所在（如汉长安就是一例）；如无记载或土城保存过少，就连城门位置也不易寻找（鲁城、邯郸城即属此情况）。而那些土台，恐怕除了汉长安之外，其他各处都不能指出原来建筑物的名称了。

表面观察和推测，当然不能代替发掘，所以我仍主张保存，但也不主张全部保存。我认为应当保存历史上著名的古代都城和确实能证明保存情况良好的古城。一般的废城遗迹，或者确实知道地面以下已无足供研究的遗迹的古城，是可以不保存的。以山东一省为例，在经过初步调查之后，他们列出了三百多处古城遗址。是不是全部有保存的价值，我以为应当深入研究再作决定。虽然这类古城没有继续发展的问题，但是免不了会和工业基地、农业生产发生矛盾的。我们不要让废弃了的在历史艺术上并无多大价值的土堆，阻拦工业建设或拖拉机的道路。

以上关于古城遗址的问题，我仅仅是从古建筑这个角度而说，至于在考古学方面，是会有更重要的意义的。所以古城遗址要保存哪些，最后是要由考古学家作出决定的，我们既是外行，就无从置喙了。

古代物质文化遗物的保存，对于新文化的建设有积极的作用，是继承发扬民族文化的泉源。我们负担着保护古代文化遗物的责任，对于古文物的爱好和希望多保存是必然的。但是文物也有消极的一面，它对现实生活往往有阻挠作用，会发生矛盾。使这个矛盾得到辩证的解决，正是文物保护工作者的主要责任。

在文物中，如石器、铜器、瓷器、绘画、书法等等，属于生产工具、生活用品、工艺品或艺术品等类的，它们便于保存，不直接妨碍新生活，只要盖几间仓库、陈列室就能达到保存目的。而建筑物的保存需要付出大量资金、物资、技术力量，这些物力、人力同时又是社会主义建设事业所最急需的。我们要尽一切力量增产节约，尽可能快地建成社会主义的工业国，就不能不慎重考虑，衡量轻重。何况一些建筑物还直接阻拦在前进的大道中心。

在古建筑的保存中，我们只应当坚持必要的实物和在现今生活中仍直接有积极作用的实物。除此之外，我们要尽力多保存图纸、摄影和文字记录。

（原载《文物参考资料》1957 年第 4 期，据作者批注手迹修订）

整理说明

晚年的陈明达先生曾对整理者提到：这篇文章以及之前撰写的《古建筑修理中的几个问题》、之后的《再论“保存什么？如何保存？”》，既有自己的古代建筑保护理念，也因当时自己的工作岗位，带有部分传达、解释上级单位（文化部、国务院）指示精神的工作性质。总的来说，对于“上级指示精神”，包括梁思成、刘敦桢等更长一辈的学者在内，大家作为“旧社会过来的知识分子”，都有着在新社会自觉改造自我，“理解的要执行，不理解的要在执行中去理解”的心态。几十年过后，陈先生回顾他所撰写的这几篇文章，认为《古建筑修理中的几个问题》一文最接近自己的真实想法;《再论“保存什么？如何保存？”》一文，“不理解的要在执行中去理解”的成分就略高一些，主要是要不要下决心拆除一些“三大价值”（历史、艺术、科技）未定的建筑的问题。“去其糟粕，取其精华”的总纲没有问题，但在“究竟什么是糟粕，什么是精华”的问题上，还是要慎之又慎——随着时间推移，以往认为是糟粕的，却会突然发现正是其精华所在。也正是有鉴于此，他始终强调：在决定一座古代建筑的保存或拆除之前，一定要有包括实测绘图工作在内的科学论证过程。

整理者

长 城

［《人民中国》1955年第8期编者按］ 苏联沃龙涅什省的读者尼古拉·叶弗雷莫维奇·塞米柯列诺夫来信，希望我们刊载一篇有关长城历史的文章，并提出了如下的问题：长城是何人为什么而建筑的？它的长度、宽度和高度若干？花了多少人力、物力和财力？它在什么地方？现在是否存在？它在反对蒋介石的战争及其他战争中有无战术上和战略上的意义？

《人民中国》编辑部约请了古代建筑研究者陈明达写了下面的回答。

长城是中国古代人民最伟大的创造之一，也是全世界最著名的古代建筑之一。它位于中国的北部，从甘肃省西部的嘉峪关起，向东沿着连绵不断的大山脉，延伸到中国东部的渤海海岸［插图一至四］。它的长度到现在还没有精确测量过。如果在地图上按水平测量，它的长度是2700余公里。中国人民传统地称它为万里长城，这是由于长城是依山势的起伏建筑的，有不少部分坡度很大。据估计，它的实际长度超过5000公里。

长城的开始建筑可以追溯到距今二千五百余年的周朝末期。当时的诸侯互相侵夺，因此都在封地边境建筑城垣以自卫。公元前221年秦始皇统一了全国。为了防御北方游牧民族的侵犯，他命令大将蒙恬率领三十万人修筑长城，其中的大部分是利用北方诸侯原有城垣的北部，把它们连接起来并加以增补而成的。这一工程花费了十年时间才完成。从那时算起，长城也已有二千一百多年的历史了。

长城筑成以后就成为中国北部边防屏障，在使用原始兵器的古代战争中发挥过很大的防卫作用。在中国古代历史上，北方各民族处于较落后的阶段。这些民族的统治者常常率部南下掠夺汉族人民的财富，所以巩固北方国防对于保障当时中国的经济和文化的发展是有一定意义的。

从汉朝到唐朝这一千一百年间，这个边防要塞曾多次得到修补和增添。从唐末至元朝，中国北部长期被来自北方的民族所侵占，长城在这四百余年间失去了原有的作用，也没有再加修补。公元1368年，蒙古人在全中国建立的元朝被推翻，明朝建立。为了防备蒙古人再向南侵，从建国第二年起，明帝国又开始修筑长城。直至公元十六世纪初期，修理和增补工程从未间断。这就是我们今天所见的长城。

插图一　甘肃河西走廊一带所见长城关口（陈明达摄于1954年）

明朝以前的长城有用石块堆成的，有用黄土筑成的。明朝改用条石或砖砌成外壳，里面用碎土填实。城墙高6.6公尺，底部宽6.5公尺，上部宽5.5公尺。城墙上两边筑有1公尺高的矮墙（内边）和垛口（外边），矮墙和垛口之间是甬道。如果按总长5000公里来计算，建筑城墙本身（基础工程不算在内）共需一亿五千万立方夯土和五千万立方砖石砌体。照目前估计，仅这两项工程就需要六亿个人工才能完成。建筑材料的采集和运输所需的人工，现在更是无法计算。例如砖，主要取于山东省临清县[1]，从这里即使运到北京附近的长城工地也要经过好几百公里的运输。把建筑材料从山下运到山上更是一项十分艰巨的工作。当时没有机械，长城的建造者就想出了各种方法。在较平的山坡上，他们利用冬季的冰雪铺成滑道，把砖石拉上山顶；在陡峭的地方，他们利用善于登山的山羊来搬运。

在长城上还有许多附属建筑。约每隔120公尺有一个小碉堡，供兵士驻守之用。

[1] 今临清市。

插图二　京张铁路沿线所见之居庸关山峒北口长城（1909 年旧影）

每隔 10 公里有一座烽火台，如有警报，一个台上燃起烟火，以为信号，左右各台驻军看到后就同时燃起烟火，并派兵接应。

在长城的起点和终点以及所有交通要道都建筑了“关”（用城墙围绕着的小型城市），其中著名的有嘉峪关、雁门关、平型关、张家口、居庸关、古北口、喜峰口和长城东部终点的山海关。每所关上的雄伟的券门和高大优美的城楼使长城更加显得壮丽。

长城是中国人民诗歌中常见的主题。从无法稽考的年代起，直到现在，中国就广泛流传着“孟姜女哭长城”的美丽的民歌。它歌唱的是一个农民范杞梁被征去筑长城，死在工地，他的妻子孟姜女等候了十年不见音信，就来到长城工地寻觅。其时长城已经筑成，人们只能告诉她范杞梁已经死了，埋在城下，但指不出确实地点。她在城下悲痛哭泣。真诚的爱情感动了上天，那段埋有她丈夫的长城忽然塌下来，她终于寻到了丈夫的尸骨。

插图三　居庸关云台（陈明达摄）

插图四　延伸至渤海海岸的长城山海关老龙头段

在悠久的中国民族历史上，长城是激发人民反抗外来侵略和保卫祖国的一个纪念碑。在抗日战争初期即已唱遍全中国、现在已成为中华人民共和国代国歌的《义勇军进行曲》中，就有“把我们的血肉，筑成我们新的长城”的响亮的句子。

自从现代武器广泛用于战争之后，长城自然失去了它在军事上的重要作用。但是因为长城经过的山隘多是战略上的险要，所以即使在抗日战争中，有若干著名的战役还是以在其附近的长城的隘口命名的，其中最突出的是 1937 年 9 月的“平型关战役”。

今天，在全中国实现了历史上未有的统一，中国已成为一个各民族团结的大家庭，大体处在长城中部以北的内蒙古自治区是中华人民共和国最早成立的民族自治区。在北部边境毗邻着中国的伟大的兄弟国家苏联和蒙古人民共和国。长城只作为我们一个古代建筑的遗产和人们游览的名胜而被珍视着。

人民政府在 1952 年修缮了长城最东端已破损了的山海关。1953 年又修缮了北京西北 40 公里京包铁路经过的居庸关。现在，居庸关连同它附近的古迹和风景已成为一个游览胜地。每到假日，就有许多人到这里来游览和参观他们的祖先的伟大创造——“万里长城”。

（原载《人民中国》1955 年第 8 期，据作者批注手迹修订）

中国建筑概说

建筑是人类为了生活、工作的需要而创造的。它随着人类社会的发展而发展。人们最初只能利用天然材料、简单技巧，建造略可抗拒自然界侵袭的住所。随着生产的发展、生活水平的提高和分工的细密，人们对建筑的需要日益复杂起来，要求它作为各种生活、工作场所或是公共的大规模的房屋。在阶级社会中，统治阶级还要求建筑能保卫他们的权力、财产，能显示他们的尊严，或者能为他们取得利润，所以建筑的发展是为了适应人们实用的要求。

人们在创造建筑时不仅考虑适合实用要求，而且还要求它具有美观的形象。建筑物除了实用外，还必须是坚固安全的构造物，这一客观事实，使得它的形象必然是合乎几何的和力学的原则的。建筑的美观就是在这个客观基础上，按照社会对美的思想观点，进而使建筑物各个部分具有良好的比例、优美的轮廓、和谐的色调以及各种各样的装饰处理而取得美观的效果的。也正是由于建筑是按照社会的需要和美的观点来创造的，它就以其形象表达出一定的社会思想意识，所以建筑也是具有艺术性的。

至于还有一些建筑物，它主要的实用要求，就是要以其形象表达一定的思想意识，如古代的宗教寺庙、塔、陵墓，近代的纪念碑等。它们的艺术性就更为显著了。

当人们对建筑的需要日益提高和复杂的时候，一定是建筑材料及技术有了相当的发展，才能使建筑得以实践。人们对建筑的需要由平房而楼房，由遮蔽风雨而到能控制室内寒暑、照明、音响，由居住而到大作坊、大工厂，由几个人、几十人的住所而到数百人、数千人的公共场所等等，都是要具备一定的建筑材料和技术才能实现的。由利用天然材料，进而制造砖、瓦、琉璃以至钢材、水泥、玻璃，由简单的技巧和经验的估计，进而至复杂的技术和科学的正确计算，都是在一定的社会生产状况中才能有的。它们是创造建筑的物质和科学条件。建筑师必须不断地掌握新的资料和技术，才能创造出适合新需要的建筑。

如上所述，不难看到建筑学是一门复杂的科学，与其他科学有着复杂而密切的联系，不可能脱离其他科学而单独发展。例如钢筋、水泥必然是在冶金和化学工程达到一定水平后才有的产品，对于建筑结构的精确计算，是随着数学、力学的水平而逐渐提高的，等等。因此，各时代的建筑，不仅显示出当时建筑学的成就，通过建筑还可以看到当时其他科学的成就以及当时的社会生产水平。

我国建筑具有优良的传统。从已经发现的古代建筑中，我们看到匠师们总是不断地应用新的材料和技术，以满足当时社会对建筑的要求。同时他们也从没有忘记如何使建筑物美观，如何使施工效率提高等等。

在过去的数千年中，古代匠师给我们留下了很多不朽的范例，我们视为珍宝慎重保护，正是为了它们具有上述的历史、科学、艺术的意义。它们是历史的证人、科学的里程碑、艺术的不朽杰作。更重要的是我们还应当学习遗产，取其精华，继承和发扬建筑艺术上的优良传统，使之为今日的社会主义的建设服务。

中国建筑几千年来遵循着自己的方向发展，在世界建筑中自成一个体系。虽然我国是一个地域广大的多民族的国家，各地区各民族的建筑也具有不同的特点，然而它们的共同点往往更为浓重，只是一个体系下的各种不同风格而已。

我国东南是大海，西南及北面是高山、戈壁、沙漠。在古代社会条件下，越过这些天险地带是困难的，和外国文化接触交流的机会就较为稀少，只有按照自己的条件和经验向前走，很自然地它就发展成为独自的体系。但是在我们国境以内，到处都是肥沃平原和山谷盆地，河流综错，气候温和，森林和矿产丰富，水陆交通都极方便。古代生活在这里的各族人民，既然具有大体相同的自然环境和生产条件，又有互相学习影响，他们虽然在民族习俗上有不同的特点，但就建筑体系来说，却是相近的血亲关系，有着主要的共同点。

但是，这并不是说我国各地区各民族的建筑就完全相同。正好相反，由于对建筑的各种不同要求和建筑实践的客观条件，就产生了各种不同的风格和式样。例如，生活习惯、气候寒暑、宗教信仰、美学观点、地区的建筑材料技术等的差异，都直接影响着建筑的风格和式样。事实上在我国各地区中，正是保存着多种多样的建筑遗产，等待着我们去发掘研究。

我们的建筑既是多种多样的，保护和研究建筑遗产也是多方面的。不能只从一个民族、一个地区或一个种类着眼，更不能以局部的、一定时代或一定范围之内的特点去衡量全部建筑。在这篇短文中，只能谈到我国建筑发展中主要的、一般的情况和一些基本常识。在具体的保护工作中，我们还应当深入研究，区别各种不同情况，以决定其历史、科学、艺术的价值，才能使工作不犯或少犯错误。

一

人类在只能制造简陋工具打制石器的时候，还不能为自己建造居住处所，他们最初居住在天然的洞窟中。距北京不远的“北京人”和“山顶洞人”化石产地周口店，就保存着这样的洞窟。在广西发现的原始人类化石产地，也同样证明他们是居住在石灰岩的天然洞窟中。

人类最初用自己的手建造住所，大概开始于新石器时代。在中国已发现的最原始的例证，是在黑龙江省依兰县倭肯哈达地方的洞窟（原注一）。在那里山腰上有一处天然的裂缝，人们就利用裂缝作为洞窟的两壁，然后用大石块铺砌成地面和盖在裂缝的顶上。它和天然洞窟的分别，仅只在于洞窟的一部分是以人工建成的，就其形式说，和天然洞窟并无分别。但是在原始社会中来说，这应当是一个巨大的进步。

在辽东半岛上的海城、盖平、岫岩、金县、复县等县境中，存在有很多“石棚”。这是用大块石板建成的石室，它的用途现在还没有足够的资料可以帮助解释。有人说它们是原始社会的建筑物，但是也还缺乏有力的证据。

新石器时代晚期居住在黄土平原的人们，在黄土地层上挖成垂直的洞穴作为居住之所。我们推测在这种洞穴的口上，可能还造有遮盖物，不过在甘肃、陕西、河南、山西及其他各处发现的大量洞穴（考古学家称为灰坑），都没有找到穴口以上建造物的遗痕。

迄今考古学家所发现的建筑遗迹，时代最早又能较可靠地推断出全部原状的，只有在西安近郊的半坡发掘出来的村落遗址（原注二）。它是遗留在黄土地层上的一些方形或圆形的坑，坑壁和坑底部的土层是夯打坚实的。沿着坑壁有埋立一些小木柱的痕迹。上面可能用木条搭成屋面，多数房屋中央都有一个炉灶。显然原始社会简陋的生活，对于建筑仅仅要求它是休息和饮食之所，当时的建造者利用黄土地层的特性和木材来解决了这一任务。

以后，对于黄土特性和木材有了进一步的理解，积累了较多的经验，并且已经知道用金属做工具时，就创造出夯土和木构架技术。正当这时候，我们已经进入了阶级社会，统治阶级要求建筑有雄伟的规模、庄严的形象，用以显示他们的统治力量、尊严和富有，要求利用建筑的成就保卫他们的权力、财富。劳动人民则被迫以自己的智慧和劳动创造性地去完成这些要求。

殷代遗留下来的建筑遗址，是排列整齐的夯土台，台上留有成行列的柱础，其中最大土台面积超过 1000 平方公尺。版筑是夯土术的进一步发展。从记载上知道周代就有了版筑术，多用以建造城墙。战国时各国曾在各自的边境，用版筑或石块建造城墙。秦灭六国后，把这些城墙的北部加以连接增补，这就是世界闻名的万里长城的前身。以后各时代虽均有增改，但仍是版筑的城墙，直到明代才加筑砖块，成为今日所见到的万里长城。战国时代各国都城至今还保留着清晰的版筑城墙轮廓，其中如燕下都，周围约有 20 公里，城内外还有二十多个大夯土台，最大的一个面积约为 15000 平方公尺，高出地面 20 公尺。由邯郸赵王城中一个夯土台遗址的发掘证明，土台原来是梯级形的，可能沿着梯级的每层都有木构建筑。那么它的外观大致是逐层退缩的高楼形状，可能就是古代记载所称的“台榭”。在西安近郊发掘出来的几处汉代建筑遗址，也是这种台榭的形状。此外，如秦始皇陵、汉代唐代的陵墓也都是用夯土筑成的。可见夯土在古代建筑中曾经是一种主要的建筑技术，也是一种使用简单工具、消耗较多劳动力的建筑技术。我们看到至今民间仍然用夯土来作基础，用版筑来建造楼房，就不能不想到这个古老的技术，今天仍然是在一定程度上有着实用的意义。

在什么时候才用木材创造成一定的结构方法，现在还没有肯定的资料足以说明。现在只知道井榦结构有很早的历史。殷代的墓室，已经用圆木交互叠垒成方盒形。直到战国和西汉时用木板做成方盒形墓室，但也还沿用着这种井幹方法。不过在战国，圆木交互叠垒的方法，也就是记载中所称的“井幹”结构，是一种最古老的最简单的木结构方法，但是也必定是在使用金属工具时才能普遍使用的方法。我们现在虽然还没有实物证明殷周两时代也用同样方法建造房屋，或者是用其他结构方法建造房屋，但是这种方法曾经是古代建造房屋通行的方法之一，是可以推断的。因为现在在森林丰富的地点，民间建筑仍有沿用这种方法的实例［插图一］。

二

战国末期至汉代在我国建筑史中是一个新的发展阶段。

周代末期就创造出的砖瓦，在汉代得到了巨大的发展。砖瓦已经具有一定的规格，除一般的筒板瓦、长砖及方砖外，随着发券技术的成熟，还烧制出扇形砖、楔形砖；适应结构及施工的要求，制成了适用于特种需要的大块定型空心砖［插图二］。砖瓦的质量标准很高，它们的表面都模制出各种精美的浮雕图画和图案花纹。凡用这种砖砌成的墙不但坚固，而且在墙面上不需要另做装饰粉刷。可见他们在创造新的材料时，不仅考虑了坚固，同时也注意到了施工方便、节省劳动力和美观。

插图一　云南南华县民居　井幹式木屋

插图二　洛阳汉墓中用大块空心砖砌成的大门

在河南辉县战国墓中发掘出的铜鉴、山西长治战国墓中发掘出的铜匜［插图三］，内面都刻有精细的房屋图画，可以看出当时所用的柱梁结构方法，同时也可以看出它们是一种台榭式的建筑，而并不是楼阁，因此还不是完全的框架结构。这种建筑的背面是依附着夯土台的，从邯郸赵王城土台、西安汉代“辟雍”两处发掘出的迹象，都很好地证明了这一点。

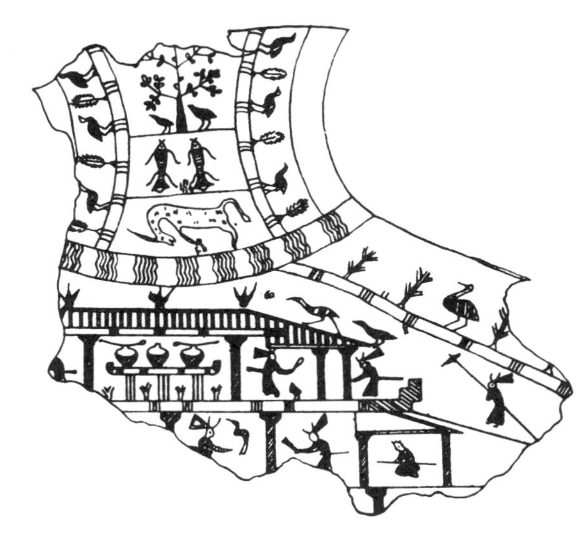

插图三　山西长治出土鎏金铜匜残留线刻图案（陈明达摹绘）

但是从汉代的石阙、墓葬、陶制的明器房屋及画像石等，证明框架结构在汉代已经达到完善的地步，运用这一结构原则可以创造出适应各种要求的建筑物。因此，那种需要巨大劳动力才能建成的夯土台式的建筑，在汉代逐渐被框架结构所排斥，而日渐稀少。框架结构使建筑的外形也逐渐改观，而各种各式的立体轮廓、各种式样的屋顶，在这时都赋予了肯定的形象。它们的整体和各个局部，显然都具有完善的比例。甚至像后来用一个模数来确定全部建筑物的权衡比例和各个构件的方法，在此时也能找到最初的萌芽。用柱梁组成的构架和用斗栱组成的构架，已经是两种显著不同的结构形式。门窗栏杆是可以随意拆卸安装的，也从洛阳汉墓中发掘到的三间石楹窗得到证明。汉代在建筑艺术形式上的成就，为后来打下了坚实的基础，以至这些建筑物的外形，在整个封建社会中始终没有基本的改变。

战国各国最后被秦吞并，秦始皇在咸阳大建宫殿，并且按照各国的建筑形式，模建了各国宫殿。这种集中各地工匠大规模的建筑活动，在客观上必然起了交流经验的作用。它可能是汉代建筑艺术发展的一个原因。当然，汉代建筑得到发展，是在于这时生产力的高涨。这个初期封建社会最繁荣的时代，人民生活较富裕，对于满足生活需要的物质要求较高，加以统治阶级以巨大财力大规模营建城市、宫殿、园囿等等，使得整个社会力量推动着建筑艺术的前进。

在汉代建筑发展的全部过程中，可以看到建筑材料、技术和艺术相互间不可分离的关系，相互间所起的积极作用。而这一切又是以满足社会要求为目的的。

三

在古代历史上，我们曾不断受到外来文化的影响，它们起着有益的、长期的作用，其中主要的是来自我们近邻印度的佛教文化。但是我们的祖先并没有对外来文化采取生吞活剥的方式，而是把它生动地融化到固有文化中，使之更丰富完美。在建筑艺术中也正是如此，并没有因此改变了独自的体系。

自汉末经两晋南北朝至隋代，是中国历史上最混乱的时代。汉代就已传入中国的佛教，在此时获得人民很大的信仰，所以随着佛教而来的艺术也在生活中得到了反映。在建筑中最显著的表现就是细部手法和装饰图案。最初对外来因素，如拱券柱头的处理、图案花纹的装饰等，都缺乏选择而成堆砌，在云冈石窟中常可看到这种现象。很快这些外来因素逐渐被消化到传统形式中，并且加以丰富和发展，成为我国至今沿用的手法和图案。例如，卷草纹和莲花纹，因使用之位置不同，具有繁多的种类，并且能各尽其妙，不再是装饰的堆砌，而是极自然适当的应用。这时建筑在外来文化的启发下，除了局部的改进和丰富外，还注意到了整体的美化，力求各部分的匀称和谐。在建筑物各部分尽量采用抛物线轮廓，把原来硬直古朴的轮廓变得柔和雅致；在建筑组群的前方，配置巨大精致的雕刻的布局，从这时开始已经成为通常的手法。在较云冈晚约一个世纪的天龙山石窟中，显著地看到已是成熟的、雅致的风格。还有嵩岳寺塔［插图四］、南朝陵墓等都代表着这时期成熟的风格和上述的特点。可见新的创造改革，不是一下子就能成功的。

插图四　登封嵩岳寺塔

塔，是南北朝时代的新创作，是接受了佛教的概念、用固有建造楼阁的方式建成的。早期石窟浮雕以及历史记载，都可以充分证明这一点。可惜早期木塔

插图五　应县佛宫寺释迦塔

没有保存下来，现今我们只能从建于公元1056年的佛宫寺释迦木塔［插图五］来推想更早的木塔，可以看到这种塔是需要具有高度的科学技术知识、经过繁重精密的设计和准确的施工技巧才能完成的。但木结构究竟不适宜于建造过高的建筑物，工程艰巨费时，易遭火灾，所以在用砖石建造塔的方面，也同时作了很大的努力，并且取得很高的成就。如建于公元523年的嵩岳寺塔，它具有秀丽幽雅的外形、适度的比例和强烈的宗教意识，设计和施工较之木构却简易得多。它的缺点则是不能登临各层、无所阻碍地欣赏周围景色，失去了那种富有诗意的现实生活意义。

在塔的发展过程中，砖石逐渐代替了木材成为建塔的主要材料。南北朝以后，历代匠师好像曾在木塔和砖塔两种形式的路线上展开了竞赛，创造出千变万化的塔而各尽其妙。在砖石塔中有完全仿造木塔的形式，如涿县[①]云居寺塔、泉州开元寺塔等等；

[①] 今涿州市。

插图六　北京天宁寺塔

有混合形式，如西安小雁塔、玄奘塔，定县料敌塔。有的塔采用了砖塔的概念而用木塔手法建成上部密叠的塔檐，如北京天宁寺塔［插图六］；也有用砖筑成塔的中心，用木结构做成出檐等部分，因而在外形上完全保留着木塔形式的，如松江兴圣教寺塔。还有一些别出心裁的形式，如正定华塔以及实际上是一件大型雕刻品的栖霞山舍利塔等等。

本来只具有宗教概念的塔，在造型上如此变化多端，这主要是出于两种不同的设计思想。一类是只要求它有一个优美的外形轮廓和达到宗教的要求；而另一类则除了宗教的要求外，还要求它多少有一点实用意义，能和人民的现实生活联系起来。而后者的类型特别繁多，显然可以看出它是占有优势的。

而在砖塔的建造中，匠师们必须费尽心机来布置各层的楼梯、走道以及与之相适应的外形，同时还必须在科学技术上设法解决结构上的问题。也正是这一原因，曾经推动了古代砖石结构技术的发展，使之成为这时期中主要的成就之一。

古代砖石结构技术的成就，还可以从隋大业年间（公元605—617年）建造的赵县大石桥上看到。这个跨度达到37.37公尺、半径27.24公尺的单孔弧券桥，在大券的两端各背负着两个小券。它不但是世界上古代有数的大券，而更重要的是，它是世界上第一个空腔式桥，显示出当时在工程力学上的高度成就。在较此更早的时代就已经发明了的各种发券方法中，设计者采用了并列式发券，显然是考虑到了施工时的困难和可以把拱架做得轻便些以节省造价。在简单的桥身立面上只是用几条凸出或凹入的平行线脚，使桥面和拱券有更鲜明的轮廓。而在桥上的栏杆则雕刻得极其精巧，这好像有意说明结构部分只需作适当的变化处理就够了，至于栏板，在可能条件下是不妨当作一件雕刻品来处理的。这种精致的雕刻也只有放在这个位置，才便于人们欣赏。

四

封建社会的古典建筑在汉代完成了基本的外形轮廓和木结构方法；南北朝及隋代在吸取佛教艺术的基础上，丰富了建筑艺术形象的处理手法，发展了砖石结构技术；封建社会的生产到唐代发展到新的高峰，当时的经济、文化都得到了全面的提高，建筑也获得古代最优秀的全面的成就，而以木构建筑物表现得最为突出。虽然现存的唐代建筑仅有建于公元782年的南禅寺大殿［插图七］和建于公元857年的佛光寺大殿，但后者可称为唐代风格的典型，使我们深刻地认识到结构和艺术形式的统一，秀丽庄重的外形轮廓和内部艺术形象完全是由结构形成的，而这一切又都是根据使用的要求。

这个兴盛的时期大概由唐代直维持到北宋，所以像辽代建筑的蓟县独乐寺观音阁及山门［插图八］、大同华严寺薄伽教藏殿、应县佛宫寺释迦塔及宋代建造的太原晋祠

插图七　南禅寺大殿模型

插图八　独乐寺全景

圣母殿，都还保持着同佛光寺大殿很近似的风格。

这时期建筑形式的完美和为人民所赞赏，可以从古代诗赋及绘画中得到反映，尤其在绘画中表现得更为具体。现存宋代名画如《清明上河图》《水殿招凉图》《焚香祝圣图》等，都是以建筑为主要题材而极尽其妙的。更有趣的是后二图的作者名画家李嵩，也就是木工匠师，画中表现建筑的高度准确性以及记载中述说这类画中的建筑物都是按一定比例尺绘成的，又使我们认识到当时设计及施工图样必然也具有高度的水平。

从汉代就已萌芽的“斗栱”结构法［插图九］，到唐代已予以完善的改进，它成为具有高度灵活性的结构，同时又是标准化的结构，可以适应各种具体要求。高达 66 公尺的应县佛宫寺释迦塔，就是这种结构方法的典型作品。

这种结构方法的完善，可以从公元十二世纪初年李诫所著的《营造法式》一书中看到。这是古代一本完善的建筑技术书，从简单的测量方法、圆周率等等开始，依次叙说了基础、土、砖、石、木材构造以及雕刻、彩画等等。从这本书中我们知道木构建筑的设计，主要是以建筑物上使用得最多的木材构件的断面“材”为基础，以它作为一个模数，建筑物结构的主要部分都是以模数的倍数来计算的，在计算这些构件的同时也就完成了形象的设计。这个模数有八种不同的实际尺度，以便根据建筑物实际需要的规模，选择恰当的尺度。

插图九　彭山崖墓中的石柱与斗栱

在屋架方面，书中列举了八种不同跨度的主梁，用以组合成当时所需要的各种横断面。屋顶有五种不同的结构，也就是有五种不同的样式。从书中所列举的“殿堂”和“厅堂”的做法，可以看到使用斗栱和不使用斗栱是两种不同的结构形式。

至于门窗、栏杆、楼梯等类，则是按照实际需要，规定其最低和最高尺度。隔断装置之类的尺度，是由结构框架所留下的空间所决定的。这两类装修的各个构件的尺度，都是由其本身总高度的“份”（即十分之几）数所决定的。

我们还从书中“功限”部分得知制造每一构件的劳动定额和安装的劳动定额，在“料例”部分得知使用原材料的定额。可见当时对于建筑实践已经给予极大注意，具有丰富的经验。

在“功限”中还有关于抽换梁柱的劳动定额，由此可知这种结构的优点还在于当个别结构构件有损坏时可以加以更换。这些定额都不高，可见当时抽换个别梁柱并不是一件困难的工作。

中国建筑的外形达到极完美的程度，是由于它各个部分相互间都具有一定的比例关系。木构建筑采用构件成品安装的方法来建造是古老的传统，不过到唐代才取得最完善的成就，到宋代才写成专书。以木材为主要材料的建筑也就在此时发展到最高峰了。

然而木建筑的缺点，给人们留下了深刻的经验。我们看《洛阳伽蓝记》记载北魏时建造的永宁寺塔，高达一千尺（古尺）。这个当时世界上最巨大的木构建筑物，于公元516年建成后，只经过了十八年，竟被大火所焚毁。历史上著名的建筑物，像这样全部毁于火灾的，真是不可胜数。这些沉痛的经验，似乎曾使人们在木材之外寻求更适当的材料。砖石当然是一种较木材耐火的材料，但除此以外，古代匠师也曾用金属物作建筑材料。用铁作为建筑材料，在唐代就已有了，现存四川阆中铁塔寺的铁幢作于公元745年。以后在五代、宋、金都有过用铁铸成的塔，如广州光孝寺双铁塔铸于公元963年及公元967年，山东济宁铁塔铸于公元1105年，湖北当阳玉泉寺铁塔铸于公元1061年，陕西咸阳北杜镇[①]铁塔铸于金代等等。用铜作为建筑材料是早在殷代就开始的，不过它只是用作建筑上的一个构件——柱础。全部用铜铸成的建筑物要以湖北均县武当山铜殿为最早，它铸于公元1307年。以后，明代铸有昆明金顶铜殿、宾川鸡足山铜殿，清代在颐和园内也铸有铜殿。

这些铜铁铸成的建筑物，是铸成各种块件拼装起来的。可能由于它重量较大不便安装、翻模不能过大以及经济力量等等关系，建筑的规模受到很大限制，始终没有成为普遍性的建筑。我们只能从这些建筑上认识当时冶金翻砂的高度水平和在没有机械、完全使用人力的条件下，匠师们对建筑所付出的巨大努力。

木构建筑需要大量木材和较精细的劳动，是其另一缺点。不难想象自战国时代开始，历代大规模的营建与改朝换代时大量的毁坏，曾经消耗了多少木材和财富。当临近的森林采伐过量，木材逐渐减少，建筑的造价因之日益增高。当封建社会的繁荣时期一过，在国家分裂、社会生产力低落的情况下，建筑首先因经济的影响而受到限制。大致从金代开始吧，出现了一些新的结构方法以节省木材和劳动力，其中包括简单的桁架结构和斜梁的应用以及尽可能减少立柱数量等方法。例如，金代建筑的佛光寺文殊殿、元代建筑的广胜上寺前殿和下寺前大殿等，都是这类新结构的代表。但是这个

① 今咸阳市渭城区北杜街道。

方法由于没有更进一步科学地解决力学问题，在元代以后又逐渐放弃不用了。[1]

另一方面，也极力设法减低用材尺度，主要是缩小斗栱尺度，如元代的永济县永乐宫、曲阳北岳庙德宁殿、赵城广胜寺明应王殿等建筑的斗栱，较之宋代有显著的减小。这一做法使斗栱和整个结构呈现了分离现象，斗栱逐渐只带有装饰意义。而整个建筑结构形象的设计，则由与斗栱紧密相连的用材栔计算的方法，转变为同时又以柱径为标准的计算方法。这就是自明代开始约六百年中所沿用的方法。它在原则上保持着固有的形式，但由于规格呆板而流于形式化。

五

我们对住宅、寺庙、宫殿等的概念，是指由各种不同的个体建筑物组合成一个整体的建筑组群而言。小至住宅，大至庙宇宫殿，都是由大大小小的单独建筑物组合成的。它不是在一个大的建筑物内按照需要来分配平面，也不是在总地盘中安放下一座建筑物，而是在总地盘的周围布置建筑物，当中形成庭院，或者在总地盘中线上布置着互有联系的建筑物。

唐、宋建筑保存至今的多是一些单独建筑物，全组群保存至今的极为稀少。如大同市辽代的善化寺、正定县宋代的隆兴寺，算是保存最完整的两处。其他如蓟县独乐寺、太原晋祠、大同华严寺等都只能看到原来规模的一部分。元代建筑中也只有永济县永乐宫是保存得最完整的。从公元十五世纪开始，成组群的建筑保存得很多，即使其中个别建筑物经过改建，也很少改变其原有布局。例如，北京近郊的明代十三陵，是由公元十五世纪到十七世纪陆续建成的。北京的故宫也是从公元十五世纪开始建造的，虽然很多建筑物在公元十七世纪至十九世纪间改建过，但那整体的规模大致还没有什么改变。北京智化寺是公元1443年所建，天坛太庙也都是公元十五世纪的布局，曲阜孔庙孔府是公元十五世纪时的规模。清代的东、西陵是公元十七世纪到十九世纪

[1] 此处有作者眉批：“这一节有错误，修改或重写。”

建成的。还有保存在各地的大量明、清两代的住宅、庭园，也都是精心的创作，是研究建筑组群总布局的良好资料。

一般说来，可以把平面布置分为四种类型。最早的基本形式恐怕是用四个建筑物围成中心院落，就是我们习称的四合院。从一般的住宅到宫殿、寺庙、商店等无不采用这种建筑形式，规模大的就用几个四合院前后连贯或左右并列起来。如果是商店，那么只需要把临街的一面做成店面就是了。另一种平面则是以贯通总平面的南北中线为轴线，把建筑物布置在这一条轴线上，总地盘的四周则用廊屋或围墙环绕起来，例如十三陵、天坛就是这样。也有把前两种平面配合起来的布置，在四合院的中轴线上又加上一系列建筑，如故宫三大殿、太庙便是这样。而农村中的住宅或花园中的建筑，则可以完全不按照这些布置，而采取各种不同的自由布置。

四合院平面的形成是极其悠久的，甚至在殷代的夯土台建筑中便看到这一形式的萌芽。战国赵邯郸城中心的土台，则是最早的以中轴线为主的形式。四合院的形成首先是由于生活习惯。例如，古代很长一个时期内，家庭是数代同居的大家族，父子兄弟甚至更多的辈分既要有分别的居室，又要是一个不可分割的家庭；日常起居的地点“堂”是开敞的，不设门窗的；有很多的“礼仪”部分是在庭院中举行的。这些生活方式，只有四合院形式的建筑最能与之相适应。在客观上，这些个别建筑物的组合方式，使它们相互之间没有直接联系的建筑物，必须走出一个建筑物，经过庭院才能再走进另一建筑物。如此，这个中心庭院实际上就形成了内部的通道，而它并不占据建筑的使用面积。在当时以平房为主的情况下，这未尝不是最经济的处理方法。

建筑既然是成组的，主要立面是向院子的，那么，在建筑物入口的前方就需要有特殊的处理，使它鲜明起来。通常是在前面另建一些建筑物，好像是那组建筑的序幕，它是按照建筑的规模性质而不同的。例如，故宫前面是一系列的“门”和间杂其中的带有装饰性的华表、石狮、石桥等；在明陵前面则是一条长达 7 公里的道路，在路上或路旁布置着牌楼、石雕像、碑亭、华表以及陵门等等；庙宇前面则是两个或三个牌楼；在较大的住宅前面也有一个影壁等等。它们指示着建筑入口方向，并且一步步地把人们引导到主要建筑物的前面。就在这个引导的过程中给予人们一种暗示，使你在精神上先有准备，知道你将要走到那封建统治者的前面去，或者神佛的前面去，或者是将到一个住宅和花园中去。在农村庙宇的前方，往往是一个戏台屹立在广场中，这是因为农村的庙宇实际上已兼作农民的公共娱乐场所的缘故。

建筑组群的空间布局，也是经过详细思考的。一般四合院平面是把最高大的也是最主要的建筑放在后面，使它面对入口的方向。前面及左右的建筑是较小的，而左右总是力求对称的，或者左右对称的是体量小于主要建筑的楼房。以中轴线为主的建筑组群，其主要建筑在中线的中点前部或后部。它不在中心也不在开始或终了，使人们进来后可以看到有节奏的逐渐增大的规模以及适当缩小的收结。这种平面及空间布局，是不可分割的有机的结合，产生了必然的外观。各个建筑的背面围墙连接在一起，形成一条拱带似的外墙。从外墙上面显露出院内一系列的屋顶，使得整个组群的轮廓呈现出抑扬顿挫的节奏。

这种布局的原则，同样也运用到城市规划上。在北京，故宫这一组广大的主要建筑组群，位置就在中轴线靠南的部分。它的北面又错落地布置着景山、鼓楼、钟楼。所有较高的建筑都分布在中轴线上，使得城市的主体轮廓鲜明突出。另外一些城市也莫不如此，大都以钟鼓楼为中心的主体，成为全城最高大的建筑物。

在总体布置中，还利用树木加强建筑的艺术性、思想性，古代匠师在这方面取得了极高成就。那些被认为最庄严的地点如三大殿，虽然有着极广阔的庭院，可是这里是没有一棵树的。在这里，人们完全被高大庄严的建筑物所围绕，无论出于何等动机而来，到这里的人们都不能不严肃起来。而像太庙、社稷坛、天坛等作为祀神的地点，则稍有不同。它把建筑物所在的部分另用一重围墙环绕起来，在这围墙里面是不种树木的，但它的外围却用浓密的柏树林包围起来，仿佛把神之所在地和人世间隔离开来。当人们走进浓密的森林，达到建筑物以前，思想感情完全被阴暗的大树所陶冶澄净，如此，就促成了幽静神秘的感觉。尤其是天坛这一组建筑［插图一〇］，建造在高高的台基上，连那条甬道都高出地面 3 公尺，这样就使得建筑物好像飘浮在森林之上，加强了崇高的气氛。

在一般住宅中，人们总不会忘记种植几株供观赏的树木花草。至于花园中，树木、山石、水流和建筑物更是同等重要，是互相配合起来的。在这里，一切都追求它与大自然的近似，要做到不显露出人为的痕迹，要求从每一角度、在每一季节看去都能得

插图一〇　北京天坛鸟瞰

到不同的景色，而避免一目了然、毫无变化的布置。在这样的要求下，树木、山石、水流都是极重要的因素，而建筑物就必须做到与自然界融合。因此，花园中的建筑不一定是那些既定的布置手法，而是极自然地按照地形环境而加以变化，使人们尽可能在人工的花园中享受到自然界的风景。

中国匠师还善于利用地形。承德外八庙是善于利用地形的最好例证之一。这里的寺庙都建筑在山坡上，每一座殿堂都经过深思熟虑的选择。建造者只是把原有地形加以很少的整理，而不是花费巨大的劳动去改变地形。所以，全部建筑物和它周围的地形环境、自然风光，能极其融洽地结合在一起。并且正是这些建筑物，使我们能够清楚地看出地形的起伏。另一突出的例证是山西浑源县悬空寺，使我们看到即使是无法攀登的悬崖峭壁上，也出色地建筑起寺庙，它和环境融为一体到如天成的程度——简直像陡峭的崖壁上自然生长出来似的。可见任何复杂的地形环境都难不倒古代匠师。

六

建筑装饰很早就被重视。关于雕刻梁柱或涂上色彩的记载，屡见不鲜。结构构件很早就采取装饰化的处理。在砖石构件上作出雕刻装饰，木构部分全部画上图案性的彩画以及各种各样的细部装饰手法等等，都是极其丰富多彩的。

彩画是中国建筑特有的艺术。由于木材本身的单纯色调，不能不加以装饰，同时它对保护木材也起了一定的作用。早期彩画保存得绝少，如宋初敦煌石窟窟檐、辽下华严寺薄伽教藏殿、元代永乐宫三清殿等，大都只保存有内部彩画，且色彩已因年久而黯淡，失去原有气氛。明、清两代彩画保存较多。它们在图案主题上尽管有很大的差异，但是色调上却大体相同。彩画主要以朱、青、绿三种原色为主色，在必要的地方用白或黑线画出界道，隆重的彩画则更加用金色。

彩画按其所在地位而有不同的处理。一般是在建筑物的受光部分用色单纯并多用暖色，在阴影部分则用多种冷色配合的图案，以增强明暗的对比。故宫奉先殿内部彩画完全用金色和凸起的线条组成，使得这个面积很大的殿内显得特别明亮。有些庙宇和住宅全部用黑色油漆，只在很少的几个构件上雕刻图案，并在雕刻上的凸起部分用金色油漆。这些多种多样的处理方法，使整个建筑取得或金碧辉煌或幽雅朴素等不同的效果。

建筑物全部都具有一定的色调。一般是白色或青色石质的基座，上面立着暗色的屋身，檐下则用青绿等冷色作彩画，屋面是青灰色布瓦或者黄色、绿色的发亮的琉璃瓦。这是庄严富丽的风格。这种建筑在北京的宫殿和寺庙中都不乏典型的作品。在南方居宅庭园中则是另一种风格。他们喜欢把墙面粉刷得洁白，使之与木构部分的暗色和青灰色的瓦面呈现极明显的对比，白色墙上门窗洞口则做成深色，使它在墙面上鲜明突出。这是极其幽雅安静的风格，尤其在庭园中这种色调更能取得与周围景色相协调的效果，这也是江南园林特别引人爱好的原因之一吧！

说到中国建筑的色调，不能不谈一谈琉璃。它本来是从西方输入的，到北魏（公元五世纪）时才在当时的都城平城（即今山西省大同市）开始自己制造，所以至今制造琉璃的匠师或是来自山西，或是得到了山西匠师的传授。它是一种带光亮釉面的缸瓦，主要颜色有黄、绿、蓝、黑等，也有乳白、紫、孔雀绿等颜色。琉璃瓦制造虽开始于北魏，但根据宋代《营造法式》所记，它的样式还不多，似乎在宋代还没有很大的发展。而在现存明代建筑中看到的琉璃瓦，仅屋面所用即达十余种样式，其他琉璃门、牌坊、塔等所用各种样式的砖瓦当更为繁多。可见其发展是在宋代以后。

琉璃以其色泽和整个建筑相协调，使之庄严华丽，是一种优良的饰面材料；同时它还是一种定型的小砌块，因此推进了某些建筑设计的精确性。只要看看像明代广胜寺飞虹塔的装饰部分，或者清代承德普陀宗乘之庙的琉璃门、须弥福寿之庙琉璃塔等类建筑，就可以知道在设计整个建筑物的同时，就必须安排好每一种砌块的形状和所需砌块的种类、数量，然后烧制出的琉璃块，才能按照设计图样的要求拼合起来。由此可以理解到设计工作者对于施工也是具有丰富的经验的。这是古代建筑设计和施工高度统一的例证之一。

插图一一　云南丽江皈依堂窗板镂空雕饰

窗槅花也是中国建筑构件装饰突出的成就之一。由于长久以来使用纸作为透光面积以及雕空花的启示，匠师们费尽心机创造出无数便于糊纸的窗格图案。它最初可能是在木板门窗上雕刻透空花纹，如朔县崇福寺大殿槅扇是现存最早的槅花，其做法就给人以木板雕空花的感觉。而丽江皈依堂两扇窗板的透空浮雕［插图一一］，可称是最古老的窗扇做法。砖造漏窗在南方住宅、花园中是很重要的装饰构造。它与木造槅花窗，以材料性质的不同而获得不同风格。完全空敞的窗洞和门洞，则做成各种不同形状，如扇形、圆形、瓶形和秋叶形等等。它们以本身的形象取得装饰作用，仅仅在边缘上做出凸起的或暗色的线脚，使它自己的轮廓鲜明。有很多空窗是和室外环境配合的，好像窗洞是一个画框，而外面的风景成为悬挂在室内的一幅画，使室内布置和室外风景巧妙地联系起来。这可以说是把建筑和自然风景相结合的非常出色的手法。

还有用瓦砌成的墙头花边，用各种颜色的天然卵石、石片嵌砌的地面，也都是花园中的精心杰作。它们都是就地取材或利用废料，无须另备材料就能取得高度装饰效果的。

建筑装饰的种类极其繁多，在这里建筑师可以尽情显示他的艺术天才。随着建筑物所使用的材料种类、经济力量的大小而选择不同的处理手法，即便是最简单的、造价最低的建筑，也能处理得恰到好处。

七

古代建筑的伟大成就，是经过几十世纪的经验积累而来的。由于我们有一个特别长时期的封建社会，无论如何改朝换代，社会生产关系、生产力没有基本的改变，因之，在整个十几世纪中，建筑及其艺术也没有基本的改变，而只是丰富补充。不特如此，在我们国内有很多少数民族共同生活，许多民族具有相似的习惯、相同的宗教信仰，在漫长的岁月中，由于相互学习，各民族的建筑有着基本的共同点。例如，瑶族的三排林山村、云南丽江白族的佛教寺庙宝积宫以及其他很多民族的居住建筑，都和当地其他建筑很少区别。

但是因地区不同，也有一些特有的风格。例如，广西侗族所建的程阳桥［插图一二］，这个优美的建筑物说明侗族同胞对于建筑艺术有着高度的天才。这个一般只为解决交通的桥梁，竟建造得如此美丽，而和周围景色又那样相称。由于广西地区多雨，桥上的屋檐当然是由实际需要产生的，但是它做得那样重重叠叠，显然又是为了美观。由于比例适当、轮廓秀丽，虽然它具有多重屋檐，但是并没有一点沉重之感，就不能不赞赏它处理手法的高妙了。又如云南边境芒市的傣族佛寺，仅仅在塔的手法上、布局上和汉族佛寺有所不同，把塔的相轮部分延伸得特别长，并且急骤地收缩成一个尖针，因此就使得整组建筑形成了本民族的风格。

散处在各省市的伊斯兰教寺庙，一部分采用了中国古典木建筑的形式，就连那伊斯兰教寺庙特有的“邦克”楼也不例外。尽管如此，它们的平面结构、内部装饰却因宗教的需要而保持着本民族的特点——由阿拉伯文字和花纹组成的精致雕刻和伊斯兰

插图一二　侗族程阳桥

教特有的尖拱。另有一些伊斯兰教寺庙则完全保持着固有的形式，例如相传建于公元十二世纪的福建泉州清真寺（麒麟寺）和新疆维吾尔自治区境内的伊斯兰教寺庙和陵墓。它们都具有世界上伊斯兰教建筑的共同特点，但是又具有中国的风格。

藏族居住在世界最高的高原。这里高山很多，平地较少，因此和其他地区不同，建筑多采用砖、石、土块和木材的混合结构，并且多楼房。著名的拉萨布达拉宫高达十三层，规模雄伟，依着山势的隆起而建成。拉萨大昭寺、日喀则的地方政府（桑珠孜宗堡）、班根曲得寺和扎什伦布寺等也都具有同样的特点。它们都是中国建筑中最魁伟的风格，好像以其规模、高度和周围的群山争胜。至于拉萨的大昭寺，按照记载建于藏王松赞干布时，相当于唐贞观十五年至永徽元年间（公元641—650年），这恐怕是世界上最古老而又最完整的一座建筑了。

由于西藏地区雨量稀少，一般房屋多用平顶，只有在宫殿寺庙或尊严的建筑物上使用一般的中国式木构屋顶。这些高层建筑的墙壁，按照中国的传统不是垂直砌筑起来的，而是有一点倾斜角度，由此使得建筑物显得更加安定。在平顶建筑的墙顶，使用两条线脚，在这两条线脚之间的墙面常常是做成较深的颜色。于是，这个建筑物的轮廓就不致和山色或天空混淆而更加明确。在大片平板的墙面上，为了避免墙面的单调和使门窗突出，还在门窗上做成小屋檐，在门上增加毡布等做的垂幕，有时也把窗周围刷成深色边框，于是整个建筑显得生动而不呆板。在一些殿堂或建筑的入口处，往往使用帘幕，保持着中国最古老的传统。

距离西藏遥远的北方，蒙古族人民居住在广阔的草原上，游牧生活使得他们创造了可以拆卸携带、便于迁移的房屋——蒙古包。这是用可以折叠的骨架支撑成圆形帐篷，在骨架的外面用织有精巧图案的毛毡包裹起来。在公元十三世纪时，蒙古族人民有了很大的发展，固定的建筑逐渐增多，同时由于他们信仰喇嘛教，所以在创造自己的建筑形式时，采取了一些西藏的建筑手法。

西藏建筑在我国具有重大意义。古典的宫殿寺庙以木结构为主，而木构建筑在结构上及材料上都有缺点，尤其因为木材采伐的困难，到公元十六世纪末期已不能充分供应建筑用材。现在各地保存着的一些用砖券构成的“无梁殿”，大都是这时期的作品，就反映着当时用砖结构代替某些木结构的要求。清代很多建筑构件都是用小木料拼合的，可见当时木料供应更加困难。公元十八世纪时，在承德建造了十一处寺庙，其中有半数全部采用西藏风格，如普陀宗乘之庙、须弥福寿之庙、普乐寺等都是其中优美的创作；另一半则不同程度地采用了西藏手法。就连北京的东黄寺、西黄寺等，也都是运用了一些西藏手法的创作。这些建筑当时固然有其政治的作用，而就其客观效果来说，对建筑创作有很大的启发，可以说是新形式创造的开端和技术改革的尝试。它开始摆脱木结构的一些缺点，而没有脱离固有的传统。当然它还不能称为完全成功之作，还不能完全摆脱旧形式的局限，只是在高层楼房上安置些大屋顶。我们现在需要最多的是砖木混合结构和多层楼房。新形式的创造，从这里应当取得较多的教益。

作者原注

一、李文信《依兰倭肯哈达的洞穴》，《考古学报》第七册，1954 年。

二、《考古通讯》1955 年第 3 期及 1956 年第 2 期。

（原载《文物参考资料》1958 年第 3 期，据作者批注手迹修订）

整理说明

此文原系陈明达先生应梁思成先生之邀，为大型图册《中国建筑》所写的图前总述，因故改在《文物参考资料》刊载（具体缘由请参阅本书第三卷所收录《〈中国建筑〉导言及图版说明》一文之整理说明）。此文刊载后，作者在自存刊物上作了大量修改［插图一、二］，其中除已附插图 1 张、图版 11 张外，陈先生在自己的批注中另编号列举了图照 92 种，作为阅读本文的参照。这些图照大多可参阅本书第三卷收录的插图、图版。兹抄录如下：

图 1　辽宁海城“石棚”

图 2　西安半坡村发掘之原始村落遗址

图 3、4　殷代建筑遗址

图 5　秦始皇陵

图 6　西安近郊汉代建筑遗址

图 7　殷代墓室（圆木交互叠垒成方盒形）

图 8　云南南华县民居

图 9　洛阳汉墓之空心砖

图 10、11　空心砖之浮雕、装饰花纹

图 12　汉代石阙

图 13　汉代明器房屋

图 14　汉画像石

图 15　洛阳汉墓出土石楹窗

图 16、17　云冈石窟拱券柱头、装饰花纹

图 18、19　天龙山石窟

图 20　嵩岳寺塔

图 21、22　南朝陵墓

图 23　早期石窟浮雕

图 24、25　应县木塔

图 26　涿县云居寺塔

图 27　泉州开元寺塔

图 28　西安小雁塔

图 29　西安玄奘塔

图 30　吴县罗汉院塔

图 31　正定料敌塔

图 32　北京天宁寺塔

图 33　正定华塔

图 34　松江兴圣教寺塔

图 35　栖霞山舍利塔

图 36、37　赵州桥（全景、栏杆雕刻）

图 38　南禅寺大殿

图 39、40　佛光寺大殿

图 41　蓟县独乐寺观音阁及山门

图 42、43　华严寺薄伽教藏殿

图 44　晋祠圣母殿

图 45　清明上河图

图 46　焚香祝圣图

图 47　彭山崖墓斗栱

图 48　广州光孝寺双铁塔

图 49　济宁铁塔

图 50　鸡足山铜殿

图 51　曲阳北岳庙德宁殿

图 52　赵城广胜寺明应王殿斗栱

图 53　佛光寺文殊殿

图 54　赵城广胜下寺

图 55　天坛鸟瞰

中国建筑概說

陈　明　达

建筑是人类为了生活、工作的需要而創造的，它随着人类社会的發展而發展，人們最初只能利用天然材料、簡单技巧，建造略可抗拒自然界侵袭的住所，随着生产的發展，生活水平的提高和分工的細密，人們对建筑的要求日益复杂起来，要求它作为各种生活、工作場所或是公共的大規模的房屋。在階級社会中，統治階級还要求建筑能保衛他們的权利、財产，能显示他們的尊严，或者能为他們取得利潤，所以建筑的發展是[illegible]适应人們实用的要求。

人們在創造建筑时不仅只考虑适合实用要求，而且还要求它具有美观的形象。建筑物除了实用外，还必須是堅固安全的构造物。这一客观事实，使得它的形象必然是合乎几何的和力学的原则的。建筑的美观就是在这个客观基础上，按照社会对美的思想观点，进而使建筑物各个部分具有良好的比例、优美的輪廓、和諧的色調以及各种各样的装飾处理而取得美观的效果的。也正是由于建筑是按照社会实用和美的要求来創造的，它就以其形象表达出一定的社会思想意識，所以建筑也是具有艺术性的。

至于还有一些建筑物，它主要的实用要求是要以其形象表达一定的思想意識，如古代的宗教寺庙、塔、陵墓、近代的紀念碑等，它們的艺术性就更較显著了。

当人們对建筑的要求日益提高和复杂的时候，建筑材料及技术必須有一定相适应的發展，才能使建筑得以[illegible]实践。人們对建筑的要求由平房而楼房，由遮蔽風雨而到能控制室內寒暑、照明、音响，由居住而到大作坊、大工厂，由几个人、几十人的住所而到数百人、数千人的公共場所等等，都是要具备一定的建筑材料和技术才能实现的。由利用天然材料，进而制造砖、瓦、玻璃以至鋼材、水泥、玻璃；由簡单的技巧和經驗的估計，进而至复杂的技术和科学的正确計算，[illegible]

建筑学[illegible]与其他科学有着复杂而密切的联系，不可能脱离其他科学而单独發展。例如鋼筋、水泥必然是在冶金和化学工程达到一定

14

水平后才有的产品。对于建筑結构的精确計算，是随着数学、力学的水平而逐渐提高的。因此各时代的建筑，不仅显示出当时建筑学的成就，通过建筑还可以看到当时其他科学的成就以及当时的社会生产水平。

我国建筑具有优良的传統。从已經發現的古代建筑中，我們看到匠师們总是不断的[illegible]材料和技术，用以滿足当时社会对建筑的要求。同时他們也从沒有忘記如何使建筑物美观，如何使施工效率提高等等。

在过去的数千年中，古代匠师給我們留下了很多不朽的范例，我們視为珍宝愼重保护，正是为了它們具有上述的历史、科学、艺术的意义。它們是历史的証人，科学的里程碑，艺术的不朽杰作。更重要的是[illegible]繼承和發[illegible]建筑[illegible]艺术上的优良传統[illegible]，使之为今日的社会主义的建設服务。

中国建筑几千年来遵循着自己的方向發展，在世界建筑中自成一个体系。虽然我国是一个地域广大的多民族的国家，各地区各民族的建筑也具有不同的特点。然而，它們的共同点往往更为濃重，只是一个体系下的各种不同風格而已。

我国东南是大海，西南及北面是高山、戈壁、沙漠。在古代社会条件下，越过这些天險地帶是困难的，和外国文化接触交流的机会就較为稀少，只有按照自己的条件和經驗向前走，很自然地它就發展成为独自的体系。但是在我們国境以內，到处都是肥沃平原、山谷盆地，河流綜錯，气候温和，森林和矿产丰富，水陆交通都極方便。古代生活在这里的各族人民，旣然具有大体相同的自然环境和生产条件，又能互相学習影响，他們虽然在民族習俗上有不同的特点，但就建筑体系上說，却是相近的血亲关系，有着主要的共同点。

但是，这并不是說我国各地区各民族的建筑就完全相同。正好相反，由于对建筑的各种不同要求和建筑实践的客观条件，就产生了各种不同的風格和式样。例如因为生活習慣、气候寒暑、宗教信仰，美学观点、地区的建筑材料技术等的差异，直接影响着建筑的風格和式样。事实上在我国各地

插图一　作者批注书影之一

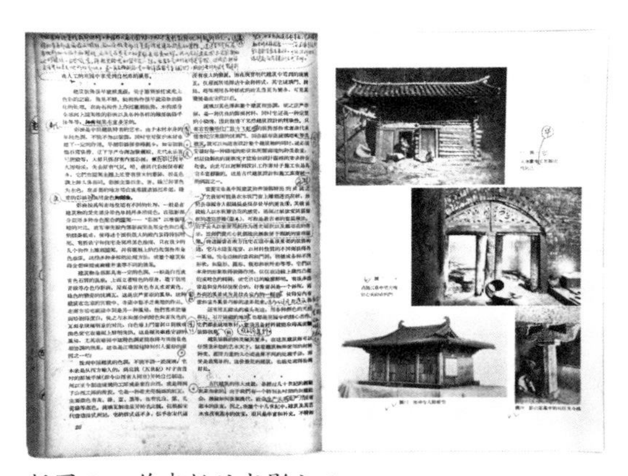

插图二　作者批注书影之二

图 92 北京西黄寺

结合陈先生生前回忆，似乎作者有以此文为基础、撰写一本建筑文化启蒙性质的图文并茂的读物的计划。不过，在那个特殊年代，撰写这类文章或书稿是顶着很大的压力的。此文及次年面世的《中国建筑》就先后被哲敏、王栋岑等人斥责为“不恰当地强调建筑的艺术性和大量地运用早期的资料，容易把读者引导到为艺术而艺术和厚古薄今的道路上去”“文章中没有提到必须批判地来接受古代建筑遗产，使读者有颂古非今之感”……[1] 因此，那个知识性读本的计划就不了了之了。

今重读此文作，觉得如参阅陈先生所列 92 张图像资料，不仅能够更充分地理解作者在此文中的学术观点，更是一次中国建筑历史之美的巡礼。

整理者

[1] 参阅哲敏:《〈中国建筑概说〉一文的缺点和错误》,《文物参考资料》1958 年第 8 期；王栋岑:《一本厚古薄今的画册》,《建筑学报》1959 年第 1 期。

建国以来所发现的古代建筑[①]

一、考古发掘中的新发现

（一）

地面上的古代建筑保存至今的，以汉代石阙石祠为最早，但总共只有二十几处[②]，并且都相近似，说明的问题不多。两晋南北朝时期，也只保存着几座砖石建筑的佛塔、一些石窟寺的窟檐以及雕刻或壁画中所表现的建筑形象。隋、唐时代保存着一座石桥和大量的砖石佛塔，但木结构建筑物也仅有两座。直到宋代，保存下来的建筑物才比较丰富、全面。所以，研究唐以前的建筑，要依靠考古发掘提供资料，而研究汉代及汉代以前的建筑，更不得不以考古发掘的资料为主要来源了。解放以来，考古发掘在这方面作出了很大的贡献。

以前我们对原始社会的建筑是所知甚少的。1954 年，黑龙江依兰的一次考古发掘（原注一），提供了崭新的资料［插图一］。那是一个新石器时代半人工的洞穴。它筑在一条山崖的裂缝间，利用裂缝两壁为洞壁，用大石块加筑洞底和洞顶。这个居住的洞穴后来也就作为埋葬的墓室了。虽然这个发掘仅仅使我们知道人类最初利用自然的居

---

① 据作者业务自传，可知此篇与《〈中国建筑〉导言》《中国建筑概说》等，均为作者参加《中国古代建筑史》编写工作的前期准备。又，本篇收入本卷，由整理者据文中所提示线索选配插图，并加章节标题。

② 据最新考察记录，迄 2016 年全国已知现存汉阙（含石阙、土阙）遗存为 37 处，已毁而有记载者 19 处。详见张孜江、高文主编:《中国汉阙全集》，中国建筑工业出版社，2017。

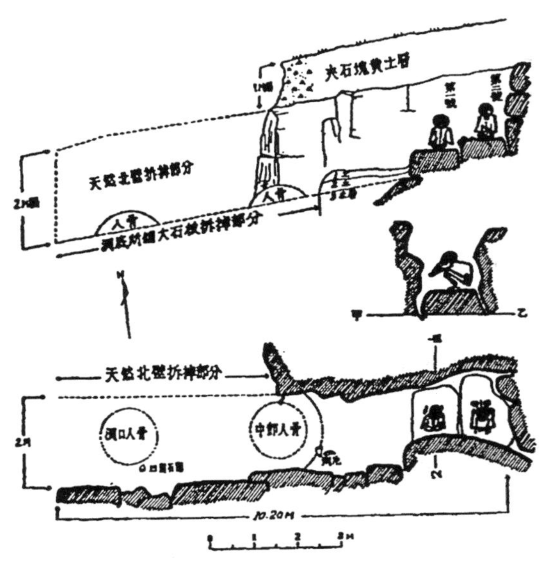

插图一　黑龙江依兰考古发现　倭肯哈达洞穴示意图

插图二　半坡考古之建筑遗迹发现

住状况，但毕竟也使我们较具体地知道了人类最初创造建筑的努力过程和一种最早的建筑方式。

1954—1955 年，西安半坡村的发掘就更加可贵了（原注二）。这是一个新石器时代晚期的村落遗址［插图二］，遗留着很多房屋基础，使我们得以认识到当时的建筑情况。[①] 所有房屋基础都显示出几个共同点：房屋的平面以灶为中心；房屋是部分在地面以下的半穴居形式；少数的房屋有成列的柱子的痕迹，也有少数房屋在地面以上。这就说明了原始简陋的生活对建筑的要求，也说明了当时主要还是半穴居式的建筑，还不能将柱子完全独立在地面上，多数柱子是依靠挖入地面下的地坑壁面来稳定的。它是一种窝棚式的建筑。少数几处有成列柱子的房屋，虽然屋中间的柱子还不得不用土筑成的“柱围”使之稳定，但是无论如何这是掌握了简单的构架方法的证明，而为中国木构架结构找到了一种最初的形式。从第一次发掘到的一个 12.5 米 ×20 米的大房子来估计，技术已经相当高了。[②] 现在发掘工作还仅限于全部村落的一部分，我们期待着全面的发掘，以便了解整个村落的布置情况。

[①] 此文之后，同样留有重要建筑遗迹的河姆渡遗址于 1973 年被发现。

[②] 前文计量单位为公尺、公分等，似自是年（1959 年）起，计量单位统一为米、厘米等。

（二）

关于古代城市，也有很多新资料。在郑州商代遗址的周围，曾发现夯土城墙［插图三］。这遗址是商代初期的，它早于安阳的殷墟。至于城墙是不是全部为当时所筑，考古学家们还有争论，但至少其中的一段已公认是商代的夯土。所以建筑城墙的历史，可以推前到商代初期了。

1958 年，在江苏武进发现的“淹城”（原注三），是一个春秋时期直径约一里半的不规则圆形小城。它一共有三层城墙，每层城墙外都有护城河环绕［插图四］。近年内在洛阳探测到的东周王城（原注四）是大小相套的两个城圈。邯郸的赵城也是如此，早就为我们熟悉的赵王城不过是大城中的一小部分。以往所知的春秋、战国时的都城如临淄的齐城、曲阜的鲁城以及晚至唐代的长安城，大体也是这样布置。可知这种整齐规则的城市布局、大城中有小城或王城的布局，是一种很古老的传统。但是为什么汉代初期建筑的长安城又是那样地不规则，并且没有王城呢？在那些春秋、战国的都城中，王城是帝王宫殿之所在大概是可以肯定的了，但是那个更大的城圈之内都是一般人民的住处吗？按照记载，把汉代长安的宫殿——未央宫、长乐宫、北宫、桂宫以及其他官署仓库等等的面积计算起来，城中所余地面实已很少。难道汉代的长安城只是帝王及贵族所居的城市吗？汉代的社会生产发生什么重大

插图三　郑州商城遗址之夯土墙现状（殷力欣补摄）

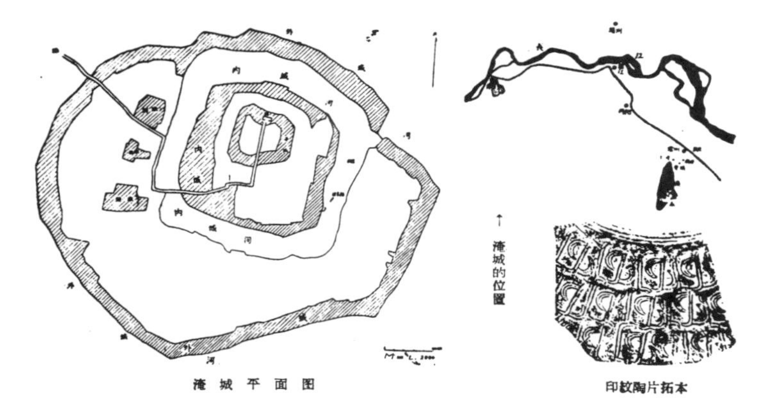

插图四　江苏武进“淹城”（《文物》1959 年第 4 期）

变革，以至于突然使城市的形式改变了呢？

汉代长安城墙已经作了部分发掘（原注五），为研究汉代城市规划提供了具体的实物［插图五］。在探测中已经弄清全部城墙的轮廓和各城门的位置，证明霸城门、直城门、西安门、宣平门每门都是三个门洞，每个门洞宽约 8 米，门洞两侧有排列的柱础以及车轨辙迹。于是证实了记载中的城门位置，测得了城圈形状及尺度，对研究汉长安城的帮助很大。其次，每门三个门洞的事实，使得我们更正了头脑中认为城门只有一个门洞的概念，对于记载中的“披三条之广路”“参涂夷庭，方轨十二”“门三涂洞辟”等得到了正确的理解。门洞的宽度和车轨的宽度，提示出门洞宽度的设计是以并行四辆车为标准的。这里还应当注意门洞两旁的柱础，它证明当时的城门洞不用拱券而是用柱梁过木架起来的。但这只是说明门洞的结构方法而已，不能据以证明西汉初期还不会发券。因为这种城门洞的构造方法在唐代壁画中常常见到，在宋代《营造法式》中还列有构造方法，而至今还存在的明代建筑山东泰安岱庙大门，也还保持着这

插图五　汉代长安城墙（《考古通讯》1957 年第 5 期、1958 年第 4 期）

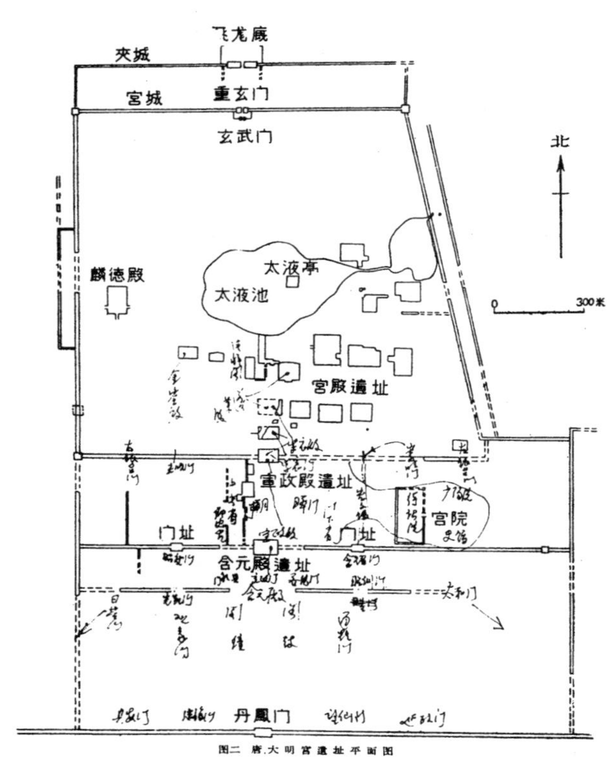

插图六　唐大明宫遗址平面图

种古老的形式。

唐代长安城的初步探测（原注六），同样弄清了这个闻名世界的古城的轮廓和兴庆宫、大明宫、曲江芙蓉园的范围，使近代对唐代长安城的研究在经过数十年的文献探讨后开始了实物的探求［插图六］。初步探测证明多数城门也是三个门洞，而南面正中的明德门是五个门洞，所以它还是沿袭着汉城的做法。我们在《清明上河图》中所看到的北宋汴京城门已经是只有一个门洞了，由此看来这项改变是自宋代开始的。但它与社会发展、城市经济的发展有什么关系呢？与城市的功能有什么关系呢？这不能不是一个重要问题，它绝不会仅仅是形式的改变。至于长安东面延兴、春明二门的探掘，则揭示了“夹城”的做法，使我们具体地认识了夹城的实况。

（三）

考古发掘为战国及汉代建筑所提供的实例，是最丰富最可贵的。我们知道战国时期的城址如燕下都、赵邯郸，汉城址如长安等，都遗留有一些夯土台，其中除了邯郸赵王城中的一个夯土台经发掘后知道它原来是成梯级形的台并有柱础外，它们到底是什么样的建筑物，是难以想象的。1951 年辉县第二次发掘（原注七），在赵固区第一号墓中发现了一个铜鉴，鉴的内面用极精细的线条画出一幅图画，其中有一座宏伟的两层建筑物；1954 年在山西长治战国墓葬中发掘出了一个铜匜残流（原注八），它的内面也有用细线刻画出的一座建筑物。这两幅图画中的建筑物极其相似，不能不认为图画的描写是有较高的忠实性的。于是，我们到底看到了战国建筑物的形象。但是令人费解的是：建筑物上层屋檐的两角为什么要特别低下来呢？下层又为什么只有两角有屋檐呢?

1956年在西安西郊发掘出一个东汉初期的建筑遗址（原注九），平面略似“亚”字形，当中有一个大的方形夯土台，在大夯土台的四角又各有一个小的方形夯土台，而大夯土台的四边则是一个敞厦［插图七］。这是当时的什么建筑呢？是明堂？是辟雍？或者是合二而一者？似乎还有些争论。我在这里不想参加这个争论，但是它原来是什么形式的、如何构造的，倒是十分有趣的事。在大土台四边的敞厦似的建筑物后面，显然是依附着土台的，在平面上所有转角位置都用两根柱子。这些特殊的结构形式，使我们不应当再用唐、宋时期的木结构方法去理解它。这种不同于后世的结构方法，当然不会得到我们所熟知的建筑物的形象，这是可以肯定的。于是，我又想到那两个战国铜器里刻画的建筑形象，也想起了我们所熟知的武梁祠、两城山等汉画像石中描写的一些建筑物以及1956年在山东肥城东汉墓中发现的画像石（原注十）、同年在江苏徐州洪楼村所发现的汉画像石（原注十一）。我所指的是其中所描写的某一类型的建筑物，它们有一个基本的共同点，即有一个两层的大建筑物，在它的两侧又各有一个阙形的小建筑物。那么多的画像石都画出了大体相同的建筑物，也绝不是偶然的现象，都是力求忠实地表现原物的结果。可以说西安西郊汉代建筑遗址、战国铜器上刻画的建筑物和汉画像石所表现的建筑物等所具有的共同点，为我们理解战国至汉代的那一类型的大建筑打开了大门，不难据此推论它们的真实面貌。至于这个汉代遗址的规模、用土坯垒墙、用砖墁地、用空心砖做踏步等，也是研究汉代建筑极可贵的资料。还有同年在上述汉

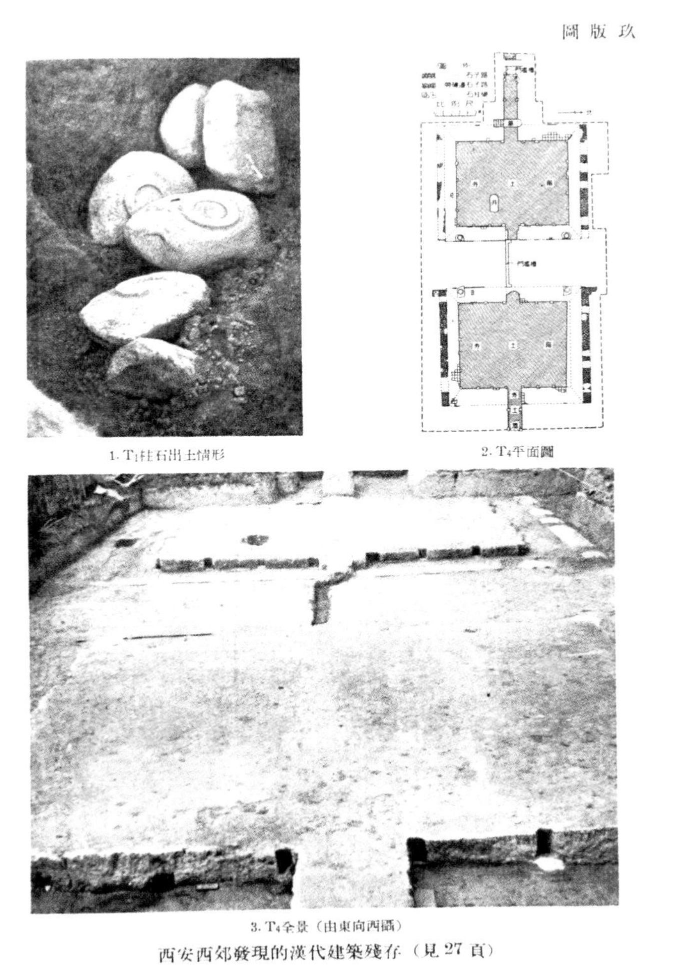
圖版玖

1. T_1柱石出土情形

2. T_4平面圖

3. T_4全景（由東向西攝）

西安西郊發現的漢代建築殘存（見27頁）

插图七　西安西郊汉代建筑遗存（《考古通讯》1957年第6期）

遗址的西面，另外发现了九个汉代建筑遗址（原注十二），每一个的规模都同样巨大，预料进一步的发掘必将有更宝贵的收获。

现在我们再来看看西安北郊阎家寺村大约是西汉末期的建筑遗址（原注十三）。遗址发掘出的房屋残存部分有排水管道，有小灶和砌在墙壁中的烟囱等设备。有人推测它是一个冷藏室。虽然现在还不能十分肯定，但是无论如何，汉代建筑设备的完善、物质文化的水平，从这里给予了我们以真切认识。更有趣的是这个建筑物是半地下的，但并不是在地面上挖下去的，而是先筑成一个夯土台，然后在夯土台上挖成房屋的下半部。这是为了特殊的需要，还是原始的古老方法的延续，或者是利用更早的夯土台呢？在没有发掘完时，是不可能得到结论的。

1955 年在洛阳西郊发掘到的西汉房屋遗址（原注十四），是挖入地面下达 2.05 米的建筑物［插图八］。它用版筑墙，墙厚 1.5 米。似乎半穴居式的建筑，到西汉还较普遍。而在同一地方所发掘到的东汉房址，就已有全部建筑在地面上的，而且是砖柱砖墙。东汉已经用砖建筑房屋，已是不容辩论的事实了。洛阳发掘到的这些建筑遗址，显然和在西安发掘的规模宏大的建筑遗址是不同的，是不是我们就可以把它们理解为帝王宫殿和一般居住建筑的差别呢？

1954 年在山东沂南汉墓出土的画像石（原注十五）、在四川德阳发现的汉墓及画像砖（原注十六）以及在宝成路汉墓发现的画像砖（原注十七），都提供了丰富的资料，使我们对汉代建筑有更进一步的认识，尤其是整所建筑的透视图和大门的立面图最为全面。其中有些建筑物显然类似近代的小式柱梁结构或者西南的穿逗结构，它们也显然与西安汉代建筑遗址所揭示的结构不同。自然，这里有时代先后的差别或发展的不同阶段，但无论如何，还是使我感觉到在汉代或更早就已经有了像后来大木作结构建筑中的大式和小式的区别。很可能前者是在社会生产高涨、科学技术进步以及封建统治者集中了剥削来的财富的情况下发展起来的，而后者只是在原始建筑方法的基础上，在一般人民的经济情况下发展起来的。当然，在这两者之间，也还有许多复杂的联系。

最后，不能不提一下在洛阳一座东汉墓中发掘出来的石栏或是石槛窗（原注十八）。它是宽达三间的石制装修，当中一间是门，左右两间是槛窗，像木结构一样是用榫卯结合起来的。这份东西对于了解汉代建筑的细部装修，实在是一个重大的、目

洛阳西郊出土的西汉初期建筑遗址

洛阳西郊出土的东汉圆囷（探沟 510，由西向东摄）

洛阳西郊水管与房基的关系（由东向西摄）

插图八　洛阳西郊汉代居住遗迹（《考古通讯》1956 年第 1 期）

前还是唯一的发现。

（四）

我们对于古代建筑的施工方法，向来知道得很少。1950年辉县第一次发掘中，在固围村第三号墓发现了夯土的施工遗迹（原注十九）。当时施工者是在夯土边上用绳索拦着木板，绳索另一端系着固定在土层内的木橛上，然后布土打夯。这一发掘不但解决了大面积夯土如何施工的问题，而且也解决了宋《营造法式》中的一个难题。在《营造法式》卷三《壕寨制度》中"城"条下载："筑城之制：每膊椽长三尺，用草葽一条（长五尺，径一寸，重四两），木橛子一枚（头径一寸，长一尺）。"[①] 现在可以证明草葽、木橛是夯土施工所必需的设备，同时也说明了这种施工方法到宋代还是很普遍地在使用。

1956年在江苏宜兴发掘出晋元康七年（公元297年）墓（原注二十），墓室是用一种我们所不知道的特殊拱券建成的，我还不能恰当地描写出它的特点和给它恰当的命名，姑且称之为多圆心的穹窿吧。据现在所知，江南一带的晋墓有很多都是采用这种做法的。还有四川发掘出的汉墓中，有用大型带子母榫的砖筑成的拱券（原注二十一），可以说是古代一种大型砌块的建筑。这两种发券都是力求施工便利，节省劳动力，不用栱架就能筑成的，可以看出古代在提高施工效率上所作出的努力和成就。

（五）

最近，关于唐代长安大明宫的发掘（原注二十二），已经初步明确了大明宫的范围和前半部的平面概况，发掘出麟德殿遗址。这个发掘尚在开始的阶段，无疑它将为唐代建筑增加不可估量的宝藏。

1959年在山西侯马发掘出的金代墓中，有丰富的用砖雕成的装修及家具，北壁上用砖镶成的一座小舞台（原注二十三），更是古代公共建筑的稀有实例［插图九］。这

---

① 李诫:《营造法式（陈明达点注本）》第一册卷三《壕寨制度·城》，浙江摄影出版社，2020，第55页。

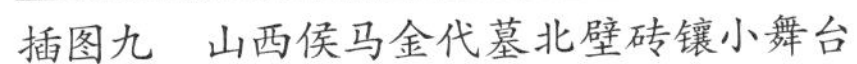
插图九 山西侯马金代墓北壁砖镶小舞台

插图一〇 合肥南唐墓小木屋

使我回忆到 1956 年在安徽合肥一座南唐墓中所发掘出的小木屋（原注二十四），那个小屋下有高台座，前有月台钩阑，并且是以山面为正面的［插图一〇］。把这两个小建筑——一砖一木——对照看一下，很显然那小木屋也是个舞台。于是，我们很清楚认识了公元十至十二世纪时两个舞台的建筑形式，这对于研究戏剧史也同样是宝贵的发现。而从五代至金二百年间，舞台形式并没有什么改变，这是不是也符合于同一时期中，文化艺术在内容方面的发展情况呢？

二、地面建筑物的新发现

（一）

保存在地面上的建筑物也有很多新发现。地上建筑物谓之为新发现，是不够确切的，因为任何建筑物，总会有人知道。但是有些建筑物的历史、科学或艺术价值未被揭发出来，因而没有得到普遍的重视，在学术方面或文物保护方面也未得到注意，所以，发现只是揭发它们的价值而已。其中还有一些早已为人所知并肯定了它们的价值的建筑物，由于自然界的变化或社会的变革暂时被人忘记或遗失了地址，今天又重新被寻觅出来的，也应当说是一种新发现。解放以来这些发现如以保护单位计算，在一千三百个保护单位中占半数以上。这里只举出其中几个重要的，并提出一些看法和问题。

在木结构建筑中，首先要提到山西五台县南禅寺大殿（原注二十五）。它只是三间小殿，无论结构上、艺术上均不及晚于它七十五年的佛光寺东大殿。但是，按其年代而论，它建于唐建中三年（公元782年），是目前所知最早的木建筑。它使我们了解到当时一般小殿堂的建筑方式，这就是它所以重要的原因。平遥镇国寺大殿（原注二十六）建于北汉天会七年（公元963年），是现存五代时期唯一的木建筑物。虽然它也是三间小殿，却使用了庞大的七铺作斗栱，这也是少见的例证。按现存木建筑的时代来说，它仅次于南禅寺大殿和佛光寺东大殿而名列第三，在早期木建筑实例中当然是重要的。[1]

我们知道敦煌莫高窟保存着宋代木窟檐［插图一一］，大概是二十五年前的事，但

插图一一　敦煌莫高窟保存的宋代木窟檐　第427号窟窟檐

[1] 作者撰写此文的时候，尚未发现建于辽应历十六年（公元966年）的涞源阁院寺文殊殿这座年代与镇国寺大殿相近的古建筑。与南禅寺、镇国寺相关照片、图纸等，请参阅《两年来山西省新发现的古建筑》一文。

直到建国后 1951 年才实地作了勘查，知道具体情况（原注二十七）。窟檐一共保存着六座，有两座仅残存几根柱梁，所以确切点说是四座。其中三座记有年代：第 427 号窟窟檐宋开宝三年建（公元 970 年），第 444 号窟窟檐宋开宝九年建（公元 976 年），第 431 号窟窟檐宋太平兴国五年建（公元 980 年）。此外在距莫高窟约 30 里的三危山中，还有一座高 5.5 米的小木塔——慈氏之塔（原注二十八）。对这些建筑物的实地勘测，丰富了早期木建筑的实例。它们都富于地方风格，使我们被中部地区较为死板的法式所束缚了的头脑，得到了一些解放。第 427 号窟窟檐内部完整的彩画，是现今所知最早的彩画，使我们初次认识了宋代初期的还保存着唐代风格的彩画。慈氏之塔是个周围有廊的灵巧的建筑物。它的平面直径仅 2.5 米，但在这极有限的面积内，按照宗教的要求，结合建筑、塑像和壁画，布置下了四天王、慈氏、文殊及普贤，设计者的高度创作能力是令人赞叹的。

插图一二之① 福州华林寺大雄宝殿发现时的外观（杨秉伦提供）

插图一二之② 福州华林寺大雄宝殿复原外观透视草图

在福建、浙江和广东发现了五处宋代建筑，即福州华林寺大雄宝殿（原注二十九）、莆田元妙观三清殿（原注三十）、泰宁甘露庵（原注三十一）、余姚保国寺大雄宝殿（原注三十二）和广州光孝寺大殿（原注三十三），大大丰富了宋代木建筑的实例［插图一二、一三］。在这以前我们知道江南的宋代建筑只有苏州玄妙观三清殿，并且认为长江以南不可能再找到宋代木建筑了。现在这些发现，使我们在研究宋代建筑的时候，不致局限于北方的实例了。在这几处建筑中，华林寺、元妙观和保国寺三座大殿，都是后代在宋代建筑物的周围加了一周外壳，因而失去原来的外形，仅从外部看去就像是一座清代的建筑物。这也给予了我们一个新的启示，提高了认识。以往我们仅仅根据一两张外景照片就作出初步判断的建筑物，现在不得不再深入去研究一番了，可能还会有更多的发现吧！

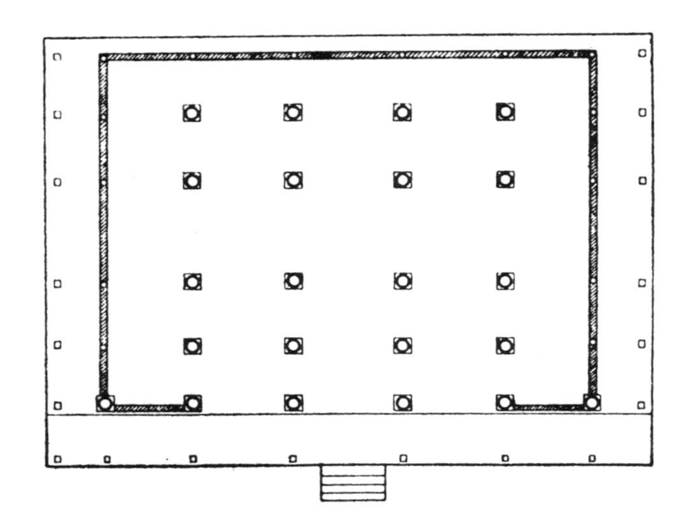

插图一三之① 莆田元妙观三清殿平面图

插图一三之② 莆田元妙观三清殿梁架

余姚保国寺大雄宝殿［插图一四］建于宋大中祥符六年（公元1013年），晚于蓟县独乐寺二十九年。它在结构上、艺术上和独乐寺均有很多共同之处，但是也有一些不同的特点。如柱头铺作的下昂后尾长达两椽，挑斡在中平槫之下，在全部明栿之上皆不用草栿等，就是最重要的特点。这种做法节约了很多木材，而且使结构更加简练，节省了施工工作量，也确保了建筑的坚固。尤其是昂的做法，似乎保存着更古老的方式，说明昂在最初确实是有更大的功能的，也可能更早的时候不但在昂上不用草栿，就是在昂下也不必用乳栿或三椽栿吧。

泰宁甘露庵[①]是最近才发现的一组宋代建筑［插图一五］，建于宋绍兴十五年至乾道元年间（公元1145—1165年），有上殿、蜃阁、南安阁、观音阁、韦陀亭及仓库等。像这样完整的成组宋代建筑，是第一次发现。它的各个建筑物虽然都不大，但是十分重要。上殿、南安阁和观音阁都是面阔一间、在三面加副阶的单层重檐建筑物。这样小的建筑物而有宏伟的气势，设计手法是十分高超的。那一间小仓库，若不是宋代人

[①] 又称"甘露岩"，曾经是全国现存的唯一完整的一组宋代建筑。1961年2月4日被火焚毁，是我国文化遗产的一项重大损失。后陈明达先生在《中国古代木结构建筑技术（南宋—清代）》中，曾试图依据残存资料尝试作复原方案。

插图一四之①　余姚保国寺大雄宝殿外景

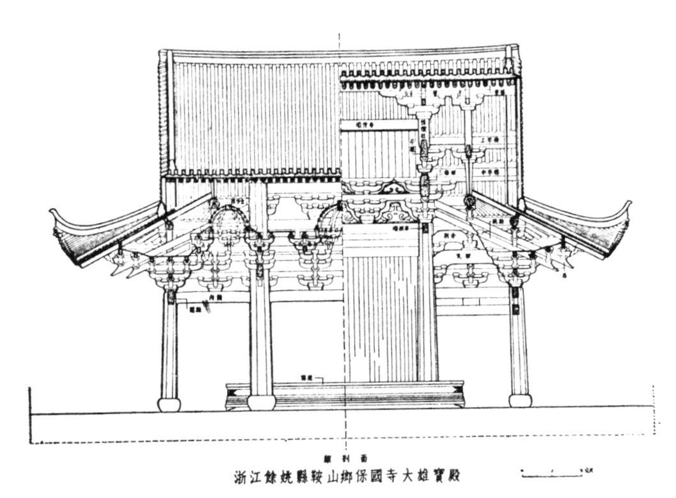

插图一四之②　余姚保国寺大雄宝殿纵剖面图

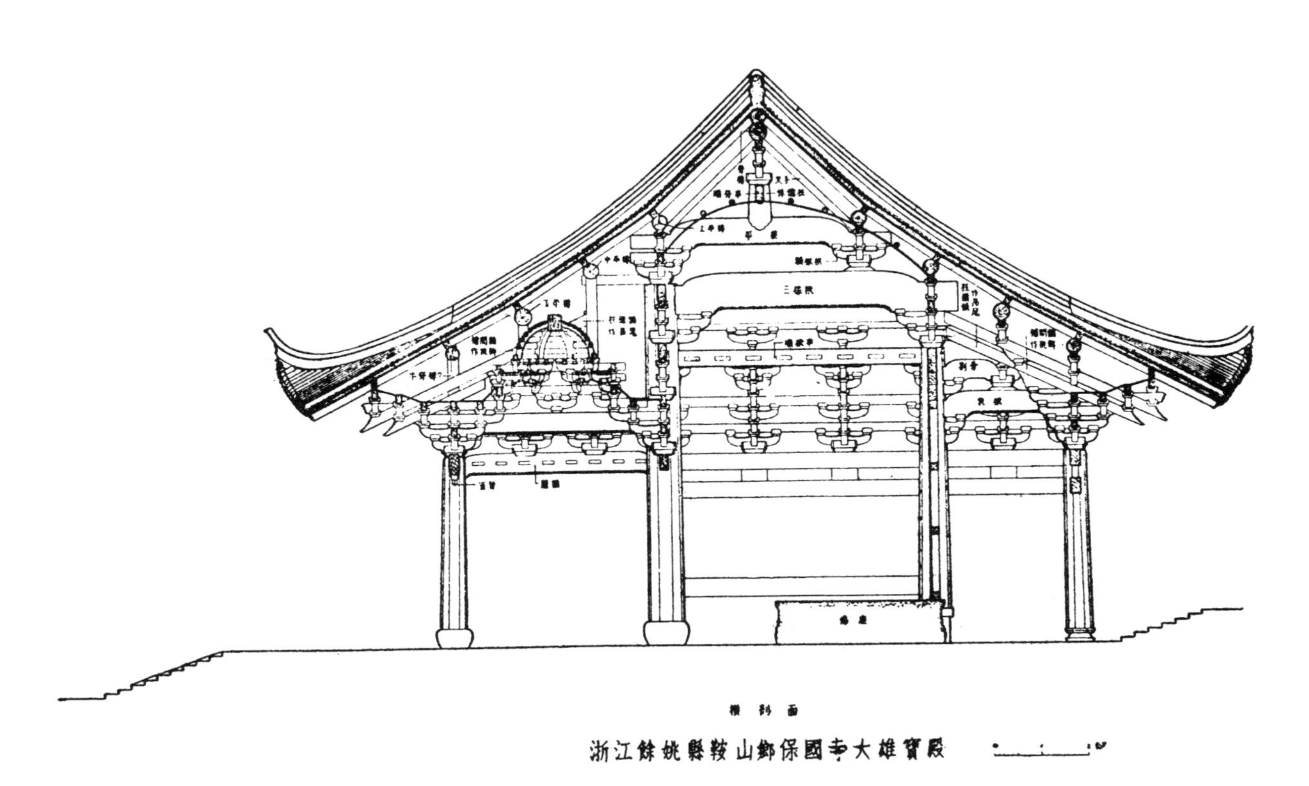

插图一四之③　余姚保国寺大雄宝殿横剖面图

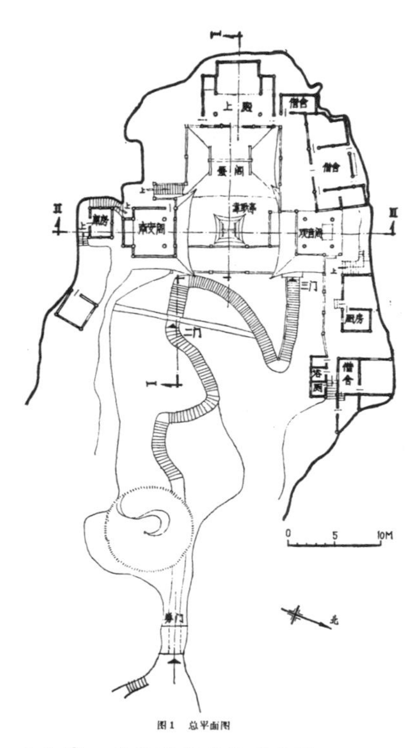

插图一五之① 泰宁甘露庵总平面图

插图一五之② 泰宁甘露庵全景

在灰泥墙面上题满了有年款的题记，是很难令人相信它是宋代建筑的，而我们由此也就对宋代一般小式木结构有了初步认识。因此，以往没有被我们特别注意的某些小式木建筑物，现在对它们的建造年代需要重新加以研究了。这可能又会为建筑历史提供一批新的实例。

广州光孝寺［插图一六］建于宋淳祐年间（公元 1241—1252 年）。它有一些特殊的做法，如将泥道栱做成昂嘴形，是其他宋代建筑中从未见过的做法，因而有些人认为它是宋代以后的建筑物。但是，我以为我们需要考虑到在南方建筑上此类特殊装饰手法可能有较早的历史渊源，也不应当仅以这一点特殊手法而否认它具有更多的宋代建筑特点。况且淳祐年间下距南宋灭亡不过二十多年，而距忽必烈中统元年（公元 1260 年）则仅九年。那么，它较南宋初期或中期建筑有较大的差别，又有什么奇怪的呢？也许它正是宋、元间社会变革过程中的良好例证吧！我不但相信它的年代，而且也十分重视它的意义。

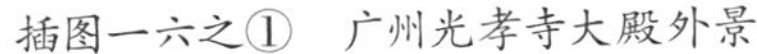
插图一六之① 广州光孝寺大殿外景

插图一六之② 广州光孝寺大殿下檐斗栱

大概在1935年就看到了一张山西朔县崇福寺弥陀殿的照片。多少年来，这看来是用八铺作斗栱的庞大建筑物，常在脑中盘旋，1953年终于亲眼看到了它。这是一座建于金皇统三年（公元1143年）的大殿（原注三十四）。它的斗栱出四跳，应当是七铺作，不过要头也做成下昂，所以看起来好像是八铺作。这种做法并不是初见，如正定隆兴寺转轮藏殿、太原晋祠圣母殿和献殿等，也都把要头做成下昂或下昂形。但弥陀殿是一座重要的金代建筑物，并不因斗栱仍为七铺作而减色。它的内部因为减少立柱而使用了类似近代桁架的结构，与五台佛光寺文殊殿采用的方法很相似，似乎说明在金代已经开始了改进结构以节约木材的尝试。还有那些做得十分精美的版门、槅扇等装修，更是弥陀殿的重要贡献，是现存最早的装修实例。

建于金大定三年（公元1163年）的平遥文庙大成殿（原注三十五），在已知的金代建筑中是一个突出的例证。一般金代建筑喜欢用斜栱的做法，这个大殿并未采用；它也不用补间铺作，而是补间铺作的位置上用了一根大斜梁。这是一种新的创造呢，或是更古老的结构方法的遗迹呢？不能不引起我们很大的注意。

解放以来发现的元代建筑是最丰富的，仅在山西一省就发现了数以千计的元代建筑物，应当说元代建筑再也不是稀少的了。它们大大地丰富了我们对元代建筑的知识。这里，特别要提一下的是永济永乐宫（原注三十六），那是从元太宗后乃马真后听政的第三年（公元 1244 年）开始建筑、到中统三年（公元 1262 年）完成的道教宫观。现保存着四座元代大殿，其中三座有极其精彩的元代壁画和彩画。这座元代初期的道观，实际上差不多和南宋末建筑的广州光孝寺大殿同时完成。于是我们有两处在宋、元之间年代相同而朝代不同、地区不同的建筑物可供对照研究。在南方如建于元延祐五年（公元 1318 年）的金华天宁寺正殿（原注三十七）、建于元惠宗至元四年（公元 1338 年）的震泽杨湾庙正殿（原注三十八），也都是极其重要的发现。它们的斗栱结构清楚地显示出宋代到明代的发展过程［插图一七、一八］。

插图一七之①　金华天宁寺正殿背面

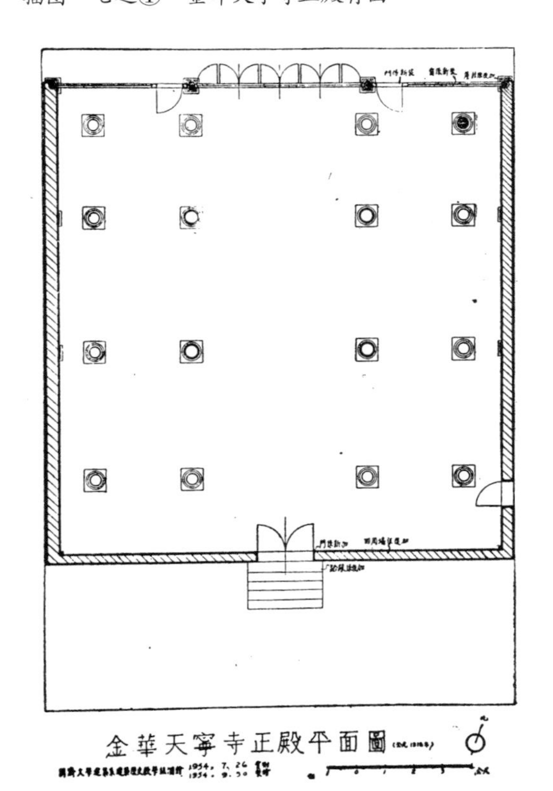

插图一七之②　金华天宁寺正殿平面图

新发现的明、清两代建筑当然更多，不过实地勘测工作似乎做得较少，可供引用的资料不多。以我对山西省的印象来看，有一些值得注意的情况，如高层建筑较多，这是明代以前高层建筑保存不多，或者是明代以来的新发展呢？现在还提不出证据。其中如建于明代的潞安（今长治）县玉皇观五凤楼（原注三十九）、建于清代康熙十五年（公元 1676 年）的介休县玄神楼、建于乾隆十一年（公元 1746 年）的万荣县飞云楼、建于乾隆二十二年（公元 1757 年）的平遥县市楼（原注四十），都是优秀的建筑物。它们或是位于城市十字路中心的公共建筑物，或是在寺庙的前面兼为舞台及寺庙大门，而均带有城市公共建筑的性质，使我们对封建社会城市公共建筑获得很多知识。明清建筑大多是整组地保存着的，这就为研究整体布局提供了系统的实物。还有城市或农村中的寺庙，它们的前部或大门外面都有舞台及广场，也许这是在某一时期人民文娱生活普遍提高的产物。而在当时的条件下，宗教寺庙就被利用为人民公共生活的场所了。我想，这都是社会变革在建筑上的反映吧！

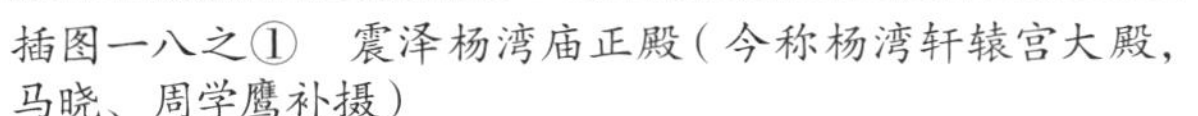
插图一八之① 震泽杨湾庙正殿（今称杨湾轩辕宫大殿，马晓、周学鹰补摄）

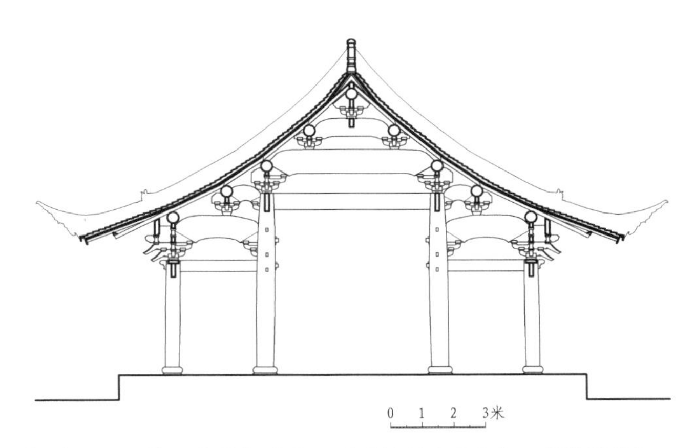

插图一八之② 震泽杨湾庙正殿明间剖面（马晓、周学鹰绘）

（二）

正定隆兴寺转轮藏殿、新城开善寺大殿（原注四十一），都是在二十多年前测量过的，但是看来那时的勘测是有局限性的。当时受了宋《营造法式》标准材栔的影响，主观地以为实际的建筑物都有统一的用材规格。1954 年在修理转轮藏殿时，测得华栱方向的材宽于横向材 2 ～ 3 厘米。经过再次测量，又知道新城开善寺大殿用了三种不同尺度的材，其中两种材的高度差约 2 厘米，因而将同一材上的栔高也伸缩 2 厘米，而使两者的足材高度仍然相等，同时它的散斗仍做成一样大小，只是调整斗耳的高度，使之与栔高相适合，可见不同尺度的材是原有的做法，而不是千年来木材干缩所产生的差异。还有晋祠圣母殿华栱方向的材也宽于横向材约 5 厘米。这种做法是为了结构荷重所必需的呢，或者是灵活运用材料的缘故呢，现在还难于作出结论。可是，宋、辽建筑在同一建筑物上，只用一种标准的材栔的观念，现在应该加以修正了。因此，有许多二十多年前测量过的建筑物，现在也有必要复测一次了。

（三）

砖石建筑物也有很多重要发现。在山东平邑发现的功曹阙［插图一九］和皇圣卿阙（原注四十二），是两个早已见于著录的汉阙，只是多年来我们没有找到它们，直

插图一九　平邑功曹阙（刘敦桢摄）

到1954年才重新发现。两阙一建于元和三年（公元86年），一建于章和元年（公元87年），在现存完整的汉阙中以此二阙为最早。就以往所知，四川汉阙均有斗栱，山东、河南的汉阙没有斗栱。为什么中部地区和西南有这样的差别，一直是个疑问。现在这两个阙都是有斗栱的，从而知道中原和西南地区的汉阙，并没有截然的差别。

解放以来发现砖石建筑的佛塔也很多，总数约在一百以上，我只谈谈几个有趣的塔。丰润车轴山寿峰寺药师塔（原注四十三），辽重熙间（公元1032—1055年）所建，是一个单层塔。塔顶是一个庞大的尖锥体，周围镶砌着重叠达九层的方形小塔，每一小塔内均雕有佛像。这使我记起正定的华塔和在敦煌莫高窟附近的土塔。它们都具有共同的特点：在塔顶上镶砌着小方塔。这些塔为什么做成这种形式，是颇难解释的问题。我以为把华塔看成是独特的孤例的那种看法，现在要加以改正了。应当把上述各塔，都看作同一意义的塔。虽然它们在细节上仍有不同，那是次要的问题。至于丰润寿峰寺塔自名为药师塔，也可能暗示着它是根据某一佛教经典而建的，这对于研究佛塔是有很大帮助的。

河北昌黎县的源影塔（原注四十四），大概也是辽、金时代的建筑物，为单层多檐塔。应当注意的是，它的第一层塔身周围镶砌着城楼、角楼形的小建筑物，在佛塔中也是一种极少见的形式，也应当有其特定的意义。

湖北襄阳广德寺多宝佛塔（原注四十五），建于明弘治七年至九年间（公元1494—1496年），在一个八角形台座上建了五个小塔，此座上的匾额题为多宝佛塔［插图二〇］。这名称使我想到唐颜真卿写的《多宝塔碑》。可见唐代即有一种同此名称的佛塔，可惜它已不存在，不知是什么形式的。山东历城九塔寺塔，是在一个八角台上建了九个小塔。据记载，九塔寺塔建于唐天宝至大历间（公元742—779年），多年来对这项记载是有不同意见的。现在由襄阳广德寺多宝塔可以证明，这种形式的塔就是多宝塔，并且按照九塔寺塔的细部手法来看，可以断定它建于唐代，那么就可以断定它是一座唐代的多宝塔了。但是，现在又产生了另一问题，多宝塔和金刚宝座有无区别，是否同一意义呢？

插图二〇　襄阳广德寺多宝佛塔

山西长子县法兴禅寺舍利塔（原注四十六），是一座两层石塔［插图二一］。它的做法有点像山东历城神通寺四门塔，我认为它是一座北魏的佛塔，在后代修理时加添了屋面。据《长子县志》说寺建于北魏神鼎二年（按神鼎为后凉年号，可能为神瑞之误），《山西通志》说寺建于北魏神瑞元年（公元414年），两记虽不一致，但建于北魏是可能的。如果我的看法不错，在北魏砖石建筑中，我们又将增加一个可贵的实例，希望不久会看到更进一步的勘查的结果，以明确这个问题。

赵州大石桥以空撞券法和大跨度单孔弧券而闻名于世，这个世界最先进的发券方法后来发展如何，是研究古代建筑工程者所关心的。现在我们在山西、河北找到很多类似的桥梁，如山西晋城景德桥，河北栾城古丁桥、凌空桥等等，多为金代所建，只是现在还没有进一步勘测研究。我相信在这些古桥上是会找到某些工程结构的历史发展情况的。距赵州大石桥不远的济美桥，已早为人所知，最近在河水干涸后，发现它的两个大券券脚部分是用并列砌法，而券顶部分是纵联砌法，这在发券技术上应当是一项新的创造。此外还发现了很多宋代的桥，其中如浙江绍兴八字桥的平面布置（原注四十七），福建晋江安平桥（原注四十八）长

插图二一　长子县法兴禅寺舍利塔

达2070米、共有362孔等，都是很少见的实例。福建同安太师桥，相传为五代晋江王留从效所建（原注四十九），桥头一座石亭的梁上刻有建隆四年（公元963年）题记，也是很值得注意的一座桥。

有一些建筑物经过仔细观察后或在修理中发现了一些题记，于是帮助我们修正了那些建筑物的年代。在晋祠圣母殿内圣母像座子的背面有一篇墨笔题记："元祐二年九月十日献上圣母，太原府人左府金龙社人吕吉等，今日赛晋祠昭济圣母殿前缴柱金龙六条……"现在圣母殿前檐八根檐柱上均有缴柱金龙，但细加观察，当中两条龙较其他六条略肥一些，应是建殿时原有的，其他六条应即元祐二年（公元1087年）添作的。由此又可证汾东王庙记碑文引旧志说殿建于天圣间（公元1023—1032年）是可靠的。脊榑下题"崇宁元年重建"，其实只是重修，因为天圣至元祐约六十年，其时殿必完好，才有添作六条金龙的事。而崇宁元年（公元1102年）晚于元祐二年十五年，其间并无遭受大破坏的记载，殿绝无重建的必要。

正定阳和楼前的关帝庙，从前多认为是元代建筑。1954年修理时在脊榑下发现题记："神武右卫中所信官姬礼男义官姬庆，梁一根，真定右卫善人田茂男田偏施彩画，木匠赵聪男赵廷玉，画匠董廷□弟董廷明。"神武右卫、真定右卫都是明代所置，属后军都督府，见《明史》卷九十"兵志"。可见此庙建于明代，并可从此知道几个古代匠师的姓名。

大同善化寺普贤阁，在修理时发现北面四椽栿西端卯榫上有"贞元二年六月二十一日起"墨笔字一行，可以证明普贤阁在金代曾大修或重建。五台佛光寺文殊殿脊榑下"金天会十五年"的题记、大同上华严寺大雄宝殿脊榑下"天眷三年"的题记，也都确证了从前推断的年代。

佛光寺西北约2里有一方形墓塔，以前推测可能为法兴或愿诚和尚墓塔（原注五十），1955年在塔旁掘出残碑，上有"……解脱自遗……起层塔……四年四月二日于本寺西北二里……长庆四年五月十九日比丘金一书"等文字，则此塔又可能为解脱禅师塔。但《续高僧传》说解脱隐五台南佛光寺四十余年，永徽中（公元650—655年）卒，何以到长庆四年（公元824年）才建塔，仍是有疑问的。

西安慈恩寺大雁塔，原为唐永徽三年（公元652年）玄奘建以藏经之所，在《大慈恩寺三藏法师传》中曾记“塔有五级，并相轮露盘凡一百八十尺”。但现存塔为七级，与原记不符，因此向来均认为现存之塔是长安四年（公元 704 年）重建。但是这说法也有问题，因为宋敏求在《长安志》中记大慈恩寺西院浮图是六级。1956 年修理大雁塔，发现塔的外层为后代包砌的一层厚约 2 米的砖皮，推测这是明万历间修理时加上的。我以为长安四年所建的塔，很可能即宋敏求所见的六层塔，到明万历间已毁坏过甚，修理时不得不包砌厚重的砖皮，于是整座塔就较原塔肥大，到最上层又不得不再加筑一层，以照顾全塔的比例，这就成为现在所见的七层塔了。当然，这是推测，真实情况还需进一步研究。而就塔的外形来说，现存的大雁塔或应看作明代砖塔吧！

（四）

新发现的石窟寺是很多的，其中如甘肃永靖炳灵寺、天水麦积山，都可称之为古代雕塑艺术的宝库，其价值十分重大。可是从建筑方面看就比较次要，所以这里不想多议了。

我们对少数民族的建筑知道得很少，这是一个缺点。我相信在兄弟民族地区一定有很多优秀的建筑物。例如，在广西、湖南、贵州侗族地区，有一些风雨桥和钟鼓楼（原注五十一），就是具有独特风格的优秀建筑物，应当十分重视。

关于居住建筑、园林也曾进行了勘查。安徽徽州地区绩溪、歙县、休宁等县的明代住宅是重要发现之一（原注五十二），大多保存完整，使我们研究明代住宅有了丰富的实物［插图二二］。它们保存着很多精细的装修和雅致的彩画，可以看出民间匠师的创造天

插图二二之① 歙县明代住宅 西溪南村吴息之宅

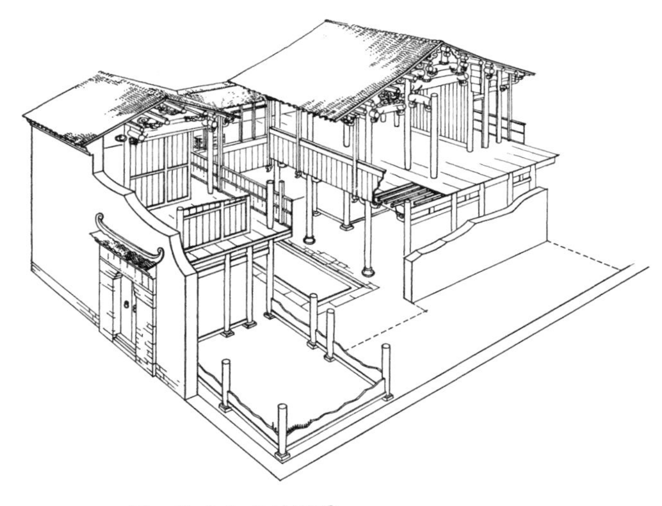

插图二二之② 吴息之宅剖视图

才。福建永定客家住宅（原注五十三），可以说是一种大规模的集体住宅，是古代住宅中独特的例证，也为研究客家人的历史和聚族而居的生活方式，提供了极生动的实物。

（五）

最后，我要提一下与建筑有关的两张宋画《清明上河图》与《龙舟图》。前者已有专册，为宋张择端绘；后者收于最近出版的《宋人画册》第十六集中，亦有张择端署名。虽然现在还不能肯定署名的真伪，但这张画作于宋代是无疑问的。两图描写建筑物的精细、准确十分惊人，因此也就十分真切地表达出当时建筑的真实面貌，成为研究宋代建筑的宝贵参考资料。《清明上河图》揭示了见于记载的虹桥的构造方法和形式。这种前所不能想象的架桥方法，竟是如此巧妙和简单易行，堪称工程结构的伟大创造。而图中自城楼、饭馆、商店、住宅以至日用家具均描绘得尽善尽美，对于了解宋代的社会生活有很大帮助。

插图二三　宋画《龙舟图》

至于《龙舟图》[插图二三]，并非原画题名。它对建筑物描写的精确和张择端的署名，引起了我的注意。我认为张择端的画必定是有实物根据的，或者是纪实之作。按图中情景最似宋金明池，经与《东京梦华录》所记核对，竟若合符节。因此，我断定其为《金明池图》[1]。如果这一推断不错，那么研究宋汴京宫苑，又将获得一项最可靠的依据。

[1] 此画现通称《金明池争标图》。

作者原注

一、李文信《依兰倭肯哈达的洞穴》,《考古学报》1954 年第 7 期。

二、考古研究所西安半坡工作队《新石器时代村落遗址的发现——西安半坡遗址第二次发掘的主要收获》,《考古通讯》1955 年第 3 期、1956 年第 2 期。

三、倪振逵《淹城出土的铜器》,《文物》1959 年第 4 期。

四、考古研究所洛阳发掘队《洛阳涧滨东周城址发掘报告》,《考古学报》1959 年第 2 期。

五、王仲殊《汉长安城考古工作的初步收获》《汉长安城考古工作收获续记》,《考古通讯》1957 年第 5 期、1958 年第 4 期。

六、陕西省文物管理委员会《唐长安城地基初步探测》,《考古学报》1958 年第 3 期。

七、《辉县发掘报告》,科学出版社,1956 年。

八、山西省文物管理委员会《山西长治市分水岭古墓的清理)，《考古学报》1957 年第 1 期。

九、刘致平《西安西北郊古代建筑遗址勘查初记》,《文物参考资料》1957 年第 3 期;唐金裕《西安西郊汉代建筑遗址发掘报告》,《考古学报》1959 年第 2 期。

十、王思礼《山东肥城汉画像石墓调查》,《文物参考资料》1958 年第 4 期。

十一、王德庆《江苏发现的一批汉画像石》,《文物参考资料》1958 年第 4 期。

十二、雒忠如《西安西郊发现汉代建筑遗址》,《考古通讯》1957 年第 6 期。

十三、刘致平《西安西北郊古代建筑遗址勘查初记》、祁英涛《西安的几处汉代建筑遗址》,《文物参考资料》1957 年第 3、5 期。

十四、郭宝钧《洛阳西郊汉代居住遗迹》,《考古通讯》1956 年第 1 期。

十五、南京博物院、山东省文物管理处《沂南古画像石墓发掘报告》图版 28、29、48、49、50、78,文化部文物管理局,1956 年。

十六、西南博物院筹备处《宝成铁路修筑工程中发现的文物简介》,《文物参考资料》1954 年第 3 期,图版 73、22。

十七、《四川宝成路汉墓发现的画像砖》,《文物参考资料》1954 年第 9 期,图版 40。

十八、米士诫《洛阳一座东汉墓》,《考古》1959 年第 6 期。

十九、同注七。

二十、罗宗真《江苏宜兴晋墓发掘报告》,《考古学报》1957 年第 4 期。

二十一、同注十六。

二十二、马得志《唐大明宫发掘简报》,《考古》1959 年第 6 期。

二十三、山西省文管会侯马工作站《侯马金代董氏墓介绍》,《文物》1959 年第 6 期。

二十四、《合肥西郊南唐墓清理简报》,《文物参考资料》1958 年第 3 期封里。

二十五、祁英涛等《两年来山西省新发现的古建筑》,《文物参考资料》1954 年第 11 期。

二十六、同注二十五。

二十七、《敦煌石窟勘察报告》,《文物参考资料》1955 年第 2 期。

二十八、《成城子湾土塔及老君堂慈氏之塔》,《文物参考资料》1955 年第 2 期。

二十九、林钊《福州华林寺大雄宝殿调查简报》,《文物参考资料》1956 年第 7 期。

三十、林钊《莆田元妙观三清殿调查记》,《文物参考资料》1957 年第 11 期。

三十一、福建省文物管理委员会《泰宁甘露岩宋代建筑和墨迹》,《文物》1959 年第 10 期。

三十二、窦学智等《余姚保国寺大雄宝殿》,《文物参考资料》1957 年第 8 期。

三十三、徐续《光孝寺大殿》,《文物参考资料》1956 年第 7 期。

三十四、莫宗江《雁北文物勘查团报告 · 应县朔县及太原晋祠之古代建筑》, 文化部文物局 1951 年编印。

三十五、同注三十四。

三十六、同注三十四。

三十七、陈从周《金华天宁寺元代正殿》,《文物参考资料》1954 年第 12 期。

三十八、陈从周《洞庭东山的古建筑杨湾庙正殿》,《文物参考资料》1954 年第 3 期。

三十九、古代建筑修整所《晋东南潞安、平顺、高平和晋城四县的古建筑》,《文物参考资料》1958 年第 3 期。

四十、同注二十五。

四十一、祁英涛《河北省新城县开善寺大殿》,《文物参考资料》1957 年第 10 期。

四十二、刘敦桢《山东平邑县汉阙》,《文物参考资料》1954 年第 5 期。

四十三、宋焕居《丰润车轴山寿峰寺》,《文物参考资料》1958 年第 3 期。

四十四、冯秉其《昌黎源影塔》,《文物参考资料》1958 年第 5 期。

四十五、孙启康《襄阳广德寺多宝佛塔》,《文物》1959 年第 8 期。

又，原刊有误，准确的著录信息待查。——整理者注

四十六、酒冠五《山西慈林山法兴禅寺》，《文物参考资料》1958年第11期。

四十七、陈从周《绍兴的宋桥》，《文物参考资料》1958年第7期。

四十八、福建省文物管理委员会《福建安海宋代安平桥调查记》，《文物参考资料》1958年第12期。

四十九、曾凡《闽南新发现的历史建筑物》，《文物》1959年第2期。

五十、赵正之《雁北文物勘查团报告·五台山》，文化部文物局1951年编印。

五十一、谭毅然《侗族人民的风雨桥和钟鼓楼》，《文物参考资料》1958年第8期。

五十二、建筑科学研究院、南京工学院合办中国建筑研究室张仲一等《徽州明代住宅》，建筑工程出版社，1957年。

五十三、刘敦桢《中国住宅概说》，建筑工程出版社，1957年。

（原载《文物》1959年第10期，据作者批改手迹修订）

读《唐长安大明宫》后

近年来在西安市发掘了一些汉、唐建筑遗址，其中除汉代“辟雍”遗址的发掘报告已在《考古学报》发表外，其余如可能是王莽九庙的汉代遗址、汉长安城、唐长安城、唐兴庆宫等等，均只发表了简短的报道。但是，唐大明宫的发掘工作尚未完毕，就在继续发掘的同时，将前一阶段发掘的结果整理出来，由科学出版社出版了一本《唐长安大明宫》[插图一至三]，这是一个创举。它一方面使广大读者能及时获得新的资料，以便参考研究，另一方面也起了引导社会力量直接或间接地参加到这个工作中去，以增加发掘力量的效果。这是一个大跃进，多、快、好、省的办法，也是这本书最大的成功之处。

唐代是中国封建社会时期经济文化全面发展的一个高峰，在当时居于世界文化的最前列，并且在很长时期中，深刻地影响着亚洲的邻近各国。当时的文化发展情况，不乏详细的历史记载。而到现在，论文学，则有众多的诗文集；论科学发明，大多数论著亦皆保存至今；论绘画、雕塑，则敦煌、龙门等处石窟，更保存着极其丰富的作品；其他工艺美术品，亦莫不保存着大量实物。唯独最能全面代表物质文化成就的建筑，保存较为贫乏。现在所知唐代木建筑只有五台佛光寺东大殿及南禅寺大殿二处，虽然略可窥知唐代建筑的梗概，但是若与有关记载相对照，与其他唐代文物相比较，便知它们是远不足以代表唐代建筑的盛况的。唐代砖石建造的佛塔保存虽多，可惜又只限于建筑的一种类型，而且砖石建筑并非当时建筑的主流，所以也难作为一个时代的代表。因此，要全面了解唐代建筑，唯有期待于遗址的发掘揭露了。

在唐代建筑遗址中，大明宫确是一个典型的遗址。如报告引言所说，长安是“当时世界上规模最大的都市之一，……是我国中古时代最理想的都城。它不仅为后来的

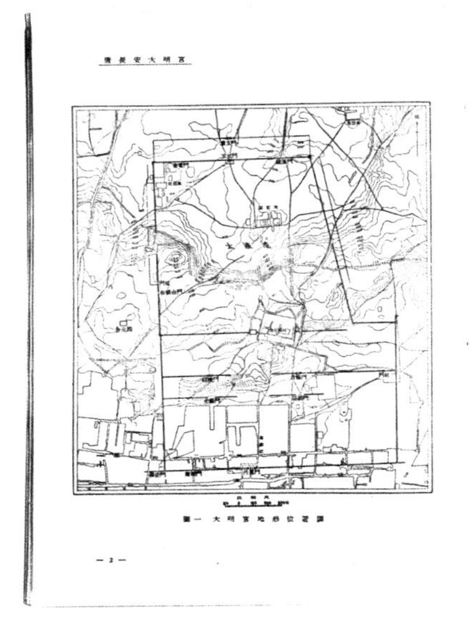

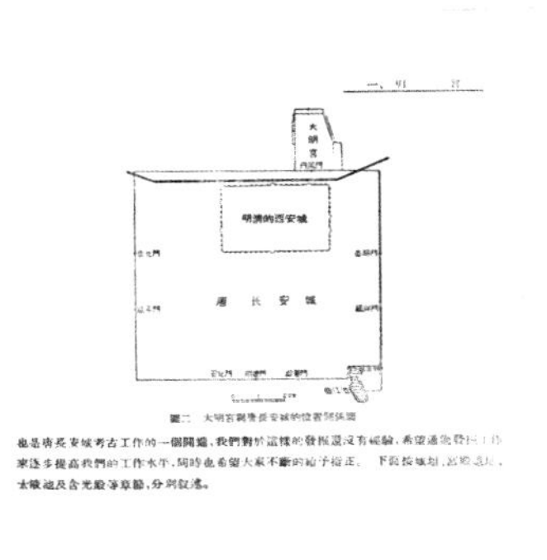

插图一 《唐长安大明宫》书影

都城建设树立了典范，同时对外也起了一定影响”。而位于当时长安城北的大明宫则是“三大内中规模较大的一座，……自高宗以后诸皇帝，便常居大明宫听政”。可以想见当时在使用上的重要意义，因此也可设想封建统治的皇帝，必然是集中了剥削来的财富，应用当时建筑术的最高成就建造起来的。所以，发掘大明宫能够集中地阐明唐代建筑术的成就。

发掘长安大明宫是考古发掘的一件重要工作，也是研究中国建筑发展史的一件重要工作。《唐长安大明宫》虽然是一个尚未发掘完毕的报告，但是它确已揭示出了唐代建筑的盛况和惊人的成就。虽然它是一个有点残伤的遗址，但是它提供了确凿的根据，使我们有可能作出它的复原图来——至少是能够作出局部的复原图来，把这个中古时代在世界上放出光芒的伟大建筑再现出来，这就是这个发掘最重要的意义。前一阶段的发掘已经有两大收获，这是在报告的“内容提要”中就明确指出的：一是“对宫城的范围、形制、城门的位置及主要宫殿的分布等，大都勘测清楚”，因之“对历代有关文献提出若干补正”，这对了解大明宫总体布局是极其重要的；二是“发掘了其中城门四座、大型宫殿（麟德殿）遗址一座”，因此使我们了解到唐代殿堂建筑的情况。尤其是麟德殿的平面，使我们对唐代大型殿座的主体形象和结构的研究得到很大的启发，使我们对现存最早的建筑画——郭忠恕《明皇避暑宫图》——中所描写的建筑物，有了更多的理解，认识到它的真实性。现在，倘把麟德殿作成复原图，那么，我们现存的唐代建筑珍品——佛光寺东大殿——与之相较，将是一个渺小简陋的建筑物了。

此外还有一些收获，个别看来似乎都是一些小事，所以报告中没有明确肯定，但集中起来，对于了解唐代宫殿建筑的面貌，也还是重要的。这就是：

一、在报告中很多地方都提到了发掘出“白灰墙皮”，有一处说到“……大量的白灰墙皮（也有涂紫红色的墙皮）”，有两处说到“在白灰墙皮的下边，还绘有紫红色的枝条”，仅只一处说“石灰墙皮”而没有提到颜色。这是否可以认为这个宫殿的墙面是以白色为主的呢？

二、麟德殿发掘出的瓦有漆黑及灰色两种，绿釉琉璃仅发现两片，这是否可以证明唐代琉璃还不多，所以大明宫用瓦多是本色或打磨加工后的黑色瓦呢？

三、发掘到龙首渠的一个石螭首，上有贴金的痕迹。

四、麟德殿的台基周围是用砖砌筑的。

五、麟德殿的地面砖上大下小，表面磨光，似乎是磨砖对缝的做法？

以上这些现象如果都能肯定，得到总的印象将是：唐代宫殿是白墙、黑或灰色瓦顶间或点缀些绿琉璃、砖砌台基、有些砖作是用磨砖对缝的做法、少数石雕刻是涂有彩色或贴金的。可见它和明清宫殿的红墙、黄琉璃瓦顶、白石台基是完全不同的色调、不同的气氛了。

据前一阶段发掘结果，可以看到大明宫遗址保存大体尚完整，为了研究出较完整的复原图来，最好是能全部发掘。不过这遗址面积很大，全部发掘恐怕是长期的工作，而且需要有一个全面的规划。所以，在继续发掘中需要有重点地解决一些问题，以便决定全部发掘的步骤，这些问题都是在报告中已经提示出来的：

一、大明宫的宫墙宫门及大部分殿座的位置已经探明了，还有小部分空白地区，大概正在探查中。如果宫墙是全宫殿的范围轮廓，那么道路应当说是全部宫殿的脉络。循着道路可以找到建筑物的位置和各建筑物间的关系，所以探明道路布置的情况，是重要工作之一。

二、大明宫建筑在一片起伏不平的地面上，建筑物的布置和地形有密切的关系，

插图二 发掘后的重玄门遗址（由南向北摄）

不弄清原来的地形，对建筑布局就不能充分理解。把报告中所附的地形图和另一张遗址平面图对照起来看，现在地形似较唐代已有所变动，因此发掘时对原有地形需充分注意，并仔细测量各个建筑遗址的标高，记录在图上。

三、从报告中大致可以看到自丹凤门经含元、宣政等殿至太液池南岸，已形成一条中轴线，在这条轴线上是大明宫的主要建筑。似乎有必要更细致地探明这条轴线及其两侧的建筑，如紫宸殿，紫宸、宣政、日华、月华、兴礼、齐德、通乾、观象等门，翔鸾、栖凤两阁，东西朝堂、金吾左右仗院及钟鼓楼等。而在含元殿前面第一道宫墙位置处，长200多米的一段，已探明有大量的砖瓦，所以这一段地面究竟原来有无建筑物，是很可疑的。同时此处已靠近现在住宅区，很易再受到破坏，是急需先发掘的一段。它对于确定含元殿的位置，也将有很大的帮助。

四、据《长安志》，含元殿西有光范、昭庆、光顺三门，含元殿东有昭训、含耀、崇明三门，均各在一南北中线上。但现在探到的第三道宫墙上没有门，亦即缺少西面的光顺和东面的崇明二门，无论从记载上看或从建筑使用上看都是很奇怪的，似需在

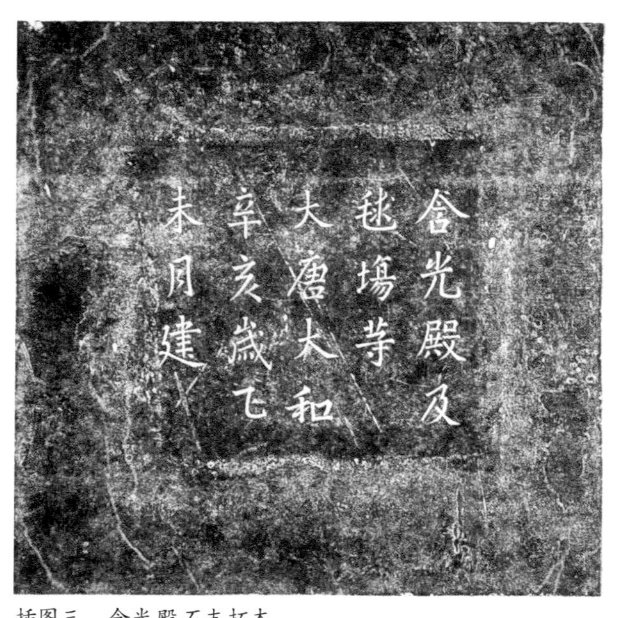

插图三　含光殿石志拓本

第三道宫墙正对昭庆、光范门的中线位置上发掘一段，以解决这个疑问。

五、麟德殿是正式发掘的一个殿座遗址，就初步发掘结果看来，它已经提供了丰富的资料。发掘面积大致已达全部面积的二分之一以上，很希望能继续将主殿四周的附属建筑全部发掘完毕，以期先作出一张麟德殿全部复原图。根据报告所述，继续发掘时尚应明确一些问题：麟德殿位于龙首原北坡，殿南坡度平缓，殿北陡削，所以在它的北面有可能是一个砖筑的高台，从北向南看麟德殿是位于高台上的形式，这就需要在北部探查一下它的情况。又据《长安志》说“麟德殿三面”，这句话应当如何解释呢？《两京城坊考》又说是“三殿”，哪一说正确呢？我以为前说一定有所根据，徐松因无法理解，才勉强用三殿作解释。如果上一假定是对的，那么从南向北看是一面，从北向南看是另一面，而且这两面都是雄伟完善的正立面，只是第三面尚不能得到解释，也是需在继续发掘中查明的。又麟德殿是个高层建筑，《长安志》说“南有阁，东西皆有楼”，所以寻找它的楼梯的位置是十分重要的工作。

麟德殿主殿面阔，南面十一间（两山墙各占一间），北面九间。按平面图推测全殿可分三部分：南部是进深四间（当中省去一排柱子仍是四间，不是三间）的前殿，它可能是单檐歇山顶；中部是进深八间的重楼，或即《长安志》所说的阁，可能是重檐庑殿或歇山顶，前殿与楼之间有深占一间的间隔，推测在结构上是不相连接的；北面是进深三间、面阔九间的广厦，可能是歇山卷棚顶。以上都是大致推测，都需要在进一步发掘时得到解决。又前殿之前有一排小圆柱（见原书平面图），报告中未加叙说，不知是小柱础否？它和报告中几次提到的“回廊”（在图上没有画出），可能即是《长安志》中所说的“障日阁”的遗迹。至于所谓西面“耳室”的圆形物，报告中推测可能是“浴室”，所以也希望发掘一下，在它的下面有无排水管道等类的遗迹。

最后，这个报告也有几个缺点：

一、附图不够详细，有许多在文字中叙说到的情况，没有在图上画出或注明，如麟德殿各部分的尺度，回廊的墙、地面铺石或砖、回廊外边的斜坡阶道，太液池的石砌驳岸位置，周廊遗址位置，翔鸾、栖凤阁的位置等等。这些部分如在图上画出或注明，比用文字叙说更明了易懂（如总图的缩尺小、不能详尽，可另绘局部放大图），并且可以省去冗长费劲的叙述，使文字集中于发掘过程的情况及不能在图上表示出的部分。

二、地形图和遗址总平面图，最好合并成一张，如必须分为两张图，应将其中一张印在透明纸上，以便阅读。

三、34页叙述麟德殿中间的进深说："除两侧的边间较窄为2.3米多以外，中部三间宽度相同。"由所附平面图可知五间的进深都是差不多的，此处所说2.3米多，应是柱中至墙内皮的距离，而不是柱中至柱中的进深。因此文中虽叙说了很多尺度，但想要知道主要的各间进深，反而只能利用其他数字去推算出一个大致的尺寸。平面图的缩尺又过小，也难于从图上量得精确尺寸。

四、除完全可以肯定本名的建筑遗址外，其他遗址似可用编号替代，不必为之命名，如"内重门""东西亭""耳室"之类的命名，很容易和其他建筑物的本名相混淆。

五、只说明了两种方砖的尺寸，其他长方砖、梯形砖的尺寸遗漏了。白灰墙皮所用材料及做法也遗漏了。

我对于发掘工作是外行，大明宫遗址的所在地也未去过，所以这些意见可能有主观不现实之处，仅供参考而已。

（原载《考古》1960年第3期，据作者批注手迹修订）

褒斜道石门及其石刻[1]

一

“褒斜道石门及其石刻”是第一批全国重点文物保护单位之一。汉永平六年（公元63年）开通褒斜道石刻，建和二年（公元148年）《司隶校尉杨孟文石门颂》、北魏永平二年（公元509年）《石门铭》等汉、魏摩崖碑，是素为金石学家所重视，历来就有著录的。但是更重要的应当是那个“石门”。它是汉代一条重要道路工程中保存至今的实物——一个宽5.5米、高6.2米、长13.4米的隧道。那些碑刻，只是记载或颂扬开通石门的功绩的。

石门，是我国古代交通工程的重要遗物。它标志着汉代工程技术的水平，记录下了古代劳动人民开发祖国资源所付出的创造性的劳动，记录了古代关中与汉水流域以及巴蜀的经济地理关系。

石门在陕西褒城县[2]北5公里斜谷口七盘山。这里山势嵯峨，绝壁直入褒水中，栈道至此即在绝壁间凿隧道通过，形如门洞，故称为石门。另有一道盘旋上山，所以称为七盘山，山上有鸡头关，但更加险峻难行。这就是自古以来自陕西通汉中的交通要道的最南端。直到明、清，仍是重要道路之一，称为“连云栈”[插图一至三]。

从周代开始，陕西就成为中国古代政治、经济的中心地区。这里与汉水流域上游

---

[1] 二十世纪七十年代在褒河河谷修建水库，石门淹没水下，石门周边之摩崖碑刻等切割移入汉中博物馆。后又在石门上方位置对石门及古栈道做了规模颇大的仿制。又，本篇插图系整理者补配。

[2] 褒城县于1958年撤销，原县址在今汉中市。

插图一 石门旧影

插图二 褒河河谷水库，石门今在此库区水下（殷力欣补摄）

地区之间，阻隔着秦岭山脉。为了取得中国南部及西南的资源，自东周战国时代就致力于打通秦岭交通。据现有资料，大概到东汉初（公元一世纪）共修建了四条主要道路，即子午道、褒斜道、故道、阴平道。对这些道路，虽然还缺乏详细勘查研究，但它们大体的位置是约略可知的。

子午道：从今西安市南，越过秦岭山脉，沿子午河至汉水上游，再西至城固、汉中。

褒斜道：从今宝鸡市南，越过秦岭山脉，沿褒水到汉中。这条路的远近与子午道差不多，而比子午道平易好走些。

故道：从今宝鸡市西南，越过秦岭的最西端，沿嘉陵江上游的安河经两当县再至略阳，是四道中最平易的一条路，从略阳南可沿嘉陵江入蜀，东可沿汉水至汉中，但是要比褒斜道远得多。

插图三 在原石门位置之水面上方复制的石门（殷力欣补摄）

阴平道：大概是自今天水市南，沿黑峪河经成县到略阳。这是自甘入蜀最近的道路。若由陕至汉中或入蜀走此道均嫌太远，而其险峻可能不亚于褒斜。在成县的汉建宁四年（公元 171 年）《西狭颂》摩崖、在略阳的建宁五年（公元 172 年）《郙阁颂》摩崖，都记叙着这条道路的艰险情况。

如上所叙，可以看到在四条道路中，褒斜道是自陕西西安一带到汉中最近又较平易的路。所以，它曾经是历代经营最多、最受重视的一条路。

陕西古称关中。它与汉中、巴蜀的交通，以武王伐纣前就已通行说为最早（原注一），但缺乏确凿的记载。其次是以为东周时秦国所开，这大抵是可信的。因为秦曾于哀公三十一年（公元前 506 年）“发五百乘救楚”（原注二）。而秦救楚只有越秦岭、循汉水东下这条路最近便，可见此时自关中至南部，已经有可通兵车的大道。

自此以后，史书所记秦称霸西戎，拥有巴、蜀、黔中，到孝文王时（公元前 250 年）李冰为蜀守，开水利，凿盐井，巴蜀已成为秦的重要经济基地（原注三）。沿至汉代，随着经济的发展，逐渐增设郡县，而关中与汉中、巴蜀的交通也日益频繁、重要了。

但是，这几条路在何时修建成功，也还缺乏明确的记载。据《汉书》所记，刘邦在到汉中做汉中王的时候，曾经“烧绝栈道”，以后又从故道回关中（原注四）。所以汉以前至少已有两条道，回关中是从故道，则去时烧绝的自是子午道。据《石门颂》，汉高帝时又曾因子午道难走，开辟了围、谷、堂、光四道。而褒斜道及石门的开通时间，却有三种记载：一是前已提及的《郙阁颂》，说是汉高帝所开（原注五）；二是《史记·河渠书》说武帝时（公元前 141—前 87 年）为通漕运所开；三即是石门及其附近所刻各种碑记，其中《鄐君开通碑》所记为永平六年（公元 63 年）开。在这些记载中，较可靠而又具体的即《史记·河渠书》《鄐君开通碑》《石门颂》及《石门铭》[插图四至七]。

《史记·河渠书》云：

其后人有上书欲通褒斜道及漕事，下御史大夫张汤。汤问其事，因言：“抵蜀从故道，故道多阪，回远。今穿褒斜道，少阪，近四百里；而褒水通沔，斜水通渭，皆可以行船漕。漕从南阳上沔入褒，褒之绝水至斜，间百余

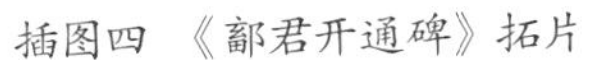
插图四 《鄐君开通碑》拓片

插图五 《石门颂》拓片

插图六 《石门颂》整拓

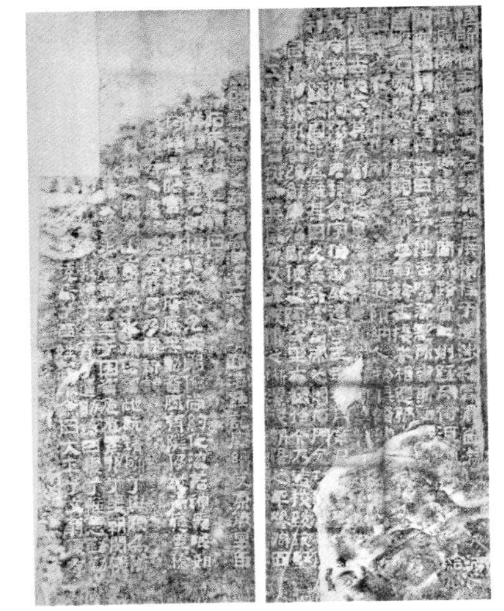

插图七 《郙阁颂》整拓

里，以车转，从斜下下渭。如此，汉中之谷可致，山东从沔无限，便于砥柱之漕。且褒斜材木竹箭之饶，拟于巴蜀。”天子以为然，拜汤子印为汉中守，发数万人作褒斜道五百余里。道果便近，而水湍石，不可漕。

汉《鄐君开通碑》，汉永平六年（公元63年）：

永平六年，汉中郡以诏书受广汉、蜀郡、巴郡徒二千六百九十人，开通褒斜道，太守巨鹿鄐君□部掾治级王宏、史荀茂、张宇、韩岑等，典作□太守丞广汉杨显将□用□始作桥阁六百三十二间□大桥五，为道二百五十八里，邮亭驿置徒司空，褒中县官寺并六十四所，凡用功七十六万六千八百余人，瓦三十六万九千八百四□□器，用钱百四十九万九千四百余，斛粟□□□，九年四月成就，益州□□东至京师去□□就安稳。（原注六）

汉杨君《石门颂》，汉建和二年（公元148年）：

惟坤灵定位，川泽股躬，泽有所注，川有所通，余谷之川，其泽南隆，八方所达，益域为充，高祖受命，兴于汉中，道由子午，出散入秦，建定帝位，以汉祇焉，后以子午，涂路涩难，更随围谷，复通堂光，凡此四道，垓鬲尤艰，至于永平，其有四年，诏书开余，凿通石门，中遭元二，西夷虐残，桥梁断绝，子午复循，上则县峻，屈曲流颠，下则入冥，庼写输渊，平阿湶泥，常荫鲜晏，木石相距，利磨确磐，临危抢砀，履尾心寒，空舆轻骑，遰碍弗前，恶虫幣狩，蛇蛭毒蟃，末秋截霜，稼苗夭残，终年不登，匮馁之患，卑者楚恶，尊者弗安，愁苦之难，焉可具言。于是明知故司隶校尉、犍为武阳杨君厥字孟文，深执忠伉，数上奏请，有司议驳，君遂执争，百僚咸从，帝用是听，废子由斯，得其度经，功饬尔要，敞而晏平，清凉调和，烝烝艾宁。至建和二年仲冬上旬，汉中太守犍为武阳王升字稚纪，涉历山道，推序本原，嘉君明知，美其仁贤，勒石颂德，以明厥勋。其辞曰：君德明明，炳焕弥光，刺过拾遗，厉清八荒，奉魁承杓，绥亿衙彊，春宣圣恩，秋贬若霜，无偏荡荡，贞雅以方，宁静烝庶，政与乾通，辅主匡君，循礼有常，咸晓地理，知世纪纲，言必忠义，匪石厥章，恢弘大节，谠而益明，揆往卓今，谋合朝情，醳艰即安，有勋有荣，禹凿龙门，君其继纵，上顺斗极，下答坤皇，自南自北，四海攸通，君子安乐，庶士悦雍，商人咸喜，农夫永同，春秋纪异，今而纪功，垂流亿载，世世叹诵。序曰：明哉仁知，豫识难易，原度天道，安危所归，勤勤竭诚，荣名休丽。（原注七）

《石门铭》，北魏永平二年（公元509年）：

此门盖汉永平中所穿，将五百载。世代绵回，戎夷递作，乍开乍闭，通塞不恒，自晋氏南迁，斯路废矣。其崖岸崩沦，涧阁堙褫，门南北各数里，车马不通者久之，攀萝扪葛，然后可至。皇魏正始元年，汉中献地，褒斜始开，至于门北一里西上，凿山为道，峭岨盘迂，九折无以加，经途巨碍，行者苦之。梁秦初附，寔仗才贤，朝难其人，褒简良牧。三年，（诏）假节、龙骧将军、督梁秦诸军事、梁秦二州刺史泰山羊祉建旟旛漾，抚境绥边，盖有叔子之风焉。以天险难升，转输难阻，表求自回车已南，开创旧路，（释岭磴之劳，）就（方）轨之逸。诏遣左校令贾三德领徒一（万人），石师（百）人，共成其事。三德巧思机发，精解冥会，虽元凯之梁河，德衡之损蹑，未（足）偶其奇。起四年十月十日，讫永平二年正月毕功。阁广四丈，路广六丈，皆填磎栈壑，砰崄梁危，自回车至谷口二百余里，连辀骈辔而进。往哲所不工，前贤所辍思，莫不夷通焉。王生履之，可无临深之叹；葛氏若存，幸息木牛之劳。于是畜产盐铁之利、纨锦罽毲之饶，充牣川内，四民富实，百姓息肩。壮矣，自非思埒班尔，筹等张蔡，忠公忘私，何能成其事哉。乃作铭曰……（原注八）

《史记·河渠书》的记叙，把开辟道路的缘由、结果，交代得明明白白。由此可证《鄐阁颂》中的两句话，不过是向统治阶级讨好的颂词，并非纪实，并可肯定褒斜道是西汉武帝时为通漕运所开。但此时所开可能大部分是小道，只有“褒之绝水至斜，间百余里，以车转，从斜下下渭”的一段是大道。由此又可理解永平六年开通褒斜道，是将全路都开辟为大道，所以在道路之外，又修建了邮亭驿及官寺。至于《石门颂》中的“至于永平，其有四年，诏书开余，凿通石门”，似乎又说明开凿石门还早于扩建全路前二年。

汉中、巴蜀地区，经过秦及西汉的开发，到东汉初期已经成为重要的经济基地。所以“自建武至乎中平（公元25—189年）垂二百载，府盈西南之货，朝多华岷之士”（原注九）。可见修建道路，对于当时的政治、经济是十分重要的事。而自此以后在阶级斗争和民族战争中，就常以“断谷道”为手段，造成了时开时断的情况。如“安帝永初二年（公元108年），阴平武都羌反入汉中，杀太守董炳，没略吏民。四年羌复来，太守郑廑出屯褒中……元初二年（公元115年）羌复来……”（原注十）。这一次大致破坏了褒斜道，交通中断十几年，改行子午道。亦即《石门颂》中所说“中遭元二，西夷虐残，桥梁断绝，子午复循”。到延光四年（公元125年）才又诏“益州刺史罢子午道，通褒斜路”（原注十一）。这可能就是《石门颂》中所说“数上奏请，有司议驳，君遂执争，百僚咸从，帝用是听，废子由斯，得其度经”。这事到建和二年才由汉中太守王升撰写《石门颂》，记载刻石。

至初平中（公元190—193年）“鲁（张鲁）为督义司马，住汉中，断谷道”（原注十二），何时修复无记载。魏景元四年（公元263年）又由“荡寇将军浮亭侯谯国李苞字孝章，将中军兵石木工二千人，始通此阁道”（原注十三）。可见在此以前，又曾中断一次。此后记载较少，直到北魏永平二年才又开通褒斜道，并在石门内刻下了《石门铭》。据铭文所记知，从东晋初褒斜道开始断绝，直到北魏正始元年（公元504年）“汉中献地，褒斜始开”，并见于正史记载（原注十四）。但自此以后即缺乏记载，其开断情况不十分清楚，仅知“汉、唐栈道径由石门，今则改从七盘岭上，所谓鸡头关也”（原注十五）。则似石门在唐代以后，已废而不用矣。

二

按前录《河渠书》所记，褒斜道全长五百余里，较故道“近四百里”而“少阪”，即既近而又平缓。从而又可知道《开通碑》所说“桥阁六百三十二间□大桥五，为道二百五十八里”，并非全部长度。足见此时只是扩充改善文帝时所开的部分旧道，其中并包括开辟石门、修建沿途邮亭及褒中县的官寺八十四所。初开辟时，路宽多少没有记载，根据原来开辟目的是漕运，并且将“褒之绝水至斜，间百余里，以车转，从斜下下渭”，可见至少这一百多里是可以通车的大道。如以汉长安城发掘所示，汉时一轨之宽为1.5米，以四轨计，此路应宽6米。核之于现存石门宽5.5米，也是合理的。再证以《石门颂》中叙述子午道辞中的“空舆轻骑”句，可知当时栈道都是可供驰骑用的，那么6米宽应当是个最低的数字了。

北魏《石门铭》中有“阁广四丈，路广六丈”的确数。按魏正始弩机尺每尺合0.243米（原注十六），则阁广为9.72米，路广13.58米。这是汉代即有的宽度，还是永平加以扩展后的宽度，则无从确知了。但至少我们可以明确认识，汉代这种道路的宽度是相当于现今的公路的。至于道路本身以外还包括邮亭驿、官寺等附属工程，又可知这是汉代交通大道上必有的管理设施，所以必须和道路同时修建。

凡此，均可窥见当时道路工程的庞大规模了。

三

根据各项记载，可以看到道路是由“道”“桥阁”“大桥”和“石门”各种工程组成的。桥阁当即木构栈道，下以木柱支撑于危岩深壑之上，所以称桥；上面可能覆有屋面，所以又称阁。颂文中除记工若干外，又记用瓦若干，大致就是阁及邮亭、官寺所用。桥阁、大桥既多用木材构成，所以都未能保存下来，而今天在全路中石门就成为唯一的遗物了。根据石门及其附近的情况，可以理解在全部道路中，有些地方是劈山为道，有些地方则是沿临水绝壁架设桥阁。在当时的条件下，实在是一项艰巨的工程。在《开通碑》中记下了这项伟大艰巨的工程，是由“广汉、蜀郡、巴郡徒二千六百九十人”完成的。

这个工程开始于永平六年，完成于九年四月，大致费了整三年时间。共用工则是七十六万六千八百余，以二千六百九十人平均计算，实际上只做了二百八十五天工，亦即每人每年只做九十五天工。“徒”是无偿劳动（详见下文），工作效率可能不高，但每年只工作九十五天，是不可能的。所以我以为这一定另有原因，或者是规定了一个高额的工作量，做满定额才算为一工，或者是“徒”除了修路，仍要进行农业生产及其他役使，或两个原因兼而有之。

按所用工数与为道二百五十里核算，包括附属工程在内，平均每里只用三千零六十八工。以汉尺每尺零点二三米计（原注十七），每里合四百二十米，每米只用了七点三工。如以石门的工程量作参考，可以算出每长一米要开凿三十四立米石方，在这个艰险的山区如平均按此数的百分之二十计，每长一米也要开凿七立米石方，亦即每人每天要开凿一立米石方。这在完全凭体力劳动、又是坚硬岩石的情况下，是很难做到的。何况架设桥阁、大桥费工更应多些，还包括着很多附属工程，真是不可能的事。由此可见，汉代的徒役是一种残酷的劳役。它所规定的每工的工作量，实际上是要付出更多的劳动才能完成的。

《开通碑》中还记载了共用钱百四十九万九千四百余。以二百五十里计，包括附属工程在内，平均每里只用钱五千九百九十七。这又是一个值得研究的数字。我们知道另一个可作参考的数字，是建和元年（公元147年）所作的武氏阙值钱十五万、一对狮子值钱四万（原注十八）。虽然两个工程在时间上相距八十多年，物价应有增长，但也不应如此悬殊。所以这个钱数，只是必要的材料费，而“徒”是以服役方式征调来的农民，他们做的是无偿的劳动，但可能供给伙食，所以下面还有“斛粟”二字，可惜再下面的数字已不可辨认了。

那么必要的材料是什么呢，我以为就是瓦。应当把两个数字连起来读为“瓦三十六万九千八百四□□器，用钱百四十九万九千四百余”。因此，我们得以知道东汉初瓦的计算单位和价格。瓦是以器为单位的，这正和现今瓦是以每千或每万为计算单位一样。由于在全部工程中，仅以官寺六十四所计，平均每所用瓦五千七百七十八，因知这瓦数绝不是块数，而是更大的单位。可惜每器是多少块，现在还无法解决。至于价格，则算得瓦每器值钱四。碑文特别记出瓦的价格，可能它是唯一需要用钱买的材料。其他如桥阁、大桥附属工程等，当然会需要大批木材，记中并未提及，可见那是由“徒”工就地砍伐的。

可惜的是《开通碑》没有记下所谓桥阁和大桥的具体形式或结构，也没有记下六百三十二间桥阁分布的具体地点。但自宋以后，有一个详细记载，可供参考。顾祖禹《读史方舆纪要》：

> 褒斜谷中宋时有栈阁二千九百八十九间，元时有板阁二千八百九十二间。明洪武二十五年命普定侯督军夫修旧路，自褒城县起鸡头栈八十五间，鸡头关北桥栈三间，七盘栈阁九十二间，又河底七盘下桥栈一十五间，独架桥一百四十二间，倚去栈五十一间，石佛湾栈八十五间，堡子铺栈六十间，飞石崖栈二百八十间，关王碥栈二百二十间，架云栈九十二间，青桥口栈三间，曲榄桥栈六十间，马道铺栈十间，顺平栈三十四间，逍

遥栈五间，登空栈八十六间，三岔铺桥三间，河底栈二十六间，长亭铺栈三十八间，半坡栈五十八间，燕碥栈六十一间，滴水桥一百二十二间，武曲铺栈二间，马玉栈二十六间，虎头关栈三十余间，盘虎栈一百五十五间，青云栈三十六间，碧霄栈四十五间，焦崖铺桥四间，黑龙湾七十一间，飞仙关二十三间，黑龙栈十间，小湾栈二十三间，云门栈十二间，登坡栈五十间，转弯边山崖子栈八十五间，青阳栈一十五间。共栈阁二千二百七十五间。（原注十九）

在这个记载中，可以看到有各个具体地点的栈阁间数，又有栈阁、板阁、独架桥、桥栈等名称，是进一步研究汉代道路工程、进行实地勘查的重要资料。循着这个记载实地勘查，一定会为秦汉历史、地理和工程发现重要的新资料。

四

我国古代战国至西汉时期，曾出现了一些科学家。在他们的倡导下进行了许多水利工程建设，而统治阶级为了自己的利益，则大举修筑道路、长城，使得在这三四百年中出现了许多前所未有的大工程。其中如关中的郑国渠，“溉泽卤之地四万余顷，收皆亩一钟”（原注二十）；秦蜀守李冰“雍江作堋，穿郫江检江别支流，双过郡下，以行舟船”（原注二十一）；秦始皇二十七年（公元前 220 年）治驰道，“东穷燕齐，南极吴楚，江湖之上，滨海之观毕至。道广五十步，三丈而树，厚筑其外，隐以金椎，树以青松”，三十四年（公元前 213 年）筑长城（原注二十二）。这些工程在当时对于促进生产、繁荣经济、保卫国土，都曾经起过一定的作用。在工程技术上曾经有过重大的发明、成就，例如都江堰以竹笼作坝、地下渠道“井渠”的发明、栈道的创建等。但是它们或如郑国渠、驰道之类，已无遗迹可寻；或如都江堰、长城之类，虽有遗迹，但缺乏较详尽的记载。惟有栈道中的褒斜道记载较多较详，其中的重要工程“石门”又极其完好地保存至今，实在是古代工程中最重要的遗物。

石门，是我国最古老的隧道工程。虽然它只有 13.4 米长，但它是在公元一世纪中期所完成的。从石门应当看到全程250公里的道路中的各种结构物、桥阁、大桥，“填磎栈壑，砰崄梁危”“凿通石门”等各种克服地形的艰巨工程以及其惊险的施工情况。它标志着古代交通工程发展的水平。因而石门是全部栈道的具有代表性的工程。正是因为这一工程的成果巨大，所以石门内外留下了各个时代的记载和称颂，也给我们留下了宝贵的工程记录。

作者原注

一、《华阳国志》十二《序志》：“……蜀纪言三皇乘祇车出谷口。秦宓曰：今之斜谷也。及武王伐纣，蜀亦从行，史记周贞王之十六年秦厉王城南郑，此谷道之通久矣。而说者以为蜀王因石牛始通，不然也……”

二、《史记·秦本纪》：“吴王阖闾与伍子胥伐楚，楚王亡奔随，吴遂入郢。楚大夫申包胥来告急，七日不食，日夜哭泣。于是秦乃发五百乘救楚。败吴师，吴师归，楚昭王乃得复入郢……”

三、见《华阳国志·蜀志》。

四、《史记·高祖本纪》：“汉王之国，项王使卒三万人从，楚与诸侯之慕从者数万人，从杜南入蚀中，去辄烧绝栈道，以备诸侯盗兵袭之，亦示项羽无东意……八月初，汉王用韩信之计，从故道还，袭雍王章邯。”

五、《郙阁颂》摩崖在陕西略阳，东汉建宁五年（公元172年）作，《金石萃编》卷十四有著录，节录如下：

“惟斯析里，处汉之右。磎源漂疾，横柱于道。涉秋霖漉，盆溢□（滔）□（涌）。涛波滂沛，激扬绝道。汉水逆让，稽滞商旅。路当二州，经用柠沮。□（沮）□（县）□（士）□（民），□（或）给州府。休谒往还，恒失日晷。行理咨嗟，郡县所苦。斯溪□（既）□（然），□（郙）□（阁）□（尤）□（甚）。缘崖凿石，处隐定柱。临深长渊，三百余丈。接木相连，号□（为）（万）□（柱）。□（过）□（者）□（栗）□（栗），载乘为下。常车迎布，岁数千两。遭遇隤纳，人物俱隋。沈□（没）□（洪）□（渊），□（酷）□（烈）□（为）祸。自古迄今，莫不创楚。于是太守汉阳阿阳李君讳翕字伯都，以建宁三年二月辛巳□（到）□（官），□（思）□（惟）□（惠）利，有以绥济。闻此为难，其日久矣。嘉念高帝之开石门，元功不朽，□（乃）□（俾）□（衡）官掾下辩仇审，改解危殆，即便求隐，析里大桥，于今乃造。

校致攻坚，□□工巧。虽昔鲁斑，亦莫拟象。又醳散关之嶃漯，从朝阳之平焲。减西□□（之）高阁，就安宁之石道。禹导江河，以靖四海。经记厥续，艾康万里。臣□□□勒石示后，乃作颂曰……”

作者原录《金石萃编》版本已难查找，现据近年的《郙阁颂》原拓片重新录入。——整理者注

六、汉《鄐君开通碑》在石门洞南，录文据《褒城县志》卷八《文物志》。《金石萃编》卷五题为《开通褒斜道石刻》，录文略有出入。

七、汉杨君《石门颂》在石门洞内西壁上，录文据《褒城县志》卷八《文物志》，《金石萃编》卷八题为《司隶校尉杨孟文石门颂》。

本次整理，据原拓本重新校订。——整理者注

八、北魏《石门铭》在石门洞内东壁上，录文据《金石萃编》卷二十七。

九、见《华阳国志·公孙述刘二牧志》。

十、见《华阳国志·汉中志》。

十一、见《汉书·顺帝纪》。

十二、见《华阳国志·汉中志》。

十三、见李苞通阁道摩崖，在石门。《石索》四有著录。

十四、《魏书·宣武纪》正始四年九月“甲子开斜谷旧道”。

十五、见《褒城县志》卷八《文物志》“汉杨君石门颂”条。

十六、见《文物参考资料》1957 年第 3 期矩斋《古尺考》。

十七、同注十六。

十八、武氏阙在山东嘉祥，阙上铭文中有“石工孟季弟卯造此阙直钱十五万，孙宗作师子直四万……”，《金石萃编》八著录。

十九、见《褒城县志》卷一《疆域图考》。与顾氏《读史方舆纪要》原文略有出入。

二十、见《史记·河渠书》。

二十一、见《华阳国志·蜀志》。

二十二、见《史记·秦本纪》。

（原载《文物》1961 年第 4、5 期，据作者批改手迹修订）

对保护古建筑工作的建议[①]

一、绘制古建筑实测图纸、制造模型和摄影记录，是保护古建筑的根本工作

第一，古建筑与其他文物不同，它不能收藏在博物馆的玻璃柜中，不能集中各个时代、各种类型的建筑于一地。保存到现在的古建筑，都仍在使用中（到建筑物内去参观，也是一种使用方式），加以几百年、千余年的高龄，就必须经常修理保养，到一定时期又要大修。于是，技术力量、建设物资（尤其是木材）等问题随之而来。因此，保护古建筑和新建设是有一定的矛盾的，应当根据每一个具体问题辩证地解决，尽可能保存古建筑。但是也必须认识到拆除一些古建筑是不可避免的。拆除实物，保存图纸、模型、照片，是保护的方式之一。

第二，研究"中国建筑发展史"需要了解各时代各种类型的实物，但是不可能每一个研究者都跑遍全国，去看各种各样的古建筑。因此实测图纸、模型、照片是科学研究的依据，有时候较之看实物更方便。

第三，修理、修复古建筑，要作出设计图纸，按图施工。而此项设计图纸，是要以实测图纸为原始依据的。因此绘制实测图、制造模型、摄影记录等工作，实质上又是保护修理工作的第一步。

---

① 此则佚文系刘瑜先生在天津大学建筑学院作博士论文期间查找历史档案时发现，并及时提供给整理者，在此致谢。按原稿现存原文化部办公厅档案处，中国文化遗产研究院等单位有副本存档。

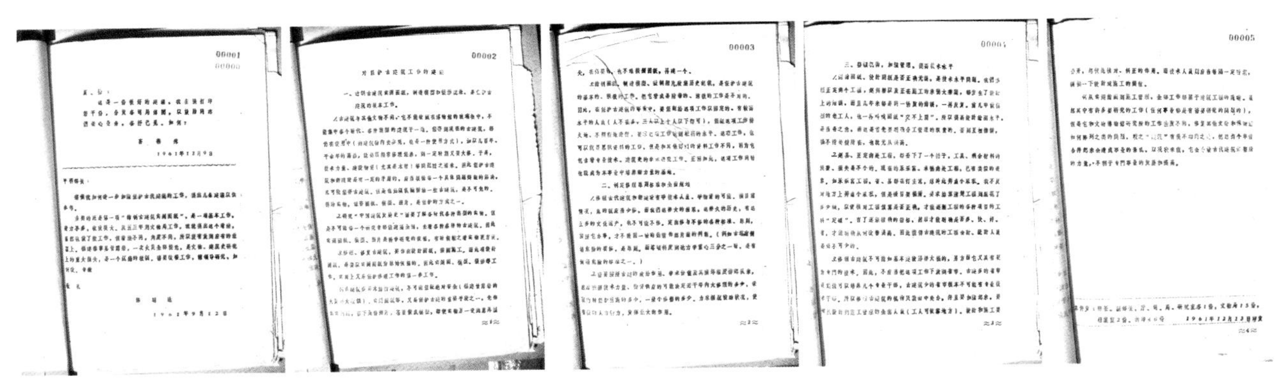

《对保护古建筑工作的建议》油印稿

第四，古建筑多是木结构，不可能保证绝对安全（福建甘露岩的火灾是大教训）[①]。实测图纸等，又是保护古建筑的重要手段之一，先作出实测图，留下全份照片，甚至做成模型，即使实物万一受到意外损失，在必要时，也不难按照图纸，再建一个。

第五，绘制图纸、制造模型、摄制照片、搜集历史记载，是保护古建筑的基本的、积极的工作。把它看成是附带的、消极的工作是不对的。因此，在保护古建筑的事业中，要保证这项工作有固定的、较高水平的人员（人不在多，三人以上、十人以下即可），保证这项工作持久地、不间断地进行，要求这项工作达到较高的水平。这项工作，也可以说是积累资料的工作，但是和其他部门的资料工作不同，因为它包含着专业技术、建筑史学的学术研究工作。正因如此，这项工作同时也就成为本事业中培养新力量的基地。

二、制定修理原则和规划标准

第一，修理古建筑和新建设有争技术人员、争物资的可能。按目前的情况，总的说尽量少修，而我们这么大的国家，这么久的历史，有这么多的文化遗产，也不可能不修。定出修与不修的各种标准、按照它办事，才不致因一时的热情作出片面的判断（例如古塔有倒塌危险的要修，是原则，而塔倾斜度达到力学重心三分之一，是有倒塌

[①] 参见前文《建国以来所发现的古代建筑》之文内脚注。

敦煌第431号窟窟檐模型正面（1954年左右制作）

敦煌第431号窟窟檐模型侧视

南禅寺模型正面（1954年左右制作）

南禅寺模型侧面

南禅寺模型局部

斗栱模型（1953年左右制作）

佛宫寺释迦塔模型及制作过程

危险的标准之一）。

第二，需要按照古建筑的政治作用、学术价值及其损坏程度排起队来，然后按照技术力量、物资供应的可能，决定若干年内大修理的多少，采取临时保护措施的多少，一般小修的多少，力求摆脱被动状况，使有限的人力物力发挥最大的作用。

三、调整机构、加强管理、提高技术水平

第一，测绘图纸、设计图纸是否准确无误，是技术水平问题。我们修理正定两个工程、赵州桥以及正在施工的承德大乘阁，都发生了设计上的错误，而且几年来都是同一性质的错误，一再反复。[①] 前几年做模型的老工人，一再叫喊图纸“交不上圈”[②]。所以，提高设计绘图水平是当务之急，而且首先要明确分工管理的职责，否则互相推诿，搞不清关键所在，也就无从提高。

第二，赵县、正定两个工程，都丢下了一个摊子，工具、剩余材料的浪费，损失是不小的。现在的永乐宫[③]、承德两处工程，已有类似的迹象。如永乐宫工程，省、县都在打主意，想趁此弄点小家私。我不反对地方上弄点小家私，但是账目上要搞清。[④] 要求结算清楚工程到底花费了多少钱，以便核对工程预算是否正确，才能逐渐精确工程的各种项目的工料“定额”。有了逐渐精确的指标，然后才能明确是否“多、快、好、省”，才能明确从何改善提高。因此，懂得古建筑的工程会计、统计人员是必不可少的。

[①] 指 1949 年 4 月至 1960 年 12 月间的几项古建筑修缮工程：1953—1958 年，正定隆兴寺转轮藏殿、慈氏阁修缮工程，其中慈氏阁系拆除重建；1958 年，赵州安济桥修缮工程因技术环节问题暂停；承德普宁寺大乘阁修缮工程于 1960 年 5 月启动。

[②] 当时在古建筑模型制造过程中，曾出现因旧测绘图（包括中国营造学社测绘图和文整会测绘图）存在微小误差致使模型某处分件组合不能合拢的现象，老工匠路鉴堂等谓之“交不上圈”。这也促使陈明达先生日后重新测绘应县木塔等重要的古代建筑经典。

[③] 山西永乐宫迁建工程于 1959 年启动，1966 年竣工。

[④] 这里所说的“小家私”，指搭脚手架用的杉篙等修缮工程材料。陈先生生前谈起：这类东西竣工后运走也是笔费用，如果留在当地，能时常用于检修、测量，也未尝不是中央对地方的支持，但要明确是赠送，不能私自截留。

第三，修理古建筑不可能如基本建设那样大搞，另一方面它又具有更为专门的技术。因此，不应该把这项工作放到省市。古建筑多的省市还勉强可培养几个专业干部，古建筑少的省市不可能有专业技术干部。所以修理古建筑的机构只能由中央办，并且要加强起来，要有从设计到施工管理的全套人员（工人可以依靠地方）。设计和施工要分开，起彼此核对、纠正的作用，而技术人员则应当每隔一段时间，调换一下设计或施工的岗位。

第四，从实测绘图到施工管理，全部工作都属于建筑工程的范畴，虽然其中有许多要研究的工作（任何事业都是有需要研究的工作的），但它和文物博物馆、研究所的工作性质不同，修复其他文物和博物馆如何陈列之类的问题，较之建筑有很不相同之处，把这两个单位合并起来会造成事业的紊乱，以现状来说，它会分散古代建筑修整所的力量，不利于专门事业的发展和提高。

附 录 一

陈明达致徐平羽副部长函[①]

平羽部长：

遵嘱对如何进一步加强古建筑保护的工作，提出几条建议以供参考。

主要的还是第一项“绘制古建筑测绘图纸”，这是一项基本工作，费力不多，收效很大。从五三年到文物局工作，我就提出这个看法，虽也做了些工作，但看法不同，角度不同，所以没有放到应有的位置上[②]。福建泰宁县甘露岩，一场火灾全部烧光，是文物、建筑史研究上的重大损失，需要改善工作。请领导研究，如何改。专致

敬礼

陈明达

1961年9月12日

---

① 徐平羽（1909—1986年），1960年出任文化部副部长，分管文物和艺术工作。时陈明达已从文物局业务秘书、文物处总工程师职位上调任文物出版社编审，已与部领导无直接业务关系。徐平羽私人性质地向陈明达征求意见，此函为陈的答复。

② 此处指陈先生一向主张的文化部文物局要为重要的古代建筑建立完整的技术档案，其中包括测绘工作：“即使是国家已明令要拆的建筑，也必须在拆除之前完成整套的测绘，否则不予批准。”郑振铎先生在任时，对此表示支持，郑振铎因公殉职后，多数人对陈的主张不理解，未予重视。

附 录 二

齐燕铭[1]对“陈明达致徐平羽副部长函”的批复

夏、徐[2]：

这是一份很好的建议，我主张打印若干份，分发各司局传阅，以鼓励同志们关心业务，各抒己见。如何？

齐燕铭

1961年12月9日

[1] 齐燕铭（1907—1978年），时任文化部常务副部长、党组书记。

[2] 夏指夏衍（1900—1995年），时任文化部副部长，主管电影局工作；徐似指徐平羽，也可能指曾历任文化部办公厅主任、部长助理、副部长等职务的徐光霄（1915—1989年）。

整理说明

陈明达《对保护古建筑工作的建议》的影印文档表明：此文作于1961年9月，存档于文化部、国家文物局和中国文化遗产研究院的档案处，文化部办公厅于1961年12月13日印发“部长、副部长，厅、司、局、研究室各1份，文物局15份，档案室2份，共印40份”。

1953至1960年间，陈先生任文物处工程师（教授级），与裴文中（博物馆处处长）、张珩（文物处副处长）、谢元璐、傅忠谟、徐邦达等著名学者同列文物局业务秘书，组成文物局业务专家团队——这些专家有建言的权利和技术把关的签字权，而最终的决定权仍属行政领导。陈先生于1961年调离文物局机关而改任文物出版社编审，当时的文化部常务副部长齐燕铭等曾表示：“您虽不再是文物局机关的在任专家，但希望您能继续建言，起到整个文化部相关业务工作的顾问的作用。”因此，陈先生虽已离开机关，仍应邀向与自己并不熟悉的刚履任副部长职位的徐平羽先生作了这份建议。

陈先生生前还多次提到：离开文物局机关，对个人而言没有什么损失——由此可以专力研究了，甚至直接促成了《应县木塔》等专著的完成；但有一事耿耿于怀——因阻力甚大，没能在任期内实现在文物局建立古建筑技术档案制度的工作目标。这则佚文证实，陈先生对这个工作目标的不懈努力，甚至持续到了卸任之后。

莫宗江先生曾回忆过：当时周恩来总理曾有专项指示，“对每一处国宝都要有科学的记录”（大意）。陈先生的许多工作就是在这个背景下着手的[①]。与古建筑测绘关系密切的工作之一是制作古建筑模型，原北京文整会在二十世纪五十年代初期设有模型室和彩画室，而这两个工作室在1963年被裁撤。刘瑜《北京地区清代官式建筑工匠传统研究》中有两条记录：

1. 1962年，古代建筑修整所改为文物博物馆研究所，由于工作性质的转变，虽有陈明达多方呼吁，但模型室最终仍没有避免被撤销的命运。余鸣谦回忆说：“六十年代初路鉴堂老师傅就去世了，离‘文革’大概有三四年，路先生去世以后就是井庆升

---

① 见本书第十卷《缅怀陈明达先生座谈会纪要》。

负责了，往后就没有做什么具体工作。单位也改名字了，叫文物博物馆研究所，研究目的和原来也不一样了，改了石窟寺、出土文物的方面，陶瓷修理、书画装裱、博物馆陈列展览、模型彩画慢慢就收了。刘敏后来去了建科院，李春长故去了，路凤台去了承德。……虽然陈明达先生希望留下模型室，但是他的意见不占上风，没有被采纳。”

2. 曾经在文整会工作的王仲杰也回忆说：“当时讨论裁撤模型室和彩画室的时候，陈明达讲了一句话，他认为做模型好像是编一本词典，能够很清楚地认识建筑。他希望留下模型室和彩画室。”

整理者

对《中国建筑简史》的几点浅见

《中国建筑简史》（以下简称《简史》）的出版，正如出版说明中所说："是最近三年来我国建筑理论及历史工作在党的领导下，走群众路线，开展学术讨论，大搞协作的初步结果。"[①] 这虽只是一部简史，却包括了从原始社会到半殖民地半封建社会时期的全部建筑史，内容是相当丰富的。

建国以来，建筑事业和其他事业一样在一日千里地发展着。如何创造我国社会主义的建筑风格，正确地对待传统与革新，是这时候突出的新问题之一。编写建筑史的工作，就是在这样的客观形势下开始的。这部简史还不是建筑理论及历史研究工作的成熟的果实，"我国建筑理论及历史的研究工作只是开始，前面的道路还是很长的。中国建筑简史的编写不过是将来编写系统的、完整的中国建筑通史的一种简要稿本"（见此书出版说明）。

我国从古至今遗留下来的建筑遗产、历史记载，其数量之多，难以计数。要在这浩瀚的实物和记载中，提选出有限的、具有代表性的事例，并不是一件轻而易举的事。今天来写建筑史，真是平地起楼台。所以，虽然只是一本简史，实在是今天建筑事业中的一件大事，它是一棵初生的幼苗，这是应当为之而祝贺的。如何培育这棵幼苗，使它成长茁壮，则是我们今后的责任。

这部《简史》具有以下主要特点：

1. 以社会发展史的观点阐述了建筑历史的发展。按照社会发展史分为原始社会、

[①] 参阅建筑工程部建筑科学研究院建筑理论及历史研究室中国建筑史编辑委员会编：《中国建筑简史》（全二册），中国工业出版社，1962。

《中国建筑简史》书影

奴隶社会、封建社会和半殖民地半封建社会四个大的阶段。前三个阶段是古代史，后一个阶段是近代史。古代史的封建社会部分，又划分成四个阶段。在每一章的前面都有一节“概说”，全面地分析了各个社会发展阶段和各个时代的社会发展概况以及因此导致建筑发展的因素，使读者能够从整个社会发展中去探索建筑的发展，而不致走上孤立地研究建筑的错误途径。

在各个章节中，还着重分析了功能、材料结构、风格这三个建筑的基本要素，注意到新类型的产生、材料结构的提高和革新以及三个要素之间的相互关系，以便读者探索建筑在发展过程中三个基本要素之间所产生的矛盾，以及如何经过改革、提高，达到辩证的统一。在近代史中这一点尤其显著。近代史分为五章。除第一章专研究城市、第五章专研究革命根据地建筑外，第二、三、四章就是按照三个基本要素划分的。以上特点，体现了本书的主要目标，在于以历史发展的观点来探索建筑发展的客观规律。

2. 运用阶级分析方法，研究了建筑的本质。本书在分析实例时，强调了建筑——不论是宫殿、寺庙还是住宅，都是人民的创作，是人民劳动智慧的结晶。另一方面，又使人体会到“建筑，作为社会物质文化的一部分，既是一个国家和民族的经济和文化发展的产物，又反映着一个国家和民族的历史特点与文化传统”。所以，任何一个时代的建筑，总是有着浓厚的民间渊源。同时，又提出了历史上最优秀的建筑，是按照统治阶级的功能要求建造的，它们作为物质财富被统治阶级所占有，因此，它必然表现出统治阶级的思想要求。所以在各章节中，从不忘记指出建筑的阶级对比，指出建筑中所反映的统治阶级的腐朽生活，以及他们如何利用宫殿、寺庙等建筑作为统治人民的工具。

3. 全面分析总结了古代、近代建筑的卓越成就。关于城市规划、住宅、园林和建筑技术、装饰、色彩、家具及其他有关的工程技术，在本书中也都给予了必要的地位或独自的章节。对于不同地区和少数民族的建筑，在各个章节中，也都有恰当的安排。这对于全面总结历史上不同地区、不同民族的建筑创作和实践经验，都是极其有益的。总之，本书的内容丰富、全面，史料完备，它的目的性是鲜明的，为建筑史的研究工作奠定了基础。

然而，中国建筑史的研究工作还在继续进行，中国建筑通史的编写工作还未完成。我想凡是从事建筑史研究工作的同志、热心的读者，倘以《简史》为基础，提出具体的、进一步的看法，对继续研究或编写通史，都会起积极的作用。现在就我读《简史》之后所感觉到的几个问题，提出一些个人意见，希望能抛砖引玉。

一、封建社会建筑史的分期问题

封建社会的历史时期较长，它的全部内容必须按几个历史阶段分章叙述。这些章节如何划分，是值得进一步研究的。我认为可以按照建筑发展的特点划分章节。当然，这样划分，第一，不要割裂朝代；第二，要明确这是建筑发展的阶段，而不是整个社会发展的阶段。然而，如果划分得恰当，它必然是和社会发展的阶段大致符合，而不会有矛盾。因此，封建社会时期的建筑历史，可以划分为七章，即：

第一章　战国、秦、西汉；

第二章　东汉、三国；

第三章 两晋、南北朝；

第四章 隋、唐、五代；

第五章 辽、宋、金；

第六章 元；

第七章 明、清。

从战国开始，建筑发展的主流表现在台榭建筑上。当时各国竞相“高台榭，美宫室”，赵国甚至筑丛台。秦始皇建阿房宫前殿，是历史上第一次出现“殿”的名称。根据现存阿房宫遗址的夯土台，可知它是由台榭发展而来的。近几年在西安近郊发掘出来的西汉末年的礼制建筑，基本上也仍是台榭的形式。可见由战国到西汉末，是台榭建筑盛行的时期，并且由此发展出了“殿”的形式。

但是，进入东汉，这种台榭就几乎绝迹了。显然，这类需要大量劳动力筑起的夯土台，在刚由奴隶社会进入封建社会的战国时期，还可以大量兴建。至秦始皇时用强力征用民夫，迫使建造咸阳附近的建筑，则已接近其最后阶段。西汉已更少，并多用于礼制建筑了。而到了东汉，台榭已经不能与社会生产力的发展相适应。另一方面，自秦代就出现的“殿”“阁”，自西汉出现的“楼”，在东汉逐渐成熟而成为建筑的主流。“殿”“阁”“楼”在结构技术上，比台榭有更高的发展。它脱离了那种依附于夯土台的结构方式，缩小了建筑用地，扩大了建筑物内部空间，从而也大大改变了建筑物的外观式样。

三国时期，在政治、经济上并未有很大的变革。现存四川诸石阙中，有一部分年代较晚的，可能是蜀汉时的建筑。它们与东汉时期的石阙是很少区别的。所以东汉、三国的建筑，可以自成一章。

如上述，战国至西汉是一阶段，东汉至三国为又一阶段。前者的主流是“台榭”，后者的主流是“殿”“阁”“楼”。而这两个阶段的重点，显然都是要阐明在不同的社会条件下，是如何继承传统，予以改革、提高，创造出新的形式。

两晋南北朝时期，佛教获得迅速普遍的传播，由此带来了新的外来文化。这一阶段建筑发展的重点，在于大量吸收外来因素，以进行创造新形式的尝试。由于佛教的兴盛，出现了寺、塔、石窟等新的建筑类型，并且大量应用外来的装饰和图案花纹等。

这一章的特点很鲜明。

隋、唐、五代的物质文化，也是有其密切连贯性的。如唐代的长安城，是隋代大兴城的继续营建和完成。隋代和初唐的建筑是很少区别的。建筑的显著发展大致是在盛唐。而五代的建筑，显然又是近于唐而远于宋的。因此，这三个朝代可以作为一个阶段。这一阶段的重点，在于把前一阶段所大量吸收进来的外来因素，溶解、消化到传统中去，成功地创造出了新形式。

例如，现在保存着的唐代建筑——佛光寺大殿，在当时只是一个一般寺庙中的大殿，并非重要建筑物。然而，从那里所看到的成就是惊人的。它那结构上每一个必不可少的构件，同时又是艺术构图中的组成部分，而全部结构（平面和立体的）和功能要求，又是互相适应的，真是功能、结构、美观三者高度统一的形式。

关于宋、辽、金划分为一个阶段，是向无异议的，所以就不再多谈。至于这一章的重点，似乎应当着重于分析辽、北宋、金、南宋这四个在年代上、地区上交叉的朝代在建筑上的异同。

元代虽然不算太长，但是在建筑发展史上有两件大事是值得详细分析研究的，这就是元大都的规划和藏汉建筑形式的第二次交流（第一次在唐代）。所以单独作为一章，重点较明确。

至于明、清两代为一章，是向来就无不同意见的。

二、古代史与近代史的联系问题

随着帝国主义侵略而来的形形色色的“洋房”，和中国的旧形式建筑截然不同。这实在是半殖民地特有的怪现象。既要写出这种怪现象产生的原因，也要从中指出发展的客观规律，指出继承传统与接受外来影响的关系。否则，写古代建筑史就是中国的，写近代建筑史就都成了西洋的，缺乏内在的联系，前后脱节。

当然，近代建筑形式和旧形式脱节，总的来说是封建的和资本主义的两种不同生产方式所形成的必然结果。中国建筑新形式的创造，必须应用新材料、新技术，适应新的功能要求。这也注定要摆脱旧形式。但是看一看欧洲那些国家的建筑史，就可以看到在不同社会制度下，建筑的发展仍是连贯的、有线索可寻的。可见中国建筑的这种脱节现象还有其他原因，这就是在半殖民地半封建社会时期，硬搬了一些外国的东西进来。

以住宅为例。书中较多地分析了西方“独院式高级住宅”、上海里弄住宅和公寓的出现，它们与资产阶级生活方式的关系、与资本家获取利润的关系，它们或者极尽奢华之能事，或者日照恶劣、通风不良等等；而恰巧没有详尽地分析这些建筑在社会功能上、结构上、经济上的优劣，更没有提到这种外来资本主义的产物和民族生活习惯之间的矛盾。因此，既不能令人信服地看出城市住宅必然要走向集体公寓的形式，又没有指出这类洋式住宅应当民族化的方向。这实在是一件大事。现在在农村住宅设计中，已经注意到了这个问题。而在城市中，不习惯住公寓式住宅的还大有人在，其原因恐怕是需要民族化。这在近代建筑史中，是应当明确指出的。

其次，是旧形式的新发展。近代建筑史第二章标题是“新类型建筑的发展”，而其中所列举的湖广会馆戏楼（91 页）、东安市场（96 页）、谦祥益绸缎庄（92 页）、宁波庆安会馆（93 页）等等，则都是旧形式的新改变。这些例证恰好说明在新的社会生产方式下，必须在传统的基础上创造新形式，只是表面、局部的改变是无济于事的。例如，东安市场也可以说是由旧的庙会形式发展而来的；苏州的玄妙观、长沙的火神庙之类，也可以说是地方性的东安市场。它们的内容可以说是封建的、自发的百货商店，而东安市场的形式是注定了要被百货大楼所代替的，即使帝国主义分子当初不在上海建永安公司，今天我们也会盖起百货大楼，而绝不会再盖东安市场的。这是社会发展所决定的。

诸如此类，如果都一一予以研究分析，那么古代建筑史和近代建筑史，就有了内在的联系，不会令人感到突如其来了。因此，又可见近代史的取材，不宜偏重于沿海大都市，要探索传统革新的问题，也应该同样重视内地中小城市甚至农村的建筑。

三、如何分析具体建筑物的问题

对一个具体建筑物的分析，其目的是通过它去了解某一时代普遍的事实，而并不只是对一个建筑物的叙述。因此要从它全部特点着眼，而不能仅限于外观、局部现象。例如，佛光寺大殿（古代史64页）只着重描述斗栱“用下昂及横栱”“使用偷心斗栱上承天花”“斗栱出跳做法极为简洁”“内檐斗栱用的偷心做法比外檐的双抄双下昂斗栱更为简练有力”“汉末至唐初的人字栱已于此殿看不见了”等等，而忽略了全部结构方式以及这种结构方式和唐以前建筑的关系，这样会使新学建筑史的人摸不着头脑。佛光寺大殿类型的结构，其特点是用平面上内外两个相套的柱环及立体上连接这两个柱环的栱梁，沿着建筑物的四周构成一个整体框栱架。这种构架的中部形成一个较大的空间，多层建筑就是用相似的框架一层层垒上去，单层建筑（或多层建筑的最上一层）就用三角形屋架，架在框架上。这种结构不是一个个排列起来，主要靠檩条联系起来的屋架。它是弹性很强、很安全的结构方式。当时大面积的建筑物，多使用此种结构。它的渊源，很可能是由封建社会初期的台榭建筑发展而来的。

台榭建筑是在夯打起来的高土台四周，用木构架建成房屋，房屋的背面都依靠着土台。当结构技术发展到一定程度，不再要利用中心的土台时，它的当中就出现了一个较大的空间，扩大了建筑物的使用面积，从而也改变了建筑物的外形。由台榭发展到这种新的结构方式，大致是开始于东汉，而完成于盛唐。至于斗栱使用双抄双下昂，也大致是盛唐的创造。这时候建筑物的净高增加了（柱子加高了），需要相应地加深出檐，而同时又要尽可能少地增加屋檐的高度，这就是昂的作用。由此可见，这些问题不是仅用“斗栱简练有力”所可概括的。

在近代史部分，也有类似的问题。如评上海汇丰银行（近代史58页）“外部结构是典型古典主义手法，横分和竖分均以罗马柱式为比例，严格对称”，评青岛交易所（近代史62页）“立面处理采用古典主义的手法，形象给人以粗壮僵硬的印象”，评上海邮局（近代史65页）“立面处理纯系古典主义的手法”等等，都是着重外观形象，而实质问题谈得较少，没有详细分析这些建筑在功能上、结构上的得失。间或提到其他一些问题，又多属一般的批判，而不是从中总结经验。如评北京邮局（近代史64页）

“主要工作层在地下室和第一层……这些地方黑暗异常，工作条件十分恶劣……总体布置也不合理，邮车出入不便，调车困难”。当然，这是个反面经验。可是怎么会搞成这样的呢？没有具体分析。又如，说原“南京国民党外交部办公大楼，建筑物平面为上形，两翼稍为凸出，房间布置是一般办公楼的布局方法”（近代史 68 页）。但是书中并没有扼要地总结出这一阶段“一般办公楼”普遍的布局方法是怎样的，更没有提出这种布局方法的得失，因而使结语落空，所突出的就只有“立面处理”和“外观”以及粉刷装饰之类了。总之，除了批判外观形式之外，也还要较多、较全面地总结经验，使之有助于今日的建筑设计。

四、古代建筑的复原研究问题

保存至今的中国古代建筑，以明、清时期的最为丰富，类型完整，数量众多。宋、辽、金、元就多为单独的建筑物，整组的建筑为数甚少。唐代建筑较之宋、元更为稀少。东汉以迄南北朝时期，只有石阙、石窟尚可供参考。东汉以前建筑物几无一存。所幸我们保有大量的历史记载、石刻、绘画、明器以及考古家发掘出的遗址，可供参考。但是这类史料是必须经过研究，予以复原，才可提供具体研究分析之用。因此，复原是需要积极开展的一项工作。

例如，书中所说“汉初修建长安城时，对这个城市的布局，已有较明确的规划思想。最后形成的城，虽然外形不很规则，但城内的街道、坊里相当方正。这种‘街衢相经’的棋盘式布局，是我国古代封建城市最常用的”（古代史 35 页）。既然把汉长安说得如此具体，似乎可以作出一张复原图来。又如 35 页上那个汉代建筑遗址，既然是经过发掘，有可靠的平面图，更应当能予以复原。汉代建筑究竟是怎么回事，仅靠那些明器、画像石之类，是难于解决的，它们只能作复原的参考物。

又如，隋展子虔《游春图》中所画的住宅（古代史 61 页）和唐代白居易《庐山草堂记》所说“三间两柱二室四牖”相符合，我以为也应当作出一个一般住宅的复原图。因为它是汉、唐住宅的基本形式，也是宫殿、寺庙形式的渊源。所谓三间两柱，是三开间的房子，当中两柱露明；所谓二室四牖，指当中一间是开敞的（即是堂），悬以帷幔，为日常生活起居的地方，左右两间是封闭的（即是室），每间前后各设一窗，所以共是四牖。

有些现存建筑物，不一定是原状，也需要做复原研究。例如佛光寺大殿（古代史66页），它的装修本应在第二排柱子之间，而殿的前面一排七间都应当是开敞的；现在的外观是后代改建的结果，因为没有进行复原工作，常常使人误以为现状即原状。经过复原，就可以看到寺庙殿堂和上述住宅的密切关系。这种前面开敞的形式甚至在下一阶段还有残余痕迹可寻。如晋祠圣母殿（古代史143页），把上檐前檐柱放在承重梁上，不落地，使前廊进深扩大了一倍，就是一个显著的例证。

辽、宋、金、元时期，虽然保存实物较多，但是也需要做复原工作。例如，元大都在城市规划史上是十分重要的，它的街衢布置，现今尚有遗迹可寻。公元十八世纪中期所作的北京城地图，更保留着大量资料。这个复原工作，应当是比较容易的。而诸如记载中的“盝顶殿”“畏吾儿殿”“棕毛殿”之类，不作出复原，就很难理解它的意义。

五、资料选择问题

如何选择史料，是一个重要问题。必须全面分析各个时期的资料特点，然后才能作出恰当的抉择。

以辽、宋、金、元四个朝代为例，在时间、地区上都是互相交叉的，四个朝代的建筑，确是各有各的风格。根据现有资料，我以为在这四个朝代中，按建筑组群和单独建筑物的特点来决定选用的资料，更能说明问题。

建筑组群可以辽代的善化寺、宋代的晋祠和元代的永乐宫为代表。宋代刻的平江府图碑，自官府至寺庙、住宅都有平面。金代的中岳庙图碑，是一个具有代表性的平面图，是当时宫殿、庙宇普遍的平面布局，都是重要的辅助资料。而辽代的独乐寺、佛宫寺和华严寺，在没有作出复原之前，只能说明局部问题。

辽代建筑结构风格稳健庄重，多系继承唐代做法。如独乐寺山门、观音阁，义县奉国寺大殿，广济寺三大士殿，下华严寺薄伽教藏殿等是其代表。北宋初年和北宋的江南地区，建筑形式也继承唐代，如敦煌几个宋初窟檐及保国寺大殿等。但保国寺大殿做工细致，装饰性加工多，因而较唐、辽建筑轻巧。在北宋中原地区和南宋的建筑，则发展出了一种新的形式。晋祠圣母殿、玄妙观三清殿都是其中具有代表性的建筑物。这种新的形式，在结构方面简化了斗栱与梁架的结合方法，从此斗栱在结构上的作用即开始减小，外形风格也大异其趣。这也是宋代《营造法式》中规定的标准形式的由来。

金、元两个时期的建筑物，一种是继承辽或宋的形式，如上华严寺大殿、平遥文庙大成殿、隆兴寺摩尼殿、永乐宫及北岳庙德宁殿等；另一种是具有鲜明的新创造性的建筑，金代的佛光寺文殊殿、崇福寺弥陀殿、元代的广胜下寺大殿是其代表。此类建筑的特点是极力减少立柱，使用小材料拼合成古代的大跨度的“复合梁”，或者用斜向的（与地面成锐角）梁承载屋面，以减省水平重叠的梁架。但是，这类改革并没有取得成功，因为这种结构方法没有被后一时代继承下去，而现存的几个建筑物又都发生问题，以致不得不在梁下加添小柱支承。

资料选择在于能用较少的例证，说明较多的问题，以所要说明的问题为主，而不是以资料本身为主。上面从辽至元所提及的例证，并不比古代史第五章第四节中所列举的多，而似乎可以更系统地说明较多的问题。并且除了摩尼殿一例外，都有建造年代可查，作为历史证据是更可靠的。

此外，本书在编写和出版工作中还有不少缺点。例如，个别资料运用上有错误，用词不够确切，名称不统一，插图安排不尽恰当，插图比例尺的错误和遗漏，脱字漏字之处多，等等，这里就不一一枚举了。建议编者与出版社认真核对一下，作出勘误表，以示对读者负责。

上述问题，是需要在继续研究、编写建筑史中加以解决的。个人所见有限，某些看法还很不成熟，提出来聊供大家参考而已。

（原载《建筑学报》1963年第6期，据作者批注手迹修订）

周代城市规划杂记[1]

一、西周城市

（一）土地与都城的关系

西周是种族奴隶制国家。土地、奴隶为周族所公有，由周族首领周王分配给各奴隶主贵族（诸侯）使用，即诸侯国；诸侯又把分得的土地、奴隶分给所属的中小奴隶主（卿大夫）使用，即采邑；卿大夫又把分得的土地、奴隶分给所属的小奴隶主或族中的自耕农（士）；如此自上而下层层分配，同样又自下而上层层缴纳贡赋，即缴纳粮食（贡）和服兵役（赋）。兵役在种族奴隶制国家是十分重要的，是保卫国家抵御外族侵犯和压迫奴隶的武力。每一个周族人自奴隶主至自由民都有服兵役的义务。赋包括出士卒、车马、甲盾。

《左传》昭公十六年（公元前526年），子产说："有禄于国，有赋于军。"

《左传》襄公二十五年（公元前548年）："量入修赋，赋车、籍马；赋车兵、徒卒、甲盾之数。"

周初地广人稀，已开辟的土地大概是一块一块的，面积大小不等，也不完全相连属。每一块土地自数十里至数百里，千里的大概只有一两块。周天子大概是按照血缘远近、功劳大小、人口多少分配给诸侯的，这就形成了公侯伯子男等各等级的诸侯国。它的面积自方百里至方五十里，周王国则方千里。

[1] 本篇初刊于张复合主编《建筑史论文集》第14辑，清华大学出版社，2001。

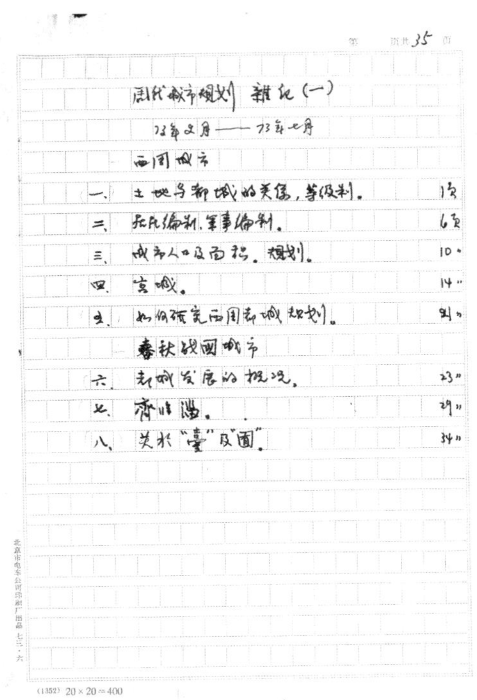
第 页共35页

周代城市规划 雜记（一）

73年2月——73年七月

西周城市

一、土地与都城的关係，等级制。 1页
二、居民编制，军事编制。 6页
三、城市人口及面积，规划。 10"
四、宫城。 14"
五、如何研究西周都城规划。 21"

春秋战国城市

六、都城发展的概况。 23"
七、齐临淄。 29"
八、关於"台"及阙。 34"

(1352) 20×20=400

第10页共 页

三、城市人口及面积、规划。

关於都城人口密度的文献记载极其缺乏，只能從每户所佔面积和都城面积的仅有记载作一推测以为参考而已。首先我们需弄清当时的尺度面积等数字。周代一里长三百步，一步是六尺；一平方里是九万平方步；一亩是一百平方步，而一平方里是九百亩。据矩斋《古尺考》（文物参考资料1957年3期）周尺一尺合0.231米，计：

一步＝1.386米　一亩＝192.0996 M²

一里＝415.8米　一平方里＝172,889.64 M²

据《公羊传》所记，五口为一家，居住房屋佔地二亩半，而这二亩半全部在城内或一部分在城内没有说清楚。《礼记》所记是佔地一亩。《孟子》有八口之家的记载。

《公羊传》宣公十五年（公元前五九四年）《解诂》"一夫一妇受田百亩，以养父母妻子五口为一家……庐舍二亩半……在田曰庐，在邑曰里……民春夏出田，秋冬入保城郭，……五谷毕入，民皆居宅"。

《礼记·儒行》"儒有一亩之宫，环堵之室；筚门、圭窬，蓬户，瓮牖"。

如以诸侯之都方三里计算，合九平方里即八千一

(1352) 20×20=400

《周代城市规划杂记》手稿

《尚书·周书·康诰》："周公初基，作新大邑于东国洛，四方民大和会，侯、甸、男、邦、采、卫，百工播民和，见士于周。"

《尚书·周书·康王之诰》："王若曰：庶邦：侯、甸、男、卫，惟予一人钊报诰。"

《尚书·周书·召诰》："越七日甲子，周公乃朝用书，命庶殷：侯、甸、男、邦、伯，厥既命庶殷，庶殷丕作。"

《礼记·王制》："王者之制禄爵，公侯伯子男凡五等。诸侯之上大夫卿、下大夫、上士、中士、下士凡五等。天子之田方千里，公侯田方百里，伯七十里，子男五十里。不能五十里者，不合于天子，附于诸侯，曰附庸。"

《孟子·万章下》："北宫锜问曰：周室班爵禄也，如之何？孟子曰：其详不可得闻也。诸侯恶其害己也，而皆去其籍。然而轲也尝闻其略也：天子一位，公一位，侯一位，伯一位，子男同一位，凡五等也。君一位，卿一位，大夫一位，上士一位，中士一位，下士一位，凡六等。天子之制，地方千里，公侯皆方百里，伯七十里，子男五十里，凡四等。不能五十里，不达于天子，附于诸侯，曰附庸。"

卿大夫至下士，分得的土地都在诸侯国之内，所得以户数计，每户耕地百亩。

《礼记·王制》："诸侯之下士，禄食九人，中士食十八人，上士食三十六人，下大夫食七十二人，卿食二百八十八人，君食二千八百八十人。次国之卿食二百一十六人，君食二千一百六十人。小国之卿食百四十四人，君食千四百四十人。"

《国语·晋语八》："大国之卿，一旅之田；上大夫，一卒之田。"（旅500户，卒100户）

也有另一种记载，较上述数字大，但等级仍然很清楚。或者这种记载是指全部疆域大小，而上述数字仅指可耕地面积？

《周礼·地官司徒·大司徒》："诸公之地，封疆方五百里，其食者半；诸侯之地，封疆方四百里，其食者三之一；诸伯之地，封疆方三百里，其食者三之一；诸子之地，封疆方二百里，其食者四之一；诸男之地，封疆方百里，其食者四之一。"

诸侯国土地既不互相连属，国与国之间有宽广的地带，是山泽森林荒地，所以秦穆公能派兵千里袭郑；鲁庄公十七年（公元前677年）还曾有"多麋"之患，损坏了很多庄稼。而每一诸侯国中有诸侯的都城一，大夫卿的采邑若干；周王的都城叫国。在《周礼·冬官考工记》叫作"国""诸侯之城"和"都城"。所有奴隶主和自由民都居住在都城中，农忙的时候才出城去监督奴隶劳动。

《礼记·月令》："孟夏之月……命司徒巡行县鄙，命农勉作，毋休于都。"

都城既是奴隶主的居住点，也是政治、军事的据点。它既要容纳全部奴隶主和自由民，而这些人口的多少又是和他们占有土地成比例的，所以都城多少和大小也就和土地成比例，这就产生了都城大小的等级制，规定了都城面积和城墙高度、道路宽窄等等。

《礼记·王制》："凡居民，量地以制邑，度地以居民。地邑民居，必参相得也。无旷土，无游民。"

《左传》隐公元年（公元前722年）："祭仲曰：都城过百雉，国之害也。先王之制：大都不过三国之一，中五之一，小九之一。今京不度，非制也。"

《史记·孔子世家》："臣无藏甲，大夫毋百雉之城。"

《周礼·冬官考工记·匠人》："匠人营国，方九里，旁三门，国中九经九纬，经涂九轨，左祖右社，面朝后市，市朝一夫”；“王宫门阿之制五雉，宫隅之制七雉，城隅之制九雉。经涂九轨，环涂七轨，野涂五轨。门阿之制，以为都城之制，宫隅之制，以为诸侯之城制。环涂以为诸侯经涂，野涂以为都经涂。”

因此，“天子”地方千里，“国都”方九里；“公侯”地方百里，“都城”方三里（三国之一）；“伯”地方七十里，“都城”方约二里（五之一）；“子男”地方五十里，“都城”方一里（九之一）。都城大小反映着土地、奴隶的多寡。而这种层层节制关系建立起来的氏族奴隶社会的统治政权，必须是上一级有足够的力量统治下一级才能得到巩固，才足以防止奴隶主之间争权夺利的斗争。所以祭仲说“都城过百雉，国之害也”；师服说“国家之立也，本大而末小，是以能固”。因此都城的大小，也必然关系着武装力量的大小。

《左传》桓公二年（公元前710年）：“师服曰：吾闻国家之立也，本大而末小，是以能固。故天子建国，诸侯立家，卿置侧室，大夫有二宗，士有隶子弟，庶人工商，各有分亲，皆有等衰。”都城规划确是按土地、人口制定的。

《周礼·地官司徒·大司徒》：“凡造都鄙，制其地域而封沟之，以其室数制之。不易之地，家百亩；一易之地，家二百亩；再易之地，家三百亩。”

（二）居民编制、军事编制

都城的大小与武装力量的大小关系密切，这从当时的都城居民编制可以显著地反映出来。前面已说过“赋”是兵役，周初制度是每户出一人，每25户出一辆战车。那时军队编制是5个人为一“伍”，5个“伍”为一“两”，“两”是基层单位，即每一战车（乘）有25名士卒，20乘500名士卒叫一旅，100辆车2500人为一师，5师为一军，即500辆车12500人。

《周礼·地官司徒·小司徒》：“乃会万民之卒伍而用之。五人为伍，五伍为两，四两为卒，五卒为旅，五旅为师，五师为军；以起军旅，以作田役，以比追胥，以令贡赋。”

可见这种军事编制（与伍、两、卒、旅、师、军相对应为比、闾、族、党、州、乡），在平时还有监督奴隶劳动和收获农作物的作用（“以作田役，以比追胥”）。而由于户出一卒、25户出一车，社会编制也和军事编组统一起来，"闾"或"里"是社会组织的基层单位，即25户，"州"或"县"是2500户，"乡"或"遂"是12500户。虽然有不同的记载，如《国语·齐语》所记，但只是名称、数字不同，编制原则都是一致的。很可能当时各诸侯国各有自己的编制，也可能是春秋战国时各国根据自己的发展情况所制定的。

《周礼·地官司徒·大司徒》："令五家为比，使之相保；五比为闾，使之相受；四闾为族，使之相葬；五族为党，使之相救；五党为州，使之相赒；五州为乡，使之相宾。"

《周礼·地官司徒·遂人》："遂人掌邦之野，以土地之图，经田野，造县鄙形体之法。五家为邻，五邻为里，四里为酂，五酂为鄙，五鄙为县，五县为遂。皆有地域沟树之使，各掌其政令刑禁，以岁时稽其人民，而授之田野，简其兵器，教之稼穑。"

《国语·齐语》："管子对曰：'作内政而寄军令焉。'桓公曰：'善。'管子于是制国：'五家为轨，轨为之长；十轨为里，里有司；四里为连，连为之长；十连为乡，乡有良人焉。以为军令：五家为轨，故五人为伍，轨长帅之；十轨为里，故五十人为小戎，里有司帅之；四里为连，故二百人为卒，连长帅之；十连为乡，故二千人为旅，乡良人帅之；五乡一帅，故万人为一军，五乡之帅帅之。三军，故有中军之鼓，有国子之鼓，有高子之鼓。春以蒐振旅，秋以狝治兵，是故卒伍整于里，军旅整于郊。内教既成，令勿使迁徙。伍之人祭祀同福，死丧同恤，祸灾共之。人与人相畴，家与家相畴，世同居，少同游。故夜战声相闻，足以不乖；昼战目相见，足以相识。其欢欣足以相死。居同乐，行同和，死同哀。是故守则同固，战则同强。君有此士也三万人，以方行于天下，以诛无道，以屏周室，天下大国之君，莫之能御。'"[1]

武王伐纣时是"革车三百两，虎贲三千人"，似乎一乘是10人，而另有一乘是25人的说法。按所有编制关系和五伍为两的名称（两也是古代车的计数单位）似为25人。或武王时只计甲士，不计步卒，故曰虎贲。

《孟子·尽心下》："武王之伐殷也，革车三百辆，虎贲三千人。"

[1]《管子·小匡》文与此段略异。

《战国策·魏策一》:“武王卒三千人,革车三百乘。”

曾有人在研究考证《司马法》时说:兵车一乘,马4匹,甲士10人,步兵15人。甲士10人,3人立车上,立左的用弓箭,立右的用矛,中立的驭马,其余甲士7人,在车旁步行。步兵15人在车后。

这种社会编制的优点,据说是可以使居民相保、相援、相葬、相救、相赒、相宾,总之是互相关心、互相帮助吧。在军事上它的优点据管子所说就更加微妙。因为在城市于编制好了后就不再使户口迁移(“内教既成,令勿使迁徙”),于是一家家相并列(“人与人相畴,家与家相畴”);世代同居、从小相识(“世同居,少同游”);可以共患难(“祭祀同福,死丧同恤,祸灾共之”);战争时,夜战听到声音就知是自己人,白天打仗更是互相认识,不致发生错误(“故夜战声相闻,足以不乖;昼战目相视,足以相识”),而且团结力强,战斗力强(“守则同固,战则同强”)。

种族奴隶制社会的血缘关系,使它的武装力量必须掌握在贵族手里,武士兵卒又都必须是来自种族内部,这是每户出兵役一人、每25户共出车一乘之兵役制的由来。由此又产生了社会编制与之相适应,最后把这些组织制度贯彻在城市规划上,产生了古代城市的闾里组合、棋盘形方格的都市平面。我们在“家与家相畴”“内教既成,令勿使迁徙”“祭祀同福,死丧同恤”等等述记中都可看到这种都市平面的痕迹。而“闾”“里”的名称一直到汉代仍然存在。原来我们在建筑史中最常提到的古代城市平面布局,正是种族奴隶制社会的产物,它全面但是曲折地反映了当时的生产关系。

又闾里之人或是共用一井,故有改邑不改井的说法。《周易·井》:“改邑不改井,无丧无得。”[1]

(三)城市人口及面积、规划

关于都城人口密集情况的文献记载极其缺乏,只能从每户所占面积和都城面积的仅有记载作一推测,以作为参考而已。首先我们要弄清当时的尺度面积等数字。周代1里长300步,1步是6尺;1平方里是90000平方步;1亩是100平方步;而1平方里

[1] 作者在此处自作眉批:“一说改邑不改井的‘井’,系指井田制。存疑。”

是900亩。据矩斋《古尺考》(《文物参考资料》1957年第3期)周尺1尺合0.231米计算:

1步=1.386米　　1亩=192.0996平方米

1里=415.8米　　1平方里=172899.64平方米

按《公羊传》所记，五口为一家，居住房屋占地二亩半，而这二亩半是全部在城内或一部分在城内，没有说清楚。《礼记》所记是占地一亩。《孟子》有八口之家的记载，当是后来发展了的情况。

《春秋公羊传》宣公十五年(公元前594年):“什一者，天下之中正也。什一行而颂声作矣。”此条有注云:“一夫一妇受田百亩，以养父母妻子五口为一家，公田十亩，即所谓十一而税也。庐舍二亩半，凡为田一顷十二亩半八家而九顷共为一井，故曰井田……在田曰庐，在邑曰里，一里八十户，八家共一巷……民春夏出田，秋冬入保城郭，……五谷毕入，民皆居宅……”

《礼记·儒行》:“儒有一亩之宫，环堵之室；筚门、圭窬、蓬户、瓮牖。”

如以诸侯之都方3里计算，合9平方里即8100亩。诸侯卿大夫的宫及道路等假定共占地2000亩(另详)，则每户2亩半约计可容2400余户，或每户1亩容6100户。同样算得周王城方9里，除去道路王宫800余亩，当有60000余亩，每户2亩半可容25000户，每户1亩可容65000户。

还可以按兵力核算一下。周代初期的兵力有国都丰镐的“西六师”、卫的“殷八师”和成周的“成周八师”。可知当时国都户数在15000到20000之间。这样，我们推断当时的规划数字，大致是国都方9里，容20000户，兵力8师，车800乘；诸侯之都方3里，容2500户，兵力1师，车100乘。都方1里容300户，兵力3卒，车12乘。每户占地均以2亩半计。因此都城人口密集度在每公顷70至80人之间，但这数字未包括为主人从事生活服务的奴隶的数字。

每一户2亩半合480.249平方米，一闾或一里25户则共约为1.2公顷。闾里大概还有一些公共建筑，如里赋一乘则应有厩，里有门、有监门人，则应有门屋，里各有社等等，均占去部分面积，每户实际可有2亩，是很宽绰的。应还有其他公共用地。

《战国策·齐策四》:“今夫士之高者，乃称匹夫，徒步而处农亩，下则鄙野、监门、闾里，士之贱也亦甚矣。”

《礼记·祭法》：“王为群姓立社，曰大社。王自为立社，曰王社。诸侯为百姓立社，曰国社。诸侯自为立社，曰侯社。大夫以下成群立社，曰置社。”

《史记·孔子世家》：“(楚)昭王将以书社地七百里封孔子。”此句有司马贞《索隐》云：“古者二十五家为里，里则各立社，则书社者，书其社之人，名于籍。”

又据前引《国语·齐语》“卒伍整于里”，则还应有不小的空场，才能用以进行军事训练。而“祭祀同福”则可知里有社。里在奴隶制城市里是一个最下层的基层单位，这是很清楚的了。不过它是不是如同后世的长安城那样，成为一个方整的方块，则缺乏资料，须待考古发掘来解决。

城内的大道“涂”占多少面积？只能从《考工记》大体估计。轨宽8尺，即$1\frac{1}{3}$步，9轨为12步，7轨$9\frac{1}{3}$步，5轨$6\frac{2}{3}$步。国都纵横各三条道，每条长2700步，诸侯都道长900步，都城纵横各一条道，每条长300步。如此，国都大道占地约1900亩，诸侯都约500亩，都城约30亩。其他小道街巷，亦应与此相当。

大道宽度是与兵车乘数成比例的。由于军事上的要求，既要有足够的宽度，又应是直通城门，才可迅速出兵。主要大道纵横垂直，把城内划分成方块的布局是很可能的，但不一定是对称的，也不一定每块大小均相等，这要由地形决定。

据发掘齐国临淄城的记录（《文物》1972年第5期），大城面积折合周尺约为78.5平方里，其西南角小城约为12.5平方里。小城面积约当大城$\frac{1}{6}$强。其总数91平方里，较周王城（《周礼·冬官考工记》）81平方里略大，但相差不太多。小城很可能即是宫城（另详）。

91平方里为86400户，据记载，临淄之中70000户，则每户占地不过1亩。此当是战国时社会发展的情况，周初当不到此数，这似可反证户占地2亩半为周初时的情况。

还有许多中小奴隶主（仕），他们的宫，大概也要比一般住户大，甚至可能是另外分开，不在闾里之内的。仕的住宅和宫城相近。

《管子·大匡》：“凡仕者近宫，不仕与耕者近门，工贾近市。”

《汉书·食货志》：“在野曰庐，在邑曰里。……于里有序而乡有庠。序以明教，庠则行礼而视化焉。春令民毕出在野，冬则毕入于邑。……春，将出民，里胥平旦坐于右塾，邻长坐于左塾，毕出然后归，夕亦如之。”[①]

社神即地神。这一信仰可能起于农村公社时期，一直到奴隶制社会仍为一种群众性的重要信仰，所以里各有社。在国内，战争和祭祀是最大的事。

《左传》成公十三年（公元前578年）：“国之大事，在祀与戎。”

在农村公社时期，“社”是氏族信仰中心，同时也成了生产组织中心，以社为单位共同生产，共同消费，祭同一社神。到了奴隶制社会时期，“里各有社”，或许就是这种痕迹。

现在，我们大致可以推断，奴隶制社会的都城规划是以“里”或“闾”为基本单位组成的，它也是后来“坊”的前身。一“里”是单独的相近似的平面，它有围墙，所以有门；“里”之里面有空场，可以进行军事训练；有一口井，有“社”，有一乘兵车（当然马和兵器是由国家收藏的）。在这个范围内，25家人共同生活，战争时每家出士卒一人。这25家的房屋如果各有围墙（大概是有的，如《礼记·儒行》所记），也是一家挨一家相靠地排列着（“五家为比”）。然后是一个公用的大广场，其中有社和井。

（四）宫城种种

都城之内还有宫城。国都和诸侯之都大概都有宫城。《周礼·冬官考工记》所说“门阿”，应为宫室大门围墙，“宫隅”是宫城城墙。所说“前朝后市，左祖右社”应为宫城内的布置情况，但没有说明宫城位置。按齐临淄、赵邯郸等遗址，宫城均在都城西南角与都城相连套，宫城之内确有一条中轴线。直到汉代长安仍如此布置，其主要宫城为未央宫，其东北两面在都城之内，故立东阙北阙，西南两面为都城外墙。《考工记》所说宫城之内朝、市、祖、社、中市等是何所指，没有确切记载，暂且不谈。祖自然是祖庙，它在朝之左方（东），由天子七庙、诸侯五庙、大夫三庙看来，自天子至大夫都是有宫城的。社就是前已引用《礼记》所记，国都和诸侯都内各有两个社，即

[①] 作者引文依民国世界书局影印本《汉书》，与中华书局版《汉书》略有差异。

一个为全城所立的社，叫大社或国社；另一个是王社或侯社，是王或诸侯私有的。大夫都城内只有一个全城共有的社（这个社和每个里的社是不同的）。周人尚左祖右社。全城公有的社自然不能在宫城之内，所以这左祖右社的社，就只能是王社或侯社。[①]

《诗·大雅·绵》："作庙翼翼。"

《礼记·王制》："天子七庙，三昭三穆与大祖之庙而七；诸侯五庙，二昭二穆与大祖之庙而五；大夫三庙，一昭一穆与大祖之庙而三。"

《管子·轻重十七》："封土为社，置木为闾。"

《周礼·地官司徒·封人》："封人掌诏王之社壝，为畿封而树之。"

《周礼·地官司徒·大司徒》："制其畿疆而沟封之，设其社稷之壝而树之田主，各以其野之所宜木，遂以名其社与其野。"

祖和社都是种族奴隶制社会维护其血缘统治和受命于天的思想所不可缺少的建筑物，位置在最前。朝，是一国的政治中心，自来都认为周王有三门三朝（或有五门之说，系误解）。大致这三门三朝在一条中轴线上是可信的，因为要使兵车出入方便也非如此布置不可（也有五门三朝的说法，那是把诸侯门和天子门的名称混淆了）。三朝中两个是外朝和治朝，一个是内朝。外朝是周王举行全部贵族大会的地方，治朝是国家的大办公厅，全体官吏（卿、大夫）到此办公，协助周王处理日常政务，这两朝都在路门之外，又通称为外朝，这是种族奴隶制国家的政治中枢。内朝又称燕朝，在路门之内，它是周王处理宗族内部问题的地方，来到这里的人不以官职大小分尊卑，而是以年龄（齿）分尊卑，以体现血缘关系和"孝悌"思想。在氏族奴隶制社会中，氏族的团结是巩固统治的重要条件之一。燕朝和三朝分内外的布置，正是体现这些具体内容而产生的建筑物。

《礼记·明堂位》："（鲁之）大庙，天子明堂。库门，天子皋门；雉门，天子应门。"

《诗·大雅·绵》："乃立皋门，皋门有伉；乃立应门，应门将将。"

《尔雅·释天》："乃立冢土，戎丑攸行。"传云："冢土，大社；戎丑，大众。"

[①] 作者此处自作眉批："这一段应再作考虑，应当补充。市的功能是有明确记载的。"

《周礼·秋官司寇·小司寇》："小司寇之职掌外朝之政，以致万民而询焉。"

《周礼·天官冢宰·大宰》："王视治朝，则赞听治。"郑玄注："治朝在路门外，群臣治事之朝，王视之，则助王平断。"

《周礼·夏官司马·太仆》："王视燕朝，则正位，掌摈相。"郑玄注："燕朝，朝于路寝之庭，王图宗人之嘉事，则燕朝。"

《礼记·文王世子》："其朝于公内朝，则东面北上，臣有贵者以齿。""公族朝于内朝，内亲也，虽有贵者以齿，明父子也，外朝以官，体异姓也。"

《国语·鲁语下》："公父文伯之母如季氏，……曰：子弗闻乎？天子及诸侯合民事于外朝，合神事于内朝；自卿以下，合官职于外朝，合家事于内朝；寝门之内，妇人治其业焉。上下同之。夫外朝，子将业君之官职焉；内朝，子将庀季氏之政焉。皆非吾所敢言也。"

然而宫城中应当还有仓廪厩库等建筑物。

《礼记·曲礼下》："君子将营宫室，宗庙为先，厩库为次，居室为后。"

可见库厩的重要性仅在宗庙之次。府是收藏财货的，库是贮存武器的，仓廪是收藏粮食的，都是奴隶制社会的主要经济物资，在战时是赖以防守的重要条件。如战国时赵防守晋阳，就是先检查了物资贮备，在晋阳被包围下防守了一年多。可见晋阳城内库廪建筑有很大规模。

《礼记·曲礼下》："天子之六府曰司土、司木、司水、司草、司器、司货，典司六职"；"君命大夫与士肄，在官言官，在府言府，在库言库，在朝言朝。"郑玄注："府谓宝藏货贿之处也，库谓车马兵甲之处也。"

《礼记·月令》："仲秋之月……是月也，可以筑城郭、建都邑、穿窦窖、修囷仓"；"季秋之月……乃命冢宰，农事备收，举五谷之要，藏帝籍之收于神仓，祇敬必饬。"

《周礼·地官司徒》："廪人，下大夫二人，上士四人，中士八人，下士十有六人。府八人，史十有六人，胥三十人，徒三百人。"

《周礼·地官司徒·廪人》："廪人掌九谷之数，以待国之匪颁，赒赐稍食。"

《周礼·地官司徒》："仓人，中士四人，下士八人；府二人，史四人，胥四人，徒四十人"；"仓人掌粟入之藏。"

《战国策·赵策一》:“……乃使延陵王将车骑先之晋阳，君因从之。至，行城郭，案府库，视仓廪，……张孟谈曰：臣闻董子之治晋阳也，公宫之垣，皆以狄蒿苫楚墙之，其高至丈余……臣闻董子之治晋阳也，公宫之室，皆以炼铜为柱质……”

仓廪府库都应当在宫城之内，甚至有些府库是在路门之内。厩是在路门之外，所以称外厩。

《战国策·秦策五》:“君之府藏珍珠宝玉，君之骏马盈外厩，美女充后庭。”

厩的规模很大，一厩饲养马216匹，六厩称为“校”（因之有“校人”之职），有1296匹马，在王都里至少有一校马。厩占用了大量建筑面积，在当时车马是主要交通工具，又是战争时的主要装备，也必然在宫城之内。

《周礼·夏官司马·校人》:“校人掌王马之政：……三乘为皂，皂一趣马；三皂为系，系一驭夫；六系为厩，厩一仆夫；六厩成校，校有左右。”

《管子·小问》:“桓公观于厩。”

《孔子家语》:“孔子为大司寇，国厩焚。”

《三辅黄图》:“未央大厩，在长安故城中。汉官仪曰：未央宫六厩，长乐、承华等厩令，皆秩六百石。”[1]

还有台，其在春秋战国时期是风行一时的，诸侯卿大夫都竞相筑台。其来源很早，《诗》中就曾记载文王营灵台。周初的台已难知其形象，它的用途也只能就春秋战国时记载推测。台在宫城中是重要建筑物，可能是居住部分中的主体，在当时是较为巨大且费工的建筑，但是有登高远望的优点，可以登高望敌，有军事作用。所以最初的台是有一定功能的，但是后来变成了华丽奢靡的建筑物。

《诗·大雅·灵台》:“经始灵台，经之营之，庶民攻之，不日成之。”

《韩非子·说林上》:“隰斯弥见田成子，田成子与登台四望，三面皆畅，南望，隰子家之树蔽之……”

《战国策·秦策四》:“智氏信韩魏，从而伐赵，攻晋阳之城，胜有日矣，韩魏反之，

---

[1] 此处引文与《三辅黄图》毕沅校正本有异。毕本作：“……长乐、永华等厩，令皆秩六百石。”

杀智伯瑶于凿台之上。”

《国语·齐语》：“（桓公）曰：昔吾先君襄公筑台以为高位，田、狩、罼、弋，不听国政……”

《国语·吴语》：“……昔楚灵王不君，其臣箴谏以不入。乃筑台于章华之上，阙为石郭，陂汉，以象帝舜。”

以上多项建筑——府、库、仓、廪、厩、台，都应在宫城之内。这些建筑除了台可能具有兵事意义外，都是储藏重要物资的，所以在奴隶制社会时期，宫同时是国家经济和军事基地。当然，它还是政治中心，因此又必然有若干行政机构的建筑物。所以宫城的面积是相当大的。按照前面关于居住区、道路等所占地面积的估计，所余的面积当即宫城面积，则国都宫城面积20000亩，诸侯都宫城面积1000亩，都城宫城面积100亩。国都宫城面积为总面积的$\frac{1}{4}$强，略与现存齐临淄城遗址比例相近。[1]

（五）如何研究西周都城规划

自来研究古代都城规划都以《周礼·冬官考工记》作为最早的典型，并且称之为布局严整、有鲜明的中轴线。然而又有说《考工记》是战国或汉代儒家的伪造，其间穿凿附会贯穿了很多儒家思想，致使真相不明。[2]

我们不能完全否定《考工记》，其中许多记载是确有根据的。但是要善于区别，要认真区别。

今天研究西周都城规划是关系到追溯城市起源的问题，是建筑史中的一个大问题。但是并没有确实可靠的当时的记录，只能从春秋战国乃至西汉的记载中去推究当时的情况，这就又要花去很大的工夫，要进行严肃认真的工作。

运用辩证唯物论的观点和方法，了解、占有全部资料，是有益于建筑史研究的。马克思说：“人的本质并不是单个人所固有的抽象物。在其现实性上，它是一切社会关

[1] 作者在此处自作眉批：“此节应补充宗庙的材料。宗庙为当时最重要之建筑。”

[2] 作者作此文时，时逢“批林批孔”“评法批儒”等政治运动，“……儒家思想，致使真相不明”云云，系当时政治语境下的观点。故在下文特婉转指出“不能完全否定《考工记》”，又自作眉批：“现在看来，历来称其为伪作的说法似乎不足信。”

系的总和。”这句话对研究都城规划，应有很大意义，因为都城规划也正是一切社会关系的总和。

都城是在一定的社会生产关系下规划建造的，它全面地反映出一定阶段的社会的政治经济制度。因而随着社会生产的发展，生产关系的改变必然地要打破旧的形式、制度，形成新的城市规划，产生新的城市面貌。这是任何力量所不能阻挡的社会发展趋势。可以看看春秋战国时期，都城发生了什么样的变化。

因为建筑本身的特性，它反映社会生产关系、思想意识往往是曲折的，必须通过追根到底的分析才能了解真相。

要尽可能地把一切文字记录具体化——尺度、大小规模、平面布置——求得确切可信的图样。停留在文字考证上是无益的，不是仅仅从文字上去辩论，而是从具体的图样上去比较，从抽象的文字中追索出具体的形象。

是不是能够作出全部的复原图？目前资料是不可能的，但能够得出大致的轮廓，也能够得出某些局部的详图，这是完全可以的。逐渐积累，以趋完整。

一切具体事物的记载，即使一鳞一爪，都较之抽象的空论有价值。

二、春秋战国城市

（一）都城发展的概况

春秋时期由奴隶制社会逐步转变为封建制社会，新兴的地主阶级在各诸侯国内都逐渐掌握了政权。初获得解放的奴隶大大提高了劳动热情、效果；而当时各诸侯国周围有充足的可供开垦的荒地，铁制农具也在此时大量生产，凡此种种都大大促进了农业生产。加以各诸侯国对小国和异族的兼并，各国土地日益扩大。鲁国扩大了五倍，楚国扩大了几十倍。

《史记·孔子世家》：“楚之祖封于周，号为子男五十里。今孔丘述三五之法，明周召之业，王若用之，则楚安得世世堂堂方数千里乎？”

《孟子·告子下》:“……周公之封于鲁，为方百里也……今鲁方百里者五。”

土地扩大，手工业、农业发展，随之而来的是人口增加，必然产生新的城市。并且由于交通日渐开启和商业的发展，由另一方面促进了城市的发展和繁荣。许多交通要道，如地处齐、宋、鲁、卫之交的定陶，七国都城临淄、邯郸、洛阳、咸阳、大梁、宣阳、鄢陵，都成了商业城市。西周时期的战争是向外的，进攻西戎、淮夷、荆蛮等落后种族，以掠取奴隶为目的。春秋开始的战争是诸侯国扩大领土自相残杀的内讧。据《春秋》所记，在250余年中，就发生过378次战争，这还是粗略的统计。在这些战争中消灭了无数小国，在春秋时代有记载的还有140余国，到战国后半期，就合并成秦、楚、齐、韩、魏、赵、燕等七国了。在这些战争期间也不断地为了军事需要筑了些城市。如鲁国，据《左传》中所记载的，就筑了约20座城。

据《战国策·齐策一》:“今齐地方千里，百二十城。”则城市密度大约是每800多平方里有一城。看来，这大致在春秋战国时期是普遍的现象。

这时期一般的城市（除了诸侯都城以外的大都市）大致是三里见方，城内有人口一万户。往往城郭并提，似乎城外均有郭。以周初的制度，万户便应当有军四师即一万人，此时似有不同，如安平君只有“散卒七千”，不足三师人。可见城市人口的成分已有了变化。此外，还有密度的变化：三里之城由2500户增至万户。有些城市可能还是由大地主、大商人建筑的，如郤昭子一家就有近两万人聚族而居，是很可能自筑一城的，但这只能是个别少数情况。三里之城是除了国都以外的大城，国都如临淄则已有七万户。

《战国策·赵策三》:“今千丈之城、万家之邑，相望也。”

《战国策·魏策一》:“知伯索地于魏桓子……乃与之万家之邑一，知伯大说。”

《战国策·赵策一》:“使使者致万家之邑一于知伯。知伯说，又使人请地于魏……”“知伯曰：破赵而三分其地，又封二子者各万家之县一，则吾所得者少，不可。”

《墨子·杂守》:“率万家而城方三里。”

《孟子·公孙丑下》:“三里之城，七里之郭。”

《史记·苏秦列传》:“临淄之中七万户，臣窃度之，不下户三男子，三七二十一万，不待发于远县，而临淄之卒固已二十一万矣。……临淄之涂，车毂击，人肩摩，连衽成帷，举袂成幕，挥汗成雨，家殷人足，志高气扬。”[1]

《战国策·齐策六》：“安平君以惴惴之即墨，三里之城，五里之郭，敝卒七千，禽其司马，而反千里之齐。”

《国语·晋语八》：“夫郤昭子，其富半公室，其家半三军……”

每户人口的平均数，前已列举有两种记录，为5人及8人。似可认为5人是西周初期情况，8人是战国时的情况。按8人计算，三里之城万户，即8万人，其人口密度为每公顷510人。如以临淄城遗址面积91平方里、7万户、56万人计，其人口密度为每公顷350人，较之西周初期每公顷70至80人增加了4至6倍。

由于商业发展，各地设有关卡征收过境税，城市则在城门征税。

《孟子·梁惠王下》：“关市讥而不征。”

《左传》文公十一年（公元前616年）：“宋公于是以门赏耏班，使食其征。”

春秋末至战国，新兴地主阶级的兴起，促进了土地私有制和农业上的地租制，奴隶制社会推进到封建制社会，一般地说奴隶已获得人身自由，生产力得到解放。土地兼并和开拓荒地的结果是各先进的诸侯国迅速扩大领域，人口也迅速增长。这就使城市数量骤增，城市人口也迅速增长。西周的一套城市制度，被历史发展所动摇。这首先表现在防卫方面，城墙加固加高了，武装力量加强了。城市人口增多、物资储备增多、手工业商业的发展等等因素互相影响，城市的平面规划也必然冲破了原有的框框。可知鲁国孟孙、季孙、叔孙三家各筑都城，正是历史发展的必然现象。

《墨子·杂守》：“凡不守者有五：城大人少，一不守也；城小人众，二不守也；人众食寡，三不守也；市去城远，四不守也；畜积在外，富人在虚，五不守也。”

这五不守，和城市的发展是互为因果的。

还有一个郭的问题。在《礼记》中已经是城郭并提，可是西周的郭却无具体的记载，不知其详。《周礼》中有关于城区郊区的土地分配原则，但也看不出是否与郭有关。

《礼记·礼运》：“今大道既隐，天下为家。各亲其亲，各子其子。货力为己，大人

---

[1] 此段文字与《战国策·齐策一》略有不同。

世及以为礼，城郭沟池以为固……”

《周礼·地官司徒·载师》：“……以廛里任国中之地，以场圃任园地，以宅田、士田、贾田任近郊之地，以官田、牛田、赏田、牧田任远郊之地，以公邑之田任甸地……”

战国时有“三里之城，五里之郭”（见前《齐策》）或“三里之城，七里之郭”（见前《孟子》）的说法。这城郭是如后代所见的大小相套，或是在城一旁？在战国现存遗址中还未能取得证明。但过去所认为的郭实是城而城实是宫城，前已说明。不过郭内之地似乎是种菜或经济作物的，由此看来郭或并无城墙，或有也必低矮。

《管子·轻重十三》：“北郭者，尽屦缕之甿也，以唐园为本利。”

《庄子·让王》：“孔子谓颜回曰：‘回来！家贫居卑，胡不仕乎？’颜回对曰：‘不愿仕。回有郭外之田五十亩，足以给饘粥；郭内之田十亩，足以为丝麻。鼓琴足以自娱，所学夫子之道者足以自乐也。回不愿仕。’”

《管子》所记可以知道北郭是解放了的奴隶居住，以种果菜园为生，这当是封建社会情况。而颜回虽称为穷，也还有 60 亩地（由历史的发展，他已不能保有百亩之田了）。

《管子》另有齐邑方六里，有社并征收关税的记载。

《管子·乘马》：“方六里，名之曰社；有邑焉，名之曰‘央’，亦关市之赋。”

又，《管子》所记还有“土阂”。

（二）齐临淄

春秋战国城市遗址近年勘探较为清楚的当为齐临淄。1964—1971 年，先后进行了三次勘探，1972 年《文物》第 5 期发表了勘察纪要。对于我们有帮助的，大致是：小城面积约 12.5 平方里（合周尺），大城面积约 78.5 平方里；小城中有“桓公台”及冶铜、铸钱遗址，大城中有冶铁、冶铜、制骨器遗址。其他如道路、城门和文化层虽很多，但还分辨不出它们的时代，很难应用于研究。这旧城经西周直到汉代都在使用。

临淄的人口前已据《史记·苏秦列传》记为 7 万户，但《史记·三王世家》则称为 10 万户，10 万户每户 8 人，则人口密度为每公顷 510 人，恐怕是过于夸大了，或者这 10 万户有部分是在城外。

《史记·三王世家》:“关东之国，无大于齐者。齐东负海而城郭大。古时独临淄中十万户。天下膏腴地莫盛于齐者矣。”

齐城中有手工业，遗址发掘已经证明，而经济上重要的铸币作坊位在宫城之内，足见宫城在政治经济上乃是必不可少的。

这个小城即宫城，具体的实物是城内有桓公台遗址和铸币遗址。同时小城面积仅12.5平方里，是不可能容纳7万户人口的。即全城共仅91平方里，7万户人口密度已感拥挤。

临淄城中社会编制和军事编制是统一的（见前引《国语·齐语》），那里把一“乡”的编组和五乡一帅、故“万人为一军”都说得很清楚。而全城共有21乡，其中“工商之乡六，士乡十五”。而工商之乡是不出兵役的，只有“士乡十五”出兵役，因此共有兵力3万人即三军。

《国语·齐语》:“管子于是制国以为二十一乡：工商之乡六，士乡十五，公帅五乡焉，国子帅五乡焉，高子帅五乡焉。”

《管子·小匡》所记与《国语》大致相同，唯“士乡十五”，在此作“士农之乡十五”。

城市人口中工商业人口占28.5%，士占71.5%，足见当时工商业的发展，使城市人口性质发生了很大的变动。工、商在当时都是由奴隶主所信任的奴隶经营的。士阶层中可能有部分贫困的已下降为自耕农，但是主要是奴隶主，主要的农民原来都是奴隶，后住在城外，所以这里称为士乡十五或士农之乡十五。在奴隶制社会刚过渡到封建社会时，可能还残留着奴隶和奴隶主阶级的某些痕迹，以致工商之乡和郊外的农民是不服兵役的。

而在城市规划上则把工商之乡和士乡区划开来，后代的市（如唐长安）集中在一定区域，恐怕还是这种遗迹。这种平面布置是封建社会初期的新发展，工商之乡和《考工记》中的市是不同的，那个市只是一个交易场所，不归入社会编组之内。“五家为轨……十轨为里”的编制虽然也和《周礼》的“五家为比”“五比为闾”不一样，但应是各个诸侯国间的差异，而不是时代的差异。它只是数字、名称之不同，不是本质的不同。还有在农村人口编制中齐国是“二十家为邑，十邑为卒”，而《周礼》是“九夫为井，四井为邑”，大致也是各国间的差异。

《国语·齐语》：“制鄙。三十家为邑，邑有司；十邑为卒，卒有卒帅；十卒为乡，乡有乡帅；三乡为县，县有县帅；十县为属，属有大夫。五属，故立五大夫，各使治一属焉；立五正，各使听一属焉。”

《周礼·地官司徒·小司徒》：“乃经土地而井牧其田野。九夫为井，四井为邑，四邑为丘，四丘为甸，四甸为县，四县为都，以任地事，而令贡赋。”

除了工商之乡外，还有文学之士集聚的区域。

《史记·田敬仲完世家》：“宣王喜文学游说之士，自如驺衍、淳于髡、田骈、接予、慎到、环渊之徒七十六人，皆赐列第，为上大夫，不治而议论，是以齐稷下学士复盛，且数百千人。”《集解》：“刘向《别录》曰：齐有稷门，城门也。谈说之士期会于稷下也。”

临淄城是有郭的，除前列《管子·轻重》外尚有：

《史记·齐太公世家》：“（灵公二十七年）晋使中行献子伐齐。……晋兵遂围临淄，临淄城守不敢出，晋焚郭中而去。”

《史记·齐太公世家》：“（简公四年）……乃出。田氏追之。丰丘人执子我以告，杀之郭关。”

宫城中有台名檀台：

《史记·齐太公世家》：“（庄公六年）崔杼之徒持兵从中起。公登台而请解，不许……”

《史记·齐太公世家》：“（景公三十二年）晏子曰：君高台深池……”

《史记·齐太公世家》：“（简公四年）公与妇人饮酒于檀台。”

齐临淄城内社会组织不同于《周礼》所记，这种编组在遗址中尚未觅得遗迹，很可能当时七国各不相同。秦始皇统一天下，建立中央集权的郡县制，城市规划也可能随着统一度量衡、统一文字而消除了各国的差异。

齐宫城甚大，已可于遗址中证实。宫中有七市，有“女闾七百”。这700女闾，可能是按居民编制组成闾的形式，5比为闾，700户可编为28闾。在城外还建有离宫，名雪宫。

《战国策·东周》:“齐桓公宫中七市，女闾七百，国人非之。”

《孟子·梁惠王》:“齐宣王见孟子于雪宫。”

（三）关于“台”及“囿”

在春秋战国时期，较大的都城中都有台。先前原是诸侯宫中的建筑，后来卿大夫家中也都有台，如管仲家中有“三归”台。

《战国策·魏策三》:“秦十攻魏，五入国中，边城尽拔，文台堕，垂都焚，林木伐，麋鹿尽……”

《战国策·韩策一》:“秦下甲据宜阳，断绝韩之上地，东取成皋、宜阳，则鸿台之宫、桑林之菀，非王之有已。”

《战国策·燕策二》:“齐王逃遁走莒，仅以身免。珠玉财宝，车甲珍器，尽收入燕。大吕陈于元英（宫名)，故鼎反于历室（宫名)，齐器设于宁台，蓟丘之植植于汶皇。”

《战国策·东周》:“宋君夺民时以为台，而民非之……”“齐桓公宫中七市，女闾七百，国人非之。管仲故为三归之家，以掩桓公非……”

后来台榭连称，可能是建筑上的新创造，但同时也变成了一种奢侈华丽的建筑。

《战国策·魏策二》:“楚王登强台而望崩山，左江而右湖，以临彷徨，其乐亡死，遂盟强台而勿登，曰:‘后世必有以高台陂池亡其国者。’”[1]

《史记·殷本纪》:“厚赋税以实鹿台之钱，而盈钜桥之粟，益收狗马奇物，充仞宫室，益广沙丘苑台，多取野兽蜚鸟置其中。慢于鬼神。大最乐戏于沙丘，以酒为池，悬肉为林……”

由周到战国，大致囿均在城之外。

《孟子·梁惠王》:“文王之囿方七十里，刍荛者往焉，雉兔者往焉，与民同之。民以为小，不亦宜乎?”

《战国策·西周》:“周君反，见梁囿而乐之也。綦母恢谓周君曰:‘温囿不下此而又近，臣能为君取之。’……綦母恢曰:‘周君形不小利，事秦而好小利。今王许戍三万

[1] 据上海中华书局聚珍仿宋版《战国策》注，“强台”一作“荆台”，“崩山”一作“崇山”。

人与温囿。周君得以为辞于父兄百姓，而利温囿以为乐，必不合于秦。臣常闻，温囿之利，岁八十金。周君得温囿，其以事王者岁百二十金，是上党每患而赢四十金。’”（温囿，魏囿也）

这时的囿都是生产性的。

（根据作者 1973 年 2 月至 7 月手稿整理）

整理说明

此份《杂记》作于1973年2月至7月，是陈明达先生研究周代城市规划问题的工作札记和研究大纲。陈先生曾计划与莫宗江先生合作，就城市规划史问题作长期的更深入的研究（据笔者所知，莫先生拟重点研究曹魏邺城和唐宋帝京）。但由于种种原因，此计划终未完成。因此，这份札记便成为陈明达先生唯一涉及城市规划课题的专题论文。现笔者谨遵作者嘱托，完成最后的校订整理工作，将之呈献学界同人。

陈先生向以《营造法式》研究著称，但其研究方向实际上更为宽广——重新发现完整的自成体系的中国古代建筑学，故城市规划问题也一向为其所关注。为此，他除计划与莫宗江先生合作外，还曾多次与古代城市规划史问题的权威专家贺业钜先生作广泛、深入的探讨、交流。由于陈先生曾在1943—1946年从事重庆市道路网规划和城市分区规划工作，有很高的现代城市规划学造诣和相当丰富的实际工作经验，在此基础上研究古代城市规划，即形成有着切身经验体会的对古代文明的重新认识。这或许是本文独特的学术价值之所在。

有必要介绍一下写作这份《杂记》的时代背景。受政治形势干扰，自1964年至1972年，作者被迫中断研究工作近十年。1973年恢复工作至1976年，作者完成了两篇学术论文，但只发表一篇。当时的研究工作是必须与政治形势相周旋的颇具风险的工作。陈先生生前曾回顾那段历史：因年事已高，必须抓紧时间给后人留下研究成果，故一篇论文完成后，要煞费苦心地从马列著作中寻找一些词句补充到适当的段落中撑门面——非如此不能通过政审。《从〈营造法式〉看北宋力学成就》一文即因恰当选用了恩格斯语录而获通过；而这篇论文涉及奴隶制社会下的井田制，偏又谈了这一时期城市规划的种种优点，难免有鼓吹刘少奇“剥削有功论”的嫌疑，恐怕即使找到了合适的语录，也难以通过。在治学方法上，陈先生原本自二十世纪三十年代即受到马克思辩证唯物史观的影响，但在“文化大革命”十年政治形势的夹缝中求得学术研究的生存，显然非其所长。这也许是本文未在当时公开发表的主要原因。

笔者介绍这段历史，意在记录老一代学者在建筑历史研究领域中所走过的艰难路途。

最后一点说明：陈先生在写作中引证古文献所依据的多种版本，现在已无法一一查找，在整理校订过程中，核对引文主要以下列版本为准：

《十三经注疏》. 北京：中华书局，1980 年；

《诸子集成》. 上海：上海书店，1986 年影印版；

《管子》. 杭州：浙江书局据明吴郡赵氏木刻本，清光绪二年；

《天圣明道本国语》. 上海：扫叶山房重雕嘉庆庚午读未见书斋本，民国三十年石印本；

《国语》. 上海：上海古籍出版社，1998 年；

《战国策》. 上海：中华书局聚珍仿宋版印，民国（未标注刊行日期）；

《史记》. 北京：中华书局，1959 年；

《汉书补注》. 北京：中华书局，1983 年；

《三辅黄图》（毕沅校正本）. 北京：中华书局，1985 年。

整理者

我的业务自传[①]

中国古代建筑史是一门新的专业学科。这个学科自己的历史不到五十年。它的创始人是梁思成先生。就在那个创始的时候，我才十八岁，跟随着梁先生学习和工作，直到能独立进行研究。

开始的时候，学习、工作和研究是分不开的。我们各处去找古建筑，测量，制图，对照着古代典籍研究。稍有认识后，又试着按照两部典籍的记录，绘制图样。制图中出了问题又去找古物帮助解答。这几乎成了几十年来研究工作的基本方法。难不难？很难！面对看见的实物，分不清也叫不出它们的名称。看着书上的记载，又和实物对不上号。找老工人师傅请教，他们只能解说清代的建筑，明代的已说不清楚，明代以前的就更不知道了。然而从另一方面看，也不难。我自己只工作了一年，就基本上掌握了一般知识和工作方法，度过了最困难的阶段。有什么诀窍吗？有的，就是不停地学、干。越是难懂的，下定决心越要弄懂它。不计时间，夜以继日，不知疲倦地干。四十年如一日，至今如此。

我们研究古代建筑史的目标，就是要探求各时代的建筑学理论。这就是要总结出古代建筑发展史。要取得理论的认识，研究古代典籍也是一个重要方面。因为古代建筑的理论，不是我们的创造发明，那是古代人的创造发明。不过，年代久远，时过境迁，被后人所遗忘。我们的任务，是重新去发现它。

---

① 此篇是1980年9月陈明达先生为填报中国建筑科学研究院《科学技术干部业务考绩档案》时所写的业务自传，曾收入《陈明达古建筑与雕塑史论》一书。此“考绩档案”另含工作履历表、著述登记表，均须本人填写并略作自我评判，报备单位审核。现将此二表列为本文的附录，以供研究者参考。

我国古代建筑的两本经典著作，一是成书于北宋末期（公元1100年）的《营造法式》，一是成书于清代初期（公元1734年）的工部《工程做法则例》。这两本书既是仅存的古代建筑学专著，又是我们的研究对象，这就注定了对古代建筑这个学科，必须边学边研究。必须要求对这两本书的认识和理解逐步地、不断地提高。这项研究工作与对实物的研究是相辅相成的，需要反复交错进行。在不断的反复交错研究中，这门学科才能得到逐步提高。

从开始学习到现在已经四十七年了。除去“文化大革命”前后所停顿的十四年，实际工作了三十三年，回想起来，恰好可分为三个阶段。第一个十年着重于实物的测绘，测量了一百多座古代建筑，绘制成1 ∶ 50实测图的四十余座，绘制成1 ∶ 20模型足尺图的二十余座，拟定修理计划及施工图的二十余座。第二个十年着重于经典著作《营造法式》的研究。由于前一阶段已经在头脑中积累了大量感性认识，对这部书的理解才逐渐深入到理性认识，然而这是环境促成的。因为这个十年中我的职业变动，搞城市规划和建筑设计，只能在业余时间继续搞研究。而事实上恰好是第一阶段打下了感性认识的基础，第二阶段打下了理性认识的基础，到最后这十年的第三阶段，才有能力综合前两阶段的结果，取得了跃进。

从1962年开始，我自己计划要做约三十个专题研究，现已完成了《应县木塔》《营造法式大木作制度研究》两个专题。这两个专题的成果，在我个人是一个跃进，对本专业学科是一次突破，突破了过去只研究表面现象的局限，开始触及本质问题，打开了向理论进军的大门。这两个专题，每个都用了约两年时间。要完成预定的三十个专题研究计划，没有可能了，只能一个一个做下去，做多少算多少。今后的方向只有一个：抓紧时间继续干。

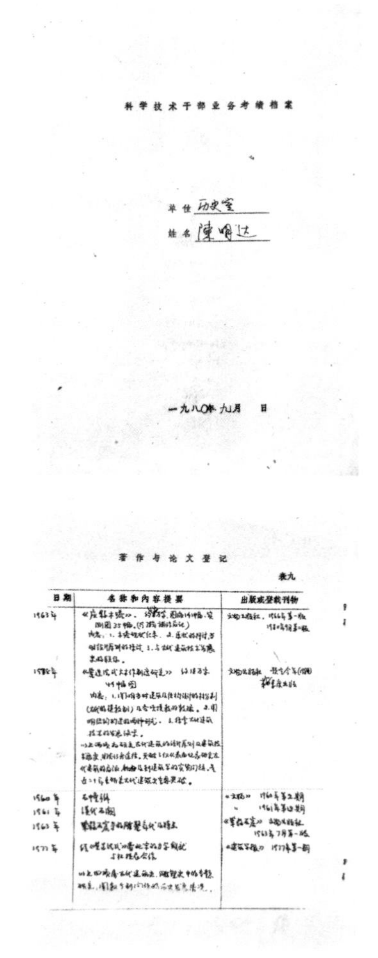

科学技术干部业务考绩档案

单位 历史室

姓名 陳明达

一九八〇年九月　日

著作与论文登记

表九

日期	名称和内容提要	出版或登载刊物
1963年	[illegible]	[illegible]
[illegible]	[illegible]	[illegible]
1960年	[illegible]	[illegible]
1961年	[illegible]	[illegible]
1963年	[illegible]	[illegible]
1977年	[illegible]	[illegible]

业务自传

[illegible]

注：内容包括基础理论、专业知识和业务能力的成长过程、目前达到的水平，业务工作、组织管理工作的经验和体会，以及今后努力方向[illegible]。

《我的业务自传》影印件

附 录 一

担任过的主要技术工作

起止日期	任务名称	担任工作内容及职务	结果（效率）情况
1932—1943年	古代建筑调查、测量、绘图、研究	任中国营造学社绘图生、研究生、研究员 参加若干次调查，详细测量古建筑一百余座。绘成1:50实测图的四十余座，1:20模型足尺大样的二十余座 撰写专著一部（尚未出版）	所绘古建筑实测图等至今仍是研究古代建筑的基础资料 1954年据模型图制成应县木塔模型（现陈中国国家博物馆）
1944—1948年	重庆市城市规划等	任中央设计局公共工程组研究员，兼陪都建设委员会工程师 道路网及分区规划设计 本职工作之外，设计湖南祁阳重华学堂	
1949—1952年	建筑设计	任重庆市建筑公司工程师（技术二级） 中共西南局办公大楼及附属工程、中共重庆市委会办公大楼及附属工程，上述两项工程的设计、施工图、预算及监督施工	按计划完成任务，交付使用
1953—1960年	古代建筑的保护、管理、修理的技术工作	任文化部文物局业务秘书、工程师（正高级） 拟定全国文物保护单位中的古建筑名单，草拟保护法令及办法 协助地方鉴定古代建筑 审查各地古建筑修理计划及技术文件	
1961—1973年	审定书稿	任文物出版社编审，负责审定古代建筑、石窟雕塑两类专业书稿	
1973年以后	古代建筑、古代建筑史研究	《营造法式》大木作制度研究	1978年完成

附录二

主要著作与论文登记

日期	名称和内容提要	出版或登载刊物
1943 年	《崖墓建筑——彭山发掘报告之一》系彭山汉墓考古发掘工作系列之建筑遗址勘察，并由此引发汉代建筑复原研究	因故尚未出版
1955 年 1957 年 1958 年	《漫谈雕塑》 《中国建筑概说》 《中国建筑概说》 以上三项内容，以漫谈、概说的形式提出中国古代雕塑史、建筑史的研究提纲	《文物参考资料》1955 年第 1 期 《中国建筑》，文物出版社，1957 年 《文物参考资料》1958 年第 3 期
1953 年 1954 年 1955 年 1959 年	《古建筑修理中的几个问题》 《关于汉代建筑的几个重要发现》 《两年来山西省新发现的古建筑》 《建国以来所发现的古代建筑》 与以上类似的文章还有几篇，均为古代建筑保护、修理中发生的问题及各地古代建筑保存情况、新发现等内容	《文物参考资料》1953 年第 10 期 《文物参考资料》1954 年第 9 期 《文物参考资料》1954 年第 11 期 《文物》1959 年第 10 期
1963 年	《应县木塔》，约 14 万字，图版 141 幅、实测图 35 幅（1978 年补作后记）。内容：1. 木塔现状记录。2. 原状的探讨，当时设计原则的探讨。3. 与古代建筑技术史的联系	文物出版社，1966 年第 1 版，1980 年第 2 版
1978 年	《营造法式大木作制度研究》，约 18 万字，49 幅图。 内容：1. 阐明当时建筑及结构设计的材份制（古代的模数制）及各项模数的数据。2. 阐明结构构造的两种形式。3. 探索古代建筑技术的发展线索	文物出版社，预定今年（1981 年）第一季度出版
	以上两项为研究中国古代建筑的设计原则及建筑技术发展史开创了新途径，突破了仅从表面现象研究古代建筑的局限，触及建筑学的实质问题，是近二十年来研究古代建筑史的重要突破	
1960 年 1961 年 1963 年 1977 年	《石幢辨》 《汉代的石阙》 《巩县石窟寺的雕凿年代及特点》 《从〈营造法式〉看北宋的力学成就》（与杜拱辰合作） 以上四项属古代建筑史、雕塑史中的专题研究，阐述个别问题的历史发展情况	《文物》1960 年第 2 期 《文物》1961 年第 12 期 《巩县石窟寺》，文物出版社，1963 年 《建筑学报》1977 年第 1 期

古代建筑史研究的基础和发展

——为庆祝《文物》三百期作

1945年梁思成先生写成了一本《中国建筑史》，到1954年曾经油印作为教材。[①]1962年，建筑科学研究院建筑理论及历史研究室编著出版了《中国古代建筑简史》。[②]其后几经增补修改，于1966年定稿，至1980年出版了《中国古代建筑史》[③]。这三本建筑史是几十年来研究成果的总汇，也是继续推进研究工作的起点。然而，有些同志另有看法，说：古代建筑史已经出版了，还有什么可研究的？显然这是一种错觉，包含着“到此为止”之义，但又不能断然肯定，而得出一个结论说“只要不断线就行了”。究竟是不是没有可研究的了，是需要回顾这一学科的创始并评价迄今的成果才能说明的。简言之，古代建筑史是一门新的学科，从创始迄今仅五十年。它只是一株新苗，不但有待于培育发展，而且还要大力加强它的基础。

中国古代建筑史的研究始于1929年创立的中国营造学社。起初只是做些文献搜集、考订的工作。1931年梁思成先生到社后，才开始用现代科学的方法进行研究，并且是作为物质文化史、建筑科学的一个部分，研究古代建筑的形式、结构等技术的创始、发明及其发展过程，研究它的建筑学的理论等等。所以，首先要能认识它。什么时代的建筑是什么形式，有多少形式、类型，如何构造起来的，都必须先有认识。随之而来的又必然要对每一种形式、直至每一个构件叫什么名称，有何功能，是如何确

[①] 梁思成《中国建筑史》后收录于《梁思成全集》第四卷（中国建筑工业出版社，2001），另有百花文艺出版社发行之单行本。本文后文所说该书页码，为1954年油印本之页码。

[②] 系指建筑科学研究院建筑理论及历史研究室中国建筑史编辑委员会编《中国建筑简史》第一册（中国工业出版社，1962）。

[③] 刘敦桢:《中国古代建筑史》，中国建筑工业出版社，1980。

定它的尺度的，都逐一了解。因此，第一项具体工作就是测量实例，绘制成图样。

其次，中国古代文献关于建筑的记录，如史书记载历代宫殿，大都是记载宫殿名称、方位、建于何时之类，又有些辞赋，是专以文学的笔法、观点，描述它们的壮丽、奇巧，对于有关具体技术的记叙极为稀少。这些文献可凭以了解各时代建筑活动情况，或核查现有实例的建造年代，对于了解技术实况，实无助益。幸好尚存有两部古代技术专著，其一是成书于清初（公元1734年）的工部《工程做法则例》，其二是成书于北宋末（公元1100年）的《营造法式》。因此，第二项具体工作就是研究学习这两本书。读懂这两本书，在当时是很困难的，其中充满了奇异的名称术语，面对实例说不出它们的名称，翻开书又和实例对不上号。前一部书困难较易解决，当时还有些老匠师，他们亲身参加过故宫、天坛、崇陵、颐和园等工程，请他们对着实例讲解，困难较小，不过一两年就基本读懂了，并由梁先生编著出《清式营造则例》。后一本书就不同了，许多做法后来已失传，那些名称术语随之改变，我们只能参照清代的名称做法，逐一解释，再对照实例测绘图逐步证实，然后依书中所规定尺寸绘成图样。前后近几十年，才大致读懂全书。于是梁先生才开始编写《营造法式注释》[①]（原注一）。

如上所述，初期的研究工作是从一张白纸开始的，虽然完成了大量实例的调查测绘，积累了大量实测图纸资料和编写出了前述两部书，其意义仅仅是使我们能够从表面形象上认识古代建筑，弄清楚它的形式、结构和一切构件的名称、尺度。当然也作过一些必要的单项专题和断代的研究分析，但不是主要的。所以综合初期研究成果的内容，其主要意义只不过是对古代建筑积累下了基本的常识，为研究古代建筑史打下了基础。正是有了这样的基础，梁先生才能在1945年写出第一本建筑史。

解放以后，这类基础工作规模扩大了几倍，但大多数工作是由文物保护工作者和考古工作者进行的，由建筑史专业单位进行的反而为数不多。因此，其内容较前广泛，而不尽符合建筑史的要求。所幸其数量之多，足以弥补此缺点而有余。而且即使不能直接为研究建筑史所应用，也有辅助或间接的作用。这些工作所积累的资料，绝大部

[①] 梁思成《营造法式注释（卷上）》于1983年出版（中国建筑工业出版社），后由清华大学建筑系营造法式研究小组完成全本的整理校订，收录于《梁思成全集》第七卷（中国建筑工业出版社，2001）。

分都是由《文物》发表刊载的。正是因增加了大量基本资料，写史的基础加强了，这才有能力编写《中国古代建筑简史》和《中国古代建筑史》。所以，《文物》为编写建筑史曾经作出重大贡献，成为古代建筑史研究工作者最主要的赞助者。

现在建筑史研究的基础工作是不是已经无事可做了？基础是不是已经完整、坚实了？我以为是远远不够的，还须大力进行此类工作，甚至它还是一项须长期持续的工作。例如，解放前测绘的实例图纸，不足之处甚多，因为当时对古建筑的认识较浅，许多认识不到之处测量不够详尽，甚至遗漏。旧图纸又大多不标注尺寸，进行深入研究分析时，缺乏可靠的数据。而当时的营造学社是一个私人办的研究机构，经费有限，有些在旅途中偶然发现的古建筑，只停留数小时便须测量完毕，匆促中自不免有遗漏、错误。有些重要实例因搭脚手架费用过高，只测了平面，如大同华严寺大殿、曲阳北岳庙德宁殿等等均未能测量。大量的砖塔，只测了平面，就我经历所知，只有定县料敌塔、苏州双塔、杭州六和塔经过逐层详测，登封嵩岳寺塔只用经纬仪测了总高，其余的塔只是估计的高度。所以已经测量过的，有必要重测，弥补过去的不足，核正错误；未经测量的，迄今大多数仍待测量。解放后新发现的古建筑，其数量远远超过解放前，大多数均尚待详测。而且如前所述，已测绘过的多是从文物保护、修理、考古的角度进行的，不能完全满足建筑史研究的需要。所以，这将是建筑史研究机构的一项重要工作，深盼能投入适当力量，有计划、有步骤地开展起来。

其次，两本古代技术专著是研究古代建筑的经典书籍，蕴藏着两个重要时期的技术规范。现在我们所懂的只是能将书中名称与实物对上号，基本上知道“名物”的尺寸大小、形状、使用部位以及结构形式的概略等等表面形象，对于它们的建筑设计、结构原则、理论还知之甚少，也须坚持继续研究。要理解它为什么要那样做，才能确实解决建筑史的实质问题。例如，近年我曾稍稍深入地研究了《营造法式》大木作制度，基本弄懂了它的“材份制”的内容，并找出了若干重要数据。运用这种材份制的原则去研究古代实例，就较容易找出当时的设计方法，使对实例的认识、理解深入了一步。可见完全读懂这两本书将能促进我们理解从宋代到清末的建筑技术发展过程，并可往前推至唐代。因此，它仍是建筑史研究的基础工作。

总之，我们研究建筑史的基础还不坚实、不充分，还须切实进行下去，不是无事可做。

还曾经有这样一种说法，认为记述古建筑的文章“晦涩难懂”“天书似的文风”“用词冷僻”“窗框叫立颊”等等。这类指责是不正确的。就用“立颊”为例，宋代的“立颊”可以用在窗的两侧，也可以用在其他地方，而清代的“窗框”只是窗框。即使“立颊”用在窗子两侧，那尺寸、做法也并不尽同于清代的窗框，就是口径对不上。如再仔细看看《营造法式》，就可体会“颊”应是名词，“立”应是形动词，“立颊”是立着使用的颊，而楼梯两边的梯梁也叫“颊”，它是斜着安放的，不称“立颊”。由“颊”到“立颊”是名称的转变、使用部位的转变，也是功能的转变。积累起一定数量的这种变化迹象，就可能是寻求某一构件的创始和发展的线索，各种各类线索的积累，对研究建筑发展史有提高推进的作用。消灭“立颊”这个名称，就断掉了这条线。

又如“梁”这个名称是很普遍了，而且古已有之，但在《营造法式》中有些梁叫“栿”，我们也不能一律改称梁。因为它并不是随意使用的，哪些叫梁、哪些叫栿都有一定之规。而清代的“单步梁”在《营造法式》中不称梁也不称栿，称为“劄牵”。这容易理解，因为它并不荷重，所以不称梁、栿。它只是起拉扯的作用，故称“劄牵”。由此看来，梁、栿在当时应是有区别的，或者更早的时期有区别，而为宋代所沿用。区别究竟何在？我们还不了解，是应当研究的问题。如果将原来称栿的构件都改名梁，就会造成混乱，增加研究的困难。这些都应当是常识，不是什么“用词冷僻”。一个物件的名称就如同一个人的姓名，有什么冷僻？更不是文风问题。

以上只是略述了建筑史基础工作的情况。当然我们也不能等待基础完善巩固才开始研究、编写建筑史，在积累了一定的基础资料和进行若干单项研究时即可试写建筑史。从事建筑史研究的同志，应当把已写出的建筑史看作一定阶段工作的检阅，看看基本资料有些什么不足，单项研究是否抓住了要点、关键，有何不足之处。更重要的是应当看到其中提出的富有启发性的论述，常常是下一步研究的重要课题，然后分别轻重缓急，拟定下一阶段的计划、继续研究的目标。待到完成了新的计划，再来写下一本建筑史，改正前一本的错误，补充不足，提高质量，如此使研究工作循序渐进。这就是建筑史研究工作的有计划的发展。

我们已有的三本建筑史，每一本的内容就所掌握的资料范围和数量看，逐本都有较大的增补，这反映出我们的基础工作在不断充实提高。而从每一本的分析、论述看，却相差不多，并且都是着重表面现象而少谈实质，偏重艺术而少谈技术，更没有总结出建筑学的理论。这反映出我们写后一本时没有充分讨论前一本的优缺点，单项研究工作没有跟上来，没有有意识地定出促进它发展的计划。回顾写后两本建筑史时，确实只注重数量的增加，而忽略了实质内容的发展提高，以致前一本中已经涉及的一些建筑设计理论、结构等实质问题，在后一本中没有继续深入，甚至因为要简化文字反而泯没了原意。实际上每一本建筑史都提出了一些应当深入研究的课题。亡羊补牢，犹为未晚。试以第一本建筑史为例，略作检阅，看看有没有值得继续深入研究的课题，看看建筑史研究是不是无事可做。

1．关于城市规划。第五章 60 页述唐代长安城（原注二）时指出“对坊之基本观念……乃以一坊作为一小城，四面辟门”。这个提法，对古代城市规划是较深刻的。它提出长安是以若干“小城”组合成一个大城。我们只是从表面上看到坊是四面有坊墙、坊门，坊内有巷曲、小商店等，且着重于批判夜禁时关闭坊门，一般居民住宅不准在坊墙上开门等等，而没有看出坊实质是一个“小城”，从而没有更深刻地探讨当时的规划、设计思想。倘使我们从坊是一个小城的基本概念出发，探讨这小城中居民的生活方式、小城与大城的功能是如何划分的、小城与小城之间的大道与小城内的巷曲在功能上有何不同以及它们与市政工程、市政管理的具体安排，我想，那就必然会对长安城的规划有更深刻的理解。

又如第六章 67 页叙宋代汴京，指出后周建汴京时“显德二年，增修汴城之两诏，富于市政设计观念，极堪注意”，又在 117 页具体将两诏关于城市设计的要点归纳为“泥泞之患，火烛之忧，易生疫疾，寒温之苦”四项，并说“亦为近代都市设计之主要问题”。

这些对古代城市规划、设计思想的重要之点，应不应当作为继续深入研究的课题？

2．关于平面布局。中国古代建筑平面布局的特点是有一条中轴线。这句话不但为建筑史研究者所熟知，在建筑设计部门也常常被津津乐道，并且都认为这是梁先生的一大发现。诚然梁先生提出了这个中轴线，但我们并没有认真理解，继续深入发展成一条完善的理论，只是表面地、简单地去理解。且看原文第一章 4 页：“绝对均称与绝对自由之两种平面布局。以多座建筑合组而成之宫殿……乃至于住宅，通常均取左右均齐之绝对整齐对称之布局。庭院四周绕以建筑物，庭院数目无定。其所最注重者，乃主要中线之成立。一切组织均根据中线以发展……反之如优游闲处之庭园建筑，则常一反对称之隆重，出之以自由随意之变化。”这里提出了三个要点：（1）平面布局或绝对均称，或绝对自由。（2）绝对均称的布局是庭院四周绕以建筑物。（3）绝对均称的布局最注重主要中线之成立。

这三个要点中第1点很明确，无须讨论，2、3两点的关系尚未明确，它们是两个问题或是一个问题的两个方面。再看第七章152页，他是如何分析北京清故宫的平面布局的：“紫禁城之内，乃由多数庭院合成者也。此庭院之最大者为三殿。”自此以下历述了午门内为一庭院，为“三殿之前庭”，以下中和殿、保和殿、乾清门各为一庭院，而“但就三殿之全局言，则午门以北、乾清门以南实际上又为一大庭院，而其内则更划分为四进者也”。由此可知，他所谓平面布局是以每一个庭院为单元的，“庭院四周绕以建筑物”是基本的平面布局形式。集若干庭院又为一大庭院。再往下看：“在长逾7公里半之中轴线上，为一贯连续之大平面布局。自大清门以北至地安门，其布局尤为谨严，为天下无双之壮观。惟当时设计人对于东西贯穿之次要横轴线不甚注意，是可惜耳。”所以他所谓的中轴线布局，是指大平面布局，无可怀疑，亦即以若干大小庭院“一贯连续”于一条中轴线上。并且还指出了这个古代中轴线布局的缺点是不甚注意“东西贯穿之次要横轴线”。这又使我们需要再正确地理解中轴线的特点。

这里指出的不甚注意东西横轴线的现象，前文在叙述三宫两侧东西六宫时（153页）也曾说：“各院多为前后两进，罗列如棋盘，但各院之间、各院与三宫之间，在设计上竟无任何准确固定之关系。”同一章164页分析寺庙平面布局时又说：“其设计以前后中轴线为主干，而对左右交轴线，则往往忽略。交轴线之于中轴线，无自身之观点立场，完全处于附属地位，为中国建筑特征之一。故宫殿、寺庙规模之大者，胥在中轴线上增加庭院进数，其平面成为前后极长而东西狭小之状。其左右略有所增进，则往往另加中轴线一道与原有中轴线平行，而两者之间并无图案上之关系，各不相关焉。”到这里才说明了“中轴线”的全部涵义，而以前所论只是就某一实例作的具体分析。总之，他的原意是大平面布局以中轴线为主干、交轴线处于从属地位是中国建筑特征之一，并且最后还补充说明，中轴线左右如有增进，是另立与原中轴线并无图案关系的中轴线。

这些分析都已深入到建筑设计的理论领域，论述明确，并无含糊不清之处。我们绝不能只取用中轴线三字，而忽视或误解了他的全部涵义。而且全书中多处涉及这个问题，由浅入深，由个别到全部，逐步阐明，逻辑性极强，可说循循善诱，引人入胜。最后，才总结为："宫殿庙宇之规模较大者，胥增加其前后进数。若有增设偏院者，则偏院自有其前后中轴线，在设计上完全独立，与其侧之正院鲜有图案关系者。"（171 页）

当然，梁先生的论点是否即为定论，可以讨论。平面布局是否只限于这一个特点，更可深入讨论。所以这也是一个需要继续研究的大课题。

3. 斗栱及材份。第一章 2 页论中国建筑之特征的第三项："以斗栱为结构之关键，并为度量单位。"具体的度量单位是什么呢？下文："后世斗栱之制日趋标准化，全部建筑物之权衡比例遂以横栱之'材'为度量单位。"这个说法是有时间性的。前面已经说过我们是先读懂了清代的《工程做法则例》，而后才利用对清代建筑的认识去读《营造法式》的。所以这里的"以横栱之'材'为度量单位"，实在是用清代"斗口"的概念去理解宋代的"材"。"材"字在这里用得比较勉强，但并没有如某些同志那样说成用栱的高度作为梁方比例的基本尺度。所以在论《营造法式》时说："材有二义：（1）指建筑物所用某标准大小之木材而言，即斗栱上之栱及所有与栱同广厚之木材是也……（2）一种度量单位。"前一义是当时探索材的本义所作出的初步解释，即材是一种规定的标准方料，实例中的栱和其他同栱一样断面尺寸的构件，都是这种标准方料。第二义是对《营造法式》材份制的理解。故下文引述了法式原文"各以其材之广分为十五分，以十分为其厚。凡屋宇之高深、名物之短长、曲直举折之势、规矩绳墨之宜，皆以所用材之分以为制度焉"。总之绝无材产生栱或以栱的高度为基本尺度之义。反之，在 122 页却特别说明"斗栱各件之比例，均以此材、栔、份为度量单位"。

现在看来，那时我们对材份的理解确是不够深入。但在梁先生的建筑史中不但并无错误，而且当时我们的理解还达不到他的水平。现在如果还有人认为材产生于斗栱，或用栱的高度作度量单位，那实在是需要认真讨论的。材份制是一个根本性的大问题，它应当是继续研究的大课题。

4. 间缝用梁柱。《营造法式》中有各种用不同的柱梁组织配合成的各种跨度的屋架。例如，总跨度八架的屋架共有七种组合形式，从用两条柱到用六条柱。其中如前檐柱上用六椽栿、后檐柱上用乳栿，此两尾均与同一条内柱相接合，名为“八架椽屋乳栿对六椽栿用三柱”等等。每一个组合形式都有一个名称，总名为“间缝用梁柱”。这就将各种单座房屋的平面柱网布置及各柱之间用梁栿的结构关系交代得很明确、具体。但在我们起初研究《营造法式》时，认识不深刻，以致初期的实例调查报告中曾有过只据平面减少周内柱，即片面地称为减柱，而忽略上部用梁的变化。

这个问题梁先生早已发觉，在建筑史中他已抛弃减柱的提法。在第六章分析辽、宋实例中有八例提到柱梁布置，其中仅叙善化寺大殿（103 页）时说“中间四缝省去老檐柱与后金柱”，尚存“减柱”提法，其余七例都是梁柱并论，不再提减柱。如叙三大士殿（102 页）时说：“其内柱之前面当心间两柱，向后退入半间，以增广殿内前部地位；因而其上梁架与次间柱缝上之梁架异其结构，而产生富有趣味之变化。”叙述海会殿（103 页）时更明确说：“即《营造法式》所谓‘八架椽屋前后乳栿用四柱’者是。”

可是现在一般都只着重于减柱，忽视了这种结构形式的柱网和梁架的辩证关系。究竟仅仅是“减柱造”，还是有各种不同的梁柱组合形式的一类屋架结构形式？这个课题是必须提出来深究的。

以上仅是就重大问题列举了四例。此外，如论单座建筑说（4 页）：“凡主要殿堂必有其附属建筑物，……成为庭院之组织，始完成中国建筑物之全貌。除佛塔以外，单座之建筑物鲜有呈露其四周全部轮廓，使人得以远望其形状者。”又（61 页）：“殿堂本身内部少分为各种不同功能屋室之划分，一般只作一用，即有划分亦只依柱间间隔，无依功用有组织如后世所谓平面布置也。”如论摩尼殿（100 页）：“外观为重檐九脊殿，四面抱厦各以山面向前，在立体上由若干单位层叠联络而成，富有趣致。此盖唐、宋以前所常用，屡见于当时图画，至明、清以后，而逐渐失传之制也。”如论石窟：云冈（40 页）“以中部太和间造诸窟为最饶建筑趣味”。龙门（41 页）：“雕饰较云冈诸窟为有条理，但在建筑上的重要性，则逊之甚远。”诸窟特点（43 页）：“云冈、天龙山、响堂山均富于建筑趣味，龙门则稍逊……三者皆于窟室前凿为前廊，廊有两柱。天龙、响堂并将柱额斗栱忠实雕成，模仿当时木构形状。窟内壁面则云冈、龙门皆布满像龛，不留空隙，呈现杂乱无章之状，不若天龙、响堂之素净。由建筑图案观点着眼，齐代诸窟之作者似较魏窟作者之建筑意识为强也。”论隋、唐实例时（加页）则说：“其中石窟寺本身少建筑学上之价值。”诸如此类的论点不一一列举了。总之，这些看法或有较深的涵义，或触及建筑学的理论，都是要进一步深入研究的课题。

冷静地细读三本建筑史，可以看出在1966年以前，我们的成果还只是属于考古学范畴的，主要内容只是表面现象的认识和分类、排列，能鉴定实例的年代，熟悉各时代的名称术语和立面外观、结构形式，也就是有了较完备的感性认识，理性认识很薄弱，还没有进入建筑学的范畴。当然，不是说完全没有涉及建筑学，只是初步地、不完备也不系统地有一些认识。即如上文所叙第一本建筑史中找到的课题，实际上就提出了各项从建筑学观点上的看法。这是亟须继续发展的部分。

从第一本建筑史中能找到的课题，以我个人所见，大致可有近二十个，第二本、第三本建筑史中，又可各找出若干课题。而这类问题绝不是稍加思索或改变辞藻就可解决的，每个问题都是一项艰苦的研究课题。加以另外还有许多空白点，例如，对各个实例没有逐个深入分析研究，对涉及结构力学的部分、古代施工方法等等，尚未开始研究。凡此，都需要积极开展研究工作，尤其应当开展学术讨论，交流经验，互相促进其发展。所以，《文物》也仍然是我们的一个重要园地。我们除了预祝它继续刊载基础研究的稿件外，还能有意识地组织各种学术讨论稿件，积极地促进这一学科的发展。

作者原注

一、《营造法式注释》梁先生只完成了大木作全部及小木作、彩画作的一部分。

二、以下引号内均引梁思成《中国建筑史》，据1954年油印本。

（原载《文物》1981年第5期，据作者批注手迹修订）

珍贵的实例[1]

安阳修定寺塔是我国建筑史上稀有的用雕砖饰面的一座砖塔。自1973年重新发现以来，河南省文物考古工作者经过几年的辛勤劳动，将塔外壁后抹的灰皮剔剥干净，又翻模补配雕砖，修整完好，使之重现光辉。其间，清理了塔基四周，发掘了另一座石塔遗址，得到许多早期的雕砖残件和北齐舍利函及残存石雕像，为这座北齐名刹找到了重要的实物依据。现在又将这批资料编辑出版，供广大文物、建筑史工作者作进一步研究。编者嘱我写一点对此塔的观感，我以未曾深入研究，难以应允，而又因盛情难却，只得将阅读原稿时所感觉到的几个问题写出来，聊供同好继续研究时参考。

修定寺塔仅塔身保存尚完整，其阶基及顶部均残毁不辨原状。本世纪四十年代的《河朔古迹图识》曾刊有当时外景，塔顶为琉璃饰面的圆柱体，上置琉璃火珠，但阶基已不明。本书据清理发掘所得的琉璃残件，判明塔顶为明代修缮时所作，并非原有形制。按这种形式的塔，在云冈、敦煌、响堂山等石窟雕刻中以及唐代的许多砖石塔中是常见的形式，但规模均不大，只有隋大业七年（公元611年）所建的山东历城神通寺四门塔与之大小相近。四门塔为石塔，其阶基原状亦已不明。塔顶为方形小叠涩座，四角饰山华蕉叶等，座上安石相轮。唐代的此式塔下多作叠涩座或须弥座，塔顶形式大致与四门塔相近，间或有作重叠的两个须弥座上安相轮的形式。但这些塔的外壁或无雕饰，或仅正面稍有雕饰，而似修定寺塔四壁满饰雕砖者，尚属仅见之例。全塔原状如何，是很值得重视的。

此塔外壁雕砖的艺术风格及题材，也是一个稀有的实例。各壁面除上部约占全壁

---

[1] 此文是作者为河南省文物研究所编《安阳修定寺塔》（文物出版社，1983）所作序言。

珍贵的实例

陈明达

安阳修定寺塔是我国建筑史上稀有的用雕砖饰面的一座砖塔。自1973年重新发现以来，经过河南省文物考古工作者几年的辛勤劳动，将塔外壁后抹的灰皮刷剥干净，又翻模补配雕砖，修整完好，使之重现光辉。并清理了塔基四周，发掘了另一座石塔遗址，得到许多早期的雕砖残件和北齐舍利函及残存石雕像，为这座北齐名刹，找到了重要的实物依据。现在又将这批资料编辑出版，供广大文物、建筑史工作者作进一步研究。编者嘱我写一点对此塔的观感，我以未曾深入研究，难以应允，而又因盛情难却，只得将阅读原稿时所感觉到的几个问题写出来，聊供同好继续研究时参考。

修定寺塔仅塔身保存尚完整，其阶基及顶部均残毁不辨原状。四十年代的《河朔古迹图识》曾刊有当时外景，塔顶为琉璃饰面的圆柱体，上置琉璃火珠，但阶基已不明。本书据清理发掘所得的琉璃残件，判明塔顶为明代修缮时所作，并非原有形制。按这种形式的塔，在云冈、敦煌、响堂山等石窟雕刻中，以及唐代的许多砖石塔中是常见的形式，但规模均不大，只有隋大业七年（公元611年）所建的山东历城神通寺四门塔，与之大小相近。而四门塔为石塔，其阶基原状亦已不明。塔顶为方形小叠涩座，四角饰山华蕉叶，座上安石相轮。唐代的此式塔下多作叠涩座或须弥座，塔顶形式大致与四门塔相近，间或有作重叠的两个须弥座上安相轮的形式。但这些塔的外壁或无雕饰，或仅正面稍有雕饰，而似修定寺塔四壁满饰雕砖者，尚属仅见之例。全塔原状如何，是很值得重视的。

此塔外壁雕砖的艺术风格及题材，也是一个稀有的实例。各壁面除上部约占全壁四分之一高的部分雕垂幛璎珞外，其余部分全部划分为菱形小格，每格成一小单元，内作人物、花结、图案等。塔四角各有细长角柱一根，柱两侧又各加一根更为细长的辅柱。此菱形格与角柱构图，使全壁颇俱伊斯兰建筑风味。按这种将壁面划分为菱形小格的构图，曾见于新疆克孜尔等石窟

1

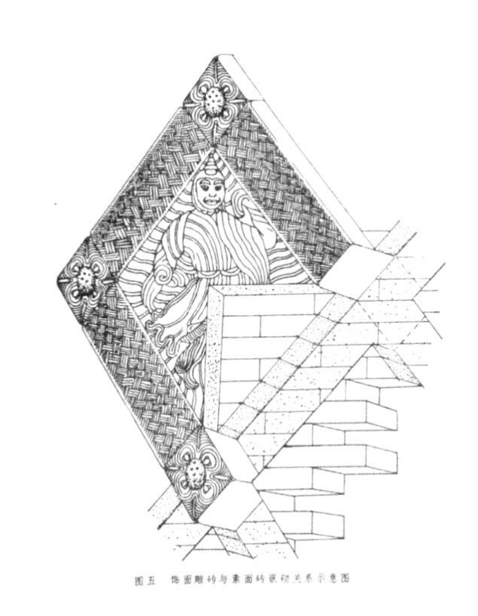

图五 饰面雕砖与素面砖嵌砌关系示意图

五九 盘龙雕砖与角柱的嵌砌关系

《安阳修定寺塔》书影

四分之一高的部分雕垂幛璎珞外，其余部分全部划分为菱形小格，每格成一小单元，内作人物、花结、图案等。塔四角各有细长角柱一根，柱两侧又各加一根更为细长的辅柱。此菱形格与角柱构图，使全壁颇具伊斯兰建筑风味。按这种将壁面划分为菱形小格的构图，曾见于新疆克孜尔等石窟壁画。那么它是否受西域影响，或者当时是否有来自西域的匠师参与其事，尚待研究。至于这些菱形小格中的图案、花结等纹饰，新颖多样，实为前所未见。人物中既有金刚、飞天等佛教题材，又有真人、童子等道教形象掺杂其间，其来源及涵义，也是颇难索解的问题。

用模制雕砖作建筑物的饰面，起源很早，东汉时的画像砖已广泛使用。不过，东汉时都是用于坟墓的内壁。用于地面上建筑物作墙壁饰面的，则此塔是最早的实例。

它究竟创始于何时，是很重要的问题。根据现存的饰面砖，虽然有些年代较晚，有的在构图细节上稍感组合不严密，但大部分雕砖是唐代制作的，后代只是有些增补修配罢了。但是也有两个难于解答的问题。其一是南面塔门的额栿、立颊及半圆形门楣均为石制，门楣上所雕佛像及立颊上所雕“铺地卷成”及“枝条卷成”牡丹花，显然是中晚唐的典型风格，而与雕砖风格大异其趣。这是石作与砖作匠师的风格不同，或是时代的差别？其二是塔身四根角柱下的覆莲柱础，显然早于全塔其他雕饰。尤其东北角柱础覆莲之下尚雕有一周忍冬纹饰，至迟应为北齐所作。因此，塔身可能早于饰面雕砖，或为北齐所建。这是需要对塔身作进一步深入研究才能确定的。

最令人感兴趣的是塔基周围发掘清理出土的一批残雕砖。它们的图案、题材和风格，均与现存塔外壁雕砖完全不同。其中有斗栱、券楣、栏板、蜀柱等。券楣、栏板多用忍冬纹图案，蜀柱上雕砖饰束莲，都可以肯定是北朝末期的形式。但这些雕砖的形状、尺度，似不适用于现塔壁面，如蜀柱很短、券楣尺寸过小等，所以它们有可能是属于另一建筑物的。但也不能完全排除为此塔原物，因为它也有可能用于阶基周围、塔顶或塔内壁面。可见，对这些雕砖的研究，又必然要涉及塔的原状及创建年代。

总之，修定寺塔是近年来一个重要的新发现。它为建筑史研究增添了一个珍贵的实例，也给我们提出了一些新的问题。我相信，这批资料的出版，对于建筑史和宗教艺术的研究是会有积极意义的。

（据作者批注手迹修订）

对王其亨硕士学位论文的评审意见

本文作者有科学的严肃的研究态度，实事求是的论证方法。认真搜集了有关文献档案记录，仔细与实测结果核对，求得符合实际的解答。有正确的学术观点、独立的见解，故能切中要害地选定研究项目及其内容，取得正确的阐明和结论。

本文不但是本人近数年中评审过的建筑学硕士论文中水平最高的一篇，而且其内容与过去所有关于清代陵寝论著相较，有重要的发现和补充。可以肯定他对于清代陵寝建筑研究，“有所发现，有所前进”。因此，本文的水平，已超过了硕士学位的要求，而具有博士学位的水平。

兹列举本文新取得的重要成果如下：

（一）文献档案中清宫档案的“皇帝大事档”“上谕档”，各陵寝的“做法约估清册”“工程备要”“销算黄册”等，以前多未查阅，此文补充甚多。同时还仔细整理了当时样式雷所有设计图纸，研究了当时的设计方法。实物考察测绘，以前仅局限于总平面及部分地面现存建筑，此文充实了地宫建筑及大量局部、细部的测量记录，并测绘了陵域的地图。均为本项专题科学研究积累了大量基础资料，对古代建筑研究作出了贡献。

（二）总结出皇帝、皇后、贵妃、妃、嫔、常在六个等级陵寝建筑的规模、形式等具体制度、设计要点和当时样式雷的设计方法。

（三）系统地整理出了砖、石、基础工程的构造、施工程序、施工方法。其中包括自选址开始至挖槽、打夯、打桩、墙体、背后、地面、石门、发券、龙须沟等项目。

（四）阐明了地宫中的金井，是自始至终控制全部工程设计、施工的水准标点，从而撕开了一切传统迷信的外衣，理解了全部金井在工程上的重要的科学意义。

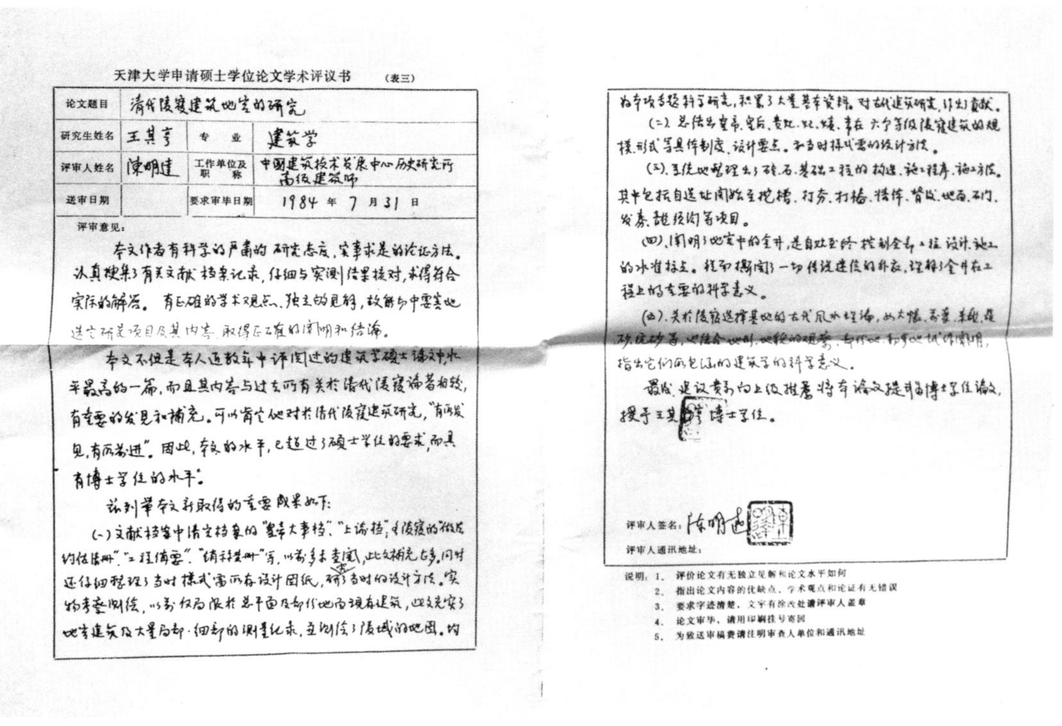
天津大学申请硕士学位论文学术评议书 （表三）

论文题目	清代陵寝建筑地宫的研究		
研究生姓名	王其亨	专业	建筑学
评审人姓名	陈明达	工作单位及职称	中国建筑技术发展中心历史研究所 高级建筑师
送审日期		要求审毕日期	1984 年 7 月 31 日

评审意见：

本文作者有科学的严肃的研究态度，实事求是的论证方法。认真搜集了有关文献档案记录，仔细与实测结果核对，求得符合实际的解答。有正确的学术观点、独立的见解，故能切中要害地选定研究项目及其内容，取得正确的阐明和结论。

本文不但是本人近数年中评阅过的建筑学硕士论文中水平最高的一篇，而且其内容与过去所有关于清代陵寝论著相较，有重要的发见和补充。可以肯定地对于清代陵寝建筑研究，"有所发见，有所前进"。因此，本文的水平，已超过了硕士学位的要求，而具有博士学位的水平。

兹列举本文所取得的重要成果如下：

（一）文献档案中清宫档案的"皇帝大事档"、"上谕档"，与陵寝的"做法钱粮册"、"工程备要"、"销算黄册"等，以前多未查阅，此文补充正多。同时还仔细整理了当时样式雷所存设计图纸，研究了当时的设计方法。实物考察测绘，以前仅为限于总平面及部分地面现存建筑，此文充实了地宫建筑及大量局部、细部的测量记录，并测绘了陵域的地图。均为本项专题科学研究，积累了大量基本资料，对古代建筑研究，作出了贡献。

（二）总结出皇帝、皇后、贵妃、妃、嫔、亲王六个等级陵寝建筑的规模、形式等具体制度、设计要点，和当时样式雷的设计方法。

（三）系统地整理出了砖、石、基础工程的构造、施工程序、施工方法。其中包括自选址开始至挖槽、打夯、打桩、[illegible]、背后、地面、石门、发券、[illegible]等项目。

（四）阐明了地宫中的金井，是自始至终控制全部工程设计、施工的水准标点。从而揭开了一切传说迷信的外衣，理解了金井在工程上的重要的科学意义。

（五）关于陵寝选择基地的古代风水理论，如大帐、前案、来龙、粗砂、浣砂等，也结合地形、地貌的观察，部分地、初步地试作阐明，指出它们所包含的建筑学的科学意义。

最后，建议贵系向上级推荐将本论文提升为博士学位论文，授予王其亨博士学位。

评审人签名：陈明达

评审人通讯地址：

说明：1. 评价论文有无独立见解和论文水平如何
2. 指出论文内容的优缺点、学术观点和论证有无错误
3. 要求字迹清楚，文字有涂改处请评审人盖章
4. 论文审毕，请用印刷挂号寄回
5. 为致送审稿费请注明审查人单位和通讯地址

陈明达评审意见

（五）关于陵寝选择基地的古代风水理论，如大帐、前案、来龙、粗砂、浣砂等，也结合地形、地貌的观察，部分地、初步地试作阐明，指出它们所包含的建筑学的科学意义。

最后，建议贵系向上级推荐，将本论文提升为博士学位论文，授予王其亨博士学位。

陈明达

园林绿化与文物保护

北京有许多园苑、坛庙，保留下来并进行园林绿化，是必要的。这些地点大都由市园林局保护管理。可惜有人不问文物古迹的意义何在、特点何在，一律看待，都是按一个固定模式绿化和改建，这是很有商讨余地的。以天坛、地坛、日坛、月坛、社稷坛、太庙为例，它们都在向那固定模式改变：堆山、叠石、亭廊、花坛，还必须有儿童乐园。全市所有公园，似乎一律要如此。

这些坛庙，本来有两个共同特点。其一是古柏参天，以天坛为最。天坛原面积近三平方公里，除中线上少数建筑物外，全是树龄三百年以上的古柏，是历史为我们留下来的瑰宝。这宝贵之处不仅仅在古柏本身，还在于它位置在人口密集的市区中，绝妙的市内森林公园，举世不多。倘若纽约、巴黎能下决心在市中心辟出三平方公里土地，建植成森林公园，至少要过三百年以后才能与天坛相比。我们却有宝不保，定要建成与一般公园一样，岂不可惜？而那些新建设，现在、将来，必定会影响树木的生长，中山公园便是明证，现在所存古柏，较三十年代减少很多了。

其二是太庙的戟门以内，各坛的壝墙以内，不植树木花草。这是中国古代建筑的重要特点：善于利用环境，创造环境，使建筑群体具有各种特定的效果。一定的范围内不植树木，可以取得严肃的效果。到故宫去看一圈，三大殿一区的气氛多么严肃，站在那里精神总觉得受拘束。这并不是建筑高大造成的，而是那么大的庭院，竟无一树一木的效果。再到东、西六宫看看，就完全不同了，满院树木花卉，顿时使人精神轻快。这都是应当注意保存、保护，勿使改变的原状。如太庙那样挖开铺地砖，种上树木，不是绿化而是破坏文物；在它的外墙之内随意盖新房，缩小森林面积，也是破坏文物。

园林绿化与保护文物，是可以结合而且不难结合的。关键在于要依据文物的具体性质、特点，采取相应的结合方式。不能简单化地一律按固定的模式增改，一律修缮得“焕然一新”，千孔一面。试想，如果七百五十平方公里范围内，有几个森林公园，该有多好啊！

（原载《人民日报》1984 年 5 月 21 日第 8 版）

《清式大木作操作工艺》前言[1]

五十年前，梁思成先生就注意到清代建筑的“则例”和“做法”，并根据大量秘传手抄本，编成《营造算例》，随即又编著了《清式营造则例》（中国建筑工业出版社1981年出版）。然而这是一部“则例”，并没有“做法”，故在《营造算例》初版序中说：“至于做法一层，大概都在木匠师傅教徒弟的时候互相传授，用不着笔墨。所以关于做法的书，我们没有发现；即使偶有以做法命名的，也都是算法而不是做法。”长期以来古代建筑的研究，“做法”始终是一个空白点。现在这本介绍清代大木作操作工艺的专著，所记录的内容是比较全面的“做法”。这个空白，终于得到了填补。

这本记录的来由，井庆升同志已在编后记中说明，不再赘述。井同志本来是小器作匠师，1951年开始学习大木作工艺，1954年参加制作应县木塔的模型。以小器作的工艺为基础，做大木模型，其精确度是很高的。他原是徒工出身，只有小学文化程度，参加工作后又在机关夜校学习文化，做模型时才向路鉴堂老师傅学习大木作，现在写成这本记录，是难能可贵的。况且所记内容，确能忠实于路老师傅的原意，对我们了解古代建筑的“做法”很有帮助。从文字上看，由于保持了许多匠师习用的口语和讲授方式，初看似觉烦琐重复。例如，讲构件榫卯等画线，必定先讲画出中线，而后再在中线两侧点出尺寸；讲另一构件时又同样重复讲画中线，而不厌其烦。但我们想到在口述、心记的传授中，正是依靠这种方式，才能使“大木不离中”这类根本原则在实践时成为一种习惯，有利于保证工程质量。所以在文字上尽量保存原述口语方式，是很有意义的。它使我们深刻体会到某些原则的重要性，也看到了古代技艺传授

[1] 此文是作者为井庆升《清式大木作操作工艺》（文物出版社，1985）所作序言。

的辛苦。

现在文物建筑保护事业发展很快，修理古代建筑的工程很多，这就必须知道古代大木作的操作工艺，这本记录是具有应用价值的。但要注意，它的内容只限于清代的操作工艺，清代以前各时代的操作工艺各有不同。因此，在修缮清代以前的建筑时，只能以此为门径，对照实物，从类似情况中去寻求原建筑的操作工艺，不可一律照搬。而在修理清代建筑时，虽可以此为依据，但也要注意观察实际情况，因为在清代并没有统一的工艺规定，匠师各有师承，于是在大同中产生了一些小异。例如，瓜栱、厢栱、万栱的长度，在这里分别是 6、7、9 斗口，和我们在“则例”中所知的 6.2、7.2、9.2 斗口不同。这并不是误记，而是师承的不同。这种情况在各家的“则例”中、在实物中，都常常会遇到。所以，我们在应用时不应固执于一家之法，须注意实物的小异之处，而变通运用之。

其次，这部书也是研究古代建筑史的重要参考资料，通过它可看到在“则例”中遗漏的事项。例如，蚂蚱头、挑尖梁头，有出锋、回锋两种做法；柱子有“升”、有“柳”（或写作“溜”），都是各种“则例”中所遗漏而我们又不知的。“升”即是宋代的侧脚。由于“则例”中遗漏，长期以来，我们都误以为清代没有侧脚。这里在放檐柱升线时，指明升线在中线的里侧，在放地盘线时指明柱础中线要向外加侧脚，均名为“掰升”。由此又可知，清代侧脚只用于檐柱，总面阔、总进深的标准尺寸是指柱头尺寸等等，都承袭了宋代的做法。

又如放八卦线（即画等边八角形）的方法，术语叫作“四六分八卦、四外小加一”，意即直径一尺，边长四寸，再在中线两边各加长约小于一分长（实即边长四寸二分弱）。初看似乎不同于宋代“八棱径六十，每百二十有五”的方法，但实际上两者都只是概数，并且相差极小。在大木工实际运用时，可以说是完全相等的，

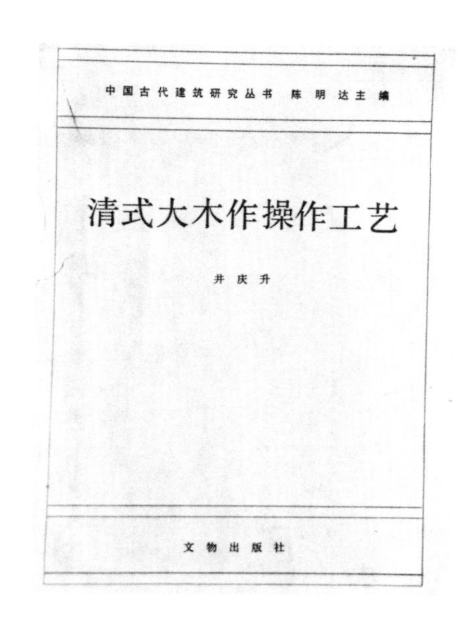

其次，这部书也是研究古代建筑史的重要参考资料，通过它可看到在“则例”中遗漏的事项。例如蚂蚱头、挑尖梁头，有出锋、回锋两种做法；柱子有“升”、有“柳”(或写作“溜”)，都是各种“则例”中所遗漏而我们又不知的。“升”即是宋代的侧脚，由于“则例”中遗漏，长期以来，我们都误以为清代没有侧脚。这里在放檐柱升线时，指明升线在中线的里侧，在放地盘线时指明柱础中线要向外加侧脚，均名为“掰升”。由此又可知清代侧脚只用于檐柱，总面阔、总进深的标准尺寸是指柱头尺寸等等，都承袭了宋代的做法。

又如放八卦线（即画等边八角形)的方法，术语叫做：“四六分八卦、四外小加一”，意即直径一尺，边长四寸，再在中线两边各加长约小于一分长(实即边长四寸二分弱)。初看似乎不同于宋代：“八棱径六十，每百二十有五”的方法，但实际上两者都只是概数，并且相差极小，在大木工实际运用时，可以说是完全相等的，它不过是为了便于记忆和应用，改换成百分制罢了。前述的各种棋长都缩减了尾数，恐怕也是为了使操作运用更为方便。这些问题虽然不大，但却是一种改进和发展，它暗示着某些发展的原因，可以作为探寻技术发展的线索。

总之，这是第一本清代大木作操作工艺的记录，它填补了过去对“做法”的空白点可以供古建筑保护修缮工程参考应用，也是研究古代建筑史的一种基本资料。

陈明达 1984年2月

把柱子翻过来，使原来柱子的底面朝上，把迎头线摆正，使西边的卯翻到东侧方向

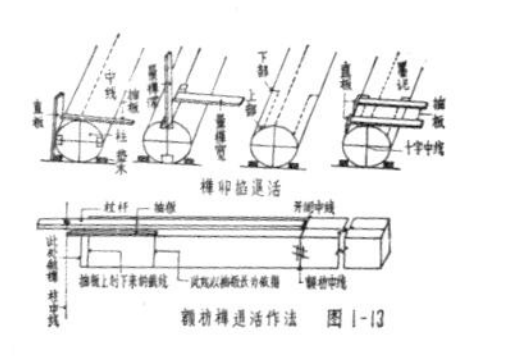

上，所以必须把原左手拿的直板换到右手，直立在柱侧的东面，与柱卯上部靠紧，抽板顶着直板，方法同上。以柱卯至柱中线之距，把柱子中线分别点画在抽板的上下面，即上清下白的各面，这样完成了柱身西面一个卯位与柱中线的尺寸距离。

量柱卯的宽，即额枋榫的宽，把柱子转动一下，使柱卯朝上。然后进行量柱卯的宽

种绳扣的名称不一，系法也不相同，用途也因架子的部位而灵活运用，并起到相应的作用。随着年代的变迁各种绳扣的用途也产生了变化，由原来的复杂，变得越来越简单了，我们写它的目的，主要是为了在大木立架一章中，对大木起重架所用的各种绳扣作一个简单的介绍。

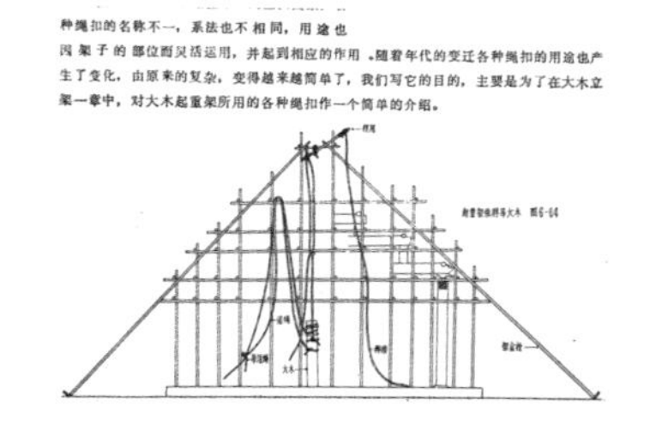

123

《清式大木作操作工艺》书影

它不过是为了便于记忆和应用，改换成百分制罢了。前述的各种栱长都缩减了尾数，恐怕也是为了使操作运用更为方便。这些问题虽然不大，却是一种改进和发展。它暗示着某些发展的原因，可以作为探寻技术发展的线索。

总之，这是第一本清代大木作操作工艺的记录，它填补了过去对“做法”的空白点，可以供古建筑保护修缮工程参考应用，也是研究古代建筑史的一种基本资料。

纪念梁思成先生八十五诞辰[1]

思成先生离开我们十四个年头了。他一生为研究中国古代建筑史作出了重大贡献，从一张白纸开始，确定了学科内容、目的，逐步探索出一套工作方法、研究步骤，是这一学科的创始人和奠基人之一。

从1931年到1942年，十余年中他跑遍了十余省市，调查测绘古代建筑物；对两部古代建筑专著——宋代的《营造法式》、清代的《工程做法则例》，作了示范研究，并著有专书；又于1943年第一次提出了概略的《中国建筑史》。迄今，他的著作——包括历次的调查报告——仍然是继续研究中国古代建筑史的基本文献，尤其在一些调查报告中，常常用轻巧准确的辞藻，描写出他对那个建筑的观察、理解，读来如闻其声、睹其面。有些看来似乎只是平淡的叙述感触，在后来深入研究之后，竟证明是古代建筑结构或艺术构图的原则，可见先生观察之深刻敏锐。故其对实物的描写，往往蕴藏着继续研究的要点，至今仍对我们有引导启发的效果。

在纪念先生八十五周年诞辰的日子里，重温先生旧著，感念良深。而对先生在建国以后二十余年中，以关心中国的建设，忙于教育事业，无暇继续系统地研究工作，又深为叹惜！近年来清华大学建筑系汇集先生旧作，编为文集四卷[2]，嘉惠后学，厥功至伟。因忆《为什么研究中国建筑》一文未见于已出版之三卷中，而第四卷原计划系

[1] 本文原载《建筑学报》1986年第9期，转载于《梁思成先生诞辰八十五周年纪念文集》（清华大学出版社，1986）。因首次指证《中国营造学社汇刊》第七卷第一期署名“编者”的《为什么研究中国建筑》一文实出自梁思成先生手笔而广受重视，作者本人则认为这是系统研究梁思成学术思想的尝试之作。

[2]《梁思成文集》（全四卷），中国建筑工业出版社，1982—1986。

收编解放后论文，则此文或为编辑时所遗漏。按此文作于1944年，刊《营造学社汇刊》第七卷第一期，署名“编者”，此或为被遗漏之原因。[1]

这篇文章既写于四十年前，必然会有时代局限性，许多情况发生了翻天覆地的变化，当时产生的问题已不存在或改变了性质。例如开头第一句就说：“研究中国建筑可以说是逆时代的工作。”（原注一）根据原文所叙的逆时代现象，可以看出所谓“逆时代”，实指研究工作受到的阻力及当时对古建筑的破坏。而这阻力都是从半殖民地半封建时期崇洋媚外思想产生的，这种思想现已彻底消灭，“阻力”自然不复存在。另一方面文章中对古代建筑的总评价“中国建筑既是延续了两千余年的一种工程技术，本身已造成一个艺术系统，许多建筑物便是我们文化的表现，艺术的大宗遗产”，可以认为仍是精确概括的名言。所以他在研究这样高度的文化成就时，联想到“在传统的血液中另求新的发展，也成为今日应有的努力”，“欣赏鉴别以往的艺术与发展将来创造之间，关系若何，我们尤不宜忽视”。故传统与创新的问题，在此文中具有重要的地位。目前，形式与内容似乎又成为热衷讨论的问题，借此重温先生在四十年前的观点，或者也有益于今日的讨论吧！

先生的基本观点是：“艺术创造不能完全脱离以往的传统基础而独立。这在注重画学的中国应该用不着解释。能发挥新创都是受过传统熏陶的。即使突然接受一种崭新的形式，根据外来思想的影响，也仍然能表现本国精神。如南北朝的佛教雕刻，或唐宋的寺塔，都起源于印度，非中国本有的观念，但结果仍以中国风格造成成熟的中国特有艺术，驰名世界。艺术的进境是基于丰富的遗产上，今后的中国建筑自亦不能例外。”

可见先生所说的创新，是指建筑“艺术”的“精神”或“风格”（在这里，“精神”“风格”是同义词）。而究竟中国建筑的风格是什么样，他没有说，我以为是无法用文字描写传达的，只能在长期生活中逐渐感受、积累和体会——即“熏陶”。因为，风格不是指某种具体的形象，而是透过全体反映出来的精神面貌，可以意会而难于言传。每一个人的艺术创作，各有他的风格；每一个国家、每一个民族的艺术创作，也

[1] 今已收录于《梁思成全集》第三卷（中国建筑工业出版社，2001）。

5

為什麼研究中國建築

編者

研究中國建築可以說是逆時代的工作。近年來中國生活在劇烈的變化中趨向西化，社會對於中國固有的建築及其附藝多加以普遍的摧殘。雖然對於新輸入之西方工藝的鑑別還沒有標準，對於本國的舊工藝卻已懷鄙棄厭惡心理。自"西式樓房"盛行於通商大埠以來，豪富商賈及中產之家無不爭愛新異，以中國原有建築為陳腐。他們雖不是蓄意將中國建築完全毀滅，而在事實上，國內原有很精美的建築物多被拙劣幼稚的，所謂西式樓房，或門面，取而代之。主要城市今日已拆改逾半，蕪雜可嘆，充滿非藝術之建築。純中國式之秀美或壯偉的舊市容或破壞無遺，或僅餘大略，市民毫不覺可惜。雄峙已數百年的古建築（historical landmark），充沛藝術特殊趣味的街市（local color），為一民族文化之顯著表現者，亦常在"改善"的旗幟之下完全犧牲。近如去年甘肅某縣為擴寬街道，"整頓"市容，本不需拆除無數刻工精美的特殊市屋門樓，而負責者竟熱衷加以摧

6

毀便是一例。這與在戰爭炮火下被毀者同樣令人傷心，國人多熟視無睹。蓋這種破壞三十餘年來已成為習慣也。

市政上的發展，建築物之新陳代謝本是不可免的事。但即在抗戰之前，中國舊有建築荒頹破壞之範圍及速率，亦有甚於正常的趨勢。這現象有三個明顯的原因：一，在經濟力量之凋敝，許多寺觀衙署，已歸官有者，地方任其自然傾圮，無力保護；二，在藝術標準之一時失掉指南，公私 第園館街樓自西藝浸入後忽被輕視，拆毀劇烈；三，缺乏視建築為文物遺產之認識，官民均少愛護舊建的熱心。

在此時期中，也許沒有力量能及時阻擋這破壞舊建的狂潮。在新建設方面，藝術的進步也還有培養智識及技術的時間問題。一切時代趨勢是歷史因果，似乎含著不可免的因素。幸而同在這時代中，我國也產生了民族文化的自覺，搜集實物，考證過往，已是現代的治學精神，在傳統的血液中另求新的發展，也成為今日應有的努力。中國建築既是延續了兩千餘年的一種工程技術，本身已造成一個藝術系統，許多建築物便是我們文化的表現，藝術的大宗遺產。除非我們不知尊重這古國燦爛文化，如果有復興國家民族的決心，對我國歷代文物，加以認真整理及保護時，我們便不能忽略中國建築的研究。

以客觀的學術調查與研究喚醒社會，助長保存趨勢，即使破壞不能完全制止，亦可逐漸減殺。這工作即使為逆時代的力量，牠卻與在大火之中搶救寶器名畫同樣有急不容緩的性質。這是珍護我國可貴文物的一種神聖義務。

中國金石書畫素得士大夫之重視。各朝代對它們的愛護

7

欣賞，並不在於文章詩詞之下，實為吾國文化精神悠久不斷之原因。獨是建築，數千年來，完全在技工匠師之手。其藝術表現大多數是不自覺的師承及演變之結果。這個同歐洲文藝復興以前的建築情形相似。這些無名匠師，雖在實物上為世界留下許多偉大奇蹟，在理論上卻未為自己或其創造留下解析或誇耀。因此一個時代過去，另一時代繼起，多因主觀上失掉興趣，便將前代傑創加以摧毀，或同於摧毀之改造。亦因此，我國各代素無客觀鑑賞前人建築的習慣。在隋唐建設之際，沒有對秦漢舊物加以重視或保護。北宋之對唐建，明清之對宋元遺構，亦並未知愛惜。重修古建，均以本時代手法，擅易其形式內容，不為古物原來面目著想。寺觀均在名義上，保留其創始時代，其中殿宇實物，則多任意改觀。這傾向與書畫保古之風大不相同，實足注意。自清末以後，突來西式建築之風，不但古物壽命更無保障，連整個城市，都受打擊了。

如果世界上藝術精華，沒有客觀價值標準來保護，恐怕十之八九均會被後人在權勢易主之時，或趣味改向之時，毀損無餘。在歐美，古建實物的保存是比較晚近的進步。十九世紀以前，古代藝術的破壞，也是常事。幸存的多賴偶然的命運，或工料之堅固。十九世紀中，藝術考古之風大熾，對任何時代及民族的藝術，才有客觀價值的研討。保存古物之覺悟，即由此而生。即如此次大戰，盟國前線部隊多附有專家，隨軍担任保護淪陷區或敵國古建築之責。我國現時尚在毀棄舊物動態中，自然還未到他們冷靜迴顧的階段。保護國內建築及其附藝，如彫刻壁畫，均須首先於社會人士客觀的鑑賞，所以藝術研究是必不可少的。

8

今日中國保存古建之外，更重要的還有將來復興建設的創造問題。欣賞鑑別以往的藝術，與發展將來創造之間，關係若何，我們尤不宜忽視。

西洋各國在文藝復興以後，對於建築早已超出中古匠人不自覺的創造階段。他們研究建築歷史及理論，作為建築藝術的基礎。各國創立實地調查學院，他們須要研究建築的旅行獎金，他們有美術館博物院的設備，又保護歷史性的建築物任人參觀，派專家負責整理修葺。所以西洋近代建築創造，同他們其他藝術，如彫刻，繪畫，音樂，或文學，並無二致，都是合理解與經驗，而加以新的理想，作新的表現的。

我國今後新表現的趨勢又若何呢？

藝術創造不能完全脫離以往的傳統基礎而獨立。這在注重畫學的中國應該用不著解釋。能發揮新創者是受過傳統熏陶的。即使突然接受一種嶄新的形式，根據外來思想的影響，也仍然能表現本國精神。如南北朝的佛教彫刻，或唐宋的寺塔，都起源於印度，非中國本有的觀念，但結果仍以中國風格造成成熟的中國特有藝術，馳名世界。藝術的進境是基於豐富的遺產上，今後的中國建築自亦不能例外。

無疑的將來中國將大量採用西洋現代建築材料與技術。如何發揚光大我民族建築技藝之特點，在以往都是無名匠師不自覺的貢獻，今後卻要成近代建築師的責任了。如何接受新科學的材料方法而仍能表現中國特有的作風及意義，老樹上發出新枝，則真是問題了。

歐美建築以前有"古典"及"派别"的約束，現在因科學結構，又成新的姿態，但牠們都是西洋系統的嫡裔。這種種建築同各

9

國多數城市環境毫不抵觸。大量移植到中國來，在舊式城市中本來是過分唐突，今後又是否讓其喧賓奪主，使所有中國城市都不留舊觀？這問題可以設法解決，亦可以逃避。到現在為止，中國城市多在無知匠人手中改觀。故一向的趨勢是不顧歷史及藝術的價值，捨去固有風格及固有建築，成了不中不西乃至於滑稽的局面。

一個東方老國的城市，在建築上，如果完全失掉自己的藝術特性，在文化表現及觀瞻方面都是大可痛心的。因這事實明顯的代表著我們文化衰落，至於消滅的現象。四十年來，幾個通商大埠，如上海天津廣州漢口等，曾不斷的模仿歐美次等商業城市，實在是反映著外人經濟侵略時期。大部建設本是屬於租界裡外人的，中國市民只隨聲附和而已。這種建築當然不含有絲毫中國復興精神之跡象。

今後為適應科學動向，我們在建築上雖仍同樣的必需採用西洋方法，但一切為自覺的建設。由有學識，有專門技術的建築師，担任指導，則在科學結構上有若干屬於藝術範圍的處置必有一種特殊的表現。為著中國精神的復興，他們會作美感同智力參合的努力。這種創造的火炬已曾在抗戰前燃起，所謂"宮殿式"新建築就是一例。

但因為最近建築工程的進步，在最清醒的建築理論立場上看來，"宮殿式"的結構已不合於近代科學及藝術的理想。"宮殿式"的產生是由於欣賞中國建築的外貌。建築師想保留壯麗的琉璃屋瓦，更以新材料及技術將中國大殿輪廓約略模仿出來。在形式上牠模仿清代宮衙，在結構及平面上牠又仿西洋古典派的普通組織。在細項上窗子的比例多半屬於西洋系統，大

10

門欄杆又多模仿國粹。牠是東西制度勉強的湊合，這兩制度又都屬於過去的時代。牠最像歐美所曾盛行的"仿古"建築（period architecture）。因為糜費侈大，牠不常適用於中國一般經濟情形，所以也不能普遍。有一些"宮殿式"的嘗試，在藝術上的失敗可拿文章作比喻。牠們犯的是堆砌文字，抄襲章句，整篇結構不出於自然，辭藻也欠雅馴。但這種努力是中國精神的抬頭，實有無窮意義。

世界建築工程對於鋼鐵及化學材料之結構愈有徹底的瞭解，近來應用愈趨簡潔。形式為佈署經解，佈署又為實際問題最美最善的答案，已為建築藝術的抽象理想。今後我們自不能同這理想背道而馳。我們還要進一步，重新檢討過去建築結構上的邏輯，如同致力於新文學的人還要明瞭文言的結構文法一樣。表現中國精神的途徑尚有許多，"宮殿式"只是其中之一而已。

要能提煉舊建築中所包含的中國質素，我們需增加對舊建築結構系統及平面佈署的認識。構架的縱橫承托或聯絡，常是有機的組織，附帶著才是輪廓的鈍銳，彩畫彫飾，及門窗細項的分配構點。這些工程上及美術上措施常表現著中國的智慧及美感，值得我們研究。許多平面佈署，大的到一城一市，小的到一宅一園，都是我們生活思想的答案，值得我們重新剖視。我們有傳統習慣和趣味：家庭組織，生活程度，工作，游息，以及烹飪，縫紉，室內的書畫陳設，室外的庭院花木，都不與西人相同。這一切表現的總表現曾是我們的建築。現在我們不必削足就履，將生活來將就歐美的佈署，或張冠李戴，顛倒歐美建築的作用。我們要創造適合於自己的建築。

11

在城市街心如能保存古老堂皇的樓宇，夾道的樹蔭，衙署的前庭，或優美的牌坊，比較用洋灰建造卑小簡陋的外國式噴水池或紀念碑實在合乎中國的身份，壯美得多。且那些仿製的洋式點綴，同歐美大理石富於"彫刻美"的市心建置相較起來，太像東施效顰，有傷尊嚴。因為一切有傳統的精神，歐美街心偉大石造的紀念性彫刻物是由希臘而羅馬而文藝復興延續下來的血統，魄力極為雄厚，造詣極高，不是我們一朝一夕所能望其項背的。我們的建築師在這方面所需要的是參考我們自己藝術藏庫中的遺寶。我們應該研究漢闕，南北朝的石刻，唐宋的經幢，明清的牌樓，以及零星碑亭，泮池，影壁，石橋，華表的佈署及彫刻，加以聰明的應用。

藝術研究可以培養美感，用此駕馭材料，不論是木材，石塊，化學混和物，或鋼鐵，都同樣的可能創造有特殊富於風格趣味的建築。世界各國在最新法結構原則下造成所謂"國際式"建築；但每個國家民族仍有不同的表現。英，美，蘇，法，荷，比，北歐或日本都曾造成他們本國特殊作風，適宜於他們個別的環境及意趣。以我國藝術背景的豐富，當然有更多可以發展的方面。新中國建築及城市設計不但可能產生，且當有驚人的成績。

在這樣的期待中，我們所應作的準備當然是儘量搜集及整理值得參考的資料。

以測量繪圖攝影各法將各種典型建築實物作有系統秩序的紀錄是必須速做的。因為古物的命運在危險中，調查同破壞力量正好像在競賽。多多採訪實例，一方面可以作學術的研究，一方面也可以促社會保護。研究中還有一步不可少的工作便

12

是明瞭傳統營造技術上的法則。這好比是在欣賞一國的文學之前，先學會那一國的文字及其文法結構一樣需要。所以中國現存僅有的幾部術書，如宋李誡營造法式，清工部工程做法則例，乃至坊間通行的魯班經等等，都必須有人能明晰的用現代圖解，詳釋內中工程的要素及名稱，給許多研究者以方便。研究實物的主要目的則是分析及比較冷靜的探討其工程藝術的價值，與歷代作風手法的演變。知己知彼，溫故知新，已有科學技術的建築師增加了本國的學識及趣味，他們的創造力量自然會在不自覺中雄厚起來。這便是研究中國建築的最大意義。

《中国营造学社汇刊》第七卷第一期书影

各有其特定的风格。

建筑的风格并不因材料、技术不同而失去其民族性。“无疑的将来中国将大量采用西洋现代建筑材料与技术……如何接受新科学的材料方法而仍能表现中国特有的作风及意义，老树上发出新枝，则真是问题了。”在此以前他虽用历史事实证明了在传统长期熏陶下，即使突然接受一种新形式，也仍然能创造出表现本国精神的作品，但创新要使老树发出新枝，毕竟是一个艰苦的过程。所以他为二十年代出现了“宫殿式”建筑而高兴，以为那是接受新科学，采用现代材料、技术，进行新创造的火炬，是显示了中国精神的复兴，为迈出创新的第一步。

实际上他并不是赞赏“宫殿式”，不认为那是成功的创作。“因为最近建筑工程的进步，在最清醒的建筑理论立场上看来，‘宫殿式’的结构已不合于近代科学及艺术的理想。‘宫殿式’的产生是由于欣赏中国建筑的外貌。建筑师想保留壮丽的琉璃屋瓦，更以新材料及技术将中国大殿轮廓约略模仿出来。在形式上它模仿清代宫衙，在结构及平面上它又仿西洋古典派的普通组织。在细项上窗子的比例多半属于西洋系统，大门栏杆又多模仿国粹。它是东西制度勉强的凑合，这两制度又都属于过去的时代……因为糜费侈大，它不常适用于中国一般经济情形，所以也不能普遍。”

据上所引，可知先生认为“宫殿式”只是对中国建筑某些特点的模仿，就已有的宫殿式建筑看还是东西杂陈，并没有创造出中国的新风格，而且糜费侈大。其中“模仿”是先生历来反对的。还在 1936 年，他编《建筑设计参考图集》时就说过：“我们虔诚地希望今日的建筑师，不要徒然对古建筑作形式上的模仿，他们不应该做一座唐代或宋代或清代的建筑……本图集不是供给建筑师们以蓝本（尤其在斗栱方面），只是供给他们一些参考资料，希望他们对于中国古代结构法上有所了解，由那上面发挥中国新建筑的精神。”（原注二）这就是说要从学习中国建筑的某些特点出发，发挥它的精神，而不是模仿它的形象。

何况“表现中国精神的途径尚有许多，‘宫殿式’只是其中之一而已”。随即指出结构系统、平面布置、构架的组织、轮廓以及各种细部装饰等等工程上、美术上的措施中，都包含着中国的素质、智慧及美感，单单只看到宫殿式大屋顶也是不够的。新的创造还应当适合我们的生活。“许多平面布置，大的到一城一市，小的到一宅一园，都是我们生活思想的答案，值得我们重新剖视。我们有传统习惯和趣味——家庭组织、生活程度、工作、游息以及烹饪、缝纫、室内的书画陈设、室外的庭院花木，都不与西人相同。这一切表现的总表现曾是我们的建筑。现在我们不必削足就履，将生活来将就欧美的部署，或张冠李戴，颠倒欧美建筑的作用。我们要创造适合于自己的建筑。”按既说建筑是“生活思想的答案”，那么适合于自己（生活）应是对新创造的基本要求。

归纳全文，可以看出先生对研究中国古代建筑史提出了三大目标：首先是尊重古代传统文化，保护古代遗物；其二是深刻认识古代建筑在工程技术上及艺术上的成就，确认古代建筑的客观价值；其三是为了创造新的，包含着中国质素、智慧及美感，适合于自己（生活）的建筑。这三项中以最后一项论析较详，成为全文的重心。

最后，在最近几年中，常见有人为研究古代建筑而彷徨，他们不知道具体做些什么研究好，甚至要求给他出研究题目。何以有这种现象，暂置勿论。要别人出题目，也不是办法，因为题目要适合个人自己的基础和条件，才能够顺利生长、成熟。不是深刻了解你的人，很难代为出题。在思成先生这篇文章中，虽没有系统地列举出研究的具体内容，这是当时先生所没有意料到的问题，不过就从那篇文章的字里行间，仍可以找到头绪，可以启发有志于研究的人找到恰当的课题。兹顺序摘录如下：

1.“独是建筑，数千年来，完全在技工匠师之手。其艺术表现大多数是不自觉的师承及演变之结果。这个同欧洲文艺复兴以前的建筑情形相似。这些无名匠师，虽在实物上为世界留下许多伟大奇迹，在理论上却未为自己或其创造留下解析或夸耀。”故从实物中去探求当时的理论，是重要的课题。所说的理论，以个人的理解并不是哲学的理论，应是设计的各种原则，即实践的理论。

2.“（欧美）十九世纪以前，古代艺术的破坏，也是常事……十九世纪中，艺术考古之风大炽，对任何时代及民族的艺术才有客观价值的研讨。保存古物之觉悟即由此而生。”故客观价值及其标准的研讨，应为极重要的研究领域。

3.“西洋各国在文艺复兴以后……研究建筑历史及理论，作为建筑艺术（创造）的基础……所以西洋近代建筑创造，同他们其他艺术，如雕刻、绘画、音乐或文学，并无二致，都是合理解与经验，而加以新的理想，作新的表现的。”对实物的理解与经验（历史地）是又一命题。

4. “形式为部署逻辑，部署又为实际问题最美最善的答案，已为建筑艺术的抽象理想……我们还要进一步，重新检讨过去建筑结构上的逻辑……我们需增加对旧建筑结构系统及平面部署的认识。构架的纵横承托或联络，常是有机的组织。附带着才是轮廓的钝锐、彩画雕饰及门窗细项的分配诸点。”这一大段提出了好几个课题，首先是形式、部署逻辑、实际问题（即使用要求、实践的条件等）三个相联系的课题；其次是结构系统及其平面布置；然后才是装饰细部、总轮廓及门窗的分配等。

5. “将各种典型建筑实物作有系统秩序的记录是必须速做的。”这是研究的起点，基本资料的积累，长期的、不间断的工作。对已经积累起来的资料，还须注意不断补充、完善。

6. “明了传统营造技术上的法则……现存仅有的几部术书，如宋李诫《营造法式》、清工部《工程做法则例》，乃至坊间通行的《鲁班经》等等，都必须有人能明晰地用现代图解译释内中工程的要素及名称，给许多研究者以方便。”以前各项都是以实物为研究对象，这一项的研究对象是现存的古代著述，也是一项基础研究工作，主要目的即首句“明了传统营造技术上的法则”。研究实物的主要目的，则是“分析及比较冷静地探讨其工程艺术的价值与历代作风手法的演变”。

按照上述研究内容，实质上是要探索出全部中国传统的“建筑学”（或叫“营造学”）。可知这是一个十分重要的学科，是一项艰巨的任务。从这个学科的开创至今有半个世纪了，已往的成绩是丰硕的，但究竟还是一个年幼的学科。从全部内容看，完成的比重还很小。我们研究实物的成果，大多限于对表面现象的认识，而调查测绘积累资料的基础工作，几乎停顿。对古代著作的研究，则尚在解释文字，辨别名称。距离对实物要探讨其工程艺术价值、历代作风手法，对古代著作要用现代图解译释等要求，还有很远的距离。思成先生为我们开辟的道路是广阔的。

前进吧！

作者原注

一、凡本文引号内所引，除另有注明外，均摘自《为什么研究中国建筑》。

二、见《建筑设计参考图集》第五集“斗栱简说”，《梁思成文集》（二），第335页。

未竟之功
——零散的回忆

文物书刊的出版工作，实际上在成立文物出版社之前已经开始了。那就是文物局的资料室，从1950年就编印《文物参考资料》(后改名《文物》)，1951年编印《雁北文物勘查报告》以后，到1954年出版《麦积山石窟》和《沂南汉画像石墓发掘报告》等等，已经是文物图集和考古报告性质的书籍了。所以，文物出版社的第一个功绩是要记在当时的文物局资料室账上。文物出版社是在资料室的基础上成立起来的，由此又不能不想到兢兢业业、不知疲劳的郑昌政同志。他当时只是资料室的一般干部，并不懂文物，受命兼编辑《文物参考资料》的任务，边做边学，虚心求教，终于具有广博的文物知识，又精力充沛，工作认真，使当时的小月刊逐季逐年内容丰富，质量提高，终于成为一本蜚声中外的月刊。一直到1966年前，全部编辑人员只增加到三人，最后几年实在忙不过来时，也只是临时调一人协助。三个半人办《文物》月刊，成为文物、考古界的佳话。

五十年代初在文物局从事专业的同志，因各人的专业不同，不免对文物事业各具不同的看法和理想。相处既久，才发现也有一些共同的思想。其中最重要的一项，就是深感我们的印刷出版事业落后，还不能满足文物研究和保护事业的需要，以致研究自己祖国的文化遗物，竟要依靠外国的出版物！尤其是有大量图版的各类文物图集，例如日本出版的《中国文化史迹》《云冈石窟》、法国出版的《敦煌图录》等等。每谈及这个畸形现象，大家都觉得是我们的耻辱，必须努力赶上去。最热心的是郑振铎和张珩两位同志，到处奔跑，寻求制版印刷的高手，筹划如何提高珂罗版、彩色铜版的质量，终于请到国内技术最高的技师，建立起了这两个版种的印刷厂。

当1956年文物出版社筹备处成立时，制版印刷技术已很稳固，陆续出版了大批用珂罗版、彩色铜版精印的古代绘画和书法珍品，并且计划按作家、时代、流派、品类及收藏单位各种体系，分别逐步出版。彩色铜版的工人师傅努力钻研技术，精益求精，使出版的古代绘画珍品色彩准确，可以乱真。1963年精选出版的《两宋名画册》就是其中的代表作。它是在整个博物馆的藏品中，严格鉴定、评比、挑选出的六十幅精品，幅幅看来都如原画，真是令人叹为观止。现今这本画册，也应作为文物看待了！

1963年版《巩县石窟寺》书影

绘画、书法的出版，是最为顺利的。其他文物图集就不同了。原来的设想，是要按瓷器、铜器、漆器、版本、石窟、建筑等等，分门别类，系统地出版图集。结果是版本、瓷器出过几件，石窟亦出版过一些小开本的，但不全面也不系统，其他就更不易了。阻碍何在？我不详悉。就石窟和古建筑两类图集看，我以为是有关的学术研究工作跟不上，以致稿源不畅。

1966年版《应县木塔》书影

1961年来到出版社工作，自然是应用我的专业所长，编辑出版石窟、古建筑两类图集，也正可借此实现个人的愿望，为文物学术研究提供资料性的图集。正巧这一年国务院公布了全国重点文物保护单位名单，重要的石窟、古建筑大都列在名单中。因此原设想的图集，仅以为学术研究提供资料的需要为目的，若按全国重点文物的意义看似觉不足，还应该从保护的角度，将技术的、文献的资料等，全部纳入图集中，使之成为文物“保护”的另一种手段、方式。从长远看起来，它较之保护、修理，可能更为重要。这样的图集，不但为学术研究提供了更为全面的资料，而且在不幸遭遇到地震等自然灾害、文物受到损毁时，我们将可根据图集中的技术资料予以重建。因此，决定按照这个设想，先各编辑出版一个样本，以检验其效果，并为继续工作吸取经验。这就是1963年出版的《巩县石窟寺》和1966年出版的《应县木塔》。

《巩县石窟寺》并不是预定的选题，而是偶然的巧合。自从1951年敦煌文物研究所在北京举办了一个敦煌文物展览会，《文物参考资料》为配合展览，出了两本专刊，使学术界对敦煌研究产生很浓厚的兴趣。而敦煌文物研究所是一个力量充足的机构，在这样好的条件下，编写一套敦煌文物保护单位图集，估计是不难完成的。而以当时的印制质量，估计超过法国出版的《敦煌图录》，也是很有把握的。于是向敦煌文物研究所约稿，并商定以初唐的285窟作试点，先编出一册。不料，这时河南省文物工作队送来了巩县石窟寺的稿件，诵读一遍竟是只需稍加补充及加工，便能符合预想的文物保护单位图集的要求。而且石窟规模很小，一本图集可以收入全部内容。唯一的不足，是巩县石窟当时还没有列入全国重点文物保护单位，但估计它将来必定会列入的（现已列入1982年公布的第二批全国重点文物保护单位名单）。于是决定以之作为石窟的样本先行出版，也并不影响敦煌石窟的编著出版。迄至1966年敦煌285窟稿才交齐，所幸的是已有了一本《巩县石窟寺》，可供参考。

至于古建筑，则多处约稿均认为要求高，而又非原单位的任务，只能挤时间做，何时完成无法预计等等，竟不得要领。不得已只好自己动手。在估计了已具备的各种条件后，选定以应县木塔为试点。随即去应县测量、摄影，回社后立即开始制图、撰写、编辑等工作，自1962年中至1963年底完成交稿。在这些工作中，摄影工作由彭华士同志独立承担，其余工作只有我和黄逖同志两人，同时还需兼顾其他编辑工作。至1966年《应县木塔》终于与读者见面了。这可以说明我们预计的编写要求并不高，而各业务单位并不难达到这样的要求。虽然，以出版社编辑而自兼作者，是不足为训的，只能在迫不得已时，偶尔为之。

这两本图集出版后，读者的反应很好，很欢迎，看来基本达到了预期的目的。我们还有多少保护单位需要有这样的图集：麦积山、敦煌、龙门、云冈、佛光寺、独乐寺、隆兴寺、晋祠……都亟待编印这样的图集！据这两个样本，也可看到文物出版社是应当也有能力为文物保护和科学研究作出贡献的，前途无量。没有想到《巩县石窟寺》刚刚出版，我就下放农村“四清”，接下来便是十年“文革”，使文物出版社工作受到严重的损害。这类图集、《文物精华》、拟分类编纂的论文集以及研制彩色珂罗版等等，都成了未竟之功！

（原载《文物出版社三十年》一书）

《中国大百科全书》词条八则[①]

中国古代建筑[②]

中国古代建筑的发展

原始社会时期

商周

秦汉

三国两晋南北朝

隋唐五代

宋辽金元

明清

中国古代建筑的特点

使用木材作为主要建筑材料

保持构架制原则

创造斗栱结构形式

实行单体建筑标准化

重视建筑组群平面布局

灵活安排空间布局

运用色彩装饰手段

中国古代建筑的典籍

① 《中国大百科全书　建筑、园林、城市规划》，中国大百科全书出版社，1988。以下八篇文章系作者为此卷所撰词条，详情见文后整理说明。

② 原载《中国大百科全书　建筑、园林、城市规划》，第556～560页。

在世界建筑体系中，中国古代建筑是源远流长的独立发展的体系。这种建筑体系至迟在三千多年前的商殷时期就已经初步形成，根据自身条件逐步发展起来。直至二十世纪初，始终保持着自己的结构和布局原则，而且传播、影响到邻近国家。

中国的建筑自古以来就以其风格优雅和结构灵巧而受到称颂。许多文学家曾写出如《鲁灵光殿赋》《景福殿赋》等赞美建筑的诗文词赋。许多画家如宋代郭忠恕、王士元创造出专画“屋木”的画派。现存宋代画家张择端所绘《清明上河图》《金明池夺标图》，细致地描绘了当时的建筑风貌，使人至今仍能借以感受到古代建筑的艺术魅力。

在中国古代，建筑这一门专业技术，主要掌握在工匠手中，师徒相传，口授心领；偶或有个人的手抄秘本，也不易流传。虽然也有几种专著，但在古代未受重视，因此现在对这一学术领域所知甚少。中国研究古代建筑开始于二十世纪三十年代初，早期的研究侧重于具体建筑的调查测绘以及对专名术语的理解认识，使文字记载与实物能对应。凡此均属基础工作和基本资料的搜集整理工作。后来，才开始对中国古代建筑的艺术和技术成就作较深入的分析研究。

中国古代建筑的发展

中国古代建筑大致可分为下述几个时期。

原始社会时期　中华民族的祖先早就在黄土地层上挖掘洞穴，作为居住之所。从全部挖掘在地面以下的袋穴，上升到半在地下的浅穴；从露天的穴口，到用树枝等在穴口上搭盖遮蔽风雨的棚罩。穴居时代积累了对黄土地层的认识和夯筑的技能，搭盖穴口顶盖积累了对木材性能的知识和加工的经验技巧。穴口周围积土培实，以防地面水流入穴内；顶盖上留出洞口，以便排烟通风等等：这些措施，逐渐形成了某些固定的屋顶形式。在南方某些低洼或沼泽地区，还从巢居逐步发展出桩基和木材架空的干阑构造（见“民居”条[①]）。新石器时代仰韶文化的西安半坡遗址等可以看到当时的聚居点已经是有规划的形式，半坡遗址中显然已能分出居住、烧制陶器、墓葬等区域范围，居住区的中心有一座“大房子”，居住区外围挖有宽而深的壕沟，作为防护之用。

[①] 参阅《中国大百科全书　建筑、园林、城市规划》“民居”条，第 327 ～ 330 页。

可以认为，在原始社会时期，中国建筑的特点已经开始萌芽。半坡遗址中许多小房子全都以一个大房子为中心，这种原始社会的生活方式，竟然如此深入长久地遗传下来，后来发展成为集合若干单体建筑组成“组群”的总体布局原则。

商周　这是中国建筑的一个大发展时期。

商代早期的河南偃师二里头遗址和后期的安阳殷墟遗址，是两种不同性质的建筑遗址，也许前者是“朝”，是规模宏大的公共场所。从它的柱础的排列可以判定它是以木结构为骨架，使用纵架形式。殷墟大墓葬的墓室，都是井幹式结构形式。这两种结构形式，在中国建筑以后的发展中，都曾发生重大影响。

周代遗留的一个铜器上表现出了当时建筑的局部形象，如栌斗、门、勾阑。尤其是东周战国中山王墓中出土的一件铜案，四角铸出精确优美的斗栱形象。由此可知，周代建筑上已经使用斗和栱，并已有简单的组合形式。中山王墓中出土的《兆域图》，不仅表明当时的制图水平，还告诉人们当时的建筑是先绘制出平面才施工的。湖北蕲春发掘出土的周代遗址，则明确地说明干阑结构已经普遍应用。

战国时期留下许多城市遗址。现今还可以在地面上看到的城墙遗迹，反映了当时城市建设的发达。许多城内留下了巨大的夯土台，证实了文献中“高台榭，美宫室”的记载，足见在“百家争鸣”的学术繁荣时代，建筑也未曾落后。现存一些战国时代的铜器上，保存着线刻的建筑形象，乃是现知最古老的建筑立面图（也许是断面图）。从中也大致可以看出画的是台榭建筑，有踏步或坡道、屋顶、柱、梁。根据细部，仍可断定是纵架结构。

秦汉　秦始皇好大喜功在建筑上也表现出来。所建的阿房宫前殿现存夯土基址，东西长1000余米，南北宽500米，残高8米。从尺度看，“上可坐万人，下可建五丈旗”，确有可能。

西汉初期仍然承袭前代台榭建筑形式和纵架结构。西汉末叶台榭建筑渐次减少，楼阁建筑开始兴起。战国以来，大规模营建台榭宫殿，促进了结构技术的发展，有迹象表明已逐渐应用横架。长时期建造阁道、飞阁，又建高数十丈的井幹楼，促进了井幹和斗栱构造的发展，在许多石阙雕刻上，已看到一种层层叠垒的井幹或斗栱结构形式。从许多壁画、画像石上描绘的礼仪或宴饮图中，可以看到当时殿堂室内高度较小，不用门窗，只在柱间悬挂帷幔。

文献所记西汉宫殿多以“辇道”相属，而未央宫西，跨城作飞阁通建章宫，可见当时宫殿多为台榭形制，故须以阁道相连属，甚至城内外也以飞阁相往来。

在建筑史上，东汉是一个重要转折点，这时期虽然仍没有保存下原建筑，但建筑形象的资料却非常丰富。汉代崖墓的外廊（或是庙堂）、外门、墓内庞大的石柱、斗栱，都是对木构建筑局部的真实模拟。许多祠庙和陵墓前的石阙，都是忠实模拟木构建筑外形雕刻的。它们表示出木结构的一些构造细节。这些“准实例”唯一的不足之处是无法显示室内或内部构造。此外，还有大量的间接资料，如壁画、画像砖、画像石和明器中的陶楼、陶屋，对真实建筑的形象、室内布置情况以及建筑组群布局等方面都作出形象的、具体的补充。根据这些资料，人们对中国古代建筑的感性认识才充实丰富起来。

三国两晋南北朝　史籍记载中最早的佛教建筑，是东汉末年笮融建造的浮图祠。其后北魏时在平城永宁寺和洛阳永宁寺均建有木结构浮图（塔），前者七级，后者九级。近年在洛阳已发掘出永宁寺塔遗址，为方形，阶基长、宽均38.2米，每面九间，按九层估计，高近百米，当是中国历史上最高大的木结构建筑。另据记载，南北朝所建佛寺共达数千所，惜均已不存。南北朝时期遗留的唯一建筑实例，是砖构的登封嵩岳寺塔。

这时开凿的石窟甚多，如大同云冈石窟、太原天龙山石窟、天水麦积山石窟、磁县南北响堂山石窟等。这些石窟中，遗留下一些凿山而成的窟廊和窟内的中心塔柱，当是这一时期木构建筑的真实形象。石窟中浮雕的许多殿堂等建筑形象，也足以说明当时建筑的发展状况。值得强调的是，佛教建筑仍是用中国的固有建筑形式表现出来，即使是“塔”这种特殊的形式，也并没有照搬印度形式，而是中国自己再创造的。南北朝时期接受外来影响最深刻持久的是装饰图案的母题——莲花、卷草，而且从此以后历代相承不绝，花样且有所翻新。

隋唐五代　进入隋唐时期以后，中国古代木结构建筑才留存了实例，山西的南禅寺大殿和佛光寺大殿显露了唐代木结构殿堂的真面目。

通过佛光寺大殿，可以判断自战国时期创始台榭建筑以来，创造出由斗、栱、方组合成的“铺作”，再进而创造出整体的铺作结构层，成为木构建筑发展成熟的标志。这是一种由井幹楼、台榭、阁道、斗栱等构造形式汇合发展而成的新形式。这种水平分层叠垒的形式，适宜于建造大规模的或高层的建筑物。这种结构形式，至迟在初唐时已经成熟，而佛光寺大殿也许还不算水平最高的作品，这可以用大量的间接资料（如敦煌石窟壁画中的建筑物）来证明。后来宋《营造法式》中所记载的技术制度，如材份制、标准化等，从上述两个唐代实例中均能找到对应的做法。可以推断，这些技法在唐代或唐代以前均已创造应用。

二十世纪五十年代以来数次发掘唐长安城，证明了有关唐长安城规划的记载，确认了城门、道路、坊、市的具体位置和尺度。准确地绘制出的唐长安城平面图，是中国古代建筑史上第一幅具体的古代城市平面图。这些考古发掘也明确了长安城的部分宫殿（如大明宫、兴庆宫、麟德殿）的位置、规模、布局，使唐代宫殿组群布局真相大白。

各地所存唐代砖石塔，如西安的慈恩寺塔（大雁塔）、荐福寺塔（小雁塔）、兴教寺玄奘塔、登封会善寺净藏禅师塔、大理崇圣寺千寻塔等，数量很大，造型多样，以至可以分类研究。这种宗教性建筑不但完全改变了它在起源地的形式（窣堵波），而且实际上因为数量大，造型多，气势宏丽，已经成为中国的一种地区性的标志，成为中国名山胜景中不可或缺的风景建筑。

自南北朝开始改变席地而坐的习惯，唐代有越来越多的人使用桌椅。这就影响到建筑的变化。高坐要求增加室内高度，于是柱高增加了，出檐相对地减小了，导致房屋外观立面比例的改变。同时使用帷幔遮蔽风雨的效果也随之减低，渐渐地普遍安装了门窗，并由此导致门窗上各种花格子的制作。这些虽然是在后世逐渐发展完善的，却起源于此一时期。

宋辽金元　这一时期存留的建筑实物数量越来越多了。宋、辽均继承唐代建筑制度，而辽代建筑风格尤接近于唐代，如独乐寺的观音阁、山门，都保持着唐代豪劲、朴实、典雅的风格。北宋初期的保国寺大殿、晋祠圣母殿，已渐失豪劲而趋于秀丽。这可能是由于宋代用材较小，又将某些构件细部做成轻巧的形式所致。后来出现的如隆兴寺摩尼殿，则完全以秀丽取胜。这种建筑风格为金代所继承。到辽代还创造出一种新形式和新风格的砖塔，如北京天宁寺塔。

北宋末曾致力于总结前代建筑经验，汇编成《营造法式》一书。书中确立了材份制（见“材份”条[①]）和各种标准规范，如铺作构造、结构形式、分槽形式以及各种比例关系，如间椽比例、柱高、层高、总高比例等。凡此，在中国古代建筑学上都有重大功绩。

金、元时期出现了两个特殊现象：一是使用了复合纵架，上承间缝梁架，如金代建的朔县崇福寺弥陀殿；一是使用了与屋面平行的斜梁，拼合成梁架，如元代建的广胜寺下寺前殿和大殿。它们似乎是出于节省工料的目的，所以多用加工粗糙的圆料制作；有人认为这是一种建筑上新的创造，也有人认为是一种返祖现象，并非创新。事实上，这些现象只是在小范围和短时期内出现，并不普遍也未继续发展。

元代建筑形制，除上述情况外，大都可视为宋《营造法式》制度的延续。自元代初期建造的永乐宫至末期建造的广胜寺明应王殿，同宋式建筑都无显著差异，只是昂嘴、耍头等装饰性部分略有不同。殿堂结构分槽原则同于《营造法式》，而具体分槽中对各种槽的形式比例，则有更改。全部外观和各项比例如柱高、举高、间广都同于《营造法式》，唯风格呆滞。元代在建筑方面还做了两件大事：一是作出大都城规划，为继唐长安城规划后的又一宏伟规划；二是尼泊尔青年匠师阿尼哥建成北京妙应寺白塔，从此中国佛塔中又增加了“喇嘛塔”这一形式。

明清　明清两代遗留的建筑实物随处可见，宏大、完整的建筑组群为数甚多。其中如北京紫禁城宫殿、明十三陵，曲阜孔庙，清东陵和西陵，承德避暑山庄外八庙等，都是有计划、分期建造的宏大宫苑陵庙。此外，还有各地方的衙署寺庙、私人住宅和园林。

清代单体建筑实物大致与清工部《工程做法》的规定相符，同明清以前实物相比较，标准化、定型化的程度很高，而风格呆滞。具体差异可举出：斗栱变小，攒数增多，斗栱的结构功能小，装饰效果强；出檐减小，举架增高等。值得注意的是，明代洪武年间的建筑，尚与元代建筑相同或差别很小，而自永乐年间开始才显然呈现出上

[①] 详见下条“材份”。

述特点。例如洪武年间建造的大同南门城楼、太原崇善寺等，明间仍只用平身科两攒，而永乐年间建造的长陵祾恩殿，明间已为平身科八攒。两个相距仅约四十年的建筑竟有大不相同的特点。

明清时代中国各少数民族（藏、蒙、维吾尔）建筑均有相当发展，如西藏布达拉宫、新疆吐虎鲁克玛扎等的建成。承德外八庙建筑则反映了汉藏建筑艺术的交流融合。

中国古代建筑的特点

这里所谓特点，是指从现存中国古代建筑实例中所概括出来的、普遍存在的、不同于西方建筑的独特之处。现存最具代表性的木结构建筑实例最早不过唐代，亦即中国建筑成熟时期以后直到二十世纪初的建筑。唐代以前的建筑，只能从考古发掘出来的一些建筑遗址以及各种艺术品（如绘画、雕刻等）所描摹的建筑形象等间接资料中知其大略。据此，大致可以归纳为七项，分述如下：

使用木材作为主要建筑材料　中国古代建筑在结构方面尽木材应用之能事，创造出独特的木结构形式，以此为骨架，既达到实际功能要求，同时又创造出优美的建筑形体以及相应的建筑风格。

保持构架制原则　以立柱和纵横梁方组合成各种形式的梁架（见“大木作”条[①]），使建筑物上部荷载均经由梁架、立柱传递至基础。墙壁只起围护、分隔的作用，不承受荷载，所以门窗等的配置，不受墙壁承重能力的限制，有“墙倒屋不塌”之妙。

创造斗栱结构形式　用纵横相叠的短木和斗形方木相叠而成的向外挑悬的斗栱，本是立柱和横梁间的过渡构件，逐渐发展成为上下层柱网之间或柱网和屋顶梁架之间的整体构造层，这是中国古代木结构构造的巧妙形式。自唐代以后，斗栱的尺寸日渐减小，但它的构件的组合方式和比例基本没有改变。因此，建筑学界常用它作为判断建筑物年代的一项标志。

实行单体建筑标准化　中国古代的宫殿、寺庙、住宅等，往往是由若干单体建筑结合配置成组群。无论单体建筑规模大小，其外观轮廓均由阶基、屋身、屋顶（屋盖）

[①] 详见下条“大木作”。

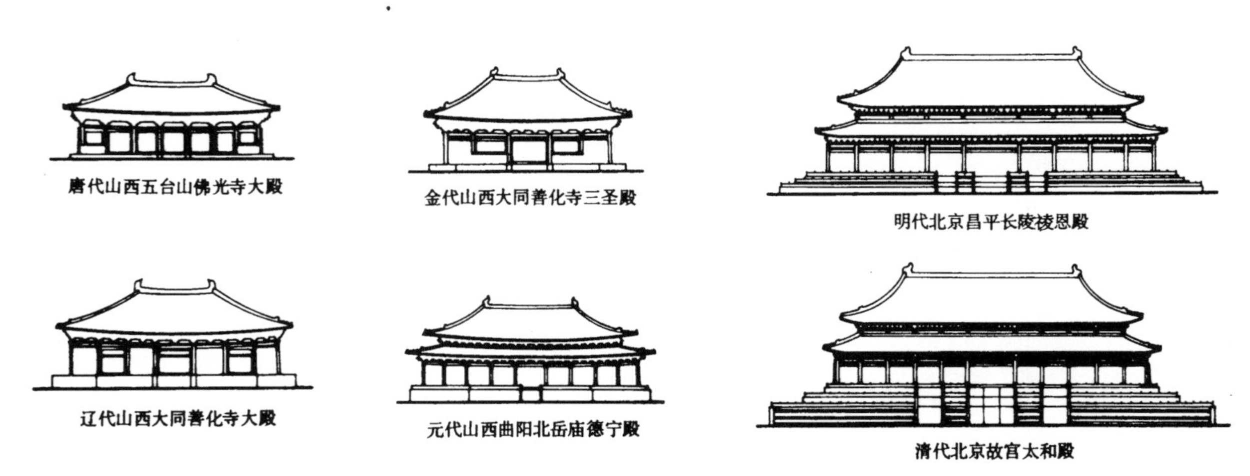

插图一之① 历代殿堂外观演变（陈明达绘）

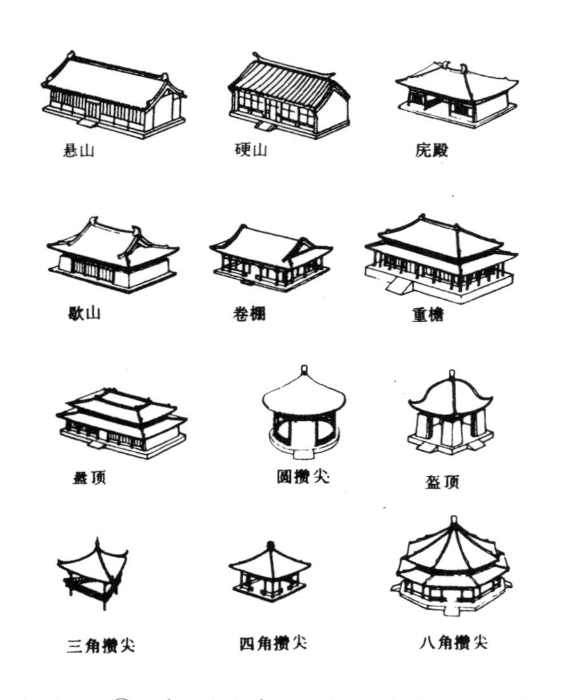

插图一之② 中国古代建筑的屋顶形式（陈明达绘）

三部分组成［插图一之①］：下面是由砖石砌筑的阶基，承托着整座房屋；立在阶基上的是屋身，由木制柱额作骨架，其间安装门窗槅扇；上面是用木结构屋架造成的屋顶，屋面做成柔和雅致的曲线，四周均伸展出屋身以外，上面覆盖着青灰瓦或琉璃瓦。西方人称誉中国建筑的屋顶是中国建筑的冠冕。

单体建筑的平面通常都是长方形，只是在有特殊用途的情况下，才采取方形、八角形、圆形等；而园林中观赏用的建筑，则可以采取扇形、卍字形、套环形等平面。屋顶有庑殿、歇山、盝顶、悬山、硬山、攒尖等形式，每种形式又有单檐、重檐之分［插图一之②］，进而又可组合成更多的形式［插图一之③］。各种屋顶各有与之相适应的结构形式。各种单体建筑的各部分乃至用料、构件尺寸、彩画都是标准化、定型化的，在应用上，要遵照礼制的规定。

宋《营造法式》中对各种单体建筑作了概括的原则的记述。清工部《工程做法》对官式建筑列举了二十七种范例，对应用上的等级差别、做工用料都作出具体规定。这种定型化的建筑方法对汇集工匠经验、加快施工进度、节省建筑成本固然有显著作用，但后继者“遵制法祖”，则妨碍了建筑的创新。

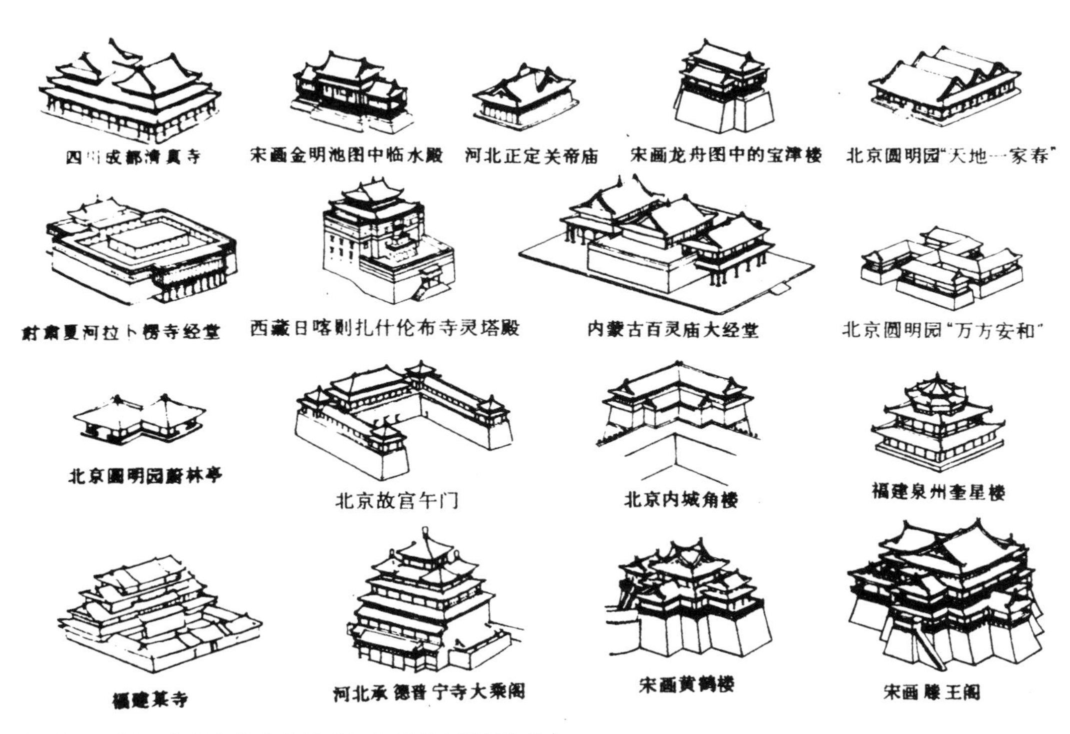

插图一之③　中国古代建筑屋顶组合形式（陈明达绘）

重视建筑组群平面布局　中国古代建筑组群的布局原则是内向含蓄的，多层次的，力求均衡对称。一组建筑中的主要建筑物通常是主要人物的主要活动场所，这一点可以从形体、装饰、配属建筑等看出来。由于建筑群是内向的，除特定的建筑物如城市中的城楼、钟鼓楼等外，单体建筑很少是露出全部轮廓，使人从远处就可以看到它的形象。因此，中国建筑的完整形象必须从组群院落整体去认识。每一个建筑组群至少有一个庭院，大的建筑组群可由几个或几十个庭院组成，组合多样，层次丰富，也就弥补了单体建筑定型化的不足［插图一之④］。

建筑组群的一般平面布局取左右对称的原则，房屋在四周，中心为庭院。大规模建筑组群平面布局更加注重中轴线的建立，组合形式均根据中轴线发展。甚至城市规划也依此原则，以全城气势最宏伟、规模最巨大的建筑组群作为全城中轴线上的主体。唯有园林的平面布局，采用自由变化的原则。

灵活安排空间布局　中国建筑的室内间隔可以用各种槅扇、门、罩、屏等便于安

插图一之④　中国古代建筑组群平面示例（陈明达绘）

装、拆卸的活动构筑物（见“小木作”条[①]），能任意划分，随时改变，使室内空间既能够满足屋主自己的生活习惯，又能够在特殊情况下（例如在需举行盛大宴会时）迅速改变空间划分。建筑组群的室外空间——庭院，是与室内空间相互为用的统一体，又是为建筑创造小自然环境准备条件。庭院可以栽培树木花卉，可以叠山辟池，可以搭盖凉棚花架等等，有的还建有走廊，作为室内和室外空间的过渡，以增添生活情趣。

运用色彩装饰手段　木结构建筑的梁柱框架，需要在木材表面施加油漆等防腐措施，由此发展成中国特有的建筑油饰、彩画（见“彩画作”条[②]）。至迟在西周已开始应用彩色来装饰建筑物，后世发展用青、绿、朱等矿物颜料绘成色彩绚丽的图案，增加建筑物的美感。以木材构成的装修构件，加上一点着色的浮雕装饰的平棊贴花和用木条拼镶成各种菱花格子，便是实用兼装饰的杰作。北魏开始使用琉璃瓦，至明清时期琉璃制品的产量、品种大增，出现了更多的五彩缤纷的琉璃屋顶、牌坊、照壁等，使中国建筑灿烂多彩，晶莹辉煌。

中国古代建筑的典籍

中国古代在总结建筑实践经验的基础上，留下不少典籍，起了进一步指导实践的作用。例如《春秋左氏传》中关于筑城的记载：“计丈数，揣高卑，度厚薄，仞沟洫，

[①] 参阅《中国大百科全书　建筑、园林、城市规划》“小木作”条，第 473 ～ 474 页。
[②] 参阅《中国大百科全书　建筑、园林、城市规划》“彩画作”条，第 33 ～ 34 页。

物土方，议远迩，量事期，计徒庸，虑财用，书糇粮，以令役于诸侯。”不足四十字，把从设计到挖运土方，估计工期，征调人力，准备财用粮食等，都有条理有次序地考虑到了，是筑城工程管理的经验总结，水平很高。但这类记述并不在专门著作中，需要在浩如烟海的古籍中去发掘。

另一种典籍是各个时代政府管理部门编修的“则例”性的“官书”，本是为营建管理人员编的。春秋战国时齐国人编撰的《考工记》，可认为是最早的“则例”。书中的《匠人》篇指出，匠人职司城市规划和宫室、宗庙、道路、沟洫等工程，并且记载了有关制度，也有各种尺度比例的规定，这使后人能粗略得知周代末叶以来的部分建筑技术制度。由于古籍文字较为艰深，许多具体内容又缺乏实例佐证，现在还不能全部理解。

秦汉至唐代没有“则例”之类的官书留传下来，不知是散佚，还是当时确无则例。唐代柳宗元曾写过一篇《梓人传》，最末一句是：“梓人，盖古之审曲面势者，今谓之都料匠云。”古代营造技术以木工为主，都料匠应是从木工中分离出来的专业，职责是主持全部工程的设计，制定大木作“杖杆”，指挥、分配、调整各工种的工作，职责已经类似近代建筑师，由此可间接推断唐代的建筑技术当有高度的理论水平。

北宋末期指定在将作监任职多年、建筑经验丰富的李诫编修《营造法式》[①]，这是继《考工记》之后，流传至今的第二部建筑专著。它虽然是一部则例性质的专书，但包含了很深的建筑学内容，成为研究中国古代建筑史的重要典籍。从书中的图样和记述，后人才知道殿堂和厅堂是两种结构形式的名称；通过用现存实例相对照，才辨别出佛光寺大殿、独乐寺观音阁与奉国寺大殿、宝坻广济寺三大士殿是分属两类不同的结构形式，理解了当时的建筑是按结构分类的。此外还有各种局部、各个构件的形式、尺寸、比例等的详细记述。所以，《营造法式》是现今研究唐宋时期建筑的主要典籍。

元明两代没有留下建筑方面的官书。元代有木工技艺专著《梓人遗制》[②]，惜已佚。明代万历年间出现了一部《鲁班经》[③]，似为匠师自编的秘本，流传于木工、匠师间，是

---

① 详见下条“《营造法式》”。

② 详见下条“《梓人遗制》”。

③ 参阅《中国大百科全书　建筑、园林、城市规划》“鲁班经”条，第310页。

一本简要的房屋建筑技术手册，其中还包括各种日用家具的制作制度。这本书直至二十世纪初，各地曾以各种形式增改刊印，对各地民间建筑（尤其在南方各省）影响深广。

清代前期编修了清工部《工程做法》七十四卷[①]。这是一部典型的“则例”，其主要内容是详细开列出二十七种建筑物所用的每个木构件的尺寸。人们目前从这些尺寸清单中，看出斗栱的尺寸比宋制减小很多，宋代的材份制已不实用，而梁方等受力构件截面的高宽比，已由唐宋时期的 2 ∶ 1 或 3 ∶ 2 改变成 10 ∶ 8。清工部《工程做法》和宋《营造法式》被认为是研究中国建筑的两部课本。

参考书目

刘敦桢主编:《中国古代建筑史》，中国建筑工业出版社，北京，1984。

整理说明

此条中着重提及的建筑实例的照片与实测图、有建筑内容的古代绘画作品等计有《清明上河图》《金明池夺标图》、西安半坡遗址、二里头遗址、殷墟遗址、战国中山王墓铜案的斗栱形象、中山王墓《兆域图》、阿房宫前殿夯土基址、汉代石阙、汉代崖墓、嵩岳寺塔、云冈石窟、麦积山石窟、响堂山石窟、敦煌石窟壁画中的建筑物、唐长安城、慈恩寺塔（大雁塔）、荐福寺塔（小雁塔）、兴教寺玄奘塔、大理崇圣寺千寻塔、独乐寺、保国寺大殿、晋祠圣母殿、隆兴寺摩尼殿、北京天宁寺塔、朔县崇福寺弥陀殿、广胜寺下寺前殿和大殿、永乐宫、北京妙应寺白塔、紫禁城宫殿、明十三陵、曲阜孔庙、清东陵和西陵、承德避暑山庄与外八庙、西藏布达拉宫、新疆吐虎鲁克玛扎等，以及“大木作”条中提及的商代盘龙城遗址、西周周原建筑遗址等，在《中国大百科全书》此分卷中均有收录，可资参阅。

[①] 参阅《中国大百科全书　建筑、园林、城市规划》“清工部《工程做法》”条，第 356 页。

材 份[1]

中国古代房屋设计使用的一种模数单位（见“大木作”条[2]）。宋《营造法式》中写作“材分”，“分”读如“份”。规定 1 材 =15 份；又有两种辅助单位“栔”和“足材”，1 栔 =2/5 材 =6 份，1 足材 =1 材 +1 栔 =21 份。房屋长、宽、高和各种构件的截面，以至外形轮廓、艺术加工等，都用“份”数定出标准。这就是“材份制”。

《营造法式》中载有“以材为祖”的设计方法和按材份制定的标准规范。根据对现存古代建筑的实测得知，建于公元 782 年和 857 年的唐代南禅寺大殿和佛光寺大殿，已经应用了材份制。由此推测，至迟在初唐时期（七世纪初）材份制已经形成了。此后直至元代末年（十四世纪中叶），基本沿用，变更不大。自明代开始，材份制实际上已废止不用，仅留余迹。

《营造法式》对材规定了八等（八种实际尺寸），供不同性质、规模的建筑选用。每等材的份值、材广（高）和应用范围如表。

宋《营造法式》规定的材等

材等	份值		材广 15 份		应用范围
	宋尺	厘米	宋尺	厘米	
一	0.06	1.92	0.90	28.8	殿 9 ～ 11 间
二	0.055	1.76	0.825	26.4	殿 5 ～ 7 间
三	0.05	1.60	0.75	24.0	殿 3 ～ 5 间；堂 7 间；余屋
四	0.048	1.536	0.72	23.04	殿 3 间；堂 5 间
五	0.044	1.408	0.66	21.12	殿小 3 间；堂大 3 间
六	0.04	1.28	0.60	19.20	小厅堂；亭榭
七	0.035	1.12	0.525	16.8	小殿；亭榭；营房屋
八	0.03	0.96	0.45	14.4	小亭榭；殿内藻井

注：本表以 1 宋尺 =32 厘米计。

[1] 原载《中国大百科全书　建筑、园林、城市规划》，第 30 页。
[2] 详见下条“大木作”。

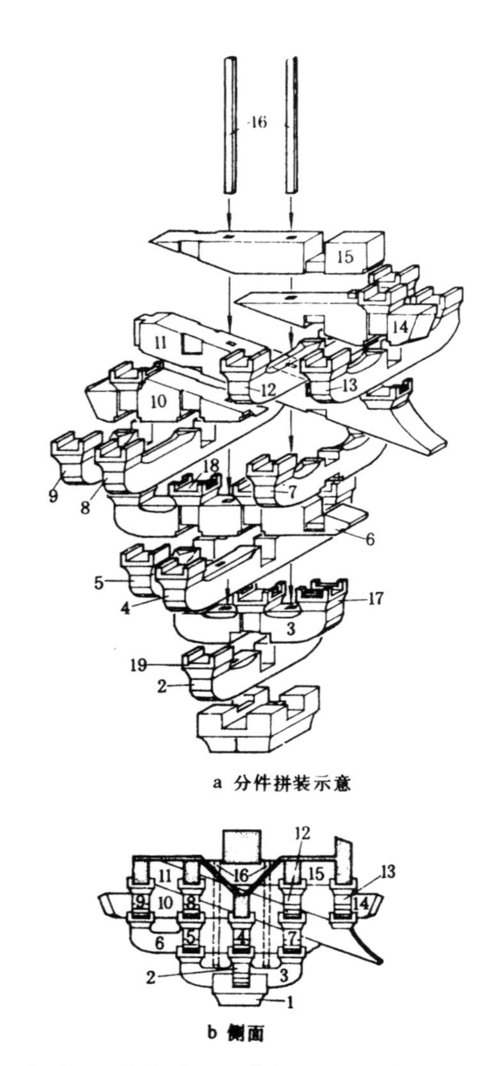

插图二　宋式补间铺作斗栱构造示意图（徐伯安绘）

八等材是按强度划分的，尤其一至六等材，相邻两等材的截面强度虽不同，但有比较均匀的比值，以下一等材代替上一等材时，增加的应力最多不超过1/3，以便于对房屋的某些局部可以减小用材。如殿堂副阶、缠腰用材可比殿身用材减一等。

材广（高）15份、其厚（宽）为10份的比例原则，是所有矩形构件截面的定法，即广厚比为3 ∶ 2（仅足材栱广厚比为21 ∶ 10，是唯一的特例）。这是按从圆木中锯出的最强截面$\sqrt{2}$∶ 1在应用时化零为整而得出的。

用份数规定的各种受力构件的截面、长度，按所受静荷载以现代方法核算其弯曲应力，证明截面份数的规定是合理的。而且同一构件不论用哪一等材，都是几何相似形，是等应力构件。各类构件有比较接近的安全度，基本上可达到等安全度结构的目的。

材份制是按等强度控制结构的设计方法。

中国古代建筑到宋代时，已经分为殿堂、厅堂、余屋三大类型。殿堂规模最大，质量要求最高，屋顶自重最大；厅堂、余屋依次减小、降低（余屋即一般房屋，如仓库、官府廊屋、亭榭、营房）。三等材是使用最普遍的材等。

凡房屋的间广、椽平长、柱高、层高，各种构件的截面大小，各种建筑形式，各种构件的艺术加工，全按材份计算。于是，用材份设计的同类房屋，在使用不同材等时，虽然大小不同，但从整体到个别构件，都是几何相似形。可见用材份设计是包括建筑和结构在内的标准化方法。

用份数制定的标准规范是很细致严密的，同时还用份数规定了允许伸缩的幅度，使用时有灵活性。例如殿堂标准间广是：用一朵补间铺作（见“斗栱”条[①]）时250份，用两朵补间铺作时375份［插图二］。间广即是榑的长度，因此相应地规定榑径为21

[①] 参阅《中国大百科全书　建筑、园林、城市规划》“斗栱”条，第117～120页。

和 30 份。而用一朵补间铺作，间广可以增减 50 份；用两朵补间铺作，间广可以增减 75 份。

大 木 作[1]

中国古代木构架房屋建筑中负担结构构件的制造和木构架的组合、安装、竖立等工作的专业。由于古代建筑是以木结构为骨干的，因此房屋的设计也归属大木作。

历史渊源　由《考工记》所载“攻木之工七”，可知周代木工已分工很细。以后各代分工不同。宋代房屋的附属物平棊、藻井、勾阑、博缝、垂鱼等的制作，归小木作，明清时则归大木作。宋代大木作以外另有锯作，明清也归大木作。木构架房屋建筑的设计、施工以大木作为主，则始终不变。

设计制度　中国古代建筑在唐初就已经定型化、标准化，由此产生了与此相适应的设计和施工方法。宋《营造法式》中，已载有一套包括设计原则、标准规范并附有图样的材份制（即古代的模数制，见“材份”条）。材份制一直沿用到元末。明初，大量营建都城宫室，已不再用材份制。清初颁布的清工部《工程做法》基本上使用了斗口制（见“斗口”条[2]），仍可看出材份制的痕迹，但在力学上已不如材份制严谨，各种构件的标准规范也无一致的准则。实质上是旧的设计制度已被废弃，而新的设计制度还不完善。

结构形式　从远古到汉代的木结构的形式迄今未能完全了解，仍在探索中。从半坡遗址到商代盘龙城遗址、西周周原建筑遗址、汉代礼制建筑、石阙等，虽已有复原研究，但还都未能得出系统的结论，只能看出一些脉络：①商的墓室均用井幹式结构，后代虽不普遍使用，但在木结构发展史中却有重要作用。②自商代至战国宫殿遗址中已发掘的平面柱网布置，均纵向成行列而横向常不成行列。据此可推断屋架构造系以纵架为主，直至汉代仍有应用，故纵架应是早期普遍使用的构造形式。后来，辽金时

---

[1] 原载《中国大百科全书　建筑、园林、城市规划》，第 90 ～ 94 页。
[2] 参阅《中国大百科全书　建筑、园林、城市规划》“斗口”条，第 120 页。

期偶然也有使用纵架承托横架的构造，那是经过改进提高的纵架。③自西周开始已用栌斗作为结合柱、梁的构件，以后逐步发展成栌斗上用栱、昂等组合成铺作（见“斗栱”条[1]）的复杂构造形式。

现知最早的关于具体的结构形式的记录，是宋代《营造法式》中的殿堂结构、厅堂结构、簇角梁结构三种。根据现存实例，可以推断这三种结构至少在唐初即已普遍应用。它们的特点如下所述。

殿堂结构：全部结构按水平方向分为柱额、铺作、屋顶三个整体构造层，自下至上逐层安装，叠垒而成。如造楼房，只需增加柱额和铺作层（平坐）即可。应用这种结构的房屋，平面均为长方形。有四种地盘分槽形式，即金箱斗底槽、双槽、单槽和分心斗底槽［插图三之①］。

厅堂结构：用横向的垂直屋架。每个屋架由若干长短不等的柱梁组合而成，只在外檐柱上使用铺作。每两个屋架间用榑、襻间等连接成间。每座房屋的间数不受限制，

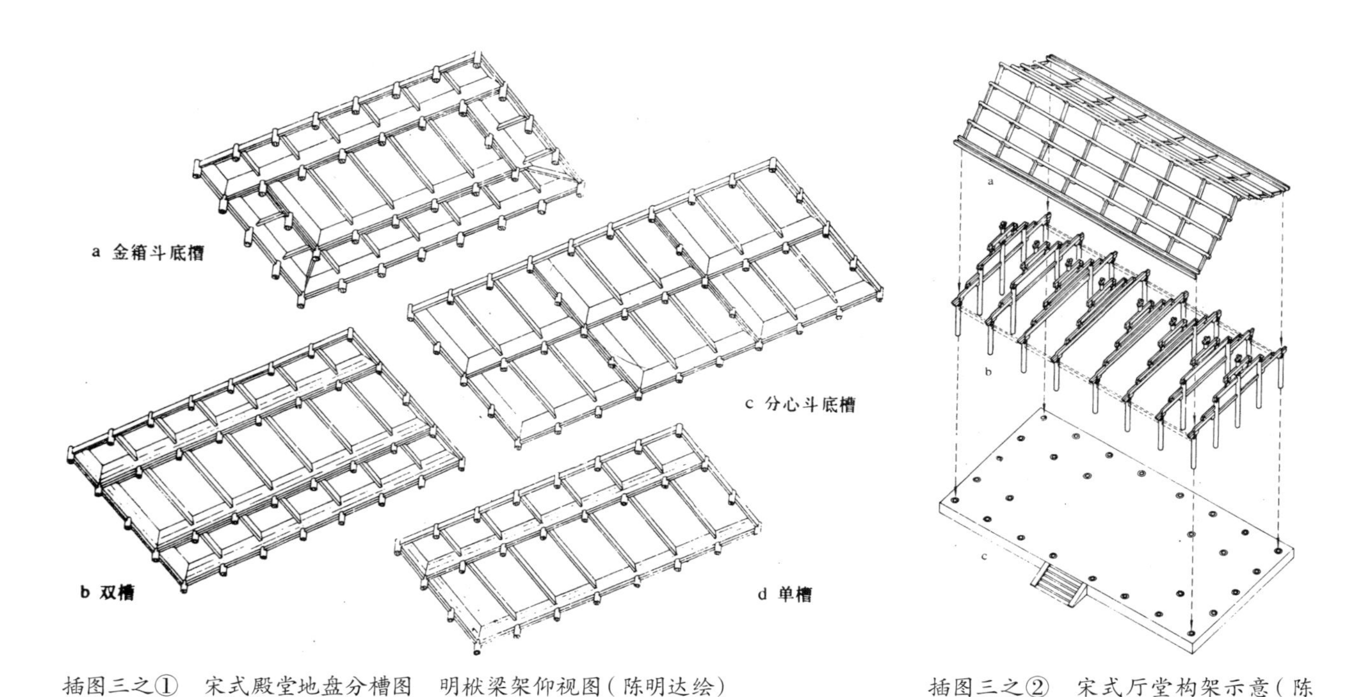

插图三之①　宋式殿堂地盘分槽图　明栿梁架仰视图（陈明达绘）

插图三之②　宋式厅堂构架示意（陈明达绘）

[1] 参阅《中国大百科全书　建筑、园林、城市规划》“斗栱”条，第117～120页。

屋架只要椽数、相应步架的椽平长相等，各屋架所用梁柱数量、组合方式可以不同，因此不必规定平面形式。厅堂结构［插图三之②］施工较殿堂结构简便，但不宜建造多层房屋。用厅堂结构建造小规模房屋，不用铺作，称为“柱梁作”，应用普遍。现存实例中，还有一种综合殿堂和厅堂结构的形式，如奉国寺大殿，用纵、横、竖三个方向的柱、梁、铺作等构件，互相交错，组成一个整体，施工繁难，辽金以后未见再用。

插图三之③ 宋式簇角梁构架示意（陈明达绘）

簇角梁结构：用于正圆或正多边形平面的建筑，每个柱头上的角梁与中心的枨杆（雷公柱）相交［插图三之③］，组成圆或方锥形屋顶。

在明清官式建筑中，殿堂结构仅存表面形式，实际均为厅堂结构，称“大木大式”。普遍应用的“柱梁作”，称为“大木小式”。而簇角梁，则称为“攒尖”，多用于小型亭榭。

此外，在长江流域和东南、西南地区，习惯用穿逗式构架。它与厅堂结构同属横向垂直的屋架，但厅堂结构由逐层抬高而减短的梁承受槫和屋顶的重量，故称抬梁式构架。穿逗架用柱直接承槫，不用梁，柱间穿方仅是连系构件。

构件种类　大木作结构构件，按功能可分为十二类。其中栱、昂、爵头、斗四类属铺作构件。其余八类如下：

①柱。直立承受上部重量的构件。按外形分为直柱、梭柱，截面多为圆形。按所在位置有不同名称：在房屋最外圈的柱子为外檐柱，外檐柱以内的称屋内柱（金柱），转角处的称角柱等。柱有侧脚，即向中心倾斜；有生起，即自中间柱向角柱逐渐加高。

②额方。包括阑额（大额方）、由额（小额方或由额垫板）、普拍方（平板方）、

屋内额、地栿、绰幕（后演化为雀替）等，是连接柱头或柱脚的水平构件。

③梁。是承受屋顶重量的主要水平构件；上一梁较下一梁短，层层相叠，构成屋架。最下一梁置于柱头上或与铺作组合。梁按长短命名：长一椽的（一步架）称劄牵（单步梁），长两椽的称乳栿（双步梁），长四椽的称四椽栿（五架梁），乃至长八椽的称八椽栿（九架梁）。最上一梁称平梁（三架梁），梁上立蜀柱（脊瓜柱）承脊槫（脊桁）。显露的或在平棊（天花）以下的梁，称为明栿。明栿按外形分为直梁、月梁。直梁四面平直；月梁经过艺术加工，形弯如弓。隐蔽在平棊以上的梁，表面不必加工，称为草栿。四阿（庑殿）屋顶和厦两头（歇山）屋顶两侧面所用垂直于主梁的梁称丁栿（顺梁或扒梁）。在最下一梁之下安于两柱之间与梁平行的方，称顺栿串（跨空随梁方）。明清时又有紧贴梁下的方，称随梁枋。

④蜀柱、驼峰托脚、叉手等。是各架梁之间的构件。早期建筑，梁上安矮柱、驼峰或敦□，上安斗、襻间，承托上一梁首，又在梁首斜安托脚，斜托上架槫（檩）。平梁上安蜀柱、叉手。蜀柱头也安斗，用襻间，承脊槫，柱脚用合㭼（角背）。叉手原是立在平梁上，顶部相抵成人字形的一对斜撑，承托脊槫，通用于汉至唐。晚唐五代起改用蜀柱承槫，叉手成为托在两侧加强稳定的构件，作用近于托脚。明清官式建筑梁上均用短柱，按所在位置称上金瓜柱、下金瓜柱、脊瓜柱等。柱下备用角背，并不用托脚、叉手。当庑殿推山加长脊槫时，在槫头下另加一道平梁，称太平梁，梁上立一柱，称雷公柱。

⑤替木。与槫、方平行，用于两构件对接的接口之下，以增加连接的强度，并产生缩短跨距的作用。替木在唐宋是必用的，明清官式建筑已不用。

⑥槫和襻间。槫是承载椽子并连接横向梁架的纵向构件。截面圆形的称槫（檩或桁），矩形的称承椽方。它的长度即是各间的间广（另加出椽），如遇出际（山面挑出），另增挑出长度。至房角则于槫背上另加三角形生头木，使屋面纵向微呈曲线，与柱子生起相对应。襻间用于槫下，是联系各梁架的重要构件，以加强结构的整体性，有单材、两材、实拍等组合形式。明清时期檩下只用垫板、方，合称一檩三件，废除替木、襻间。又蜀柱柱头或内柱柱身间，用方与槫平行，称顺脊串。明清只用于金柱间，名为中槛。

⑦阳马（角梁）。用于四阿（庑殿）屋顶、厦两头（歇山）屋顶转角45°线上，安在各架槫正侧两面交点上。最下用大角梁（老角梁）、子角梁承受翼角椽尾。子角梁上，逐架用隐角梁（由戗）接续。用于四阿（庑殿）的，至脊槫止多；用于厦两头（歇山）的，至中平槫止。

⑧椽、飞子（飞檐椽）。椽子截面圆形，首尾钉在上下两槫上。每一条水平长度即槫的间距，称为一椽或一架、一步架，如用飞檐，即在檐椽上钉截面矩形的飞子。

以上各类构件中，柱、槫、椽多为圆形截面，余为矩形截面。宋以后各代对构件截面，按结构形式（殿堂、厅堂余屋或大木大式、大木小式）都详尽地规定出高、厚尺度。其高厚比早期多为3 ∶ 2，间有2 ∶ 1的，至明清则多为10 ∶ 8。

屋顶形式　屋顶又称屋盖，是中国古代建筑外形的最显著的标志。各种各样的屋顶名称，往往也就是单体建筑的名称，例如庑殿、卷棚等。屋顶有两类，一类是平的或近乎平的，另一类则做成铺瓦的斜面。前一类有两种形式：筑成稍有倾斜的平面，称为平顶；筑成中部略高的弧面，能向两面排水，称为囤顶。

后一类斜坡屋顶，其倾斜度一般为50%～66%，坡面呈略向下弯的弧线，决定坡度及弧线的法则即是举折或举架。斜坡屋顶的结构形式，主要有：

①一面坡屋顶：全屋面向一侧倾斜排水。

②两面坡屋顶：用人字形的抬梁或穿逗架做屋顶构架，顶上垒屋脊，前后出檐排水。

硬山顶，左右两端均封砌于山墙内的两坡顶。

悬山顶，左右两端延伸出山墙外成两面坡。

卷棚顶，屋架四架梁上立两个瓜柱，并列两个脊檩，上加弧形罗锅椽，两坡相接处呈圆弧形；不用正脊，两山可以做成硬山顶、悬山顶或歇山顶。

③四面坡屋顶：

庑殿顶，两山用丁栿（顺扒梁）做成斜坡屋顶，与前后屋面45°相交，上加角梁、隐角梁，直抵正脊，屋面四向排水。前后两坡相接处，在脊槫上垒正脊，左右两坡与前后两坡相接处，在角梁上顺斜坡垒垂脊。这种屋顶因共有五条脊，又称为“五脊顶”。

歇山顶，在两山用丁栿（顺扒梁）承山面承椽方（采步金），屋顶下部形成一至二椽深的四面斜坡屋顶。屋顶上半为前后两坡，两坡相接处垒正脊，两坡左右各垒垂脊，下半四角垒脊（戗脊），以其有九条脊，又称为“九脊顶”。

盝顶，屋架平梁以上不用蜀柱和脊槫，屋顶上部做成平顶，下部做成四面坡四向排水。平顶四周与其下坡顶相接处垒屋脊。

庑殿顶、歇山顶、盝顶四角均可做成翼角。

④攒尖顶：宋式用簇角梁，清式多用抹角梁，构成平面正圆或正多边形的屋顶构架，屋顶呈圆锥、方锥或多角锥体，顶上安宝顶或宝珠，多用于亭榭。屋角也可做成翼角。

榫卯构造　大木构造以用榫卯结合为原则，只有屋面椽子、连檐、望板、角梁等使用铁钉。榫卯结合方式有六种［插图三之④］。

①柱头、柱脚出榫。下入础卯，上入栌斗底卯。若叉柱造，柱脚开十字口。

②横向构件如额、栿、串之类，与竖向构件如柱之类结合，均在竖向构件上开卯口，横向构件出榫，或更加箫眼穿串（即用木销钉）。

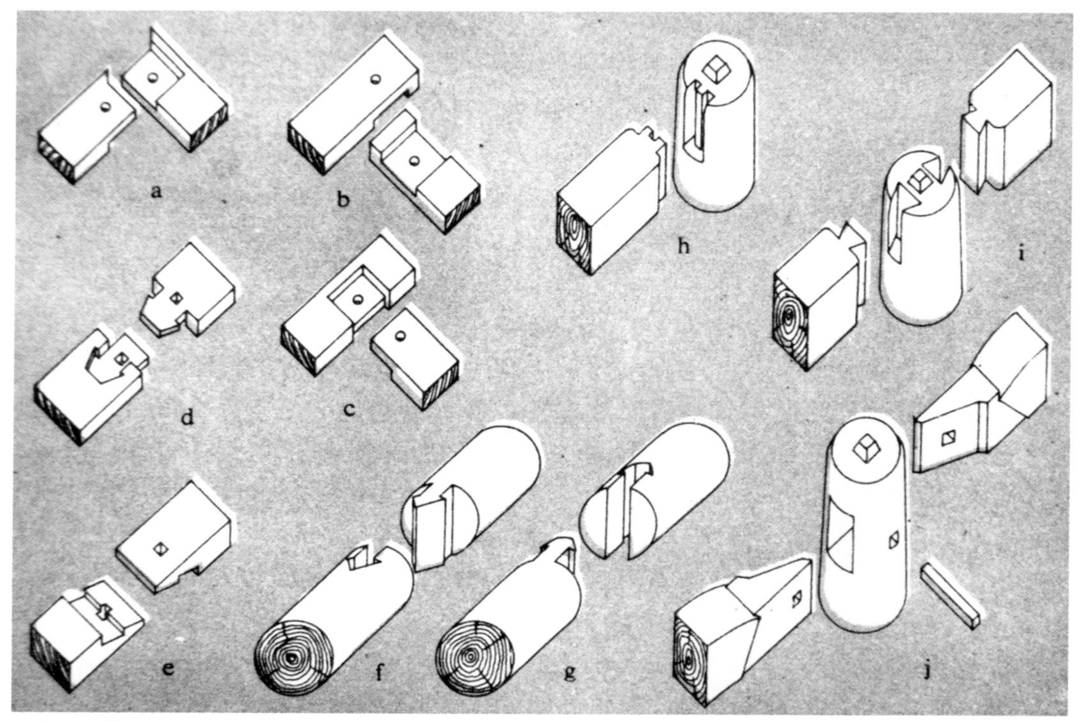

插图三之④　宋式大木构架榫卯图（陈明达绘）

③构件对接，均一头出榫，一头开卯口。其榫卯有螳螂头口（银锭榫）、勾头搭掌（巴掌榫）等。

④纵、横向构件直角平接。凡与房屋正面平行的构件上开口，与侧面平行的构件下开口，十字咬合。转角有45°三向平接时，与正面平行的构件上开口，与侧面平行的构件上下均开口，斜向45°构件下开口，三件依次咬合。

⑤两构件上下叠合（如两条足材方，替木与槫），上下两构件于相对位置开箫眼，受暗箫。

⑥铺作上用斗。斗底、栱头上开箫眼，受暗箫。斗上横开口或十字开口，受栱昂。斗口内或更留隔口包耳。

施工程序　大木施工自唐宋至明清大体相同，约可分为五个程序：

①画杖杆。自间广、椽长、柱高，以至每一构件的长短、高厚、榫卯位置、大小，均逐一按设计用足尺画在方木杆上，同时还应画出与本构件相结合的其他构件的中线。杖杆实际上是为本工程特制的各种专用尺。每个工匠在分配到具体工作时，就给他杖杆，以便开始造作。画杖杆的工匠，是全工程的主持者，他熟知全部设计及其细节，由唐至宋都称为“都料匠”。

②造作构件。工匠据杖杆造作构件及其上的榫卯。凡圆形截面的构件与矩形截面构件相结合的榫卯（如柱与额），均应随时为每个榫卯制出抽版或样版，某些一定的形象，如驼峰、蝉肚绰幕（雀替），则可预先制作样版，使形象一致。

抽版是出榫实样尺寸。此类榫卯，一般是在圆构件上先开好卯口，然后将此卯口的具体尺寸及其与圆柱的位置关系等，移画到抽版上，即以此制作出榫规范，务使榫卯结合严密。因此，每有一个卯口即须制作一块抽版。榫卯做完，试装无误后，在构件上标明它所在位置的编号。构件制成后，必须经过仔细核对，并将所有中线重新清晰地画在构件上。

③展拽（试安装）。一般在铺作构件全部制成后，在地面上试作一次总体安装。

④卓立、安勘（安装）。大木安装须先搭架，并准备吊装设施，再将柱子按位竖立，叫做“卓立”。然后再起吊额栿等大构件，随即依次安装。各项构件制成后已经过核对、榫卯试装、铺作试装，每一构件均已标明位置编号，与有关构件的关系均已画

有明确的中线，因此总安装要点仅在于保证各项垂直线和水平线的准确性。

⑤钉椽、结裹。依次钉铺椽子、板栈（望板），是大木作最后一道工序。

用工用料　自宋迄清，大木作造作各种构件用工都规定有详细的定额。用工总数，在宋代以造作工为基数，分别按下述规定计算：补间铺作（包括安勘、绞割、展拽）按造作工加40%，转角铺作四、五铺加80%，六铺以上加倍；柱、梁等（包括安勘、绞割、卓立、搭架）按造作工加60%；钉椽结裹用小工数，按造作工数。清代规定总工数按造作工加10%，又按总工数加小工20%。

自宋迄清，大木作用料均以松木为主。宋代木料共有六种规格。圆料两种："朴柱"长30尺，径3.5～2.5尺；"松柱"长28～23尺，径2～1.5尺。方料四种："大料模方"长80～60尺，广3.5～2.5尺，厚2.5～2尺；"广厚方"长60～50尺，广3～2尺，厚2～1.8尺；"长方"长40～30尺，广2～1.5尺，厚1.5～1.2尺；"松方"长28～23尺，广2～1.4尺，厚1.2～0.9尺。又将各种较小原木，加工解割成长25～12尺、广1.3～0.5尺、厚0.9～0.4尺等八种规格的方料，以备选用。所以宋代在大木作之外另有锯作。

清代木料缺乏，方木只有一种，称"檄木"，长1丈左右，高厚1尺左右。使用时须计算其价格，如价格超过用圆料解割，仍须用圆料解割。因此大木用料几乎全按构件尺寸，折算成一定直径的圆料，据以发料，在造作时随时锯解，故清代锯作包括在大木作之内。

宋代锯作实际是规定用料原则，主要是："务在就材充用，勿令将可以充长大用者，截割成细小名件"；"斜尖名件，应颠倒交斜解割"，"两就长用"；锯下的余料应尽量利用，或锯成板料。锯作用工，以面积计每一工：椆、檀、枥木50尺（平方尺），榆、槐木55尺，白松木70尺，柟柏木75尺，榇、黄松、水松、黄心木80尺，杉桐木100尺。如料长2丈以上，用工加10%。

独乐寺[1]

在天津市蓟县城内，建于辽统和二年（公元984年）。寺中现存辽代建筑有观音阁和山门。这两座建筑在中国现存古代木构建筑中建造时间是较早的，而结构精妙，艺术超群，为中国古代建筑中的典范。1961年定为全国重点文物保护单位。

概述　1932年建筑学家梁思成调查测绘独乐寺，是近代研究中国古代建筑实例的开端。当时尚存有观音阁前东西配殿，阁后韦陀亭、前殿、后殿、东西配殿。阁东一院正殿三间及回廊为"坐落"，阁西四合院为僧院，均为清代所建。现在除有些塑像毁失、坐落回廊不存外，余仍保持当年调查时的情况。1972年在观音阁下层发现四周壁面绘有十六罗汉像，观其画风，当为明代所绘。由此推测原阁内除十一面观音及左右胁侍菩萨像外，各层壁面均绘有壁画。

根据《日下旧闻考》引《盘山志》所记再建年代、规制并与现存其他唐、辽建筑风格和技术作比较，可确认观音阁、山门（及十一面观音立像）建于辽统和二年。但文献中既称再建，可知原已有寺，创自何时，已不可考。《盘山志》提到的修建者尚父秦王就是官至西南面招讨使、晋昌军节度使的韩匡嗣。韩氏在辽代极为显赫，原籍蓟州玉田，独乐寺很可能是韩氏一族的家庙。

用材　独乐寺观音阁各层用材大小不一，如以《营造法式》材等衡量，上下屋用材高27～25.5厘米，厚18厘米，足材高38.5厘米，均相当于二等材。平坐用材235厘米×16厘米，足材高34.5厘米，相当于三等材。山门用材24厘米×17厘米，足材高36.5厘米，也相当于三等材（见"材份"条[2]）。

山门　山门三间四架，总广16.16米，心间广6.06米，总深8.62米，平面长宽比近于2∶1，用四阿（庑殿）屋顶。心间平柱高4.34米，总高（至脊槫背）8.73米，总高为平柱高的2倍。檐出（包括出跳）2.59米，外形轮廓稳重舒展。采用殿堂分心斗底槽结构形式（见"大木作"条[3]），两次间中柱间垒墙分为内外间，两外间各塑金

[1] 原载《中国大百科全书　建筑、园林、城市规划》，第121～122页。
[2] 详见前条"材份"。
[3] 详见前条"大木作"。

刚像一座，两内间各绘二天王像，心间内柱间安双扇版门，空间利用紧凑得宜。内部彻上明造，朴实无华，以结构的逻辑性表现出艺术效果。

观音阁［插图四］ 外观五间八架，下层总广 19.93 米，心间广 4.67 米，总深 14.04 米，平面长宽比约为 3 ： 2，用厦两头（歇山）屋顶；重楼，上下两层间设平坐勾阑，总高 19.73 米，与总广略成正方形。上层也有阶基（即平坐铺作）、屋身、屋盖三部分，所以上下两层是两个完整的单层建筑重叠而成的。下层自阶基地面至平坐柱头高 8.54 米，上屋自平坐柱头至侧面曲脊槫（即中平槫背）高 8.71 米。可知它的平面和立面各部分都有严整的比例。加以上下檐出 3.32 米和 3.16 米（包括铺作出跳），平坐挑出 1.12 米，使外形轮廓稳重而又轻灵舒展。

观音阁采用殿堂结构金箱斗底槽形式，分内外槽。外槽四壁绘壁画；内槽设木坛

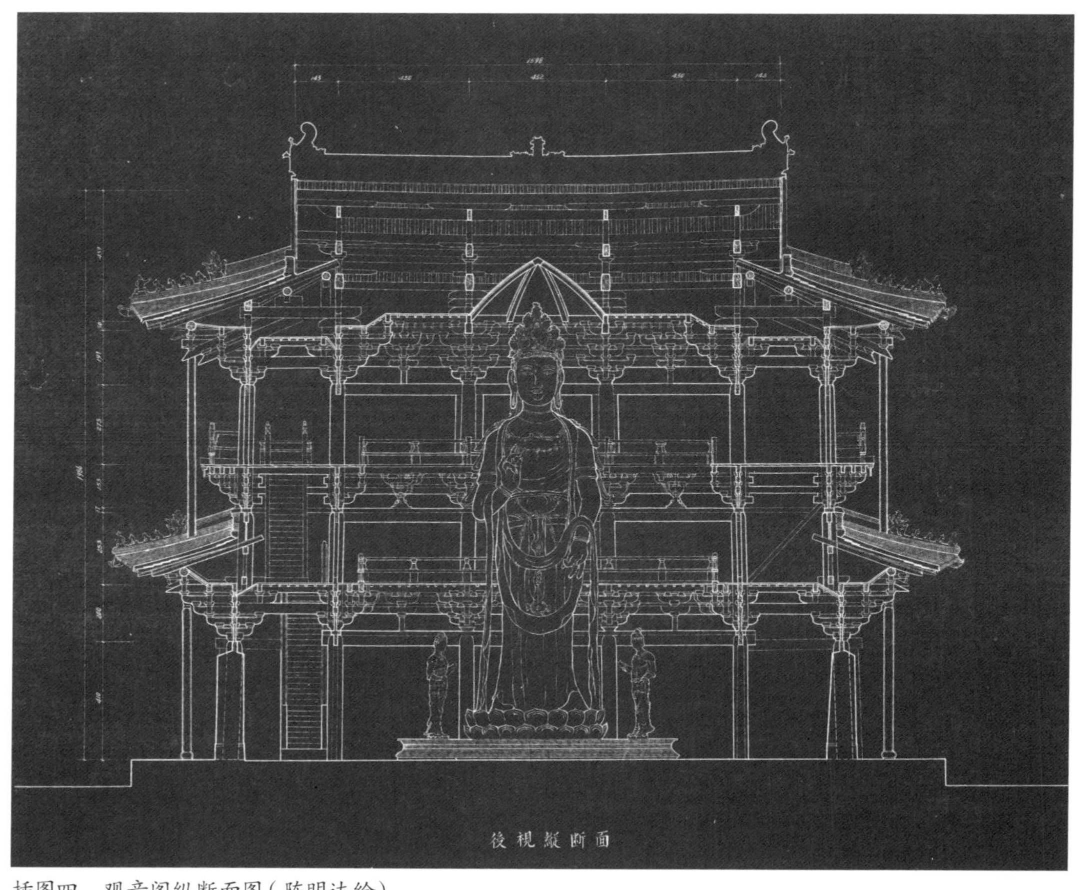

插图四　观音阁纵断面图（陈明达绘）

座，上立十一面观音及二胁侍菩萨。下层七铺作出四抄，平坐六铺作出三抄，上层七铺作出双抄双下昂（见“斗栱”条[1]）。下层、平坐、上层各分为柱额铺作两个构造层，加最上一个屋盖构造层，共为七个构造层叠垒而成。除最上两个构造层外，其余五个构造层的内槽均不用梁栿，使全阁内槽成为一个筒状空间，以容纳高约16米的观音像，充分体现了这种结构形式的分层、中空等主要特点。下层外槽于铺作上安平闇，内槽铺作外跳成为殿内平坐，此平坐沿内槽空井四面可环绕观音像一周。外檐平坐层铺作则为围绕阁身外的走道，其下为下屋腰檐，平坐内槽柱间用编笆墙隔断，而平坐外槽铺作上即安设上屋地面板，所以平坐外槽成为一个暗层。又在平坐内槽四角自心间柱头至侧面中柱头上增加一斜缝铺作，使上层空井成为六边形，而于斜缝铺作所形成的四角上亦铺设地面板，扩大了上层地面面积。上层铺作之上用四椽明栿，除内槽心间安藻井外，全部安设平闇。这些结构形式及其处理手法，反映出中国古代建筑可以适应各种使用要求，而各种变化均产生于铺作构造层。

阁的内部结构可分为四个层：从地面至下层柱头，从下层柱头至平坐柱头，从平坐柱头至上层柱头，从上层柱头至藻井顶。各个层高4.29米至4.45米，这正是建筑层外观的高度。又自观音头像发际中作两斜线向下，避开铺作等构件，直至下层地面，恰为一等边三角形。可见阁的外观立面和室内空间（包括塑像）的构图，是以结构为基础经过缜密设计的。

佛宫寺释迦塔[2]

佛宫寺在山西省应县城内，原名宝宫寺，约于明代改为现名。释迦塔建成于辽清宁二年（公元1056年），主体为木结构，金明昌二年至六年（公元1191—1195年）作过一次大修，至今保存完好（参见彩图插页第9页[3]），民间称为应县木塔。

---

[1] 参阅《中国大百科全书　建筑、园林、城市规划》“斗栱”条，第117～120页。
[2] 原载《中国大百科全书　建筑、园林、城市规划》，第139～140页。
[3] 参阅《中国大百科全书　建筑、园林、城市规划》，彩页第9页。

释迦塔同山西五台佛光寺大殿、天津市蓟县独乐寺观音阁，是现存中国古代建筑中的三颗明珠。1961年定为全国重点文物保护单位。

中国古代木塔唯一实物　释迦塔是一座平面正八边形、每边显3间、立面5层6檐的木结构楼阁式塔。底层和附加的一周外廊（副阶），直径共30米，塔身底层直径23.36米；其上各层依次收小约1米，第5层直径19.22米。塔下用砖石砌筑基座两层，共高4.4米。基座上5层塔身为塔的主体。自基座至第5层屋脊，全部用木结构框架建成，共高51.14米。第5层攒尖顶屋面上砖砌刹座高1.86米；座上立铸铁塔刹高9.91米。全塔自地面至刹尖总高67.31米。自东汉末叶开始有建造木塔的记载以来，这是保存至今的唯一木塔。木结构能达到如此规模、如此高龄（到1986年已有930年），实为世界建筑史上一大奇迹。

结构　释迦塔用25.5厘米×17厘米材（相当于宋《营造法式》中的二等材），第一层外檐用七铺作外跳出双抄双下昂（见“斗栱”条[①]），采用中国古代特有的“殿堂结构金箱斗底槽”形式。共用柱额结构层、铺作结构层各9个，反复相间，水平叠垒，至最上一个铺作层上，安装屋顶结构层（见“大木作”条[②]）。每一个结构层，都采用大小同本层平面相同、高3～1.5米的整体框架，预制构件，逐层安装［插图五］。这种结构形式，特别适宜于多层建筑。据十六世纪时的记载，释迦塔建成后500余年中，已历经大风暴1次和大地震7次，仍完整无损，证明这种结构坚固稳定，是有效的防震构造。

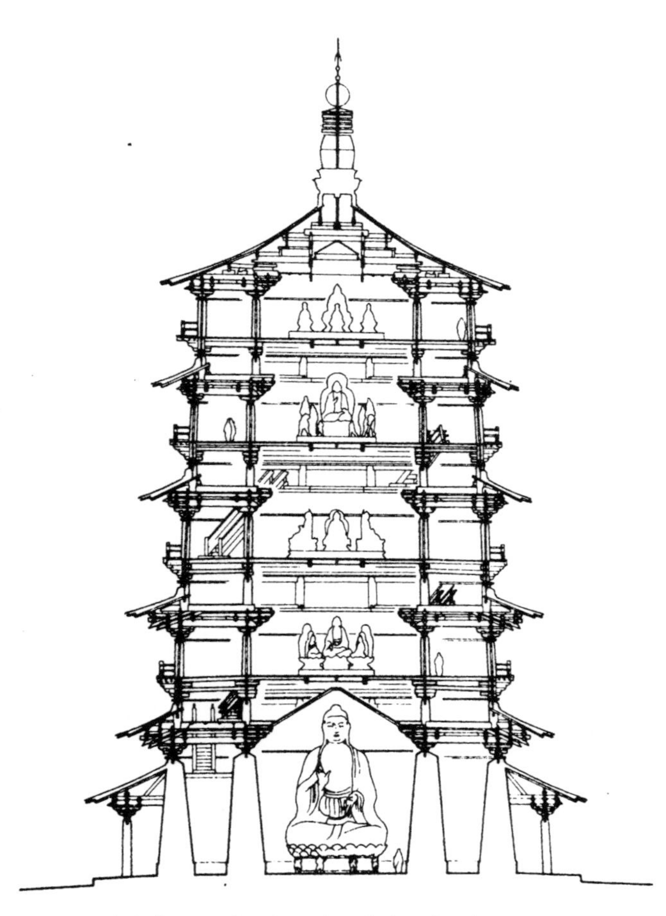

插图五　佛宫寺释迦塔结构示意图（陈明达绘）

① 参阅《中国大百科全书　建筑、园林、城市规划》“斗栱”条，第117～120页。

② 详见前条“大木作”。

实用、美观的创作原则　释迦塔立面外观：最下一层周围有副阶，故为重檐，以上4层均为单檐。自第2至第5层檐上均建有平坐，以支承上层塔身。这些檐和平坐的内部实际上是一个暗层，所以从塔内看，有5层塔身和4个暗层，共9层。暗层内只有楼梯间。平坐悬挑出各层塔身外，成为观赏周围景色的眺望台。每层塔身内，依凭结构框架自然形成内槽和外槽两大空间。第2至第5层内槽空间高广，布置佛像，顶上原安有平闇（见“天花”条[①]）、藻井。外槽环绕于内槽周边，供信徒观瞻礼拜之用，空间较内槽低窄，顶上原只安平闇。内外槽间用栅栏分隔。内外槽空间的高低、大小和装饰，形成强烈的对比。第1层内槽安置一尊高11米多的释迦坐像，故塔身较上面各层高约1倍，所以外面一定要建成重檐。而内槽不用平闇，只用一个华丽的大藻井，更增加高耸之感。第1层内外槽南北两面均安版门，其余各面用厚墙封闭。但南面两侧外墙砌至心间柱后折向南，延砌至副阶柱，此面版门即安于副阶柱间。这就突出了全塔正面入口，又使塔门内增加一间“门厅”。

这些从立面外观到内部空间的艺术处理和实用安排，都是在适应结构的基础上取得的。

构图　全塔造型构图有严格的比例。第3层总面阔（即八边形的边长）约883厘米，大致等于各层的层高，是立面构图的基本数据：基座高为此数的$\frac{4}{8}$，以上各层层高至塔顶砖刹座，共为此数的6倍，刹高为此数的$1\frac{1}{8}$倍，总高为此数的$7\frac{5}{8}$倍。而第3层八角形边长883厘米，其内切圆直径为21.30米，周长66.92米，与全塔总高67.31米相近。凡此，均显示出全塔各部分是按数字比例设计的。

影响　释迦塔在建筑结构、技术、艺术方面的成就，使得它成为研究中国古代建筑史的重要对象。中国古代建筑史关于铺作结构与井幹式结构的发展关系，殿堂结构形式与厅堂结构形式的区别，建筑各部分和构图的数字比例关系，以及立面整体构图规律等方面的研究，在近20年来所取得的进展，都是从释迦塔这一建筑的研究中取得的。此外，释迦塔底层南面正门的边框和塔内第3层木制佛坛，均为辽代小木作的稀有实例。

---

① 参阅《中国大百科全书　建筑、园林、城市规划》“天花”条，第424～425页。

《营造法式》[①]

中国现存时代最早、内容最丰富的建筑学著作。北宋绍圣四年（公元1097年）将作少监李诫奉令编修，元符三年（公元1100年）成书，崇宁二年（公元1103年）刊印颁行。本书内容除行政管理上“关防工料”的要求外，侧重于建筑设计、施工规范，并有图样，是了解中国古代建筑学、研究古代建筑的重要典籍［插图六］。

内容概要　全书三十四卷。书前另有看详、目录各相当一卷。“看详”的内容主要是各“作”（工种）制度中若干规定的理论或历史传统根据的阐释。卷一、卷二为“总释”，考证诠释48种建筑物或建筑构件的名称来源、历史沿革，并列举了各种同物异名和当时的俗称。卷二之末附有“总例”，是全书通用的定例，并包括测定方向、水平、垂直的法则，求方、圆及各种正多边形的实用数据，广、厚、长等常用词的含义，有关计算工、料的原则等。

卷三至卷十五为“制度”，包括建筑物各个部分的设计规范，各种构件的权衡、比例的标准数据、施工方法和工序，用料的规格或配合成分，砖、瓦、琉璃的烧制方法。

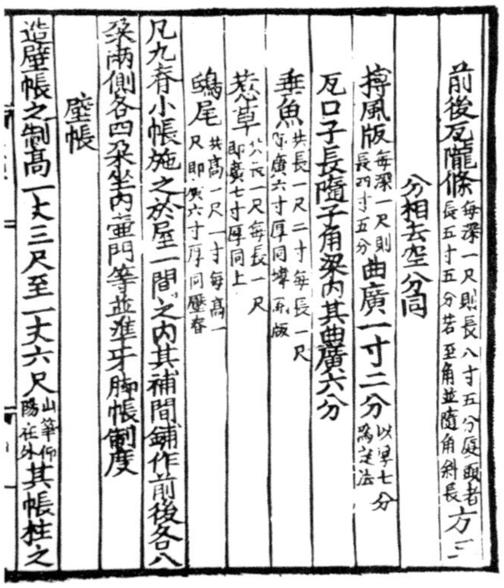
前後瓦隴條每深一尺即長八寸五分厦兩頭者長五寸五分若至角並隨角斜長方三
分相去空八分同
搏風版每深一尺則長四寸五分曲廣一寸二分以厚七分為定法
瓦口子長隨子角梁內其曲廣六分
垂魚共長一尺二寸每長一尺即廣六寸厚同搏風版
惹草共長一尺每長一尺即廣七寸厚同上
鴟尾共高一尺一寸每高一尺即廣六寸厚同壓脊
凡九脊小帳施之於屋一間之內其補間鋪作前後各八
朵兩側各四朵坐內壺門等並準牙脚帳制度
壁帳
造壁帳之制高一丈三尺至一丈六尺山華仰陽在外其帳柱之

插图六　《营造法式》书影（南宋绍定间刊本之明代补版）

卷十六至卷二十五为“功限”，详细列举各种工程所需的制作和安装的单位工作量，各工种所需辅助工（“供作功”）数量，以及舟、车、人力等运输所需装卸、架放、牵拽等工额。其中对构造复杂的铺作，还详列各类铺作每一朵所用各种构件的数量，以便计算工料。最可贵的是记录下了当时测定的各种材料的容重。

卷二十六至卷二十八为“料例”，规定使用材料的限量。其中或以材料为准，如列举当时木料规格，注明适用于何种构件；或以工程项目为准，如粉刷墙面（红色），每一方丈干后厚一分三厘，需用石灰、赤土、土朱各若干斤。卷二十八之末附有“诸作等第”一篇，将各项工程按其性质要求、制作难易，各分为上、

① 原载《中国大百科全书　建筑、园林、城市规划》，第508页。

中、下三等，以便于施工调配适合工匠。

卷二十九至卷三十四为图样。

以上制度、功限、料例、图样等部分，均按壕寨（见“土作”条[1]）、石作、大木作、小木作、雕作、旋作、锯作、竹作、瓦作、泥作、彩画作、砖作、窑作等13个工种分别记述。这些工种的内容，一部分同后世的分工相近。惟“壕寨”是那个时期特有的工种，它包括建筑开工前的定位、定向、定水平等测量工作，开挖、夯筑基础、筑城、筑墙、舟、车、人力运输、装卸以及供作功。

《营造法式》关于建筑的设计、施工、计算工料等各方面的记叙相当完善。最可贵的首先是较详细地说明了“材份制”，使我们知道古代建筑设计的根本法则，它是古代一种完善的模数制。其次是大木作图样提供了殿堂、厅堂两类断面图，使我们认识到两种屋架的结构形式的不同之处。

通过书中的记述，还可以知道在现存古建筑中所不曾保留的、今已不使用的一些建筑设备和装饰。例如檐下铺作用竹网防鸟雀，室内地面铺编织花纹的竹席，椽头用雕刻花纹的圆盘，梁栿用雕刻花纹的木板包裹等。

此书中许多专名术语，有的现在还不能理解，有待继续考证。此书编写时因受制于工程管理部门核算工料的需要，以致重要内容有所遗漏。例如虽详细记录了每一构件的材份数，而遗漏了更重要的间广、进深、柱高的材份数等。近世只是对这部书中大木作的研究较为深入，而对其他各“作”则研究较少。因此这部著作仍然是古代建筑史的研究对象。

版本 《营造法式》的崇宁二年刊行本未传世。现有各种抄本均附有绍兴十五年（公元1145年）王唤重刊题记，得知南宋初曾重刊，但亦未见原本。1956年发现宋刻残本，存卷十一至卷十三三卷以及卷十中的四页，经鉴定为南宋后期平江府官版并经过元代修补。现在常用版本有：1919年朱启钤在原江苏图书馆（今南京图书馆）发现的丁丙藏抄本（后称丁本），完整无缺，据以缩小影印，是为石印小本；次年由商务印书馆按原大影印，是为石印大本；1925年陶湘以丁本与《四库全书》文渊、文溯、文

[1] 参阅《中国大百科全书 建筑、园林、城市规划》“土作”条，第439～440页。

津各本校勘后，按宋版残叶版式和大小刻版印行，是为陶本；后由商务印书馆据陶本缩小影印成《万有文库》本，1954年重印为普及本。

参考书目

梁思成:《营造法式注释》卷上，中国建筑工业出版社，北京，1983。

中国营造学社[①]

中国私人兴办的、研究中国传统的营造学的学术研究团体。于1929年成立，朱启钤任社长。社址设在北平天安门内西朝房。学社受到“中华文化基金董事会”和“中英庚款董事会”赞助，每年得到部分经费。学社成立后，聘请人员，开展工作。1932年社内分设法式、文献两组，由中国现代建筑学家梁思成、刘敦桢分任主任，全盛时有工作人员20余人。1937年日军侵占北平后，学社迁往内地。1938年春在昆明恢复工作。1940年冬，又迁至四川南溪县李庄[②]。抗日战争胜利后，学社于1946年停止工作。

研究工作　建社初期，业务以搜集资料为主，一方面访求古籍，曾校勘重印宋《营造法式》、明《园冶》《髹饰录》、清《一家言·居室器玩部》等；另一方面聘请名匠绘制清代建筑木结构及彩画等图样，制作局部木结构屋架及斗栱模型供研究之用。

法式组从事古代建筑实例的调查、测绘和研究工作；文献组从事文献资料搜集、整理和研究工作，编辑《中国营造学社汇刊》。学社除测绘北平故宫建筑外，先后勘查山西、河北、河南、山东等省（偶亦涉及江苏、浙江两省）的唐、辽、宋、元各朝建筑实例。迁至内地后，对云南、四川两省古代建筑进行调查测绘工作，对汉代的石阙、崖墓的研究取得重要成果。学社还接受有关部门委托，承担古建筑的修理、复原计划工作，曾制订北平十三座城楼、箭楼的修理计划，曲阜孔庙修理计划，南昌滕王阁、杭州六和塔的复原修理计划等。

---

① 原载《中国大百科全书　建筑、园林、城市规划》，第586页。

② 今属四川省宜宾市翠屏区。

《中国营造学社汇刊》 学社成立之初，即创办《中国营造学社汇刊》。初为不定期刊物。1932 年第三卷开始改为季刊，并以登载详细实例调查报告为主。在第三、四两卷中刊有蓟县独乐寺、宝坻三大士殿、北京智化寺、大同古建筑等详细报告和全部实测图以及初步分析等。后因工作进展甚快，调查报告积累甚多，已非期刊所能容纳，自第五卷起，改为《汇刊》，只刊调查简报纪要，详细报告、测绘图样以及专题研究另出专刊，并确定专刊第一册为《塔》。但至 1937 年夏出至第六卷第四期，专刊正待付印时，因北平沦陷，停止工作。1944—1945 年，在四川出版了第七卷第一、二两期（石印版）。《汇刊》共出版了 23 期，在国内建筑界、考古界以及国外汉学界中享有盛誉。

贡献 中国营造学社存在了 17 年，为中国古代建筑史研究作出重大贡献。较显著者有下列几项：① 1945 年梁思成根据学社历年调查成果，写成《中国建筑史》（收入《梁思成文集》第三卷）和《中国建筑史图录》英文本（美国哈佛出版社出版），为中国创立了“中国古代建筑史”这个科学技术史的分支学科；②为中国古代建筑史研究、教学和古建筑保护工作培养了一批人才；③学社积累起来的各种资料是继续研究或编写中国古代建筑史的基本资料；④为保存、保护古代建筑作出贡献。学社调查测量绘制成的古代建筑图纸，是修理、保护古建筑的重要根据，例如在抗日战争中遭毁损的古建筑——宋代建造的永寿寺雨华宫、辽代建造的广济寺三大士殿等，因有详细测绘的图纸存在，可以据图重建。

《梓人遗制》[1]

元代的一部关于木工技艺的著作。元初薛景石著，有中统四年（公元 1263 年）段

[1] 原载《中国大百科全书 建筑、园林、城市规划》，第 595 页。按近有学者认为《梓人遗制》中的小木作内容，系陈明达先生的首次发现，“无疑具有重要的学术价值——首次接触到宋清之间的木作营造技术史料”。参阅陈捷、张昕:《〈梓人遗制〉小木作制度考析》，载《中国建筑史论汇刊》第四辑，清华大学出版社，2011。

成己序，成书当在此前。明焦竑《经籍志》曾有著录。原书已佚。全书卷数、内容不详，现仅散见《永乐大典》。据段序：“古攻木之工七：轮、舆、弓、庐、匠、车、梓，今合而为二，而弓不与焉。”可知此书内容包括建筑中的大木作、小木作及其他木工。

《永乐大典》卷一万八千二百四十五、十八漾匠式诸书《梓人遗制》一卷，附图共十五，记叙五明坐车子、华机子、泛床子、掉籰子、立机子、罗机子、小布卧机子等七类制造法式。每类各分三部分：首为“记事”，泛论历史制度沿革；次为“用材”，详述各构件尺寸算法；末为“功限”。又卷三千五百十八至十九，九真门制两卷，前一卷中有格子门、版门两类制作法式，均收自《梓人遗制》，行文款式同前，附图九页半，计有格子门三十四式、版门二式以及额、限、立标、华板等构件图。所叙内容如“四斜毬文格子”“四直方格子”“其名件广厚，皆取门桯每尺之高，积而为法”，这与《营造法式》所述大同小异，可以从中辨析两代木作差别。图中格子门格眼图案与《营造法式》差别较大，已近于明清形式。版门中“转道门”一式则不见于《营造法式》，亦未见有后代实例。［插图七］

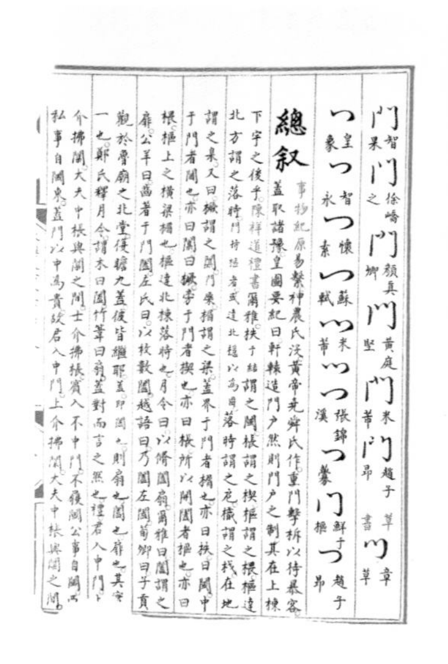
總叙
事物紀原易繫神農氏沒黃帝堯舜氏作重門擊柝以待暴客

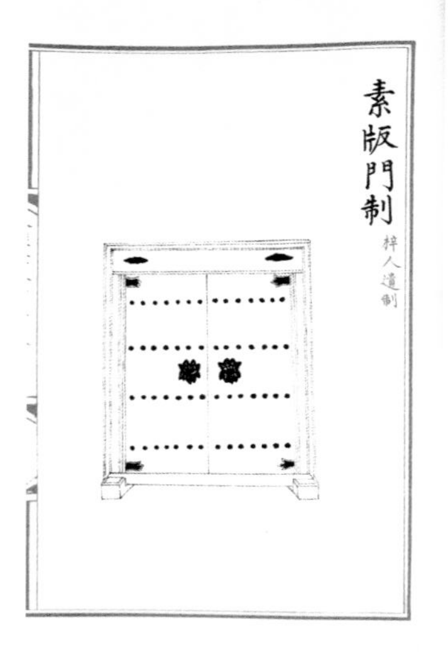

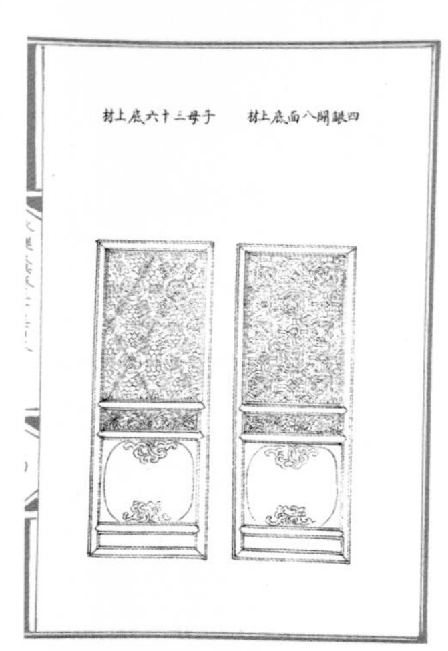

插图七 《永乐大典》卷三千五百十八所录《梓人遗制》书影

整理说明

中国编纂大百科全书的工作，最初动议在1958年前后，而真正步入实施阶段则在1978年——是年国务院正式出台了相关决定，正式组建中国大百科全书总编辑委员会，并责成文化部出版事业管理局组建中国大百科全书出版社。当时组织2万余名专家学者，集中了几乎全部的全国各学科学术精英，至1993年前后，历时15载，终于纂成并正式出版《中国大百科全书》第一版。此全书第一版按学科或领域分成74卷，共收7.8万个条目，计66个学科、1.26亿字，并附有5万余张图片，卷帙浩瀚，内容宏富，深受学术界和广大读者推许，1994年获第一届国家图书奖荣誉奖。其中“建筑、园林、城市规划”卷包括中国建筑史、外国建筑史、建筑设计、建筑构造、建筑物理、建筑设备、园林学和城市规划等8个分支学科，共收条目868个，总计160万字、插图1238幅，于1988年5月出版，是全书较早完成的分卷之一。

据陈明达先生生前回忆，他在1980年前后受邀参加编纂工作，担任中国建筑史分科主编。他曾因自己正在做其他研究课题（大木作制度研究、古代石窟寺研究等），建议改由年长于他的刘致平先生担任分科主编，但终以刘致平先生年迈多病作罢。对于这项工作，陈先生认为“虽不是学科的纵深研究，却是对以往工作的及时总结，且有向全社会全面介绍的功效，有利于今后工作的持续开展”，因而尽管会占用个人的专项研究精力，还是全身心投入到这个“社会公益”项目之中，用去了他1980—1985年的大部分时间和精力。除自己撰写分科总论性质的词条“中国古代建筑”和素有研究的“大木作”“材份”等其他七个词条外，与另外几位分支学科副主编（傅熹年、孙大章、程敬琪、王其明）共同探讨，拟定条目，并按专长选定词条撰稿人达68人之多，共撰写词条270条（计文字量约50万字，提供插图400余幅）。兹列词条撰写人名单如下：

白丽娟（1条）、白佐民（3条）、曹汛（3条）、陈明达（8条）、陈耀东（21条）、陈植（2条）、程德耀（1条）、程敬琪（8条）、戴念慈（1条）、邓其生（3条）、董鉴泓（4条）、方咸孚（1条）、杜仙洲（5条）、杜顺宝（6条）、范守中（1条）、傅熹年（22条）、傅祚华（1条）、郭黛姮（6条）、郭湖生（8条）、郭旃（1条）、侯幼彬（1条）、胡东处（1条）、郎玥（1条）、李竹君（5条）、林宣（4条）、刘叙杰（7

条）、楼庆西（2条）、陆元鼎（4条）、罗哲文（6条）、潘谷西（3条）、祁英涛（4条）、戚德耀（4条）、乔匀（3条）、邱玉兰（6条）、茹竞华（2条）、单士元（3条）、尚廓（5条）、邵俊仪（4条）、孙敏贞（1条）、孙大章（10条）、屠舜耕（6条）、王天锡（1条）、王其明（5条）、王世仁（7条）、王贵祥（3条）、王璞子（1条）、王绍周（2条）、萧默（2条）、谢光昭（2条）、徐伯安（4条）、宴隆余（2条）、杨鸿勋（9条）、杨玲玉（4条）、杨烈（1条）、杨乃济（3条）、杨道明（3条）、于倬云（5条）、于振生（2条）、余绳方（1条）、余鸣谦（4条）、喻维国（4条）、张秀芳（6条）、张莇采（5条）、张静娴（3条）、张驭寰（3条）、赵立瀛（3条）、赵长庚（2条）、钟晓青（6条）。

在上述所邀请的撰稿人中，既有已经学有所成的知名学者，也有相当一部分在学界初出茅庐的青年学者，达到了为学科培养后备人才的目的。

整理者

中国营造学社往事及个人学术研究絮语[①]

访谈主题：中国营造学社史及陈明达学术历程

访谈时间：1987 年春

访谈地点：陈明达居所

访谈者：天津大学建筑系硕士研究生贺薇、本科生林铮等

录音整理者：殷力欣、成丽

注释：殷力欣

壹　中国营造学社的第一阶段（筹备至成立之初，1919—1931 年）

访谈者：您能谈谈中国营造学社（以下简称“营造学社”）的创始人朱启钤先生[②]吗?

陈明达：在民国初期的政府（史称“北洋政府”）里面，朱先生是内务部总长，还

[①] 约自 1987 年起，天津大学王其亨教授安排建筑系学生对当时还健在的建筑史学界前辈，作口述学术史录音采访，这批珍贵的口述史料至今尚未整理成文。这份对陈明达先生的录音采访，即是当时的计划项目之一。因录音原件时有模糊，又因口述过程难免凌乱，故整理者对录音原稿作必要的节选，并调整了一些谈话的次序。此稿的整理过程：由成丽完成录音转换成文字的第一稿，殷力欣负责核对录音、调整文字次序并划分章节。收录本卷时，又由殷力欣选配若干历史影像作辅助说明。

[②] 朱启钤（1872—1964 年），字桂辛、桂莘，号蠖公、蠖园，祖籍贵州开州（今贵阳市开阳县）。晚清、民国北洋政府官员，爱国人士，中国营造学社创始人。

曾短期代理国务总理。他管的事情范围相当广，今天属于建设部的事情，在他那个时代也是属于内务部的。更早一点，在晚清时期，朱桂老曾是负责北京城改造建设的清廷官吏，大概从那时起，他对建筑就很有兴趣，也很用功，涉及建筑问题的国内外书籍看了不少。

访谈者：他原来不是搞建筑的，他是干什么的呀？就像您刚才说的那样，他好像还开过煤矿吧？

陈明达：他搞了好几个工业项目呢。他搞煤矿，唐山的水泥厂也有他的股份，轻工业方面也搞了不少，同时也是那些企业的股东。比较来说，他是个富人，所以有力量个人拿钱出来办这么一个单位——中国营造学社。他有经济基础，自己是一些企业的股东，同时他的朋友也都是这方面的人，搞经济的人多，尤其是在银行界有不少朋友。营造学社在经济方面能维持下去，就是因为有这些关系。

起初的时候，大概 1920 年前后，他就发起创建这个单位了（朱先生在 1919 年发现了宋代的《营造法式》，这更加激发了他在古建筑上追本溯源的兴趣），不过没有正式挂牌。正式挂牌的时间我都记不清了，好像是 1929 年。你可以查一查《中国营造学社汇刊》，都查得出来。

朱先生那时住在北京东城宝珠子胡同，最初就在他自己家里面腾出几间房子，作为学社的办公室。开始的时候，他找了一些对中国古代典籍比较清楚的人，那些人古代历史方面的书看得多，比较了解建筑方面的掌故，比如现在很有名气的单士元先生[①]。单士元的本职是搞档案，建筑方面有些文献也要去查档案——每一个朝代有些什么建筑活动等等，从史书上都可以查出来，所以他曾作《明代建筑大事年表》和《清代建筑大事年表》，但在建筑技术方面他并不清楚（至少在当时是这样）。最初是一方面找了一些这样的人，专门查阅古代典籍；另外还找了一批水平高的做具体工作的工匠，有木匠、彩画匠等，各种行当的都有。这些人技术高，但文化水平低，写文章是不行的。比如搞彩画的人，就请他们来画彩画——某一个时期有多少种彩画，都在纸

[①] 单士元（1907—1998 年），文物专家。1933 年毕业于北京大学研究所国学门，历任故宫博物院办事员、科员、编纂、研究员、副院长，1931—1937 年在中国营造学社文献组任编纂。

上画出样子来；找来的木匠也是画图，画屋房架、斗栱等等。这个工作持续得相当长，最初进行了五六年（那时候我们都还没有来呢），画图不少，（手比画着说）这么大的一卷，有几百卷，用一个大柜子装着——这就给后来研究古代建筑打下了一个基础。这些工人岁数都比较大，技术也高，但是不管岁数多大，所知道的也就是清代的东西，再早的他也没法知道。所以，我们一开始接触到的古建筑资料，主要是研究明代、清代建筑的基础资料。这个工作一直做到九一八事变那一年。[插图一]

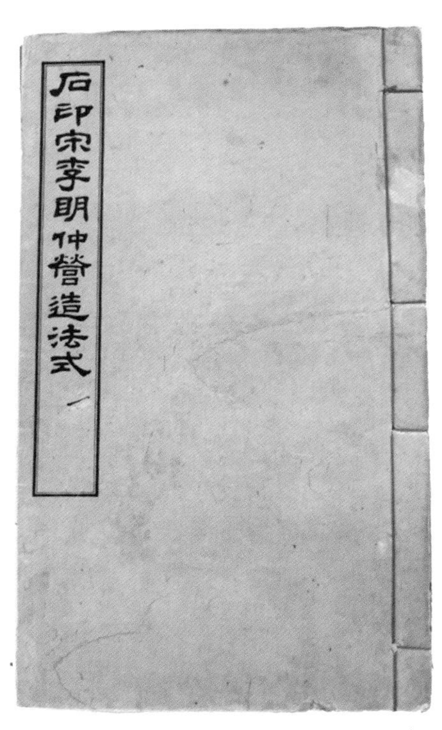

插图一之① 朱启钤先生 1919 年发现并于 1920 年重新刊行之丁本《营造法式》

营造学社有几个阶段，刚才说的是第一个阶段，就是我刚才讲的，朱先生历来对古建筑感兴趣，所闻所见都是明清两代的东西，1919 年发现了《营造法式》，越发想在建筑方面追本溯源了，以后就找了一些人在他家里面，有的画建筑图（用传统的方法），有的查古书。在我们的古籍里面找出《营造法式》来，差不多是这个阶段（1919—1931 年）工作最大的收获。在此之前，甚至不知道《营造法式》还存在，以为没有了呢。

营造学社正式挂牌是 1929 年，实际上在正式挂牌之前，已经工作好几年了。

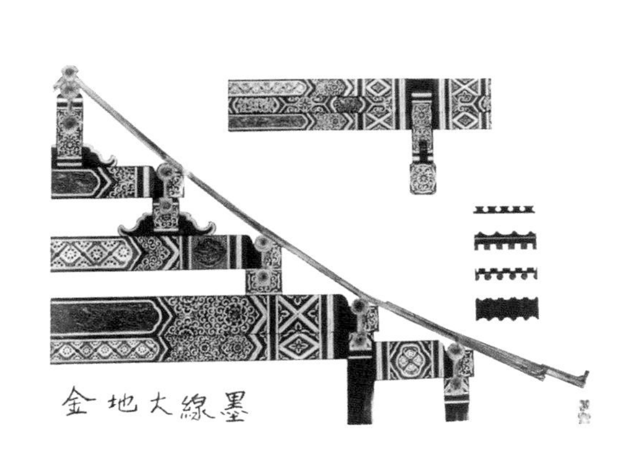

插图一之② 营造学社筹备阶段聘请匠师所绘传统建筑图样

插图一之③ 营造学社筹备阶段聘请匠师所绘建筑彩画图样

贰 中国营造学社的第二阶段（1931—1937年）

访谈者：那么，第二阶段从1931年算起？

陈明达：大概在1931年九一八事变后不久，梁思成先生来了，这可以看作学社第二阶段的开始。

在那以前，梁思成在美国学建筑，他的父亲是梁启超，而梁启超和朱先生是很好的朋友。朱先生发现《营造法式》后，就把它翻印了，最初是石印的，后来重新刻版又印，印得很讲究。他知道梁启超有个儿子在美国学建筑，就特别送给他一部书，叫他给梁思成寄去了。从那个时候起，梁先生就对中国建筑发生了兴趣。但是他回国以后，就被张学良的父亲张作霖请到东北了，那里有个东北大学，请他去创办建筑系。到了“九一八”以后，那些人都进了关，朱先生就把他请到营造学社来了。[1]［插图二］

第二个阶段，可以说是梁思成先生为学社带来了新的工作方法。梁公大致的看法是，原来搜集的建筑资料，以文献上的记载资料居多，而那些木匠师傅的画图呢，和现代的科学的制图方法有很大的差别，很不精确，要用现代的、新的方法把图都画出来、补出来。

那时有两个同样性质的工作，一个是整理清代留下的清工部《工程做法》，另一个是整理宋代的《营造法式》。先说第一个。

《工程做法》主要讲二十七种具体的建筑，学社的工作就是把书里所说的二十七种建筑都用现代的制图方法画出图来。这个工作一直做到1937年七七事变，差不多做了一半，也可以说是三分之二——从二十七个数字上来算，有一半，而从质量上说呢，重要的、复杂的基本上都做了，所以可以说完成了三分之二。七七事变使这项工作搁置下了。这是一个工作，比起第二个工作——研究《营造法式》，同样是研究古书，但研究清工部《工程做法》比较容易，为什么说比较容易呢，因为那些老师傅还在。

访谈者：因为老师傅们还能做出来？

[1] 此处口述者可能记忆有误。另据林洙等人的回忆，梁思成辞东北大学教职返回北京，应在九一八事变之前。但梁思成在营造学社任职的时间，却是在九一八事变之后。

陈明达：他们不但画出图来（尽管用的是旧办法），梁公来了以后还建议做模型，他们也都能做出来。一开始做了不少模型。我们现在知道清代的建筑，可以不费力气地说出什么叫斗栱，什么叫斗，什么叫栱，有多少斗栱，栱是多长，等等，都是拜那时候的工作所赐。那时候就把老师傅请来，请他对着实物或图讲解；或者是请老师傅跟我们一起走，到故宫里去，到了哪个殿，让他指着说，这个是什么、是怎么回事，那个是什么、是怎么回事，这样就很容易让我们明白明清的建筑，至少首先把表面的问题搞清楚了。至少来说，这是瓜栱，那是慢栱，这是什么栱，等等，都弄明白了。要不然，仅仅看《工程做法》上写的，往往跟具体的东西对不上号。没有这些老师傅，你自己去找，很难。所以，第一个工作不算很费劲。

插图二之① 朱启钤为营造学社题词

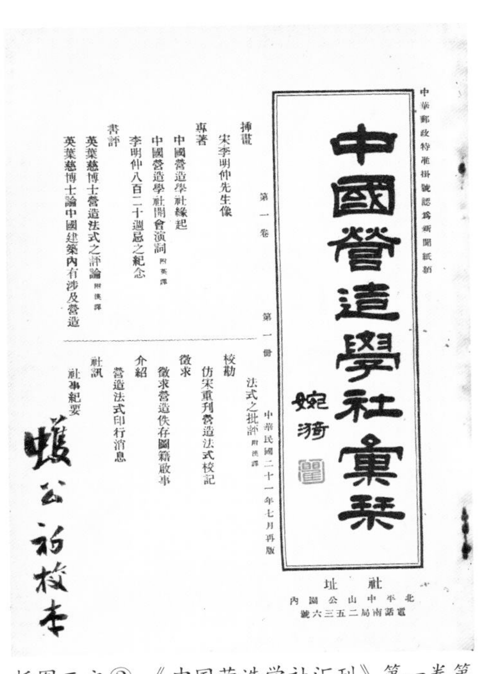
中華郵政特准掛號認爲新聞紙類

中國營造學社彙刊

第一卷 第一冊

中華民國二十一年七月再版

社址 北平中山公園內
電話南局二五三六號

插畫
宋李明仲先生像

專著
中國營造學社緣起
中國營造學社開會演詞 附英譯
李明仲八百二十週忌之紀念

書評
英葉慈博士營造法式之評論 附漢譯
英葉慈博士論中國建築內有涉及營造法式之批評 附漢譯

校勘
仿宋重刊營造法式校記

徵求
徵求營造佚存圖籍啟事

介紹
營造法式印行消息

社訊
社事紀要

插图二之② 《中国营造学社汇刊》第一卷第一期书影

第二个工作就是要把《营造法式》里所说的东西都了解清楚。这就很费劲了，直到现在也还没解决——找不到宋代的老师傅呀，清代的老师傅也都不知道宋代的事呀！这就只能靠我们自己去找了。找到古代的建筑实物，去测量，很仔细地测量，回来以后根据测量的结果，画出图来，再翻开《营造法式》，一条一条地去对，哪一条核对上了，就算是初步解决了一个问题——知道这个东西就是《营造法式》里头所说的什么东西，它应当是多长、多大、多高。实质上就是做这个工作。表面上看，就变成了每年出外调查测量，到外头去找这些具体的建筑实例，找到以后作测量，回来画图，具体的工作就是这么一个，表面上看就是这么个形式的工作。从梁先生来学社以后，就开始每年出去两次，调查测量古建筑，回来画图，对照着研究《营造法式》——这时期主要的工作就是这个。

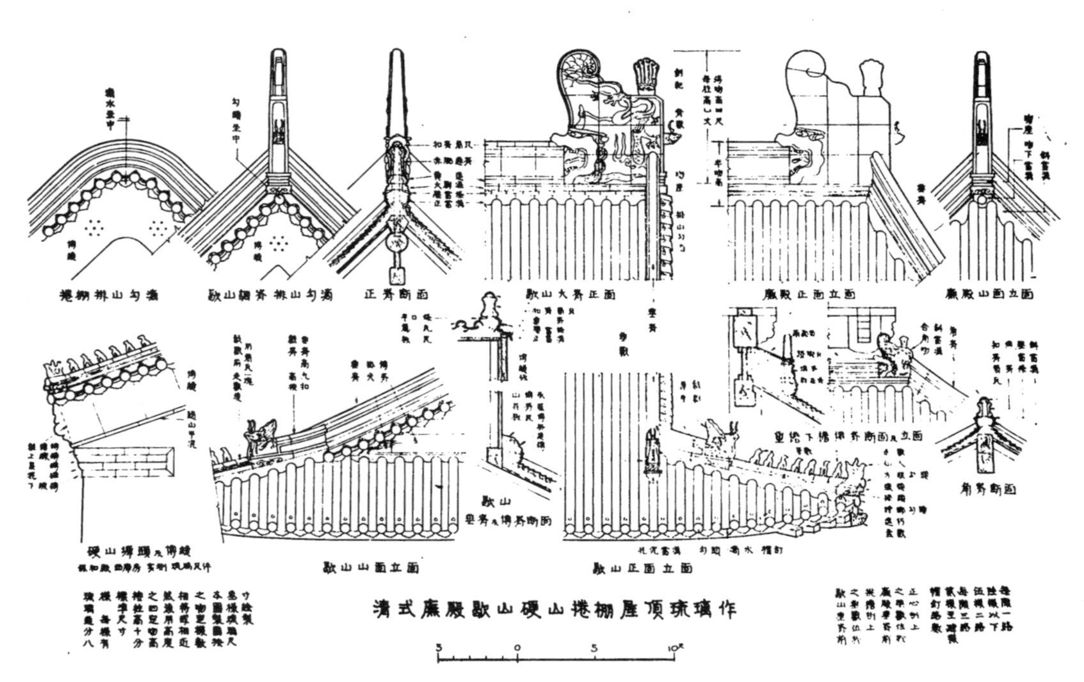

插图二之③　梁思成入学社后用新方法绘制的《清式庑殿歇山硬山卷棚屋顶琉璃作》图

梁思成先生来营造学社工作不久，刘敦桢先生也来社工作了。刘敦桢先生名义上是文献部主任，但那时他的工作重点同样是外出调查实例，这也说明了那时学社的主要工作是古建筑实例调查。[1]

[1] 关于1931至1937年的中国营造学社古建筑调查工作，可参阅《中国营造学社汇刊》第三至第七卷所刊如下文章：梁思成《蓟县独乐寺观音阁山门考》（第三卷第二期），梁思成《蓟县观音寺白塔记》（第三卷第二期），刘敦桢《北平智化寺如来殿调查记》（第三卷第三期），梁思成《宝坻县广济寺三大士殿》（第三卷第四期），梁思成、林徽因《平郊建筑杂录》（第三卷第四期），刘敦桢《万年桥述略》（第四卷第一期），梁思成《正定调查纪略》（第四卷第二期），梁思成、刘敦桢《大同古建筑调查报告》（第四卷第三、四期），梁思成《赵县大石桥》（第五卷第一期），刘敦桢《石轴柱桥述要（西安灞浐丰三桥）》（第五卷第一期），刘敦桢《定兴县北齐石柱》（第五卷第二期），梁思成、林徽因《晋汾古建筑预查纪略》（第五卷第三期），刘敦桢《易县清西陵》（第五卷第三期），刘敦桢《河北省西部古建筑调查纪略》（第五卷第四期），刘敦桢《北平护国寺残迹》（第六卷第二期），刘敦桢《苏州古建筑调查记》（第六卷第三期），刘敦桢《河南省北部古建筑调查记》（第六卷第四期），梁思成《记五台山佛光寺建筑》（第七卷第一期），梁思成《记五台山佛光寺建筑（续）》（第七卷第二期），莫宗江《山西榆次永寿寺雨花宫》（第七卷第二期）。

叁 抗日战争与中国营造学社的第三阶段（1938—1946 年）

访谈者：按照您的思路，想必学社的第三阶段是从抗日战争全面爆发之后算起的？

陈明达：是的，这个阶段可以说是营造学社的第三个阶段。如果从七七卢沟桥事变（1937 年 7 月 7 日）算起，到 1938 年夏天在昆明复社，我们的工作中断了整整一年。

访谈者：能否详细谈谈这第三个阶段的情况？

陈明达：全面抗战了，深陷敌占区的北京，各方的资助经费中断了。再说，中国营造学社的主要职员都是心存抗战救国意愿的，不情愿滞留在沦陷区。而且，学社里搞技术工作的以南方人为多——梁思成、莫宗江是广东人，刘敦桢、麦俨曾和我是湖南人，很想先回到故乡再做打算[①]。学社的东北人刘致平先生[②]则是东北老家回不去了，北京也被日本占了，更不愿意留在北京。赵正之[③]也是东北人，滞留北京了，据说因为他是地下党，要坚持地下抗敌活动。我是 1937 年 10 月离开北京的。最晚到第二年春季，学社的大部分人就都走了。到了南方以后，梁先生跟当时国民政府教育部的人联系（好像是朱家骅[④]），得到答复：学社可以继续得到教育部的补助。于是梁先生就写信通知我们，慢慢地又集中起来。但联系上的只有四个人——大刘公、老莫、刘致平和我。1937 年 12 月南京也沦陷了，南京的大部分单位也往大后方撤，中央研究院史语

[①] 莫宗江（1916—1999 年），广东新会人，著名建筑史学家。1931—1946 年在中国营造学社任绘图生、研究生、副研究员，后任清华大学建筑系教授。中国美术家协会会员、中国建筑学会建筑史分会副主任。
麦俨曾，生卒年不详，毕业于北平大学艺术专科学院建筑系，1934—1937 年在中国营造学社任绘图生、研究生。

[②] 刘致平（1909—1995 年），字果道，辽宁铁岭人，著名建筑史学家。曾任中国营造学社法式部助理、研究员，清华大学建筑系教授、中国建筑科学研究院建筑历史研究所研究员。著有《中国建筑类型及结构》《中国居住建筑简史——城市、住宅、园林》《中国伊斯兰建筑》等。

[③] 赵法参（1906—1962 年），字正之，吉林梨树人，1934—1937 年任中国营造学社绘图生、研究生，后任清华大学建筑系教授。

[④] 朱家骅（1893—1963 年），字骝先，中国近代教育家、科学家、政治家，中国近代地质学奠基人之一。因 1931 年任中英庚款董事会董事长，故与中国营造学社有密切来往。

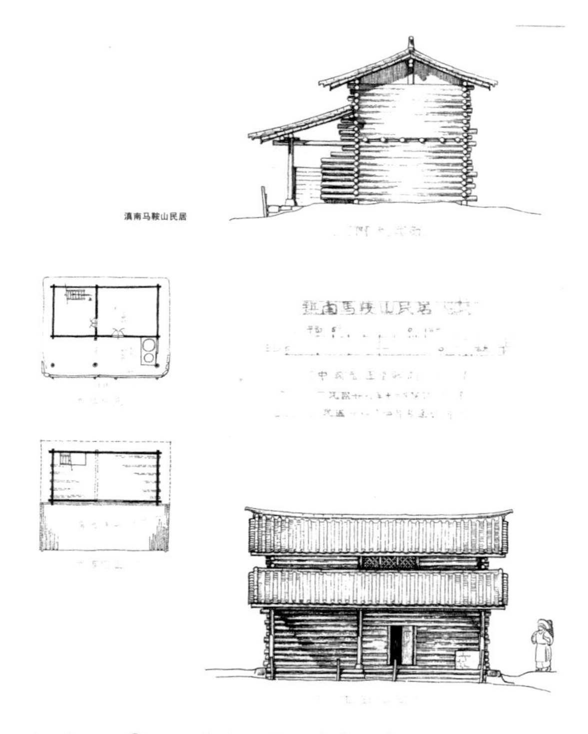

插图三之① 抗战期间学社考察云南马鞍山民居图稿

所（也就是现在的考古所的前身）准备往云南搬。史语所跟梁公很熟，大部分人都是留美的，而且他们是个大单位，而我们仅仅是五个人（梁思成、刘敦桢、刘致平、莫宗江、陈明达），不成一个单位，跟史语所他们一起有很多方便，尤其是他们有一个很好的图书馆，所以我们就决心跟着他们走，一起到了云南昆明。［插图三］

到昆明已是 1938 年夏季了，不久就开始工作了。我们出去调查了几次，差不多是把云南古建筑较集中、重要的地方（昆明、大理、丽江一线）走了一圈，然后从云南出发到四川又走了一圈，古建筑的材料搜集了不少。[①] 大概是 1940 年，日本人轰炸到云南了，昆明遭到空袭尤其频繁，昆明也待不住了，我们还是跟着中央研究院史语所，搬到了四川宜宾李庄。抗日战争的时候，我们主要的时间在李庄（在云南的时间是两年左右），工作还是继续做，但是条件越来越困难，到了后来出去调查都不行了（连旅费都拿不出来了），就这样一直拖到抗战胜利后的 1946 年。[②] 抗日战争这个阶段可以说是营造学社的第三个阶段。

访谈者：抗日战争以后呢，也就是 1946 年以后呢？

陈明达：抗战胜利以后，梁先生是清华出身，清华请他去创办建筑系，他就带着几个人到清华去了。刘敦桢先生原来是中央大学建筑系的教授，后来在李庄实在是经

---

① 参阅刘敦桢：《昆明附近古建筑调查日记》《云南西北部古建筑调查日记》《川、康古建筑调查日记》，载《刘敦桢全集》第三卷，中国建筑工业出版社，2007。

② 中国营造学社在抗日战争期间的工作，除上述刘敦桢、陈明达、莫宗江等作昆明、滇西北古建筑调查和刘敦桢、梁思成、陈明达、莫宗江等作川康古建筑调查外，梁思成撰写完成《中国建筑史》《图像中国建筑史》；陈明达参加中央博物院主持的彭山汉代崖墓考察，并撰写《崖墓建筑》；莫宗江参加中央博物院成都前蜀王建墓发掘考察；刘致平完成云南一颗印式民居、成都清真寺调查；莫宗江、卢绳、王世襄等完成宜宾旧州坝白塔、宋墓、李庄旋螺殿、李庄宋墓的调查。此外，学社与中央博物院合作绘制了一批古建筑模型图（现存 32 种共计 224 张，主要绘制者为陈明达、莫宗江和卢绳）。

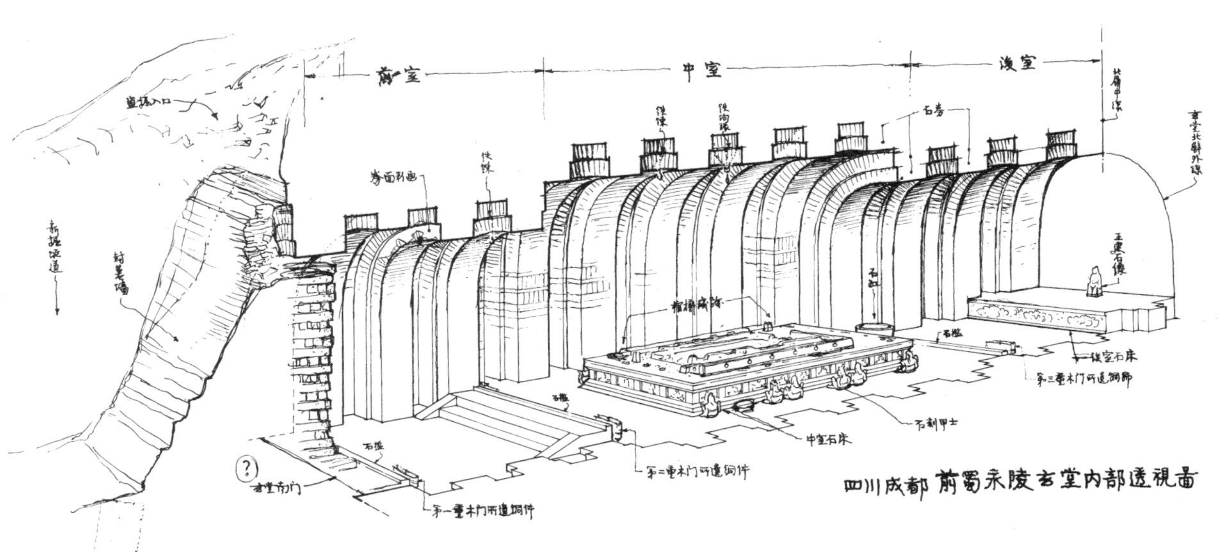

插图三之② 抗战期间莫宗江所绘成都前蜀王建墓图

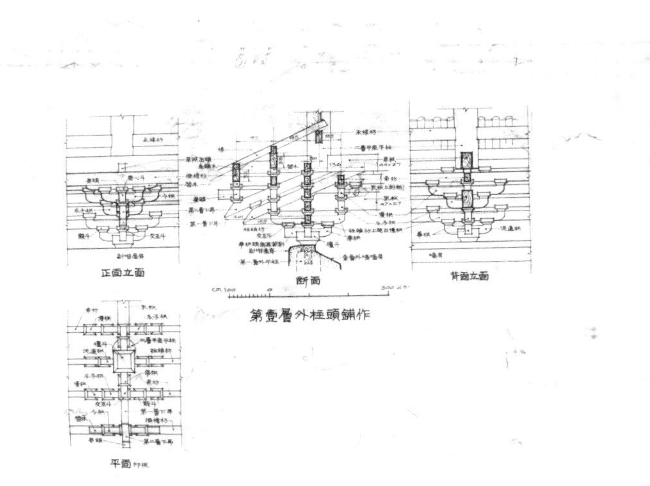

插图三之③ 朱启钤先生抢救出的水残资料 测绘图

插图三之④ 朱启钤先生抢救出的水残资料 照片

济上维持不了，他就回中央大学了（中央大学那时搬到重庆沙坪坝）。我是 1943 年离开那儿的，因为条件越来越困难，而我的家庭负担很重，还得另外去找工作。剩下的刘致平、莫先生还有在李庄招的一个学生叫罗哲文，梁公把他们带到清华了，营造学社就算到此结束了。

还有七七事变以后学社滞留北京的部分。那里的最后情况我不知道（我是 1937 年 10 月离开北京的），北京的营造学社的结束恐怕在那年年底了，所以情况我知道得不详细。我所知道的大致是这样：营造学社历年测量调查的材料（画成的图、还没来得及出版的书稿和一大批照片）还相当多，怎么办呢？梁、刘离开北京之前，就由朱先生与梁公、刘公共同商议决定，把这些资料整理好、包扎好，存放在天津麦加利银行里面的保险库里；还有一大批书放到朱先生家里了。梁公在抗战胜利回到北京以后，他先顾及的是清华大学建筑系那边的事，那时候对于新的政策了解得也不够，有些事情不清楚，也没办。解放军一进城就要各机关单位去登记（登记以后新政府就承认这个单位了），但中国营造学社忘了去登记（无论朱桂老或梁公、大刘公，都没有代表学社去交涉），所以也就没恢复。到现在二刘公（刘致平先生）对此还耿耿于怀："你们为什么不去登记？"那时候不熟悉这些东西，梁公忙着清华的事，朱先生已经有八十多了，岁数也大了，也顾不上了，所以无意之中这个单位就没有了。现在二刘公谈起这个问题来，他还在想营造学社有没有办法恢复。等到中国建筑科学研究院成立了，就更没有人谈这个事了。

存放在天津麦加利银行的那批研究成果，1939 年天津发大水，银行仓库被淹了。水退以后，朱先生花了很大一笔钱，把那些东西弄出来，请人去整理，但是整理的结果很不理想：稿子乱七八糟，整理很费劲，有的需要裱一遍；稿子算是还有，而图都泡坏了，尤其是相片都泡坏了，剩下的是少数，也都残了、破了。幸存下来的这批资料，因为大都留有水泡过的渍迹，我们这个小圈子里称它作"水残资料"。水残资料连同原来放在朱先生家里的那些图书，后来都交给北京市文物整理委员会——也就是现在的文化部文物局的古代建筑保护研究所了。

李淑其（陈明达夫人）：现在叫中国文物保护研究所[①]，在沙滩红楼，你晓得吧？现在的五四大街上，那一段老名字还叫沙滩。

陈明达：残余的一部分资料还在这个所里。还有一部分，抗日战争中在云南、四川的成果，梁先生回北京后交给清华建筑系保管，据说在"文化大革命"中都被毁掉了[②]。"文化大革命"中的红卫兵实在是毫无道理，测绘图资料都拿去当垃圾倒了，有的烧了，还有那些照片都不行了，底片都坏了。

---

① 今中国文化遗产研究院。

② 今查，还幸存一部分，保存在清华大学建筑学院资料室。

肆　关于中国营造学社的人员构成

陈明达：刚才说到朱桂老在1920年左右就开始筹划营造学社了（发现宋《营造法式》之后不久），梁先生大概是1931年来的，刘敦桢先生是1932年到营造学社的。后来入社的人中，大概邵力工[①]是第一个……

访谈者：我这儿有《营造汇刊》上的名单，有邵力工这个人，他现在是否还健在？

陈明达：邵力工有八十多岁了，他岁数大，现在瘫痪了。还有一位刘致平也瘫痪了，有七十八了吧。我今年七十三周岁。

访谈者：可是我看《中国营造学社汇刊》第一卷，是1930年出版的，那上面已经有梁思成等人了。

陈明达：你说的是《汇刊》第一卷的“本社职员名单”。这些人多数都是名义上的，都是朱先生邀请的，是名义上的，不能说是职员（相当于以后的社员），也没有工资，也不要每天来上班。到后面，第三卷、第四卷上面就分开了，职员是职员，社员是社员。社员里又分评议、校理、参校，不做具体工作，只有那几个职员是做具体工作的。职员基本上是搞技术的，梁先生带头，以下有邵力工、刘致平、莫先生、麦俨曾、赵正之（后来在清华教书）和我，办公就在进天安门西边的那一排房子，工作就是画图、测量，总共不到十个人，叫法式组；另有查阅古典文献的，是另外一组，叫文献组，大概六七个人，刘敦桢先生负责。不过，刘敦桢先生也做法式组的工作，而我同时也做文献组的工作，当刘敦桢先生的助手。那个时候除了文献组、法式组这两个组十几个人做具体的工作以外，全社还有一个很重要的人，名义上是会计，实际上也是秘书，也管人事，一个人什么都管。全社就是这些人，大概不到二十人。

访谈者：有一个问题，那时候学社的工作最终是谁决策呢？

陈明达：这个很简单，有什么问题就是朱老先生、梁先生和刘先生看了就定了，没有什么好说的。有什么事梁、刘两个人定了以后告诉朱先生，朱先生向来都是同

[①] 邵力工（1904—1991年），1925年毕业于美国俄亥俄州立大学土木建筑工程系函授班。1932—1937年任中国营造学社法式部助理，1964—1966年任大庆油田指挥部总工程师。

意的。

访谈者：您当时入社的时候是不是还要履行什么手续？入社之前就喜欢建筑吗？

陈明达：没有那么复杂。老莫念中学的时候跟梁思静（梁先生的一个本家弟弟）是同学，梁公要找学生，梁思静就提起老莫。老莫来了，工作一段时间，成绩不错，梁先生就问还有没有条件差不多的人，于是我就来了。就这么简单。不是喜欢建筑，我们来以前根本不知道什么叫建筑，都没听说过。就知道有这么个地方，要找两个对画画有兴趣的学生，就是这么来的。

访谈者：您当时是在文献组还是法式组？

陈明达：当时学社里没分得那么清。我是按绘图生招进来的，应该算是法式组，但因为有点旧家学根基，就安排给大刘公做助手。反过来，大刘公是文献组主任，但外出调查也是他的主要工作之一，他是与梁公一样的古建筑实例调查的带头人。或者说，在北京学社里，我听梁公指导多些，主要是测量、绘图方面的事；同时也听从大刘公的安排去查阅文献，通读《营造法式》，外出则跟随大刘公多些。另外，因外出调查跟大刘公多些，回来绘制调查建筑实例的测图、给大刘公写的调查报告画插图，自然也是我多些（给梁公文章配图，是老莫多一些）。

访谈者：别人都是什么来历？

陈明达：都有不同的来源。像邵力工、刘致平、麦俨曾，他们三个人是大学毕业，在建筑事务所工作了一年或者是更多一点的时间，听说梁公来了，也对这个工作有兴趣，就要求来，梁公就把他们调来了。第二个来源是东北大学建筑系的学生，“九一八”以后来到关内，也没有适当的工作，继续念书又没有条件，生活各方面都有问题，所以也来学社谋生。第三个来源，就是我和莫先生这种情况的。因为梁公感觉到人不够，想要找几个适当的、条件比较好一些的学生，自己慢慢培养。我们是学生，因家道中衰，念不起书了，中学毕业以后没升学，现在有这么个机会——继续求学还给工资，这当然是求之不得的了。后来给起一个名称叫“研究生”，就是这个意思。当然学社也有选择的条件，一般来说，要对艺术有爱好。莫宗江喜欢水彩画，水彩画很好，而我是画中国画的，曾师从齐白石老先生，念不起书的时候就是在家自己画的。来了以后，所谓学生实际上就是先做画图员。我和老莫以前虽然没有学过画图，但好像画图不是个很困难的东西，很快就比较熟练了。营造学社每一次出去测量，回来画图，差不多就是我们几个跟随着梁公、大刘公，把工作包下来了，一边学习一边工作。就是这样一个情况。

访谈者：您和莫先生算是在学社边工作边继续学习？

陈明达：是这样的。

访谈者：能谈谈当时具体是怎么边工作边学习的吗？

陈明达：刚开始的时候，老莫和我就是在古建筑测量现场拉皮尺、记数据什么的。这比较容易，只是熟悉一下工作环境，但图还是画不了，因为我们虽然对美术有兴趣，但是没学过画建筑图，水平还不够。现场测量后，我们旁观梁公绘图，他边绘图边向我们讲解，再以后就开始上图版了。另外，梁公要求（你看《营造学社汇刊》上面的图就看得出来）画一个建筑（比方说独乐寺观音阁），要把里面的雕塑也画出来。我们一开始的时候画这类造像就有困难了。比如说画宝坻县三大士殿，梁公只好说“你就把它空在那儿”，等我们把图画完了，他再把那些造像加上去。于是，梁公有机会就给我们想办法补上这一课。有一次一个美国有名的素描家（我现在忘了他的名字）到中国来，主要是要画点绘画作品，但除了画画以外，他也得想法有点收入，维持在这儿的生活，他就开夜班招学生，专教素描。梁公就介绍我们跟他学，每天晚上去，学费都由学社给，帮助我们进步。学社有很多好条件。学社有暑假，一共是四个星期。四个星期的暑假是一半一半——两个星期是整天的，有四个星期是半天的，加起来是整整的四个星期。设半天假是要大家轮班，要不然都是全天的假，学社就没人了。朱先生、梁先生、刘先生他们有时候会到北戴河去过暑假。到 1936 年，也应当让我们出去，但都去北戴河不行，经费不够，就让我们自己找地方——反正学社给过暑假的费用。我们就找北京附近的地方（那时候北京避暑的地方很多，都是外国人开辟的），在西郊法海寺过暑假，同时也就把法海寺建筑的壁画临摹下来了。有这种待遇的单位，那个时候很少，只有几个，如地质调查所等。工作上的制度、待遇什么的，也可以说是洋式的，时间也是跟洋人学——一个礼拜只有五天班，星期六半天，每一天六个钟头，这都是美国办法。要是给学社分阶段的话，七七事变以前也就是这么一个情况。

那个时候的研究工作就是这么个办法：测量完了，回去把它画出来，我们的工作就这样了，然后两位老师（梁、刘二公）去分析、研究，到最后他们研究分析出来的结果，自然就变成我们学习的课本了，就跟着学。就是这么一个做法。别的明确的目标没有，就是先这么一个建筑实例接一个建筑实例地做下去。

访谈者：像您、莫老等新职员和老社员之间在学术上有没有什么交流，有没有在一起学术讨论？

陈明达：我们这些人（职员）跟社员没什么关系，在学术上交流不多，在技术上也碰不到一起，还有就是在年龄上也碰不到一起。这些社员都比我们大至少十岁。像谢国桢先生[①]（一个有名的专门研究明史的专家，前几年去世了），我们也佩服他的学问，但没什么交流。老社员，流行的话叫作博学，但研究的问题跟我们那时差别比较大。

访谈者：有什么比较有影响的学术交流活动吗？

陈明达：少。学社社员基本上是名义上的，有些人我们都没有见过面，不认识。即使某社员来了，真正涉及建筑方面的问题，也差不多都是空泛之论。有些老先生来，找梁公或大刘公谈谈就算了。那些社员老先生，基本上是按照中国旧的方法来进行研究。年轻一些的人中，单士元算是最接近老先生的，那时他主要是从文字上、从书本上去搞，还没有跟实际建立联系。

访谈者：就是还没有实地去测绘，仍停留在营造古籍之中？

陈明达：有些人就是这种做法。有一个人在老派人中算是最勤快的，叫乐嘉藻，他居然写出了一本中国建筑史。这本书我最近想找来重新看看，你回去查查你们学校有没有。你看看就知道，那些老先生是怎么研究的，与后来的梁思成、刘敦桢等的方法有什么不同了。看一看也有好处，知道他们是怎么研究的。

访谈者：您能谈谈学社职员的具体工作和收入吗？

陈明达：职员的具体工作和收入，还是从我们的亲历经过来说吧。我跟莫先生，当时在营造学社是比较特殊的两个人。那时候新来的人，来了以后就先学画图，一个月二十块钱，算是很低的工资。但是学社每年要评一次，就是两位先生看这一年里面

[①] 谢国桢（1901—1982年），字刚主，晚号瓜蒂庵主，著名历史学家、文献学家。

你干活的情况，如果干了不少的活，干出的活也都不错，在第二年就加一倍，翻一番。我是 1932 年入社，到 1937 年的时候，我和莫先生的月薪是一百二，在那个时候也算是相当高的工资了。相反的情况也有，一个姓叶的原东北大学学生，他加薪最慢，因为他干的活实在不行。我们都加到一百二了，老叶还是三十几块。那时也不管年纪也不管什么的，就看你平常做的工作，看工作水平和成绩怎样。

伍　关于中国营造学社的财务收支等情况

访谈者：您刚才谈了学社职员的具体工作和收入，能接着谈谈全学社的收支吗？

陈明达：这个时候的经费也和从前不一样了。从前朱先生自己出钱，再加上美国庚款资助。实际上也用不了多少钱，因为大部分人都不给工资，大概有空就过来看看，聊聊天，不做什么的。还有一些就是工人，木工、彩画工等。那个时候工人的工资很有限，一天平均一块钱就不算低了。后来我们这些人来了，朱先生个人负担就有困难了。那个时候为什么有那么多社员？还有什么评议等等，那么多名目。

访谈者：那些是出钱的？

陈明达：至少起个联络作用，联络社会上各种各样的人——有些是比较大的官，有些是银行家。为的是什么呢？为的是筹集资金。比如说周诒春①，此人当过教育部长，把他请来，又加了社员名义，找他给筹划一点经费就比较容易了。袁同礼②是那个时候北平图书馆的馆长，请他当了社员，我们以后到那里看书、查文献什么的，就方便了。

---

① 周诒春（1883—1958 年），安徽休宁人。1913 年任清华学校校长，1925—1928 年任中华教育文化基金董事会董事、总干事。

② 袁同礼（1895—1965 年），华裔美国图书馆学家、目录学家。1916 年毕业于北京大学，1942 年任北平图书馆馆长。

还有林行规、卢树森、陈植等等[①]，这些人都是建筑师事务所的大老板，或者至少是二老板，是建筑界有名的人。比如陈植与赵深、童寯在上海创办的华盖建筑事务所[②]是很有影响力的，那个时候建筑公司收入很多，就请他们捐点款。

访谈者：是不是还有基泰工程司[③]啊？

陈明达：是的，包括基泰，几个建筑公司差不多是固定每年捐助多少钱，这也是经费来源的一部分。而更大的经费资助，就是庚子赔款。所谓庚款，就是中国被八国联军打败了定下条约，要中国赔多少军费，是同这八个国家分别定的。后来经过外交上的努力，这些国家同意不要这个赔款，但也不是完全不要，是不拿它当一笔收入，这笔钱还是用在我们国家，但指定只许用在文化教育方面。庚子赔款是八个国家的，都同意退，每一个国家的庚子赔款各有一个单独的组织来管理它，营造学社用的是美国赔款。

访谈者：就是中华文化教育基金会？

陈明达：对，就叫中华文化教育基金会，是美国的赔款。像学社社员名单里的李书华[④]、朱家骅等，都是中华文化教育基金会的委员。

访谈者：这个是中英庚子赔款吧？

陈明达：是。具体的我可记不清了。学社的日常费用包括工资。拿工资的专指

[①] 林行规（1882—1944 年），字斐成，清末民国时期司法界人物，1914—1916 年任国立北京大学法科学长。
卢树森（1900—1955 年），毕业于美国宾夕法尼亚大学建筑系，曾设计南京中央研究院北极阁中央气象台等。
陈植（1902—2001 年），字直生，毕业于美国宾夕法尼亚大学建筑系，著名建筑师。二十世纪三十年代，陈植与赵深、童寯组成华盖建筑师事务所。1986—1988 年担任上海市文物保管委员会副主任。

[②] 赵深（1898—1978 年），毕业于美国宾夕法尼亚大学建筑系，著名建筑师。历任中国建筑学会第二、三、四届副理事长。
童寯（1900—1983 年），字伯潜，毕业于美国宾夕法尼亚大学建筑系，著名建筑学家、建筑教育家。

[③] 基泰工程司，1920 年创办于天津，是我国创办较早、影响最大的建筑设计事务所之一。

[④] 李书华（1889—1979 年），字润章，物理学家、教育家，主要著作有《科学家之特点及其养育》等。

“本社职员”——社长、法式部主任及助理、文献部主任及助理、研究生、会计、庶务。后来又增加了一笔大的开支——每年要出四本汇刊（第一、二卷不算，第三卷开始）。第一卷只出了两期，第二卷出了三期，还是不定期学刊，而且都以古代文献的解读、考证居多，涉及具体建筑实例少。第三卷开始就有具体的东西了，大量测量的成绩都制版印出来了，因而印刷费相当高。而且，汇刊是不卖钱的，不指望一般读者会买，以送人居多，国内国外的学术单位都有，还有学社的会员、职员等也每人有一本。每年这四本汇刊的印刷费，我记得大概是两万块钱。所以，这个两万块钱就得向中英庚款委员会特别申请。从那个时候起，出到第六卷，七七事变了。后来又出了两本。

访谈者：是第七卷两期？

陈明达：对，第七卷只出了两本。九一八事变起，到七七事变止，这是学社的第二个阶段。之后一段时间就等于是散伙了，继续办下去的可能性看起来不大——没有经费来源了，朱先生个人已经负担不了整个经费了，别的那些来源也断了，特别是庚款资助中断了。

访谈者：庚款委员会有没有每年资助学社的明确计划？

陈明达：庚款委员会有它的拨款计划，明确到不同单位的数目。学社就是按照它的要求申请的，记得是每几年拨一次。他们的拨款有几种不同的性质，有的是每年拨，拨多少年以后看你的发展情况，再决定下一期给你多少；有的是年年变数目的；也有一年给多少年。凡是接受这种国外教育基金会的单位，一般都基础比较好、成绩比较好。那些受到资助的单位，如果成绩好，就继续拨款；有些研究单位新成立，它就要观察你到底做得怎么样，有严格的审查，根据你的成果决定拨给你多少，是长期的还是短期的。他们在学术上面很认真。

访谈者：拨款就是看你的研究成果？

陈明达：对，基本上就是这么个精神。你看有名的这几个单位，比方说地质调查所（代表人物有翁文灏、裴文中、李四光等），是庚款补助的一个大研究单位。还有其他几个研究机构，很做出一些成绩来，在学术界很有名。庚子赔款委员会对教育、科研事业的帮助是很大的。

访谈者：英国的庚款是不是也用于文化教育事业？

陈明达：都是文化教育口，就是促进文化科学方面的发展。我觉得它的用意很好，事实上，产生的效果也不坏，现在最显著的就是一个地质所、一个生物所，取得了很多国内外瞩目的成绩，现在的几个研究单位算是这两个所的嫡出。

访谈者：我不明白，他们为什么要给中国教育文化事业经费呢？

陈明达：因为中国是穷国，科学不发达，有这一笔钱，可以用来搞科学研究。这也反映了当时的外国人对中国政府的看法，他们不相信政府，要通过这个专款委员会控制钱款去向。要不然，干脆把这钱退给你们自己去办，不也可以吗？

访谈者：怕这笔钱做别的用？

陈明达：没错，所以他们组织这么一个委员会来控制着。现在回过头来看呢，这个做法也还是有对的地方——要不然这笔钱不知道怎么被胡花掉了。这反映了他们很看不起中国，可是也没办法，事实上就是那样的。这是一个问题，还有一个问题——外国人（西方人）看不起中国，日本人也看不起中国。这个看不起是多方面的，我现在要说的只是在学术方面看不起中国。我可以说个故事。营造学社刚刚成立的时候，朱先生注意到我们自己还没有经验，他曾是内务部总长，认识不少外国人，就邀请了几个搞中国建筑的外国人当社员，比如说德国的鲍希曼、艾克，瑞典的喜仁龙（他自己起的汉文名字），日本的关野贞，还有一个好像是写过《中国佛教史迹》等的常盘大定（我记得比较早的营造汇刊里面好像有成立大会的相片）[①]。有这些人参加，当然就要请这些社员讲讲话了。别的国家的人都相当客气，只有一个日本人，讲话很不客气（是谁啊，我忘了）。日本人说什么呢？那意思是说，中国古代的建筑很好、很有价值，里面也包含了很多经验、理论，需要好好地研究，但完全由你们中国自己来研究是研究

[①] 鲍希曼（Ernst Boerschmann，1873—1949年），德国建筑师、汉学家、中国艺术史学者，是第一位全面系统考察和研究中国建筑的西方学者。

艾克（Gustav Ecke，1896—1971年），德国埃尔朗根-纽伦堡大学哲学博士，后任美国夏威夷大学东方美术学教授。著有《泉州双塔——中国晚近佛教雕塑研究》等。

喜仁龙（Osvald Sirén，1879—1966年），瑞典艺术史学家，著有《5至14世纪的中国雕塑》《北京的城墙和城门》《中国园林》等。

关野贞（1868—1935年），日本建筑史学家，著有《中国文化史迹》（与常盘大定合著）、《朝鲜古迹图谱》等。

常盘大定（1870—1945年），日本古建筑学家，著有《中国文化史迹》等。

不好的，一定要日本人参加才能够研究好。为什么呢，因为中国人对新的科学技术知道得太少，更不会运用，要好好地研究古代的建筑，就一定要用现代的科学方法，给这些古代的东西测量、画出工程图来；但是这个工作现在只有我们日本人能做，你们中国人只能去翻翻古书，查一查书上的记载。他们非常不客气，说得非常自高自大。梁先生来学社以后，学社开始调查古代建筑实例，头一个就是调查测量独乐寺，以后就一个接一个地写出高水平的调查报告了。等到出了几期汇刊以后，这几个日本人不知道出于什么心理，再不来营造学社了。

陆　中国营造学社与外国的学术交流

访谈者：您刚才提到学社里有几位外籍社员，似乎那时与国外有较多的学术交流？

陈明达：与上次提到的社员老先生比较起来，那几位外国人反而还谈得来，因为他们基本的研究方法是新的研究方法，与我们采取的研究方法比较接近。他们也愿意来，听听我们的意见，交换交换意见。但是外国人的研究，有一个问题始终解决不了，就是观点太不一样了。这个不一样毫无办法，因为他们是在他们的环境里生长的，自然就跟我们有不同的看法。凡是他看着觉得怪的，他就要做。有些东西也不怪，但是他觉得怪，有兴趣，他就去做了。有时候我觉得那样做的话，也可以做出成绩来，但是需要很长的时间。比方说他们也提到过推山，想了解究竟是怎么个推法。中国的老先生们就是从书本上去查，而要按外国人的做法，就是用高等数学的方法去研究，研究得到的结果可能是一条曲线。为了这条曲线，得用各种方程式列出来，演算要用一厚摞稿纸。有些外国人走这条路，中国人大概也会有跟着走的。当然演算这条曲线是一条什么曲线、应当运用什么方程式什么的，也不是说一点儿用处都没有，但是对建筑来说，也许用处不大——从建筑来说，做不了那么精确，不可能做那么精确。他们是那样一个性质的研究。

还有一个问题要补充一下。在中国营造学社成立之前，世界上早就开始注意、研究中国古代建筑了。学社成立的时候，已经有好几本外国人研究中国建筑的书了，最早的好像就是那个瑞典的喜仁龙写的一本书，好像叫《中国的城》[1]。德国的鲍希曼、艾克这些人也常来学社，那个艾克在清华当教员，更常来了。这些外国人的思想很奇怪，跟中国人思想不一样。比如艾克就突出表现了思想之奇怪。他起初研究中国建筑，后来转向了，研究中国的雕刻，因为现存的古建筑多半是庙，哪个庙里面都有各种塑像、雕像，所以他弄来弄去就对那些雕像有兴趣了。他的研究方法奇怪得很，那个时候我们看着也有点羡慕，因为他有钱，跑到殿里面看见像就照，而我们那时候照相都很仔细的，不随便照，因为照相要花不少钱的，可是他不在乎。他动不动就拿这么大的大底片照了很多相片，一大摞一大摞地带到营造学社来给我们看。他说他研究了一两年以后，就有一个新发现：每一个像（不管是哪个庙里的哪个像）的面部都是左边和右边有区别，大致是一边很高兴、很喜欢的面貌，另外一边是很忧愁、很不愉快的面貌。怎么证明呢？他可真舍得花钱，把他照的那些相片都印出来，每个都印一样大的两张，然后把这两张相片的中线找好，切成两半，把左边的两张拼在一起，右边的两张拼在一起，然后再翻一版，再印出来。结果是：两个左半拼合出来的是笑，两个右半拼合出来的简直就是哭。至今搞不懂他为什么要做这样一个拼接试验。外国人有很多想法非常古怪，就是因为中国建筑与他们本国的建筑相差很远，他们就把注意力放在跟他们本国建筑不同的这一点上了。最显著的是中国有个大屋顶，屋角都是翘起来的（南方建筑翘得更厉害）。还有装饰，装饰在北方还不大显著，南方屋脊上的装饰——砖雕的、泥塑的——各种各样弄得很热闹。外国人特别注意这些东西，注意跟他们不同的东西。我想这是很自然的现象——我们要是到了外国去，恐怕我们最容易看到的也是跟我们不同的，那是必然的。他们的研究就从这些地方下手，把力气花在找出它的原因或起源来——为什么要这么做。比方说，对于屋顶四个角翘起来，外国人最早的说法是：这是从古代帐篷变来的。帐篷不是有方形的吗？四个角拴起来挂着，结果就是四个角翘起来了。于是他们认为，这表明中国远古的时候是住帐篷的，所以到现在这个屋顶的样子还是一个帐篷的样子——他们就得出这样的结论。

这是举一个例子，但是这种东西在我们看起来，只是表现了外国人的好奇，并不

[1] 似指《北京的城墙和城门》。

是真正研究这一门学问的方法。

再有一个值得注意的问题，是一些日本学者的研究方法。日本人理解中国建筑比较多，因为日本的建筑是从中国去的，日本很多古代建筑跟中国建筑自然就是一个系统。日本人的研究方法，在营造学社初期对我们是起过作用的。我们还什么都不知道的时候，他们已经做了一些了，他们的成绩对我们很有启发，有些具体的方法还可以借鉴，我们也得到过他们研究的一些好处。但是时间长了就发现它的缺点：日本历史基本上都跟中国有联系，他们就养成了一种习惯，凡是历史上的问题，都要跟中国的历史联系上。对上了以后就高兴得不得了，认为问题解决了。而且他那个所谓对上了，跟我们的看法还不一样。我们的看法是大轮廓的，大致了解到日本的法隆寺等与中国的一些建筑有近似之处，是同一个发展系统的东西，知道这样的史实差不多就够了，可以在此基础上探讨更深入的问题了。但日本的一些学者往往做到这个程度还不满意，继续烦琐考证下去，反而影响了对一些本质问题的纵深探究。比如有位日本学者研究斗栱上的蚂蚱头——蚂蚱头到底是什么样，怎么做法——他可以把所有建筑的蚂蚱头都详详细细地测量出来，有多少就画多少，写了一本专门讲蚂蚱头的书，大概是画了一百多种，有中国的，也有日本的，然后就做分类，找它们的系统，找它们的时代。同样的问题，我们会更集中注意最有代表性的几个例子，比方说宋代的建筑基本上是什么样，元代的是什么样，明代的是什么样。他不是，他弄得那么细，看见新的还得往上加，以前的工作又得重来一遍。这种方法或者有陷入“烦琐哲学”的危险，缺点是没掌握好分寸，往往走进岔道，偏离了主干还不自知。日本研究建筑历史很有名的田中淡[①]（翻译过《中国古代建筑史》）也多少有这个倾向。还有一个日本的老先生，比我岁数大，名叫竹岛卓一[②]。他晚年时研究《营造法式》，出版了《营造法式之研究》，这么厚三本。他很细致，缺点是不怎么接触实际例子。对于日本学者的论文和著作，可以当作资料库查阅资料，但不要模仿他们的方法。

[①] 田中淡（1946—2012年），日本建筑史学者，著有《中国建筑史之研究》等。
[②] 竹岛卓一（1901—1992年），日本建筑史学者，著有《营造法式之研究》等。

柒　营造学社的研究成果

访谈者：我们都很想听您谈谈学社的历史功绩。

陈明达：首先我们自己要明白我们对于中国古代建筑究竟知道了多少，懂得了多少，也就是说我们现在在古代建筑研究方面的水平有多高。包括我自己，一定要自己心里清楚。我看你们的提纲里面有那么一条，说我们营造学社的研究达到了很高的水平，国内外都很著名。好像有这么一条吧？

访谈者：是这样的评价。

陈明达：你们这一条内容恰恰是一般人对学社的看法。实际上在我看来，学社的成就并没有那么高。为什么大家觉得有那么高呢？那是相对而言的：大家都不知道而你知道了，于是就觉得你水平很高。比方说，随便一个人到故宫太和殿去，问这叫什么，那叫什么，他说不出来，而我们学社的人到那儿可以没完没了地给你说，你就觉得了不得了。实际上深入一想呢，这不算什么，这是很表面的东西，简单一说你也就知道了。外国人也是这样，他不知道这些东西，你跟他一说他也就知道了，而且外国人会更觉得了不得。为什么呢？他看那些东西稀奇古怪，他有兴趣。各种各样的建筑他都看见过，而这些是他没见过也想不到的，跟他们一说，他就觉得深奥得不得了。于是乎，现在变成营造学社的人是专家，了解的东西天下第一。这是相对的。绝对地来说，不应当这么看。到了现在，更应当如实地看待这个问题。

访谈者：当然还在发展，还要继续研究啊。

陈明达：问题就在这里。很多人不求发展，或者觉得我知道你所不知道的，这就行了，就够了。多数人是这样。当然也不能简单地怪这些人不求上进，不想发展——也实在是这些东西有点残忍，深一点就不容易理解了。我说有些东西我们知道的只是表面，这不是谦虚的话，事实上就是这样。再深一步，怎么深入呢？实在是不容易。很多问题就停在“认识了表面现象”这个阶段。从整体来说，解放以后很长一段时间处于停顿的状态，一直保持在以前营造学社所达到的那种状态。当然也不是一点进步都没有，但比起营造学社“从无到有、逐渐丰富”的那个时候要慢得多。所以，将来要想办法去提高。

访谈者：那还是请您先谈一下营造学社的“从无到有、逐渐丰富”的阶段吧。

陈明达：总的来说，这也有一个历史发展过程。这个过程呢，可以说是从梁思成先生、刘敦桢先生到营造学社以后开始的，就是我们在《中国营造学社汇刊》发表了几个实测的建筑图产生的影响。建筑界——尤其是那个时候私人办的设计事务所，像基泰工程司等等，他们看到了我们初步的成绩——测量古代建筑的成绩，于是提出要求，希望能为他们的设计提供参考图样。那个时候有一批外国建筑师也喜欢搞一些中国味道的建筑，尤其是外国人在中国办的几个学校。

访谈者：教会学校？

陈明达：可以说是教会学校吧，也有不是教会的，比方说北京的中法大学（法国人开办的，就在现在的文化部附近，沙滩红楼东边那条南北向的街上），还有教会学校里的燕京大学。一些外国人盖的教堂里，最显著的就是王府井大街北头的那个教堂[①]，是最早的教会建造的中国风建筑。这类建筑有很多，我们这附近有一个小教堂，也是那种建筑。后来建造协和医院，就更中国化了。那个时候很多外国人喜欢造这样的有中国味的建筑，于是很多建筑师就对营造学社提要求，希望供给他们一些资料，作为他们设计时的参考。在这个要求之下，营造学社就出版了一套参考图集，叫《建筑设计参考图集》[②]，是根据他们的建筑设计要求出的读物，斗栱怎么做的，柱础怎么做的，等等。这些东西对当时的建筑师来说是足够了，因为他们本来一点儿不知道，现在具体怎么做的图都有了，所以他们满足了。但是从学术上讲，它并不能算是很有学术价值的东西，只是影响面大，所以就有声誉了。

访谈者：能否举例说明？

陈明达：我曾讲过，营造学社的工作主要是针对那两本书（清《工程做法》、宋《营造法式》）进行研究，另外还做了很多事情。比方说，梁思成、刘致平等编了一个参考图集，是应建筑师们的要求编的。还有一个，中央研究院的历史语言研究所提出一个要求：他们预备全面地研究故宫的历史，包括建筑，因而要求我们协助把整个故

---

① 全称“基督教中华救世军中央堂”，简称“救世军”，位于北京王府井大街。

②《建筑设计参考图集》由梁思成、刘致平编纂，共10册，中国营造学社于1935、1936年陆续出版。

宫测出来。这个任务我们也接受了，而且已经做了一部分工作。故宫中轴线上的前部（包括三大殿），我们已经开始测量，差不多测量完了，只差一小部分，就遇上七七事变了，那个工作也就停了。以上是同一个性质的——协助其他单位的研究。再有一个，就是与国家机关合作。那时候政府要做几件事情：要修理曲阜孔庙，还有杭州风景区的古建筑。这都答应了，孔庙全部测量了一遍，检查了，提出了修理的方案（这个在学社汇刊有一篇详细的文章,第六卷第一期）[①]；还做了一个杭州六和塔的复原计划（汇刊上也登了，第五卷第三期）[②]；还有一个西安有名的灞河石轴柱桥，测量了，做了一些研究工作[③]，但是还没有提出修补计划来，因卢沟桥事变就都停下来了。这些都是接受外面的任务，不是本来的研究计划。这也是一种性质的工作。

访谈者：这些工作已经很让我们这些后学钦佩了，还不算成绩吗?

陈明达：是工作成绩，但在学术研究水平上，并没有你们想象得那么高——至少不代表学社的研究进展。事实上，中国营造学社的学术声誉，主要来自两个阶段所取得的调查、研究成果。1932 年到 1937 年是一个阶段（昨天已经讲了），学社集中力量做两个事，一个是画工程做法图，一个就是测量实物。那个时候，各种工作目标都是冲着这个来的。其结果，我们对清代的东西了解得比较多了，但还不足。我们所了解的是看得见的形象、表面上的东西，而具体实践的东西知道得还不多：究竟这个房子是怎么盖的，柱子怎么做，梁怎么做……不要说拿起工具不会做，就是让我们讲它是怎么做，也讲不出来，在实践上不知道。我们开始对建筑实践有一些认识是在什么时候？大概已经是建国后的五几年了吧，那个时候才开始知道。那个过程就是制作古建筑模型。从前我们在营造学社也做模型，但坐在办公室画图的时间多，具体去看做模型的时间少。做这个模型的时候，我差不多天天去看，看老师傅们是怎么做的。从那个时候开始才对实践有了一些理解。这是一个方面。

第二个方面，对明清以前的东西，就是想从这本《营造法式》里去了解。比方说，打开这书，你看看里面都是什么东西？不知道。这些名词你都知道吗?

---

① 梁思成:《曲阜孔庙建筑及其修葺计划》,《中国营造学社汇刊》第六卷第一期。
② 梁思成:《杭州六和塔复原状计划》,《中国营造学社汇刊》第五卷第三期。
③ 刘敦桢:《石轴柱桥述要》,《中国营造学社汇刊》第五卷第一期。

访谈者：有的知道，有的不知道，大部分不知道。

陈明达：那个时候就是这样，谁也不知道。不但我们不知道，梁公、大刘公也不知道，谁也不知道那是怎么回事。所以一直努力把这本书读懂，知道它到底说了些什么。我们从第四卷（大木作制度一）开始，什么叫材、栱、飞昂、斗，从这里开始，一样一样逐渐把这些名词搞通、搞懂。所谓搞懂是怎么个懂法？就是能够把调查实例所看到的实物跟书上的文字对上号。栱是什么东西，具体是什么样，一开始对不上号，后来慢慢地对上了。这就是我们的工作成绩，也可以说是我们在抗日战争以前全部的成绩——基本上能把实物所见与《营造法式》的文字对应上了。

捌 我个人的研究工作点滴

一、关于宋代的大木记功

访谈者：能不能以您的研究工作为例，谈谈您所说"营造学社三阶段"之后的研究成果以及研究感想？

陈明达：这个有点复杂，我想到哪儿就随便说到哪儿吧。有一年我在中央美术学院讲建筑史[①]，有人提出来一个问题："现在做一个柱子到底要多少功？"为什么提出这个问题呢？那个时候"文化大革命"已经快开始了，就有人提出《营造法式》的时代对工人是剥削的，是从"功"上面剥削的。提问题的人要证明一下：与现在做一个柱子的用功多少相比，《营造法式》上记录的那个"功限"一定是很苛刻的——由此说明旧社会对劳动人民的剥削。怎么个苛刻法呢？正好有一个学生，他父亲是一个老木工，他就说现在做一根一丈多长、一尺多直径的柱子要四五十个功，而《营造法式》里呢，一个功都不到——可见这剥削有多厉害。但我当时就觉得不可能有这么大的差异，应

[①] 据中央美术学院汤池教授、王泷教授回忆，陈明达先生约在二十世纪五六十年代兼职该院美术史论系教授，讲授中国建筑史和雕塑史。

另有缘由。

访谈者：可能是《营造法式》做得很巧妙，所以用不了那么些功?

陈明达：后来我搞清楚了。现在木工做柱子的方法跟《营造法式》那个时候不同。方法不同、工具不同、要求不同——三点不同就造成了这种现象。

怎么个三点不同呢?柱子是圆的，而宋代时，圆是大概的圆，并不要求绝对的圆。现在你可以拿个圆规一转，画出一个绝对的圆，而宋代时没有那种要求，大概圆就行了。所以我跟他们开玩笑，我说:“你们费这么大劲，何不创造一个新工具呢?不必多花脑筋，制作一个专门做柱子的机器，就干那个‘车活’。”你知道车活吗?车床子，古代的擀面杖什么都是车床子做的，把木料这么一转就削圆了。我说你做一个大车床，一个人拉不动就两个人拉，两个人拉不动就十个人拉，那也比你们现在快。宋代不要求那么圆。这是第一个差别。

第二个差别，是用什么工具制作、有什么样的要求。现在的做法还是那套工具，没有新工具，锯子、刨子、斧子，这是现在的工具。锯子的用处不大，把它粗略锯好以后，剩下的就是斧子砍、刨子刨——主要用的是这两种工具。古代的这种大木功，用的是什么工具?锯子当然也要用，但他不用刨子也不用斧子，而是用锛子。锛子近似斧子，却是两种东西。不知道你看见过锛子没有?这个东西很妙的。斧子在古代也有，但是用法跟现在不一样；锛子比斧子要大一倍还多，很长，很重，也是安一个把儿，把儿很长，不是用一只手去砍，而是两只手拿着这个把儿，把木头搁在地下或者架起来，两只手拿着把儿这么砍——这个叫锛子。用锛子是一个很高的技术。做一根柱子，你只要把柱子的中线画在那根木头上，拿起锛子来就锛，要多大他就给你锛出多大，要多粗就给你锛多粗，很准确，而且锛完以后基本上就是光的——上面留点锛的痕迹也无妨，做柱子嘛，这个要求也就可以了。

一九六几年后，我还看见一个令人吃惊的东西，这个东西现在还在历史博物馆，你可以看到。考古所在河南、湖北一带发掘出一个战国时的墓葬，里面出了一批木头做的东西，有木头案子，还有木头做的一些砧木的兽。[1] 这些出土文物要入库保存，展

[1] 具体墓葬待查。

览时不能用原物，就要做一套模型。于是就请来一个会做的工人。这个工人怎么个做法呢？他就把原件摆在那儿，旁边找一块木头，锯到大小跟原物差不多时，拿起锛子来就锛，也不画也不量，完了以后跟原件一比，是近乎原大的。所以说，工具不同，做法也不同。你说量准了尺寸再做？他不用，凭他的经验。这位工人师傅还原的就是古代的工作方法。比较起来，现在的工作方法就太笨了：一块木头拿来以后，先把它长短大小量好，在这上面画好八角形，然后用斧子砍成八角形，还要用刨子把它刨光一点，接着再砍，八角形砍成十六角形，再刨光，再弹上线，再砍……这么花了几次的功夫，把那角砍来砍去，最后砍圆。

所以说，有三个不同（要求不同、工具不同、方法不同），于是宋代柱子用功与现在工人做柱子的用功，当然就有差异了。这两个一比，就知道《营造法式》里算的功是比较准确的。而且同时也表现出了关键一点——不同时期的工作要求不同，一根柱子的精确度现在要求那样，在宋代没有必要。不要说是一根木头柱子，现在的水泥柱子都不可能那么圆、那么光——没有必要。

二、关于举折、建筑等级等

陈明达：最近还有人在研究这个问题：中国的屋顶举折是怎么回事，为什么不是直的，要有举折的一条折线。还有人研究庑殿屋顶山面的一面有推山，这是为什么，是怎么发明的。事实上，这些并不是古代建筑发展中的关键性的重要问题。而且，你如果到古建筑工地找一个老工人来问问，问题很容易就解决了。他会告诉你：并不是为了好看成心要做这么一条曲线，而是在施工时的自然的结果。事实上，屋顶越大，越不好做，要把这一面坡做成一条直线，很难做准确。如果一定要做一条直线呢，要费很多功，要测量得很准确，保证它是一条直线，如果做得不准确，它就会变得坑坑洼洼的。又要不坑坑洼洼，又不能要求绝对的直，怎么办呢，就有意让它这头高一点，这头低一点，再下去又低一点，做成一条举折这样的线，这倒好做——因为分解成几段的线面是容易把握的，而从大面上来看呢，它又是这么一个完整的坡面。

好多古代建筑的看起来很费解的问题，你要是研究深了以后，就可以发现：很多现象都是构造上的必然，并不是有意那么去做。屋顶不是一定要求它是一个折线或曲线，即使要求做平，这个平也是大致的平，但是你要让它看起来很舒服，是近乎平的，就要有点折线，这就比较好掌握了。你在北方不容易看出来，到南方容易看出来：南方的屋顶，各式各样的屋顶，有没有直的？刚才说一条直线不好做，但有某个工人掌握了这个技巧，他做出的屋顶是一条直线，那是他的技术水平高。技术水平不高，就做不出一条直线来，就是坑坑洼洼的。南方的屋顶就是这样，有一面坡的屋顶、两面坡的屋顶，不管怎么样，它可以是直线，不是说非要折线不可，不是这样的，折线是工作中必然产生的。

不好解释的是推山。为什么山面要推出去，我这本书里有[①]，在《营造法式》里也有。《营造法式》里说明了为什么要有推山，但是一般人不知道，《营造法式》不容易懂，很多人没有看懂，所以就弄错了。我们现在很熟悉的一个东西，就是中国建筑的屋顶，一种屋顶叫庑殿（四个坡的），一种屋顶叫歇山。但是在什么条件之下，屋顶就要做歇山？什么条件下，就要做庑殿呢？

访谈者：因为等级？我们以前课上讲的，屋顶的形式表现出那个建筑的等级。

陈明达：不完全对。这个“等级”的说法有问题。所谓“建筑等级”是建筑科学院政治学习时硬加上去的，不是那么回事。这主要是建筑设计的问题：某种屋顶适宜于某种建筑。《营造法式》就讲到过这个问题，按照建筑的平面比例来说，只能做这样的屋顶。我要盖个房子，你当建筑师，我就给你出题目：我这个房子非要这样的屋顶不可。你怎么办呢？你会告诉我说这样的房子只能用那样的屋顶。如果一定要这样的屋顶，怎么办呢？提出的办法是：就把脊槫加长，加长了，这个比例就变了，相对地这两边就短了，这就出了推山了。这两边加长不就推出来了吗？推山就是这么来的，并不是要求做一个什么样的曲线。主要是解决大轮廓的问题，他就是想盖一个庑殿顶，可是正脊太短，怎么办呢，按照《营造法式》的道理来说很简单，你嫌正脊短，把正脊加长不就得了吗？推山的做法就是这么出来的。所以，按照《营造法式》，他就是要调整那个屋顶的轮廓，不是特别推出去，要把这条线做成一个什么曲线。可能做出来以后，产生了这个客观效果，那是另一回事，他主观的要求不是这个。

[①] 具体所指不详。

三、关于立基[1]

陈明达：关于《营造法式》，我们的认识至今仍不完全，有许多问题并没有搞清楚。最近我跟几个人辩论问题，我们每个人都有先入为主的成见。过去许多事情就因为先入为主，犯下了错误，这个错误是我们自己造成的，可是现在很多人改不过来。不但改不过来，还坚持说原来的是正确的。比方说这一条“立基”。什么叫“立基”，立基是怎么回事？过去存在一个次序：“取正”是头一条，定好方向（东南西北）；“定平”，把水平定了；方向定了，水平定了，然后“立基”。立基，过去的理解就是“确定房屋底下的台阶多厚”。

访谈者：现在怎么理解呢？

陈明达：一般地讲，它也不算错，但是我们要把它们联系到一起解释，就解释错了。过去就是这样，把它解释错了。房子底下不是都有个基座吗？某些立基，就是确定这个基座有多高，根据书里说的：“立基之制，其高与材五倍……所加虽高，不过与材六倍。”[2] 你看，大致讲到了“立基”的尺寸。其中提到六材高，如果是用一等材（最大的材），这六材高是五尺四寸，就是这个基的最大尺寸了。过去就这么解释，一直沿用到现在，也没人去注意它。我是偶然发现（又是偶然，研究工作常常是偶然的事）可能不对，因为到了后面，法式里还讲到“阶基”，砖作、石作里面都讲到了阶基。尤其是“砖作制度”里面讲“阶基”很清楚，“垒砌阶基之制……高五尺以上至一丈者”[3]，这一句就把我们过去的看法推翻了。我们说最高不能超过六材（五尺四寸），而它这个却是五尺以上到一丈，这就超过太多了。这显然说明刚才那个“阶基”跟这个“阶基”不是一码事，要不然这个尺寸差这么远，绝不是六材。那么，那个“立基”是怎么回事？现在我提出来的看法就是：整个这一节里，是按照次序来讲的，这个次序一直沿用到现在，现在你到农村去，看农民自己盖老式的房子，还是这么盖的——施

---

[1] 参见本书第八卷《读梁思成〈营造法式注释（卷上）〉札记》。

[2] 李诫：《营造法式（陈明达点注本）》第一册卷三《壕寨制度·立基》，浙江摄影出版社，2020，第 53 页。

[3] 李诫：《营造法式（陈明达点注本）》第二册卷十五《砖作制度·垒阶基》，第 98 页。

工以前的准备工作。《营造法式》这一卷的开头，都是讲施工以前的准备工作。

那么，这个“立基”是什么事？立基就是确定房子的位置，就是平面安排：你得有块地盘，这块地盘的方向、水平都安排好了，比如要盖个四合院吧，那么正房分在哪儿，厢房分在哪儿，把这个房子的布局具体在地皮上定下位置来，这个就叫立基。这个“基”不是基础的那个“基”、阶基的那个“基”，而是确定房子的位置。别人为这个问题跟我争辩，当时有些事我也解释不了，人家提出反驳，要我举几个例子，我也举不出驳倒他的例子。事实上不是举不出来，是平常不注意。有一天又是偶然，一个同事找我查什么东西，我忽然发现这事很简单，例证就在计成的《园冶》里面。《园冶》单有一节立基，讲的就是这个问题，而且说得很具体，就是我刚才说的那个意思。好多东西要反复地看，才能够知道，谁也不敢说大了，什么“古代建筑我都知道”“这本书我看懂了”等等，这类话谁都不敢说。

我们这儿有一个人，在我的《营造法式大木作制度研究》刚出版的时候，在背后跟别人说：“这本书了不得，做绝了，解决了古建筑百分之百的问题，任何人再也提不出什么问题，再也没有什么新发现了。”这个说法实在过分，还差得远呢，还有好多问题要解决，而且越到后来就越感觉到不是我一个人的力量可以解决的。

玖　关于我所撰写的两本专著

访谈者：您的这本《营造法式大木作制度研究》，说实话我还没看过呢。老师们在课堂上都很推崇，但又说很深奥，所以到现在都还没敢看。

陈明达：呵呵，没那么可怕。你看，这本书首先有一个绪论，然后再分成多少章，最后还有一个结论。现在的年轻人看书，都不愿意看“绪论”这一部分，为什么呢？因为他有一个误解，以为这里说的都不相干，就直接看里面的。其实这个很重要。为什么呢？不是讲具体的东西，而是讲我写这本书用了什么方法，我在工作上和方法上有什么发现，得到了一些什么东西，这是很重要的一部分。我写这本书的时候就写了这一段，大意是说我们过去研究《营造法式》研究到什么程度：知道飞昂是什么，飞昂又叫下昂，到了清代就叫昂，知道它的形状是什么样，尺寸也知道，就到这个地步、这个程度。我在这儿写了：我们的认识就是表面形象的认识，不深入。如果有个人听我讲这个飞昂，我讲它是什么样子，是什么尺寸，假设人家听完以后问我："这个昂究竟起什么作用？"那我就回答不出来了。它为什么要这样做？你说它多长多长，但它为什么那么长？为什么不做短一点也不做长一点？它到底有什么用？一概不知。就是对它具体的内容实质还没有进行研究，所以再深一步的东西就不知道了。我搞这本书的时候，朝这个方向迈了一步。这也正像刚才说的，许多问题"不是我一个人的力量可以解决的"，这里面有一章，差不多完全是与别人合作的力量。[①] 营造学社所取得的成绩，等于是一个封闭的圈子，别的人不知道。好多东西别的人也不去搞，平常也不想去搞，一旦要用起来，就找营造学社的人打听。其实我们也就是比他们知道得多一点，于是产生了一种误解（我看这是一种误解），认为学社的成绩很大。其实要研究的问题还很多呢！现在年轻人中有一个普遍现象，就是抓理论。抓理论是对的，但是理论不等于空谈，理论还是要从实践当中产生的，千万不要怎么玄乎就怎么说，故意让人看不懂。这工作应该怎么做呢，我可以把我做的一些工作提一提，某些经验供你参考。

我正式印成书的就是两本，这本《应县木塔》，那本《大木作》。比方说，我们研究《营造法式》的时候，一开始注意的是什么叫斗、什么叫要头、什么叫栱、什么是泥道栱、什么是瓜栱这类问题，渐渐地就发现有一条更重要——材。后来我就提出来：整个古代建筑，材、份是一个基本的理论，也是基本的制度。就整个建筑来说，设计、结构、构造都是用材作标准单位。好多人搞不清这个"材"到底是怎么回事，其实要打个比方的话，有点像代数。代数里面，我们习惯用一个字母代表一定的数字，未知数 x、y、z，是不是？我们假定这个材就是 x，底下还有一个份，十五份等于一材，这个份是 y，这么假设。于是我就给所有的建筑都用这两个单位做出标准规定来。比方说这桌子宽是 x，深是 y，就这么定的。这么定不是很抽象的吗，x 的值到底是多少呢？他另外定出来了，比方说，一个 x 等于十五个份，一个 x 是材，一个材等于十五份。还有栔，一个栔等于六份。份的实际尺寸到底是多长？实际的尺寸有八种，就是分成

[①] 似指《营造法式大木作制度研究》第三章"材份制的结构意义"，与杜拱辰合作研究。

几等材。第一等材，一份就是六分，十份就是六寸，一百份就是六尺。这个份的值有八等。如果这个房子，根据它的大小确定用三等材，三等材就是每一份等于五分那么大小的材。都用这个来规定，所以，它就变成了一种模数。模数也就是建筑构造的一个标准。这一根梁有两材高，两材高是多少呢，就是三十份，三十份要是用一等材，就是一尺八。这么规定有什么好处？就可以把全部的建筑都标准化，建筑里的每一个构件都是标准化的。份数都一样，拿份数去说，不管房子盖多大，用材来算是一样的，都是一材，但可以有八种不同的大小。所以它就起了一个标准化的作用，用的时候可以随便选择材等，省多少事！若要用实际尺寸来作规定，那你就得规定一根梁大的是几寸、小的是几寸，它要是八等材就得规定八个数字。要是按材份来规定，一个数字，同一个设计图可以做出不同大小的房子，而同时呢，这些房子又都是相似形，这是标准化的功劳。从力学上说也一样，用这个规定，得出来的应力都是一样的。这可以省多少事！我们在后来的研究中，才把这个问题初步搞清楚了。我们在 1937 年前一两年的时候，基本上有一个印象，知道这个材份是个很巧妙的东西，但是说不出来。现在呢，知道的就是刚才我说的这一点，也不彻底，还远得很呢。这是一个现象。

第二个现象，这在我写这本书（《应县木塔》）的时候，就已经知道了。这本书上头一句话就是建筑的一切都是以材份为标准的。究竟这个材份的标准是什么呢，怎么个用法呢？我研究、分析的时候就注意到了它，费了很大的劲去测量，画出图来，但看不出结果。它有什么巧妙的设计方法？不知道。到后来，我已经开始制图了，无意之中，偶然地发现了。[①] 所以说，做研究工作不要泄气，有的时候也不要老相信自己，有些事情不是自己的功劳，是偶然碰上的。我这里好多问题就是偶然碰上的。偶然碰上的最大的问题是什么呢？这些数字，我在上面标的这些数字——有些数字是直接量出来的，但并非全部都是直接量出来的，是间接出来的。比方说这个数字，8.68 米，这是从地面到柱头的高，不是直接量出来的，因为不好直接量，屋顶挡着了……这个墙又是斜的，这个高是怎么来的呢，是一段一段来的……[②]

① 似指作者发现应县木塔的第三层每面柱头间总宽为标准数。
② 谈话录音至此中断。

拾 近期的一些思考——关于东西方的建筑观念等

一、问题的提出

陈明达：下面要讲的其实是主要的——中外不同的建筑观念。

在营造学社时期还没感觉这是个突出问题。为什么呢？那个社会条件下自然就形成了这个现象：社会上搞建筑的，尤其是建筑师事务所，都是洋人最早发起的，后来中国人也有了——中国留学生回来了，梁公、大刘公也都是留学生，受外国的影响自然就很深。因而建筑行业的那一套东西都是洋的，当时也没有觉得这里面有什么矛盾，反倒是有些洋人喜欢建中国味儿的东西，觉得很有趣。那个时候对东西方观念的差异，也没有觉得矛盾很大——营造学社的工作方法、研究方法也基本上是洋的嘛。

那个时候我们的目标就是研究中国建筑，这比较明确。但研究中国建筑的目的是什么，开始的时候很不明确，也可以说这个问题是一步一步明确的。现在回想起来，觉得这样倒好。为什么呢？因为这样，它的发展过程倒是从实践当中感觉出来的。要是拿现在的观点来看，当初的做法叫作盲目，盲目地做，没有明确的目标，觉得中国建筑好像是有点东西，到底是什么呢，说不出来，那就先去做实际调查，看看到底有些什么。起初是去了解清代的建筑是怎么回事，然后才去了解更古的建筑和《营造法式》。那个时候所要达到的目标也比较简单，就是希望看到一个东西就能够说出来，这是什么，那是什么，是怎么回事。除此之外，也还有些不是工作上的而是学术上的东西要做。我们出去测量，休息的时候跟梁公、大刘公聊聊学术问题。许多问题都是在工作的间隙里学习、交流出来的。比方说，西方建筑三原则——坚固、适用、美观，还有构图、对比、比例等等，《建筑十书》里所说的外国人总结出来的东西，对照着我们的古建筑，我们对西洋建筑学体系就有了一些自己的看法，不知不觉就开始思考我们自己的学术体系了——逐渐发现沿用西方的学术观念，似乎中国的一些建筑现象并不好解释。

访谈者：发现了中国和外国在建筑学上的矛盾？

陈明达：只是一点点感觉。原来没有感觉，但是现在有了感觉，这也是逐渐明确的感知过程。作为我来说，我从五几年开始有比较明确的感觉，到现在是八几年了（你想想多少年了），我现在才彻底想通这个矛盾是怎么回事。

从学术上说，就是我们的基本概念没转过来。基本概念是什么概念？我们已经有的基本概念是外国的，是西洋的，包括我说的“坚固、适用、美观”“比例关系”等等。甚至什么叫建筑，我们现在好多人要问建筑是什么，他说不出来，也没法说出来，因为我们根本也没确定。你查《辞源》，也没有肯定地说建筑到底是什么东西。你要再追下去，“建筑”这两个字是怎么来的？“建筑”不是中国名词，是日本人翻译的名词，中国到底该翻译成什么，不知道，根本没有这个名词。所以回想起来，有些老先生（极少数的老先生）脑筋比我们进步，现在看起来都比我们进步。创办营造学社的朱先生，那时候就了不得。他为什么叫中国营造学社而不叫中国建筑学社？那个时候他就考虑这个问题了。建筑不是中国的名词，营造倒是中国名词，应当从这个点上去追寻，追索中国古代究竟是什么看法，也就是说要把中国人原有的这个概念搞清楚。现在一谈起来，对于建筑有几种说法，一种说建筑是艺术，一种说建筑是技术，再有一种是一半一半，到底中国古代是不是这么看的，没有人去注意。我们搞了半天历史也没把这个问题搞清楚。我想不是搞不清楚，而是到现在这个问题才暴露出来——中西方不同的问题。这个问题我们还没有认真地去接触它，现在应当认真去接触它，应当解决这个问题了。

能够想到这个问题，也有个过程。我就有个过程。大概解放前几年我就改行去搞建筑设计、城市规划去了。刚解放时，我所在的重庆那家建筑公司就变成重庆市属的了，当时反对建筑设计和施工分开，要并在一起，从设计到施工都要做。我在重庆做了几年建筑设计和城市规划，1953 年调回北京，回过头来重操旧业，这个时候我忽然想到再搞下去好像没什么可搞的了。实际上，按照我们过去的办法是“没有搞头”了——我们不就是认识那些表面的东西吗，知道它的长短高矮吗，认识到这个程度以后就饱和了。还有少数不认识的，那就很困难，解释不了，要费很大劲去搞，但这也是量的积累，没有什么认识上的突破。细想想，事实上还有好多工作要做：你光知道它的名字还不行，你还得知道它的内容。你得一步一步去搞，这是一个非常艰巨的工作，得一点一点去探讨。比如我研究这个材份，现在基本上把材份制搞明白了，这是从1955年开始搞的，花了二十多年，知道什么叫材份了，当然还知道一些别的东西，这就花了很多功夫。就是要改变观念，所谓改变其实是把它推进。有的已经到头了，得继续把它推进。推进的同时，还要把一些老概念扔掉。这个倒是应了从前的一句口号——不破不立。

二、几个具体问题

陈明达：我讲点具体的例子。有一个具体的概念，这个概念现在绝大多数人丢不开，但是在我看来是非常不妙的——斗栱。

斗栱是怎么回事？旧有的概念就是：斗栱是建筑上的一个构件，做成那么一朵一朵或者一攒一攒的。这个概念要丢掉，这是个错误的概念。但是这个概念很难丢掉。这个问题我已经讲了有十年了，能够丢掉的人很少。为什么呢？很简单，（此时陈先生拿出一张图，指给采访者看）这个我们很容易认识，很熟悉了吧。这斗栱，这是一攒，这是柱头的，宋代叫补间。那么斗栱是什么东西呢？要从断面上来看呢，这算一个，是不是？事实上我们的认识不对头，它不是单个的。怎么能说这是一个柱头铺作呢？这些方子不是整个连起来的吗？你从哪儿去看有单个的？为什么要把它分开？事实上它是一条整的，尤其你从这个方向看它也是连起来的，内外连起来的，也是一个整的。你不能把它锯开，硬说它是单个的、一组一组的，那你就得把它从这儿也锯开、从这儿也锯开，是不是？这些其实我们在开始测量的时候就应当明白，但是测量的时候，因为水平不高，所以认识不到。古建筑爬上去看过没有？

访谈者：没有。

陈明达：有机会应该去，最容易去的就是蓟县独乐寺，一般不让进去，让学校开个证明，爬上去看看。

访谈者：我倒去过清西陵，爬上去过。

陈明达：那也好啊，西陵去了也行啊。你爬上去看那个斗栱是什么样，你有印象没有？

访谈者：忘了，四年了。

陈明达：爬上去的时候，斗栱是这样（指着一份图），这是从上面俯视的，上面就是这么一条一条整的。

访谈者：哦，没爬到这个高度。

陈明达：没爬到这儿啊，那下次你站在这个高度再看看，会有跟以往不同的感觉的。我们一开始测量的时候就有印象了。比如上独乐寺的观音阁，从底下看是一个一个的斗栱，上去看，是整条整条的方子。我们就在这上面测量，走来走去，它是非常坚固的。这是一个整体。所以我们后来画图，看汇刊里面画的图，平面、断面、立面，有各种图，但缺一个斗栱的俯视图。在已经出的这几本汇刊上，缺少这样的俯视图，如果以后再出的话，我们就要补了。因为俯视的图等于是这个……[1]是一个带透视的，你看不带透视的，就是另外一种情况。这是原来的图，以后再出，就补，斗栱结构的俯视平面图，这样你就看出来了：这个斗栱，我们所说的一攒一攒，是指这个，事实上它是整体的，不是单个的。这么看是整条整条的，那么看也是整条整条的——它是一个整体的架子。现在要把那个"一攒一攒斗栱"的概念甩开，至少看得淡一点，要费很大的功夫。所以，我建议最好不要再说斗栱……[2]这是一个整的，我给它起个名字叫纵架。从这儿来说是一个方向，沿着铺作的这个方向叫作纵架……

访谈者：这个补间铺作，是从《营造法式》上来的吗？

陈明达：是。你从这个方向看，就是圆柱外围的这个面，立面的这个是纵架。要是在独乐寺呢，就是除了外面的，里面还有一个内槽的铺作。外面的纵架组成这么一个圈、一个框，里面是第二个框，把这内外两个框连起来的，我就叫它"横架"。这两个方向的东西连起来就成了一个整体，所以它是一个整的结构。这个方向，外面一圈铺作，里面这一圈是这个，这两圈纵架连起来，套在一起是两个框，然后用那个方向的横架把这两个框连成一个整体，所以它是一个整体的框架。

那么《营造法式》里所谓的铺作是什么呢？从整体上看，就是把框架的纵架与横架相交的这个点拿出来，为了说明问题，从这儿、从那儿把它割断，拿出这个局部，这就叫作"一攒铺作"。为什么要这么讲呢？这是写书的人一个很高明的地方：就是要

[1] 此处录音不清晰。
[2] 此处录音不清晰。

把整个的结构跟你交代清楚。他如果一个一个去讲，那很费劲，他现在的方法就是把它单拿出来跟你讲，也就是讲清楚这个构造的纵架与横架的节点是怎么相交的，他讲的是整个构造的节点，纵架、横架的节点。但是你不能理解成这是一个单独存在的东西，它不能单独存在……[1]

陈明达：（换了一张图，继续指着图讲解）这是独乐寺观音阁的整体构造，可以分成七层。它是水平的一层摞一层这么摞上去：最下面这一层是柱子，柱子上面是下檐的斗栱，再上去是平坐的柱子，再上面是平坐的斗栱，再上面是上一层的柱子，再上去是上面一层檐的斗栱，再上面是屋架。是这么分开的。这是一种特有的建筑形式。（起身找出另一张图）就是这个图，这个跟那个结合起来看，底下一层柱子，它都可以这么水平分开。尤其是做模型的时候，你能够看清楚。中国历史博物馆的那个应县木塔模型，做的时候就是这样一层一层做，做完一层，它是一个整体，两个人抬着往上一摞。柱子、斗栱，柱子、斗栱，柱子、斗栱，最上面是屋架，都可以水平分开，是这么一种构造。所以，从整个构造来讲，它不是一个一个单独的斗栱，而是整体的一层——这一层是做成整体的。那个时候工业不发达，要是现在的吊车，一定会整个一层做完，用吊车一吊就安上去了。所以这个观念要改变，这不是一个简单的问题，是一个由浅入深的问题。这就是深入去讲明斗栱到底起什么作用，你要把它分析到这个程度，讲起斗栱的作用来，就比以往深入一些了。

但是从现在来说，也还不敢说这就是最后的结论，可能还有别的东西，还可以继续钻研。我们的认识要一步一步地深入，一步一步地深化。我现在的理解是否到头了呢？还没有到头，还得深入，至少还有两方面的问题，从表面上看还有两方面的问题。

第一方面，就是从力学上进行分析，从结构力学、材料力学来分析，这么做到底有什么优点，有什么好处。差不多可以判断，古代一半以上的重要建筑，采取的都是这种结构形式，力学上的东西，还得费大劲去研究。第二方面，就是它是不是跟艺术有关。我也做了个初步分析，似乎是跟艺术有关，但是它的艺术目标、艺术要求到底是什么，还不明确。从表面上看，跟艺术有关。

[1] 此处录音中断。

访谈者：现在的人只是拿现在的艺术观点来分析——用现代的艺术观点套古代的，实际上并不知道建造时的艺术标准是什么。

陈明达：是这个问题。那个时代产生的东西，跟现在的想法大概是不一样的（也可能一样）。就像那天我跟你说的，那个木塔每一层都一样高，不是我想出来的，那个是我碰出来的，是“发现”。这个发现就起作用了。（起身找出一张应县木塔分析图）我画这虚线是按那个规律画的，这是一个高度、第二个高度、第三个高度、第四个高度，它是那个规律。但是它还有另外的东西，也不是我想象出来的。我做的这些东西里都有具体的数字，这个数字是测量出来的。比方我这样把它分成八个格，并不是我提议分成八个格，而是我发现它是八个格。

这个发现的过程是：首先把实测出来的数字都变成材份制，变成材；都变成材以后，从最底层的柱子到这个柱子是七十八材。发现材份制以后，用材份制来进行研究，就比过去看出了更多的问题。总的是七十八材，这个梢间是多少？是十三材，这就一下子看出来了——十三材和七十八材是什么关系？关系很明显，十三乘以六就是七十八。所以从这儿到这儿我分成六个格，每一个格是十三材。光是这儿是十三材，我也还不去分，同时发现另外还有一个十三材，就是外面这个出檐，斗栱带出檐加在一起又是十三材，这就不偶然了。这个柱子的这一间是十三材，外面这一间柱子到出檐也是十三材，那么当中剩下的这三间呢？五十二材，应当是四个十三，刚好是五十二，所以我要把它分成八个格。还有，从地面到脊槫背也是七十八材，就是说这个总宽跟总高不带出檐是相等的。所以，这不是主观想象，是客观数字。当然也不能完全证明他原来就是这么设想，但是至少数字可以这么对上。他当初究竟是不是这么设想的，那还得进行研究，还得另有专题，而现在起码证明了这一条。还有一步一步的问题，还有很多问题。

根据我这个初步的研究来看，我们古代对于建筑，最重视的不是艺术，而是它的结构。它要求构造有一定的规律——我一个建筑一个建筑地分析，这已经是第六个或第七个实例了。它要求建筑合乎一定的比例，一定的数字的比例，而不是几何的比例——数字都对得上号，是数字的比例。要求有一定的比例，也就是说它注意到了造型的问题，工艺的造型问题。注意到造型的问题，也就是它注意到了美术、艺术，但不是以艺术为主，而是以构造为主。所以，这些数字并不是连瓦、脊、兽在内的数字，而是木结构的数字，从地面到脊檩的上皮（最高点）是结构、构造的数字；从这个柱中到这个柱中，从这个柱中到这个檐头，都是结构的数字。它注重的是结构构造，艺术是附在结构构造基础上的，在这个基础上让它成为一个特定的比例，达到它的艺术要求，但是这个艺术要求是附属的。

我在独乐寺的研究里面，解释了不到两个现象，可以说明它在艺术上是有要求的。但是这还不为足。比方说我们在建筑史上常常讲的，宋代以前的屋顶举折比较低，宋以后就比较高，可是观音阁是个特殊的例子，观音阁嫌高，我们一开始测量就有这个感觉。它不是按照《营造法式》规定的四分之一——比较平，它是三分之一。像佛光寺大殿，比四分之一还平。观音阁高，加上它上面的这些梁，有些是后换的新木料，就有三分之一的感觉了。我们曾经有一个看法，如果它经过大修，又换些梁啊什么的，会把原高加高。但现在根据我这个分析来看，怪了，觉得它没有加高，原来就是这样。为什么呢？从它各部分要求的比例，参照《营造法式》里面的规定来看，它没有超过《营造法式》规定的最高限度，而且和其他数字的关系都相合。噢，它可能原来就是这样！也就是说，它要追求某一个合乎比例的高度，可以令局部的东西变动，有变动有伸缩。所以，《营造法式》里每一个规定后面都附带了允许伸缩的范围。为什么每一个东西都有允许伸缩的范围？是为了出于某种需要可以对它进行调整。好几个例子都可以说明这个问题。

然而从《营造法式》全书来看，全书主要讲的是结构构造。所以我们假定（仅仅按照这几点来说），那个时候不把艺术摆在第一位。当然这个也不能作为结论，也就是说，这些问题都是要继续研究的，而且是更难研究、更深入的问题。所以，我们现在距离了解古代建筑还很远，有很多地方需要继续探讨。

三、回到刚才提出的问题上来

陈明达：大部分人——连同现在各个大学毕业的学生——接受的教育基本上是西方的东西，而且是西方人从他们的古代建筑里面总结出来的。现在你买本《建筑十书》翻一翻就知道了，有好多东西就是从那里面来的，是西方人研究了他们自己的古代建筑总结出来的。

反过来说，我们现在应当明确我们的研究目标是什么，也就是说，我们应当从我们自己的古代建筑里面总结出一套东西来——这是我们的目标。说得简单点，就是要找出我们自己的、原有的建筑史、建筑意韵、建筑理论、建筑学，要找出这一套东西来。一定有，没有文字留下来，但是可以找出来。零零碎碎的书上可以找，有时候哪怕是一句半句都有用。何况还有一个《营造法式》比较全，《营造法式》之所以难懂，就是有好多东西没有讲，他一个字没写，你得去猜。过去说是猜，现在不是猜，是我们应当掌握一种方法，这就好像翻译密码，破解了密码，你才能够懂他到底讲的是什么。我们相信能够找出来，找出一套古代的建筑学来。真正能够把这套中国古代的建筑学找出来，我们基本的工作才算是差不多了。

为什么相信一定有呢？事实上，中国人很重视这个东西，不是不重视。其他各门学科都有，为什么就是建筑没有？是它没有传下来，丢掉了。因为历史很长、注意它的人少等等原因，它没有传下来。还有一些东西是传下来了，但不是由文字传下来的，是语言传的，师傅教徒弟，徒弟成了师傅后再教徒弟，传了一两千年，时间久了，传走样了的也有。这也得想。我就常这么想：你得动脑筋想，但不能把想出来的东西当成真的。打个比方，老师傅有一句话叫作“檐不过步”，什么意思呢，就是出檐的长度不超过一个步架。现在你去量，差不多是对的，是“檐不过步”。从这儿到这儿是十三材，要按“步”来说，它是两步，这是对的。（起身找出另一张图指示着）檐不过步，这是一步，这也是一步。《营造法式》里有，出跳最多是出五跳，出五跳就是一百五十份，一百五十份就是一步。这是两步，两步等于一梢间，十三材。所以，我就在想，“檐不过步”是一种提法，还有一种更大的提法是“檐不过间”，连同斗栱的出檐不超过一间。可能有这样的说法，但没留下来。事实上《营造法式》里面就是这样的。在《营造法式》里面，标准的间等于两椽，也就是两步。有很多这样的迹象，放在一起的话，也可得到一些东西，可以做参考。

还有一种东西，就是中国人的传统观念，中国人喜欢讲阴阳。这个阴阳是从什么地方来的呢？这是从太极图来的。你知道太极图吗？

访谈者：听说过，不太清楚。

陈明达：太极图，让我详细说也说不出来。有那么一套话："易有太极，是生两仪，两仪生四象，四象生八卦……"中国的哲学概念，好多是根据阴阳五行说来的。过去认为阴阳五行是一种迷信，这两年慢慢有研究了，得到一些成果。现在出的书不少，你可以看看讲中国古代哲学的书。譬如医学，中国的医学讲阴阳，若是病了，在大夫那里你会了解到有阴性的病（寒性的病），有阳性的病（火性的病）。过去看中国的医学书总觉得这些是迷信，现在逐渐明白了，它是一种哲学语言，是多少经验积累起来的。过去西方人最不相信，认为是胡闹，现在也相信有它的道理了。我相信中国古代建筑也一样，一定有一套见解，只是丢掉了没有传下来。我们现在可以看出来一些痕迹，像我刚才讲的材份等等，都是重要的痕迹。可以循着这些遗迹，慢慢找出它的本来面貌。这是我们研究建筑史最终的目的。但是现在要注意，绝不是一步可以走到的，有很多具体问题，研究清楚了，才能一步一步达到这个程度。

有个问题要特别小心，就是彻底跟西方建筑分清区别。不是说西方的好、中国的不好，或者中国的好、西方的不好，现在头一步要搞清楚中国原有的东西到底是什么，从学术根基上厘清东西方建筑在文化观念上的差异。中国没有建筑这个概念，这个概念是西方的，日本人翻译成建筑。对我们中国来说，我们中国自己盖房子到底是什么概念，到底有些什么东西，要一点一点去找，把它找出来。我们做的就是这个工作。过去营造学社没有这么提，因为那个时候还没有明确认识到这个问题。

从中国营造学社谈起

1988年9月2日，天津大学建筑系两位学生受王其亨教授委托，就中国营造学社（以下简称“营造学社”或“学社”）的创建及其成就等问题走访了陈明达先生。以下是陈先生与学生们的对话。

问：您能跟我们谈一谈关于营造学社的事情吗？关于它的发起、发展以及社会背景情况。

答：一般的情况，查一查《中国营造学社汇刊》（以下简称“汇刊”）就差不多清楚了。你还是有什么具体问题直接提出来好啦。

问：比如您当时是怎样进学社的，办过什么手续？

答：（笑）我觉得有一件事情先要研究研究。营造学社的那个时代是个什么社会？今天又是个什么社会？这两个情况首先要搞清楚。我想，研究任何历史问题都要下类似的功夫。搞清楚那个时代的社会状况，许多问题就比较容易理解了。否则，（笑）你提出的这个问题是不是有点像主观唯心论引导出来的问题？你是拿现在的社会情况做那时的背景嘛。（众笑）现在问你从事什么职业，对什么事有兴趣，都很正常，而在那个时代就很难。那时每个人首先是要找个职业吃饱肚子，和现在的出发点不一样。那时找工作不是件容易的事。至于工资还想多一点，除了自己吃饱，还能养家，还能余下一些钱买点书读，就非常非常难了。那时，我无权选择工作，有个工作就不错了，没有理想，没有希望。入学社是偶然碰上的。入社之前，它到底是干什么的，我都不十分清楚。反正当时家道中衰，无力升学，还得挣钱养活父母、弟妹，知道营造学社需要人，就去了。入社之后，才慢慢知道它是怎么回事，也觉得还适合自己的情况，对工作也慢慢地产生了兴趣，就做下来了。就是这么个过程。

问：在您之前学社是什么状况？在您入社以后，它是如何开展研究工作的？

答：营造学社原来是几位老先生私人组织的。你们都知道朱桂老[①]，他是做官的，北洋政府的内务总长。实际上他是实业家，经营了许多企业，积存的资金不少（到现在还很有名的唐山启新洋灰厂，还有一家瓷器制造厂等，都是他一手经营的）。他对旧的手工业方面很有兴趣，尤其对盖房子（营造业）有兴趣，所以，他搞了这么个单位自己进行研究。开始，他找的人都是过去的老工人。这些老师傅只有技术没有理论，但他们还是做了不少工作。他们尽其所能地把自己知道的传授下来，不会写，就画出图样，尤其是画建筑彩画的师傅。这是初期的工作。这些图样现在还保存下来的有很多。再有一部分工作，是文献整理工作。当时学社请的几位老先生[②]对古籍很熟，对古籍中有关建筑的记载了解得很多，很清楚，比如，哪个朝代兴建了什么样的大工程。但这种记载只记载了那个工程的名称和一般情况，不能说明建筑结构、技术等实质问题。这两部分人（老工匠、老先生）的工作结合不起来，不能把建筑的发展情况详细理清。后来，大约在 1931 年九一八事变前，梁思成先生到了北京。他父亲梁启超先生与朱先生是老朋友，朱先生就借此机会把他请来留在学社主持研究工作。所以，真正用现代科学方法研究古代建筑，是梁思成先生来营造学社以后开始的。开始，头一步的工作是向老工人[③]学习，跟着这些老师傅到故宫等建筑遗构边，听他们说这是怎么回事，那是怎么回事。不然，光有几本书可看不懂。因为那时我们连古建筑的一些名词都不知道，对不上号嘛。那时，起作用的是这些老工人。但是，那时的老工人所知道的也很有限。他们只能知道他那一生所知道的，即清代的建筑技术，清代以前的就说不清了。于是，我们就以老工人所讲述的清代做法为基础，找现存的建筑遗物核对，循序渐进地拓展研究领域，由此上溯到唐、宋甚至两汉、周秦。所以，开始的工作就

[①] 即朱启钤先生。

[②] 指阚铎、陶湘等人。阚铎（1875—1934 年），字霍初，号无水，安徽合肥人，毕业于日本东亚铁路学校，在中国营造学社期间曾编纂《营造辞汇》（未完成）；陶湘（1871—1940 年），字兰泉，号涉园，江苏武进人，1919 年重刊《营造法式》（丁本），他根据文渊阁等版本互校，仿照南宋刻本版式和字体刻版刊行《营造法式》（陶本）。

[③] 最具代表性的是大木匠师路鉴堂师傅。

是到外面去调查、测量，回来绘成图，再跟《营造法式》等古籍对照，逐步摸索。就是这样一个研究方法。

现在，你们来研究营造学社，可是，你们有没有细想过为什么要研究它？

问：我们知道营造学社是中国较早研究建筑学的学术团体，想研究一下学社对近现代中国建筑的影响，从而分析其功过得失。

答：这个问题研究起来要达到什么样的目的？

问：想掌握中国建筑发展的脉络，预见一下中国建筑发展的未来，它将是什么样的道路。另外，通过对学社的研究，了解古代建筑对现代建筑的影响，找出中国建筑的民族传统。

答：依我说，你们说的影响一点也没有，（笑）毫无影响。（众大笑）

问：怎么理解您的这句话？

答：这里面有些问题是一两句话很难讲清楚的。首先要搞清楚一个问题。现在有很多人，不仅你们，包括一些五六十岁的人，都存在着很多误解，有些误解还根深蒂固。最大的误解是认为营造学社作出了非常重大的成绩。这个看法是错误的。之所以错误，还是在于不是历史地看问题。如果以唯物史观来分析，我们当时的确作出了许多成绩，但这些成绩是什么样的成绩？深一步看，仅限于认识了许多表面现象，还不足以产生你们所说的"影响"。现在我要是到外面走一圈，看见某个古代建筑，我可以辨认得清清楚楚：它是什么时代的，哪些地方做得好，哪些地方做得不好。这已并不难了。再进一步，每个结构构件叫什么，起什么作用，我都能指出来。这就是我们营造学社取得的主要成绩。但是，这样的成绩，一分为二看，首先要肯定是伟大的，来之不易的。这就好比说，我们原来是文盲，现在扫盲了，偶然有一二个字不认识，那很少，也不重要。之所以说伟大，是我们从起点很低的一张白纸起家了，而且这个扫盲过程没有老师教，是自己花了二十多年的时间自学、摸索得来的。第二，要充分认识到它还很肤浅。还以识字做例子，字是认识了，读一篇文章可以通顺地读下来了，可这文章字面下深一层的意思是什么，还是不清楚。也就是说，到新中国成立前为止，我们研究的进度就到了认清表面现象这个程度上。

问：就是说，达到了第一步的认识水平，还没有继续深入下去，是这样吗？

答：对，就是如此。但是，我们在当时也开始试着突破这个限度，把研究工作深一层搞下去。知道古代建筑的构造了，接着想要知道它为什么要这样做。是为了结构上的安全呢，还是为了美观，还是为了别的什么？它到底要达到什么目的，这个问题我们随时都在考虑，都在摸索，想要打开这扇门。但是，在新中国成立以前始终没能打开这扇门。

问：后来呢？

答：后来打开了一点，也不多。（众笑）我们那时想要突破，也做了努力，但那些努力在今天看来，收效并不很大。什么原因呢？有客观因素、条件限制，更多的是认识论、方法论上的问题。那时受外来影响很大。一种是日本一些学者的影响。日本人研究古代建筑比我们早，他们的古建筑与我们的古建筑很相像，而且自己承认他们是向古代中国学的。因为他们研究起步比我们早，所以我们好多地方是学习、沿袭了他们的一套方法。那套方法，过去觉得解决不了什么问题，说不出道理来，但也有点意思：那是把每一种东西都与其他一些东西作相互比较。当然了，天底下没有两个完全一样的东西，手工业的作品也不可能，总有差别。日本一些学者的方法就是比较这个差别。这可以有一些成绩，但往往要打折扣。现在看来，总有些主观、片面。比方说，某一个木结构的构件可加工成各种形状，于是，他就把这各种形状列为标准。他们从其他方面断定日本法隆寺大致相当唐代的建筑，就以法隆寺构件形状作标准，凡出现在这个建筑物上的这种形式，都是唐代的。其他不同的形式，也以同样的思路排列出年代，什么时候是什么样，对号入座。这种方法在今天看来，可以说是引向了一个烦琐考证的歧途。他们集中力量看了几个地方，但没有看到全体，这是一个不可靠的地方；而集中力量看的东西，又往往不是重要的典型的东西。比方说"廊"，其檐口是什么形式，我们现在就很难说。就说佛光寺吧，你说佛光寺东大殿的那个廊的檐口的形状是唐代的，以后只要看哪个建筑廊的檐口是那样做的，就可以判定它属唐代建筑，这样可靠吗？我看不可靠。从逻辑上说不可靠。我们现在看到的最早的木构建筑之一是佛光寺，但是佛光寺上所表现的那些形式不等于就是那个时代的形式，更不等于那个年代才产生的形式——可能以前就有了，它照着做，它之后还可以照着它做，我们今天也还可以照着做嘛！所以说，逻辑上靠不住。另外，这样大的一个建筑物，仅靠几个小局部的东西就能断定它是怎么回事吗？我看不可能。要注意它的整体，而过去没有注意这样做。所以说，过去有很大成绩，也留下了很多缺点。新中国成立以后，仍有不少人受这种影响，把过去一些片面的影响、不成熟的观点，看作固定不变的正确的东西。这样来寻求建筑的发展，恐怕行不通。但至今很多人仍离不开这样的方法，而且以为由此产生的一些结果是营造学社的成绩。对此，我不能接受。我们在营造学社时期提出了一些问题、一些看法，这些问题和看法不能等同于成绩。比如说，现在流行一个专有名词，叫“减柱造”。我一向认为这个名称欠妥。事实上，营造学社在一篇报告里提到过有的殿的柱子的平面布置等距离纵横排列，一根柱子不少，但有的大殿却在某一排中少了两根。这是作为一个问题、一个很奇怪的现象提出来的，并不是说“减柱”。减柱是什么意思？合乎逻辑的解释应是：原来那里应该有两根柱子，现在不用了，少了两根。那么好啦，我问你：谁规定柱子就该一根挨一根地排列起来，一根也不能少？什么时候规定的？没有人规定过呀！所以，简单命名“减柱”是没有道理的。现在看来，越是早期（如发掘的殷代、周代的宫殿遗址），越常见不严格对称的柱子平面布置。我写过一篇文章，提到这种现象在少数民族建筑中还可看到。看起来没有规律，但它有它的一套结构方法，结构不一样，柱子的排列也就不一样了。对于这个现象，我们要彻底地研究，而不能依照表面现象简单命名。这种后人对问题的简单理解，也不能归罪于营造学社。在当时的条件下，我们知道了一些名词，提出了一些问题，但提出来后没有来得及深入研究。具体说，1937 年七七事变前，学社的工作就做了这么多。

问：七七事变之后做过哪些工作？

答：七七事变后，学社迁到了云南昆明，以后又迁四川南溪李庄。那时起，条件不行了。在经费困难的情况下，也做了不少工作，出去调查、测量，照片也照了不少。回来后整理调查报告，工作量很大，但大多数没有发表出来。遗留下一批东西，新中国成立后移交给清华大学建筑系了，还有一批抗战前的东西存在天津的一家银行，一次水灾至少损失了三分之二。这批水残资料交给清华了一些，还有一些图纸和模型放在文化部文物保护研究所[1]。现在看抗战期间学社的工作，性质上并没有超出抗战前的工作，只是积累资料和打基础。

问：营造学社同外部有学术交流方面的事情吗？

答：同外国多一些。国外对中国古代建筑很早就有兴趣，他们的研究始终不定型。我刚才说我们的研究受两个影响：一个是来自日本的，一个是来自西洋的。西方国家在这方面出版的东西很多，而且有大部头的东西。他们往往把中国建筑看成是一个不可理解的奇怪的东西。其研究工作是这样的：专门研究一些他们不可理解的认为是奇怪的东西。他们最觉得奇怪的是古代中国建筑的房顶——为什么要造成这个样子？为什么要翘起来？甚至有个德国人写过一本专门研究中国屋顶的书，提出一个根本的解释——中国古代的人都是住帐篷的，帐篷顶是弯的，后来的屋顶也就跟着弯起来了。（众笑）当然，这是个极端的例子，不过，这个影响到现在还甩不开，现在还有些研究中国建筑的就专门研究屋顶，认为这是个了不得的问题。好多人研究的题目、项目，都是从西方人的书本上找来的，都是这类没有涉及问题实质的题目，而事实上真正应该研究的问题，反倒没有注意到。这是很严重的问题。以我的亲身经历为例，很多人来问我："我很愿意研究古代建筑，可是想不出来研究什么。"甚至干脆对我说："您给我出个题目好不好？"这说明什么？受日本一些学者机械地分析、理解问题的影响，刚才说过了。而第二种来自西方的影响，是没有抓住根本。近现代的建筑，包括建筑设计、建筑理论研究都是用西方的一套方法。问题是我们应借鉴他们的方法研究本质问题，而不是纠缠枝节。从这个方面讲，我们应当把古代的研究拓展开来，朝这样一个方面展开——找出中国古代的建筑学。外国的现代建筑理论是从哪里来的？是他们研究了古希腊、古罗马的建筑史总结出来的。他们提出的建筑三原则"适用、坚固、美观"（周总理针对国情修订为"可能条件下美观"）。这个原则是西方的，是西方人研究古希腊、古罗马建筑之后的一个总结。那么，中国建筑是不是也适宜于这个总结呢？是否存在一个与西方建筑学迥异其趣的中国古代建筑学呢？似乎没有人认真思考过。

---

[1] 文化部文物保护研究所，前身为北京文物修整所，后改称中国文物研究所，今中国文化遗产研究院。

问：经过营造学社时代的工作，您现在是否开始考虑这个问题？

答：有一句话在前几年我还不敢说，这两年我敢说了：我们一定要想办法把我们古代的建筑学挖掘出来，也一定能够把这个本民族自成体系的建筑学挖掘出来。为什么前几年不敢讲呢？没有这个把握。这些年我越来越觉得有这个把握，也就是说，我越来越能肯定，我们古代是有建筑学的，但是它没能明确地传下来，现在隐隐约约可以找出来。当然，这非常非常难。我们可以用宋代的《营造法式》作基础，一条一条地找出来。我现在找出来的就不少了——我说不少，也就是十几条吧。（众笑）下力气做的话是可以做到的。下一步我们研究中国建筑历史的目标，可以确定为“把中国古代的建筑学找出来，将其复原”。

问：您认为找出中国古代建筑学就会对中国建筑的发展起较大影响，是吗？

答：（微笑）我想是有点儿作用的。（众大笑）

问：在我们的印象中，营造学社时代发表的文章并不很多，或者说，本可以发表更多的东西，是这样吗？

答：那已经是尽量发表了。

问：是因为资金问题吗？您能谈谈营造学社的经费来源情况吗？

答：除朱桂老自己拿一部分外，主要是“庚子赔款”和社会捐助。“庚款”分两批：一是对美国的赔款，主要用于日常开支、工资、设备等；一是对英国的赔款，指定专用于出版学刊。社会捐助最多的是那时开业的建筑师，他们需要古建筑知识，需要搞设计的参考资料。

问：您能谈谈《中国营造学社汇刊》吗？

答：前后共出了七卷。前二卷主要是学社成立经过等，与研究工作关系并不太大。第三卷到第七卷，刊登了当时的研究成果。另外，还有一种东西也可以算是研究成果，但当时我们自己并没有认作是成果，就是出版了不少参考图集，大概有七八种[①]。刚才说过，学社接受了不少开业建筑师的捐助，应他们的要求，出版了一些古建筑的图样供他们搞建筑设计时作参考。记得有关斗栱的出了两本，商店门面的也出了两本，还

[①] 指梁思成、刘致平等编《建筑设计参考图集》，今收录于《梁思成全集》第六卷。

有一些记不清了，都是应他们的要求做的。

问：营造学社当时除研究工作外，有没有承担设计任务？

答：没有，但有些单位找我们帮忙，也就是顾问的性质。比如，南京博物院（当时称中央博物院）的设计，建筑师是徐敬直，设计时要求大屋顶，他不通晓古建筑，就来找我们。那时的顾问也真实在，许多具体工作都做，绘图量不少，[①] 不像现在的“顾而不问”。

问：您觉得有必要重新成立营造学社吗？

答：要是愿意的话，也可以吧。但问题不在于建不建这个学社，真正要紧的，应把研究工作引上一条正常的合理的道路。比方说，我们为什么要研究古代建筑？谁都会说“古为今用”。这当然从原则上讲是没有异议的，但涉及具体工作，究竟该如何古为今用？“立竿见影”式的现学现用吗？恐怕没那么简单。

问：好像现在的古代建筑研究并没有与现代建筑联系上。

答：是没有联系上。

问：如何才能联系上呢？

答：也难也不难。你把它研究透了，就会与现代建筑事业产生联系。不过要注意：传统与现代的联系问题，不能在研究工作上混淆起来。我们现在有一个大问题，就是古与今联系不起来，不仅是一个建筑领域，其他许多问题都是如此。实质上的问题，不是古代和现代的问题，是中国的与西方的问题。联系不上，原因在此。搞不清从什么时候开始，我们一下子都跑到西方那里去了，中国的固有的东西干脆都不要了。我理解“文化大革命”遗留下的问题之一，是强化了这个不良倾向，似乎古代文化彻底不行了，要的是全新的东西。问题是，全新的并不见得要从西方那里产生。所以，要从根本上解决认识问题、方法问题。

问：您怎么理解建筑的民族形式？

答：大概从五十年代批判“大屋顶”开始，什么是民族形式成了一个棘手的问题。

[①] 据南京博物院最新的院史资料发掘整理工作进展，此建筑项目聘请梁思成、刘敦桢二人为建筑顾问，而设计图稿中，有一些明显采纳中国营造学社最新发现的古建筑图样，另有数张图纸的绘图笔迹与陈明达、莫宗江的笔迹极为接近。

在我看来，归根到底是一句话：民族形式就是要等你去创造！民族形式不是固有不变、等你发现的东西，而是一个创作问题，要你在我们传统文化的基础上，根据我们这个民族的现实去创造。不能简单理解古代形式，一说民族形式，就想到“大屋顶”，就想到一个固定的已有的形式。这在哲学上说不通。我觉得，创造不是一个高不可攀的难题，只要你立足于现实生活，脑子里有创造意识，同时，对我们的文化传统、生活习惯、中国建筑设计观念熟知和理解，你就可以去创造。

（根据天津大学建筑系学生对陈明达先生的访谈录音整理，标题为整理者所加）

《古代大木作静力初探》序[①]

研究中国古代建筑已经半个世纪了。实物调查测绘，不下数百处。古代建筑史也写过近十次，正式发表了两本，成绩是巨大的。然而作为一门学科来看，她仍处在童年时期，需要深入探讨的课题还很多，有些如古代建筑的理论、原则等，几乎都还是空白。

古代建筑大木作的结构力学，就是许多空白点中之一。这个研究课题，过去几乎无人敢于问津。一般致力于古代建筑的研究者，都缺乏结构力学的基础；而专攻结构力学的学者，又缺乏古代建筑的知识。因此，两方面均因无从着手而退避三舍。本书著者专业结构力学，但他不畏艰辛，毅然先从学习古代建筑知识开始，竭数载之劳而成此专著，为填补这一空白，立下了功绩，值得钦佩。

本书以宋李明仲《营造法式》所记大木作规范及材份制为基本依据，必要时参用现存实例进行分析验算。众所周知，《营造法式》系总结宋代以前经验而编制的规范，其影响下及元代，故以之为基本依据所取得的结果，自然符合唐至元这一历史阶段的普遍状况。而明、清阶段，则自当别论。

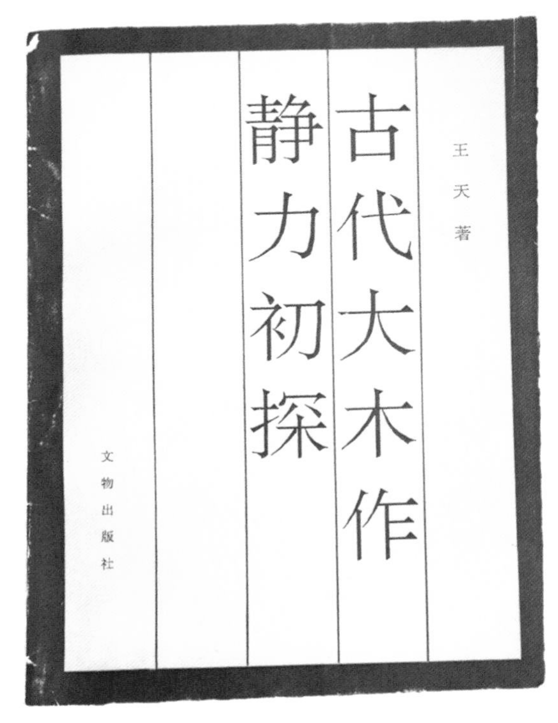

王天《古代大木作静力初探》书影

① 此文是作者为王天《古代大木作静力初探》（文物出版社，1992）所作序言。

我对结构力学是外行，但从事古代建筑研究数十年，深知研究工作之奥秘：脚踏实地，循序前进，不尚浮夸，力避空论，必有所获。本书著者正是以此种精神从事研究。他不是看见两条柱子顶着一根横梁就断言符合现代的门式结构，也不是看见殿堂分槽结构就视为符合现代双层套筒结构，而是着力于分析各种结构的受力状况，探求其功效，故所取得的结果，不问巨细，必定是切实的、有益的。

事业之难莫过于始创。这部著作是一部创始之作，前无古人，无可遵循。敢于创始，就是一个贡献。研究古代建筑者渴盼已久的课题，终于得到一个较系统、较切实的开始，应当向著者庆贺！因为是创始，所以不可能尽善尽美、无所缺漏或无失误之处。如何继续深入探索，去芜存精，使之茁壮成长，不仅是著者的任务，也是广大有志于此者之责。

《四川汉代石阙》序[1]

汉代石阙，是我国现存于地面之上时代最早、保存最完整的古代建筑。这些石阙都是当时祠庙或坟墓前的神道阙。阙上以花草树木、神灵异兽、人物故事为题材，运用浮雕、线刻、减地平钑等技巧，创作出丰富多彩的装饰图案，反映了汉朝艺术雄伟深沉的时代风格。特别重要的是，大多数阙上还以大致正确的比例刻出当时木结构建筑中各种构件的外形，这就为研究和复原汉代木结构建筑提供了最可靠的依据。由此可见，汉代石阙是研究中国古代建筑和艺术的极为珍贵的实物资料。

四川汉代石阙，在我国汉阙研究中占有重要的位置。从地域分布上讲，在我国现存的二十九处阙中，除了河南四处、山东四处、北京一处，其余二十处均在四川。从建造时间看，如果除去尚有争论的四川梓潼李业阙（建于公元 36 年），尽管四川汉阙从总体上讲比河南和山东诸阙稍晚，但从有确切纪年可考的渠县冯焕阙（建于公元 121 年）到雅安高颐阙（建于公元 209 年），建阙时间跨越近百年，其发展演变的时间之长，亦非其他地区可比。再从建筑形式分析，河南、山东诸阙大多保持着汉代砖石建筑的本来面目，外形简单，应是汉代砖石阙的通行式样；而四川汉阙却是秦、汉宫殿前木结构阙的模拟物，是我国现存最早的仿木结构的地上建筑遗存，对于研究中国古代木结构建筑的早期形式，无疑具有十分重要的意义。

对汉代石阙的研究由来已久。自汉代开始，各类史籍便对汉阙多有记载。宋代以来，金石学兴起，众多的金石学者对汉阙铭刻捶拓抄录，考释不断，但是对阙的建筑

---

[1] 徐文彬、龚廷万:《四川汉代石阙》，文物出版社，1992。按陈明达先生于 1991 年抱病审阅此书稿。此篇序言为文物出版社责任编辑周成先生根据陈先生的口述意见整理成文。

序

陳明達

漢代石闕，是我國現存於地面之上時代最早、保存最完整的古代建築。這些石闕都是當時祠廟或墳墓前的神道闕。闕上以花草樹木、神靈異獸、人物故事爲題材，運用浮雕、綫刻、減地平鈒等技巧，創作出豐富多采的裝飾圖案，反映了漢朝藝術雄偉深沉的時代風格。特别重要的是，大多數闕上還以正確的比例刻出當時木結構建築中各種構件的外形，這就爲研究和復原漢代木結構建築提供了最可靠的依據。由此可見，漢代石闕是研究中國古代建築和藝術的極爲珍貴的實物資料。

四川漢代石闕，在我國漢闕研究中佔有重要的位置。從地域分布上講，在我國現存的二十九處闕中，除了河南四處、山東四處、北京一處，其餘二十處均在四川。從建造時間看，如果除去尚有爭論的四川梓潼李業闕（建於公元36年），儘管四川漢闕從總體上講比河南和山東諸闕稍晚，但從有確切紀年可考的渠縣馮煥闕（建於公元121年），到雅安高頤闕（建於公元209年），建闕時間跨越近百年，其發展演變的時間之長，亦非其他地區可比。再從建築形式分析，河南、山東諸闕大多保持着漢代磚石建築的本來面目，外形簡單，應是漢代磚石闕的通行式樣，而四川漢闕却是秦、漢宮殿前木結構闕的模擬物，是我國現存最早的仿木結構的地上建築遺存，對於研究中國古代木結構建築的早期形式無疑具有十分重要的意義。

對漢代石闕的研究由來已久。自漢代開始，各類史籍便對漢闕多有記載。宋代以來，金石學興起，衆多的金石學者對漢闕銘刻摹搨抄錄，考釋不斷。但是對闕的建築構造和裝飾雕刻却研究甚少。進入本世紀以後，有的學者開始對漢闕進行科學和全面的考察。其中法人色伽蘭在本世紀初就對一部份四川漢代石闕進行了比較詳細的記錄和測量，留下過一些珍貴的照片。我在1936年調查了河南諸闕以後，1939年又在抗日戰爭的艱苦環境中調查了四川諸闕，積累了一些資料，後來將研究的成果發表在1961年第12期的《文物》月刊上。由於當時客觀條件的限制和對漢闕的科學研究剛剛起步，因而不管是色伽蘭還是我本人，在資料的記錄和整理上尚有許多疏忽，有些學術觀點從今天的眼光來看還有待修正。本世紀五十年代以後，全國各地的漢闕已被列爲國家、省、縣級文物保護單位，得到了應有的保護。有許多學者對各地的漢闕進行了認真的研究，撰寫了不少調查報告和論文，使漢闕研究達到了一個新的水平。但是，就全國範圍而言，全面記錄和綜合研究漢代石闕的專著却甚少。這無疑阻礙了更深層次的漢闕研究。以四川漢代石闕爲例，如此精美而數量衆多的石闕，却一直未有全面詳細的圖錄出版。爲此，我從五十年代起，就在各種場合進行呼籲，希望有人能填補這項空白。

十餘年前，欣聞重慶市博物館的幾位朋友久志於此，他們中的[illegible]位從六十年代初期就開始了艱苦而踏實的科學

重慶市博物館四川漢代石闕編寫組合影。圖中從左至右依次爲：龔廷萬、譚遥、徐文彬和王新南。

《四川汉代石阙》书影

构造和装饰雕刻却研究甚少。进入二十世纪以后，有的学者开始对汉阙进行科学和全面的考察。其中法人色伽兰[1]在本世纪初就对一部分四川汉代石阙进行了比较详细的记录和测量，留下过一些珍贵的照片。我在1936年调查了河南诸阙以后，1939年又在抗日战争的艰苦环境中调查了四川诸阙，积累了一些资料，后来将研究的成果发表在1961年第12期《文物》月刊上。由于当时客观条件的限制和对汉阙的科学研究刚刚起步，因而不管是色伽兰还是我本人，在资料的记录和整理上尚有许多疏忽，有些学术观点从今天的眼光来看还有待修正。二十世纪五十年代以后，全国各地的汉阙已被列为国家、省、县级文物保护单位，得到了应有保护。有许多学者对各地的汉阙进行了认真的研究，撰写了不少调查报告和论文，使汉阙研究达到了一个新的水平。但是，就全国范围而言，全面记录和综合研究汉代石阙的专著却甚少。这无疑阻碍了更深层次的汉阙研究。以四川汉代石阙为例，如此精美而数量众多的石阙，却一直未有全面详细的图录出版。为此，我从五十年代起，就在各种场合进行呼吁，希望有人能填补这项空白。

[1] 色伽兰（Victor Segalen，1878—1919年），又译谢阁兰、塞加朗，法国近代考古学家、诗人，著有《在中国的考古使命》《汉代丧葬艺术》等。

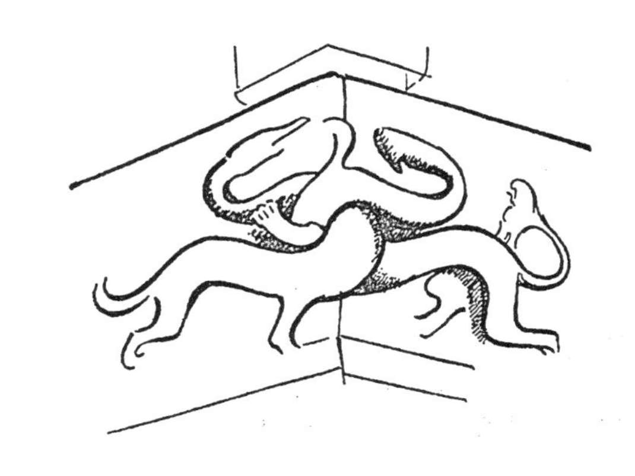

十余年前，欣闻重庆市博物馆的几位朋友矢志于此。他们中的二位从六十年代初期就开始了艰苦而踏实的科学考察，其后虽历经曲折，仍坚持不懈。七十年代末期，重庆市博物馆组成由四人参加的《四川汉代石阙》编写组，最终完成了对四川境内二十处汉阙的科学、全面、细致的调查工作。进入八十年代以后，他们又分头撰写论文，绘制实测图，制作图片和拓本。其间断断续续，又过了十余个春秋，终于使此书在今年得以出版。他们这种求索不懈的精神至为感人。在本书的编撰过程中，他们多次来京，热忱地向我介绍四川汉阙的研究和写作情况，使我了解到此书的全貌和特色。

《四川汉代石阙》一书是全面记录四川汉阙的大型图录。其特色首先就在于它将分散于四川境内各处、研究者和一般读者很难观其全貌的二十处汉阙集中展现于书中。应该着重强调的是，这种展现不是一般浮光掠影式的介绍，而是全面而详尽的记录。这种方式我在六十年代编撰《应县木塔》一书时就尝试过。它是为极易毁坏的古代建筑瑰宝留下翔实档案和研究资料的有效方式。此书首先用文字详细介绍四川境内二十处汉阙的建筑形制、雕刻内容、著录情况和研究现状，进而又收入四川汉阙的全部实测图、每处阙的整体及局部照片（兼用拓本）。这无疑是对古代建筑进行全面记录的又一次成功尝试。与此同时，此书还运用考古学、历史学、古文字学的方法和众多研究者的成果，具体论述了全国和四川地区门阙发展的历史，剖析了四川汉阙产生的时代背景、阙的建筑形制和艺术特色。在全面而深入的考证中，既纠正了历代文献的多处谬误，又填补了汉阙研究中的疏漏。总之，《四川汉代石阙》图文并茂，既是分

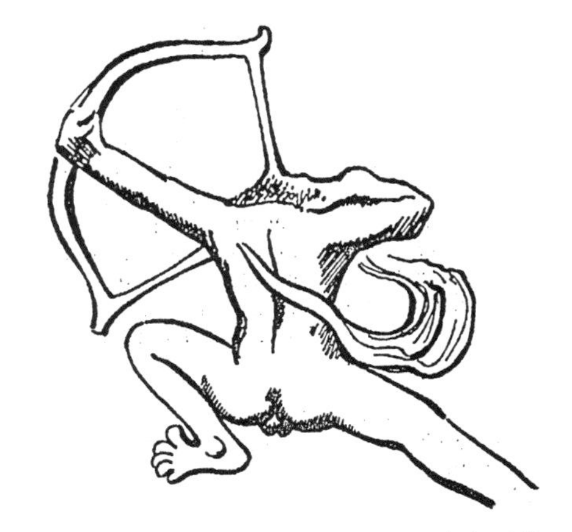

1914 年法国考古学家色伽兰考察四川汉阙所作速写稿

1936年中国营造学社勘察渠县蒲家湾无铭阙（立者莫宗江、陈明达）

散于荒郊野外的众多汉阙的完整档案，又是可供一般读者阅读欣赏的大型图录，更是有关学者深入研究所必备的工具书和参考书。

无可讳言，此书在研究和编撰中尚有一些不能尽如人意之处。从总体的编撰上讲，编著者尽管注意了以川西、川中和川东三大地域为四川汉阙的排列顺序，但各阙具体的顺序则未严格按照地域排列，没有更深入地剖析汉阙在时代和地域上的分布规律。同时，在对阙的建筑形制、断代特征和文化内涵的揭示等方面，没有作出更深入和清晰的理论概括。对阙上雕刻内容的考释也有些失之粗略。万事开头难。作为一本对四川汉阙进行综合性研究的开创性专著来说，存在一些不足是在所难免的。学术研究总是向纵深发展，它永远不可能停留在一个水平上。

《四川汉代石阙》一书的出版，为我国汉代石阙的宏观研究奠定了坚实的基础。我自三十年代起开始汉阙的研究，至今已逾半个世纪。今日能够看到这一可喜的成果，甚感欣慰！望有志于此者，站在这个学术阶梯上，继续攀登，果真如此，他们必将进入汉阙研究的一个更新的境界。

中国建筑史学史（提纲）[①]

一、释题

中国建筑史是二十世纪二十年代建筑学中新兴的一个分支学科，意在探讨我国各时代建筑的设计原则、结构原则、施工方法，总结理论，阐明其发展规律。

二、渊源

古代房屋建筑主要是以木结构和夯土相结合，故几千年来都习称为土木工程，它成为一项专门技术是很早的。只是这项技术掌握在工匠手中，他们师徒相传，虽偶有手抄秘本，也不为士大夫、学者所重视，以致极少专著。

然而，历代营建城市、官府、陵寝等工程既频繁又庞大，故均设有政府行政管理部门掌管其事（周代属司空，汉代有将作大匠，宋代有将作监，至清代属工部。从事此职业者，或称为匠，或称为工，又按所专名为某工。唐末五代时从木工中又分离出“都料匠”，其业颇类近现代之建筑师）。行政管理部门甚至帝王常颁布关于营造的

① 此篇为作者未完成稿，未标明日期，似作于1993年前后，很可能是最后的文稿。殷力欣据1993年之后的谈话记录补充成文，初刊于贾珺主编《建筑史》第24辑，清华大学出版社，2009。

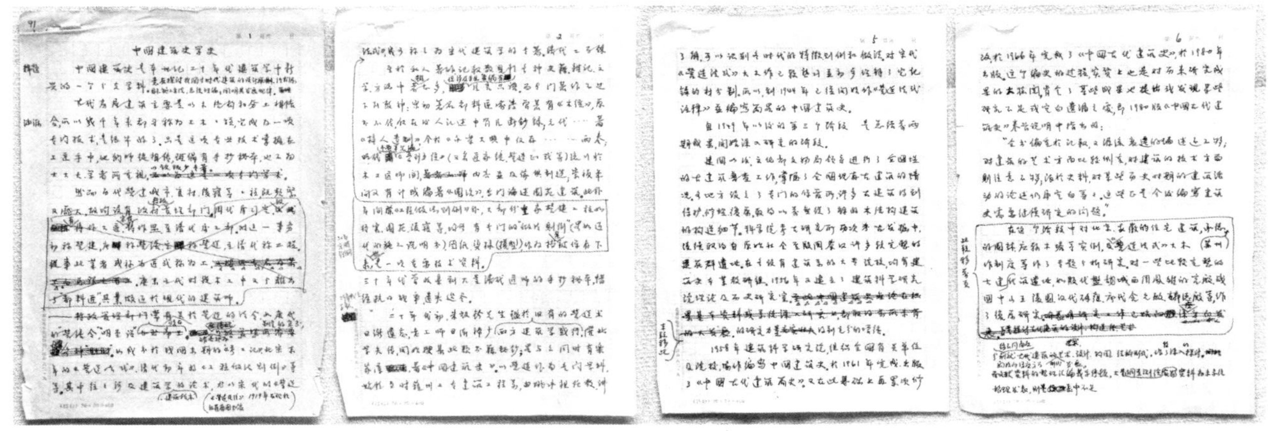

《中国建筑史学史》提纲手稿

法令，如唐代的“营缮令”“名堂令”，又有各种为供行政管理所需而制定的官书，如成书于战国末年的《考工记》、北宋末年的《营造法式》、清代初年的《工程做法》等等，其中往往有涉及建筑学、建筑技术的论述，尤以宋代《营造法式》（1919 年被重新发现于江苏省图书馆）几可称之为宋代建筑学的专著。清代二百余年间，除《工程做法》外，大部分皇家营建工程如行宫、园苑、陵寝等，均各有专门的“做法则例”（略如近代之施工说明书）、图纸、烫样（模型）作为档案被保留下来，也是一项重要的技术资料。

至于历代私人著作、记述，散见于各种史籍、杂记、文学、方志之中者甚多，但涉及专业者，仅偶有片语只言。专门著作不过下列数种：

1. 宋初都料匠喻浩所撰《木经》，原书不存，仅在后人记述中有片段抄录。

2. 元代薛景石著《梓人遗制》，今于《永乐大典》中可见残存二卷。

3. 明代午荣等汇编《鲁班经》（又名《匠家镜》《营造正式》等），流行于木工匠师间，内容并及家具制造。

4. 明崇祯年间又有计成编著《园冶》，专门论述园苑建筑。

此外，二十世纪三十年代中国营造学社曾搜集到大量的清代匠师的手抄秘本，惜经抗日战争已遗失殆尽。

三、学科之创立与发展

二十世纪二十年代初，朱启钤先生鉴于西方建筑学盛行而旧有的营造术日渐遗忘，老工匠日渐稀少，深惧此学有失传之忧，开始搜集此类书籍密钞；略与此同时，有乐家藻著《中国建筑史》。以营造作为专门学科，则始于同时期创立的苏州工业专门学校工程系，由姚承祖先生任教，教授苏州地区清代晚期的房屋建筑学（后姚氏又以其历年讲义整理编次为专著《营造法原》）。

中国建筑史研究真正具有学科开创意义的事件，还是应首推1929年朱启钤氏邀集同好、私人集资而组成中国营造学社。嗣后研究工作的发展，至八十年代，略可分为四个阶段。

第一阶段自1929年至1932年。营造学社成立之初，着意于校勘古代专著，寻访旧籍及匠师密传抄本、清代图纸档案和烫样，搜集文献记载资料等；并聘请熟悉清代建筑的老工人，绘制出大木结构详图、彩画图，以期掌握、识别实物，熟悉专门术语。这一时期，受文献记载的影响，有一个错误观点：以为自古以来各时期建筑都是相同的（至少区别不大），其要点仅在于各时代的名称不同。所以，《营造法式》陶本中，附有大量清代的构架、斗栱等图样，作为对大木作的诠释。

梁思成、刘敦桢二先生先后于1931、1932年来到营造学社，学社遂分文献、法式二组。文献组承袭大部分学社原有工作；法式组致力于以《工程做法》及匠师手抄本为基础，对照实例，探求各种建筑形式、构造、尺寸等的做法、则例，并开始将《工程做法》所记二十七种房屋以现代制图方法绘成图样，完成了《营造算例》《清式营造则例》二书。

这一阶段在学术上的重要突破，是在上述工作中明确了清代则例，并初步与宋《营造法式》对照，逐渐发现宋代建筑与清代建筑有很大的差别，开始纠正历来的错误观点。正是由于有了这样的认识，确立调查、测绘明清以前的建筑实例为当前最急迫的工作任务。

第二阶段自1932年至1949年。此期原定以主要力量展开古代建筑实例的调查测绘。至1937年七七事变前夜，已调查测绘了山西、河北、河南、山东及江苏苏州等地的唐、辽、宋、金等各时期木结构建筑百余处以及北朝以来的砖石塔、各类桥梁和摩崖石窟，由此积累了大量的古代建筑实测记录。1938 年学社转移至抗战大后方之后，继续调查测绘了四川、云南地区的汉代石阙、崖墓，唐宋砖塔及少数木结构建筑、民居建筑，但限于条件，大规模的调查测绘宣告中断。与此同时，学社法式组进行了“佛塔”“明清故宫建筑”、宋《营造法式》等专题研究，文献组完成了《哲匠录》《明代建筑大事年表》等文献梳理工作。

这一阶段积累的资料及调查测绘报告，在《中国营造学社汇刊》三至七卷中陆续发表，至今仍为中国建筑史研究的基本资料，可惜部分未发表的报告在日后战火频仍中遭到很大损失（如莫宗江教授的王建墓发掘报告竟至今下落不明）。这一时期的主要收获，在于扩大了对古代建筑的认识范围。对汉代至清代的建筑，已有概略的了解，对唐代中期至辽、宋、金的建筑，有较系统、细致的认识，可以识别各时代的特征、则例和做法。对《营造法式》大木作已较熟悉并初步了解了宋代的材份制。因此，到 1944 年已经开始了对《营造法式》的注释工作，并编写简略的中国建筑史。

1949 年至 1981 年或可称第三阶段。这是总结前阶段的成果、开始深入研究的阶段。

1949 年之后，文化部文物局领导进行了全国性的古建筑普查工作，掌握了现有古建筑的基本情况；各地方设立了专门的保管所，许多古建筑得到保护、修理、复原。在这个实践过程中，研究者由此获得以前无从了解的木结构建筑的结构细节。科学院考古所历次考古发掘中，陆续取得自原始社会至殷周秦汉许多较完整的建筑群遗址。在设有建筑系的大专院校，均设有建筑史专业教研组。1956 年又建立了建筑科学研究院理论及历史研究室。至此，中国建筑历史的研究力量得到了基本的保证。

在这个阶段中，对北京、安徽等地的民居建筑，对承德、苏州等地的园林，对应县木塔等木构建筑，都做了较深入的专题研究；对一些比较完整的古代建筑遗址，如殷代盘龙城、西周凤雏宫殿、汉代辟雍、唐代含元殿等，做了复原研究的初步尝试。这些工作，分别从不同角度就古代建筑艺术、设计、构图、结构形式、城市规划思想等重大课题作较深入的探讨，开始向建筑学理论的深层面发展。而同时期文献资料的整理汇编却几乎停顿，大量实物调查测绘资料尚未系统整理发表，则是美中不足。

1958年建筑科学研究院组织有关单位及院校，协作编写中国建筑史，于1961年完成、出版了《中国建筑简史》。又在此基础上累次修改，于1966年完成了《中国古代建筑史》的编写（受“文革”影响，迟至1980年方正式出版）。

这个编史的过程，实质上也是对历来研究成果的大检阅，肯定了某些成果，也提出或发现某些研究不足或空白遗漏之处，即1980年版《中国古代建筑史》卷前说明中指出的：

> 全书偏重于记述，对源流变迁的论述还不够；对建筑的艺术方面比较侧重，对建筑的技术方面则注意不够；限于史料，对某些历史时期的建筑活动的论述仍属空白等等。这些正是今后编写建筑史需要继续研究的问题。

这个评价相当中肯、相当准确。我们日后的研究，自当以此为新的起点。

1981年之后的现阶段为第四阶段。此阶段应该有一个较大的质的飞跃——重新掌握一套完整的中国古代建筑学，并与现实结合，形成新的中国建筑学。但是，面临的困难很大，无法预测前景，只能摸索着前进。

四、现阶段的状况及设想[①]

我们的奋斗目标是什么？要有一个本民族的建筑学，一个与西方建筑学不同的建筑理论体系。在西方，现代主义建筑名目繁多、五花八门，但终归与古希腊、古罗马建筑有一个明晰的发展脉络。我们呢？我们的问题是一直拿不出自己的理论传承来供我们的建筑师参考（仅仅提供或大屋顶或斗栱的图样，恐怕不济事，甚至适得其反）。不是没有古代建筑学，只是年久失传，需要我们通过古代典籍和现存实例去重新发现。经过半个世纪二三代人的努力，我们现在至少可以肯定一点：确实存在着一个与西方建筑学迥异其趣的中国建筑学体系。

[①] 原稿至此仅存标题。整理者殷力欣曾于1993年秋记录下陈明达先生的一段谈话，似与此文相关，现补充到文内，或许对理解陈先生的学术观点有参考价值。如有不妥，自是整理者的责任。

我坚持说，不能一提到民族形式，就想到“大屋顶”。我们应当在熟知和理解本民族文化传统、生活习惯、建筑设计观念的基础上，根据我们的现实生活去创造新的民族形式。说到底，民族形式是延续民族文化理念而不断更新、创作的过程，而不是因循旧有样式的过程。因此，在现阶段，应该有人视重建中国建筑学体系为己任。

为完成这个目标，我们现在具备一些有利条件——现在的建筑历史研究比当初的涉及面要宽广得多：我个人从《营造法式》研究入手，已经触及古代建筑材份制设计原则、平面布置、构图的艺术规律等等；有的学者则偏重于城市规划思想研究；有的学者在古典园林学的研究方面成绩斐然；还有的学者试图从风水学入手，探讨中国建筑在与自然、社会的适应关系上把握建筑理念……另外，近年来对近现代西洋风建筑实例及外来建筑思潮的研究也成为中国建筑历史研究的重要方面。这样，就为我们立足民族文化传统、借鉴西方正反两方面经验、最终确立新的中国建筑学体系提供了初步的条件。

也存在许多不利因素：

1. 从事各个专题研究的人还很少能把自己的课题深入到建筑理论层面，更没有与建筑学整体发展方向联系起来。比如有人以考古学方法研究古代建筑，结果是把建筑历史研究从建筑学中分离出去，成了考古学的一部分，从根本上混淆了学科概念，忘记了建筑历史研究的根本目的是研究建筑而不是单纯搜集史料。

2. 在各个专题研究不断深入的基础上，还需随时考虑到整体把握建筑学理论体系，这很不容易（可能在我们之后会有一个新的大宗师）。

3. 从事建筑设计的人难免急功近利，没有结合本民族的文化传统及现实需要。搞民族形式的，只注意外形像不像某朝某代，不去想某朝某代为什么有这样的外观，在什么样的条件下使用这样的特定形式；而搞西洋风的人，似乎也很少考虑到中国人在新的社会环境中需要什么样的建筑环境。

4. 从根本上说，最不利的因素，似乎从主管建筑的最高领导到普通百姓，都还没有把建筑的民族化与现代化建设联系起来。大家只知道建筑要日新月异，殊不知就是在西方现代主义建筑发源地之一的法国，也是把民族化当作现代化建设的组成部分的。